Fabian van der Linden

„Wie sieht für dich eine Karte aus?“

Diese Arbeit wurde als Dissertationsschrift zur Erlangung des Doktorgrades der Naturwissenschaften (Dr. rer. nat.) an der Mathematisch-Geographischen Fakultät der Katholischen Universität Eichstätt-Ingolstadt angenommen unter dem Titel:

Vorstellungen von Schülerinnen und Schülern zu Karten vor und nach der Sekundarstufe 1 – Eine qualitativ empirische Studie

Erstgutachterin: Prof. Dr. Ingrid Hemmer
(Katholische Universität Eichstätt-Ingolstadt)
Zweitgutachter: Prof. Dr. Jan Christoph Schubert
(Friedrich-Alexander-Universität Erlangen-Nürnberg)
Datum der
mündlichen
Prüfung: 14.01.2022

Geographiedidaktische Forschungen
Herausgegeben im Auftrag des Hochschulverbandes für Geographiedidaktik e.V. von M. Hemmer, Y. Krautter und J. C. Schubert
Schriftleitung: S. Höhnle

Fabian van der Linden:
„Wie sieht für dich eine Karte aus?" - Eine empirische Studie zu Vorstellungen von Schülerinnen und Schülern der vierten und elften Jahrgangsstufe

Geographiedidaktische Forschungen
Herausgegeben im Auftrag des
Hochschulverbandes für Geographiedidaktik e.V.
von
Michael Hemmer
Yvonne Krautter
Jan C. Schubert
Frühere Herausgeber waren Jürgen Nebel (bis 2017),
Hartwig Haubrich (bis 2013), Helmut Schrettenbrunner (bis 2013)
und Arnold Schultze (bis 2003).

78

Fabian van der Linden

„Wie sieht für dich eine Karte aus?"

Eine empirische Studie zu Vorstellungen von Schülerinnen und Schülern der vierten und elften Jahrgangsstufe

Hochschulverband
für Geographiedidaktik hgd

Bibliografische Information der Deutschen Nationalbibliothek:
Die Deutsche Nationalbibliothek verzeichnet diese Publikation in der
Deutschen Nationalbibliografie; detaillierte bibliografische Daten
sind im Internet über dnb.dnb.de abrufbar.

Herstellung und Verlag: BoD - Books on Demand, Norderstedt

ISBN 978-3-75683-468-6

Vorwort

An erster Stelle gebührt mein Dank Prof. Dr. Ingrid Hemmer, die mir die Chance gab, eine Promotion anzustreben, die Betreuung der Arbeit übernahm, mich tatkräftig in vielen Beratungsgesprächen forderte und förderte sowie mich mit kreativen Anregungen immer wieder aus Sackgassen herausführte. Ein großes Dankeschön ergeht an Prof. Dr. Jan Christoph Schubert, der mit vielen Ratschlägen zur Seite stand. Ich möchte mich ebenfalls bei der Herausgeberschaft und Schriftleitung der Geographiedidaktischen Forschungen für die Annahme, die Begutachtung und die Veröffentlichung bedanken.

Ein weiterer Dank geht an die Kolleginnen und Kollegen im Bereich der Geographiedidaktik und Bildung für nachhaltige Entwicklung an der Katholischen Universität Eichstätt-Ingolstadt, die durch den regen Austausch über die jeweiligen Arbeitsschritte wichtige Impulse für das Forschungsprojekt lieferten: Ann-Kathrin Bremer, Katja Dumberger, Sonja Haußner, Christoph Koch, Ina Limmer, Prof. Dr. Anne-Kathrin Lindau, Steven Mainka, Marina Müller, Verena Reinke, Kerstin Sauer und Dr. Andreas Schöps. Einen besonderen Beitrag leistete Claudia Pietsch mit ihrer kartographischen Expertise. Ich möchte auch ein herzliches Dankeschön dem Sekretariat für seinen unermesslichen Einsatz zukommen lassen: Karin Heidrich und Nicole Mayinger.

Darüber hinaus gilt ein herzlicher Dank vielen studentischen Hilfskräften, die bei der Durchführung und Transkription der Interviews sowie der Auswertung enorm zuarbeiteten: Lisa Artmaier, Cornelia Bittner, Rebecca Bürger, Marlene Guppenberger, Hannah Lachmann, Kathrin Ortlieb, Christina Reile, Michaela Spindler, Samuel Steinhilber und Sina Taubmann. Die Geographiedidaktik der Universität Bayreuth unterstützte mich bei den Interviews, weshalb ich Dr. Kati Barthmann und Prof. Dr. Gabi Obermaier Dank sage.

Einen immensen Beitrag haben die vielen Schülerinnen und Schüler geleistet, die sich als Interviewpartnerinnen und -partner mit viel Ausdauer und Interesse in die Interviews einbrachten. Dies gilt auch für die vielen Eltern, die der Teilnahme zugestimmten. Des Weiteren geht auch ein großes Dankeschön an die Schulleitungen und Lehrkräfte, die mit viel Engagement und Verständnis Räume zur Verfügung stellten und beim Ansprechen von Interviewpartnerinnen und -partnern halfen: Felix Erbe, Miriam Kleinhans, Marina Müller, Lisa van der Linden, Andreas Pfeifer, Florian Rieß, Siegfried Schieck, Claus Schredl und Christian Schurack.

Ich möchte mich bei vielen Freundinnen und Freunden bedanken, die mich immer wieder motivierten und unterstützten. Und ein letztes großes Dankeschön geht an meine Familie, besonders meine Eltern, meine Frau Lisa sowie unsere Tochter Maja, die mich alle immer wieder inspirierten, diese Arbeit voranzutreiben.

Fabian van der Linden

Unternschreez, August 2022

Inhaltsverzeichnis

Abbildungsverzeichnis

Tabellenverzeichnis

Abkürzungsverzeichnis

EKROS   Ermittlung personenbezogener Einflussfaktoren auf die kartengestützte räumliche Orientierung von Kindern in städtischen Realräumen (Studientitel)

F   Forschungsfrage (in Verbindung mit Nummerierung einer Forschungsfrage)

GIS   Geographische Informationssysteme

GPS   Global Positioning System

H   Hauptstudie (in Verbindung mit Nummerierung eines Interviews)

HSU   Heimat und Sachunterricht (Schulfach an bayerischen Grundschulen)

M   Material (in Verbindung mit Nummerierung für ein im Interview eingesetztes Material)

o. V.   ohne Verfasserin bzw. Verfasser

S   Schülerin bzw. Schüler (in Verbindung mit Nummerierung für eine interviewte Schülerin oder einen interviewten Schüler)

1 Einleitung

„Da ist viel Wald und Wiese."
Diese Aussage aus dem Geographieunterricht an einem Gymnasium erscheint auf den ersten Blick unauffällig und alltäglich. Jedoch liegen dieser Äußerung interessante Denkmuster zu Grunde, die einen Ausgangspunkt für die folgende Forschungsarbeit bilden. Denn die Aussage eines Schülers bezieht sich auf eine physische Wandkarte, die im Klassenzimmer aufgehängt ist. Es folgt kein Einspruch der Klassenkameradinnen und -kameraden. Auf den ersten Blick, insbesondere aus der Perspektive der Lehrkraft, handelt es sich hierbei um einen Fehler: Die Flächenfarbe Grün wurde nicht, wie auf physischen Karten üblicherweise verwendet, als geringe Höhe einer Landfläche über dem Meeresspiegel erkannt, sondern als Ausdruck der Bodenbedeckung bzw. Vegetation interpretiert. In gewohnter Manier einer Lehrkraft wird die Aussage korrigiert und auf den Fehler hingewiesen. Jedoch verbirgt sich mehr dahinter, denn eigentlich hat der Schüler einen nachvollziehbaren Gedanken formuliert: Ihm ist die Konvention in der Kartographie, beispielsweise bei Wanderkarten, bewusst, dass Flächen, die hauptsächlich von Wald oder Wiese bedeckt sind, mit der Farbe Grün zum Ausdruck gebracht werden. Dieses Denkmuster wurde nun auf die physische Wandkarte übertragen und daher oben beschriebene Aussage getroffen. Zweifelsohne bleibt sie fehlerhaft, da eine physische Karte nicht auf diese Konvention ausgerichtet ist. Dennoch ist es aus einem geographiedidaktischen Standpunkt eine hochinteressante Situation, die ähnlich bereits von verschiedenen Autorinnen und Autoren beispielhaft beschrieben wurde (DUIT 2008, S. 3[1]; HÜTTERMANN 1998, S. 26-27; KRAUTTER 2015, S. 232). Diese Situation wirft die Frage auf, mit welchem Bild, welchem Wissen und welchen Vorstellungen von Karten Schülerinnen und Schüler in den Geographieunterricht kommen, wie der Unterricht dadurch beeinflusst wird und sich das Bild, das Wissen und die Vorstellungen von Karten verändern.

Karten nehmen für den Geographieunterricht einen hohen Stellenwert ein und gelten als dessen Leitmedium (DAUM 2012, S. 163; GRYL et al. 2010, S. 172). Sie besitzen eine hohe Relevanz im Alltag, weshalb es ein zentrales Anliegen des Faches Geographie über alle Schularten hinweg ist, Schülerinnen und Schülern bei der Entwicklung von Kartenkompetenz zu fördern, sie zu befähigen, mit Karten umgehen zu können. Dies umfasst die Orientierung mit Karten im Realraum, das Lesen von Karten und die Anfertigung eigener kartographischer Darstellungen (DEUTSCHE GESELLSCHAFT FÜR GEOGRAPHIE 2020, S. 16-18). Die nationalen Bildungsstandards des Faches Geographie für den Mittleren Schulabschluss messen diesem Anliegen einen hohen Stellenwert bei, der im Kompetenzbereich der Räumlichen Orientierung Ausdruck findet. Jüngere Generationen von Lehrplänen übernehmen

---

[1] Das Beispiel im Aufsatz von DUIT (2008, S. 3) wurde von Sibylle Reinfried ergänzt. Der besseren Nachvollziehbarkeit wegen wird im Quellenverweis und Literaturverzeichnis der Autor des Aufsatzes angegeben.

die Ausführungen der Bildungsstandards, wobei selbstverständlich auch bereits vor der Entwicklung der Bildungsstandards Lehrpläne über Einträge zum Unterricht über und mit Karten verfügten. Umso interessanter scheint es, die Perspektive zu wechseln, weg von dem Anspruch der Fachwissenschaften und Fachdidaktiken, was Schülerinnen und Schüler mit Karten können und über Karten wissen sollten, hin zu den Kenntnissen, Fähigkeiten und Vorstellungen, mit denen Schülerinnen und Schülern in den Unterricht kommen.

Im Zuge einer veränderten Betrachtung von Karten erscheint es umso wichtiger, die Sichtweise der Schülerinnen und Schüler auf Karten in den Fokus zu nehmen. Geographie und Kartographie setzen sich seit den 1990er Jahren mit dem Medium Karte deutlich kritischer auseinander (GLASZE 2009, S. 181). Eine kritische Kartographie nimmt vermehrt die Bedingungen der Kartenproduktion in Augenschein, indem sie die Praktiken der Kartenproduktion dekonstruiert. Konsumentinnen und Konsumenten werden zu Kritikern und hinterfragen Produzentinnen und Produzenten von Karten (GRYL 2016b, S. 14, KITCHIN et al. 2009, S. 10). Kritische Kartographie sieht einen Bruch zwischen einem ersten Paradigma der Kartographie, das die Karte als Abbild der Wirklichkeit sieht, sowie drei weiteren Paradigmen, die Karten als Effekte sozialer Strukturen, als Produzenten sozialer Wirklichkeiten und die Kartographie als Assemblage von Technologien und Praktiken betrachten (GLASZE 2009, S. 182; GLASZE 2013, S. 333; KITCHIN et al. 2009, S. 4-5, 8-9). Vor diesem Hintergrund stellen Autorinnen und Autoren u. a. fest, dass es „notwendig ist mit Karten zu lügen", Karten wichtige Informationen unterdrücken sowie ein Bild im Kopf zu einer neuen Realität konstruieren, indem sie eine Erzählung objektivieren (MONMONIER 1996, S. 13, 37; RHODE-JÜCHTERN 1995, S. 134). Karten sind nicht wertfrei und objektiv: Sie bieten Raum für Interpretationen und Manipulationen (SCHNEIDER 2012, S.101). Um Widersprüche, Schweigen und kulturelle Perspektiven in Karten aufzudecken, scheint es umso wichtiger, die Konsumentinnen und Konsumenten ins Zentrum zu rücken und auch Aufschlüsse darüber zu erhalten, inwiefern die Grundzüge einer kritischen Kartographie den Kartenleserinnen und -lesern bewusst sind (HARLEY 1989, S. 3).

Karten weisen eine hohe Alltags- und Gesellschaftsrelevanz auf (DEUTSCHE GESELLSCHAFT FÜR GEOGRAPHIE 2020, S. 16). Sie sind unter anderem als Orientierungshilfen in Städten, Museen oder ähnlichen Freizeiteinrichtungen, sowie in Nachrichtenmedien als Informationsquelle präsent, z. B. in Form von Wetter- oder thematischen Karten passend zum Inhalt der jeweiligen Nachricht. Darüber hinaus sind Karten selbst immer wieder Thema in den Nachrichten. Unter anderem berichtete DER SPIEGEL über umstrittene Grenzverläufe in Atlanten im Zuge der Krim-Krise (GUNKEL 2014), über Kinder, die nach ihren Wünschen Stadtpläne gestalten (DER SPIEGEL 2016) und über absichtliche Täuschungen in Karten (BOJANOWSKI 2018). Aufsehen erregten außerdem die Veröffentlichung einer neuen Weltkarte durch die neuseeländische Tourismusbehörde, damit Neuseeland auf Weltkarten nicht mehr vergessen wird (DER SPIEGEL 2018), was jedoch kurze Zeit später wieder auf einem von einer Möbelhauskette vertriebenen Poster passierte (DER SPIEGEL 2019). Auch digitale Karten und ihre Einflüsse erregen vermehrt Aufmerksamkeit, wie zum Beispiel in einem kritischen Bericht, der aufzeigt, dass Google Maps für Routen im Westjordanland zwischen palästinensischen Siedlungen keine Route berechnet, dies aber für israelische Siedlungen tut (GRIMM 2013).

Des Weiteren beschränkt sich der Einsatz von Karten in der Schule nicht allein auf das Fach Geographie, sondern Kartenkompetenz stellt eine methodische Basisqualifikation für zahlreiche andere Unterrichtsfächer dar (DEUTSCHE GESELLSCHAFT FÜR GEOGRAPHIE 2020, S. 16). Zugenommen hat die Bedeutung von Karten und insbesondere die Schulung von Kartenkompetenz im Zuge der Entwicklung von geographischen Informationssystemen (GIS) und der fortschreitenden Digitalisierung. Angebote im Geoweb verändern die Möglichkeiten der Kartenproduktion und vereinfachen die Erstellung von Karten (GRYL 2014, S. 4). Im Mittelalter wurden Karten in Klöstern und von Seefahren hergestellt sowie nur von einer kleinen Gruppe mächtiger und wohlhabender Autoritäten in Auftrag gegeben, wohingegen durch die Freigabe der genauen GPS-Lokalisation für den Privatgebrauch im Jahr 2000, den Ausbau der Mobilfunknetze, die rasante Entwicklung mobiler Endgeräte und das breites Angebot von Web-Mapping-Diensten heutzutage auch Laien professionell Karten herstellen können (GRYL 2014, S. 4; GRYL 2016b, S. 13; MONMONIER 1996, S. 14; SCHNEIDER 2012, S. 38). Durch die Demokratisierung des Herstellungsprozesses von Karten verwischen immer mehr die Grenzen zwischen offiziellen und kognitiven Karten (GRYL, SCHULZE 2013, S. 215) sowie zwischen Kartenproduzentinnen und -produzenten und Kartenkonsumentinnen und -konsumenten (KANWISCHER, GRYL 2012, S. 77). Als Konsequenz der zunehmenden Partizipationsmöglichkeiten aller Kartennutzerinnen und -nutzer am Herstellungsprozess ist nicht nur eine angemessene Ausbildung der erforderlichen Kompetenzen von Nöten, sondern auch eine vertiefte Betrachtung der vorhandenen Vorstellungen von Karten und deren Entstehung.

Daher strebt die vorliegende Arbeit an, die Vorstellungen von Schülerinnen und Schülern zur Karte zu rekonstruieren. Dazu werden im Folgenden Theorien und Forschungsstände aus verschiedenen Bereichen, die Relevanz zum Thema der Arbeit haben, dargestellt (siehe Kapitel 2 und 3). Dies umfasst Ausführungen zu Schülervorstellungen[2] bzw. zur Didaktischen Rekonstruktion sowie zur Karte aus fachwissenschaftlicher und fachdidaktischer Sicht. Aus den theoretischen Grundlagen und dem Stand der Forschung werden Forschungsfragen abgeleitet, die den Rahmen für die weitere Arbeit vorgeben (siehe Kapitel 4). Kapitel 5 widmet sich der

---

[2] Der Begriff Schülervorstellungen wird in dieser Arbeit als Fachbegriff verwendet. Er bezieht sich ebenfalls auf die Vorstellungen von Schülerinnen.

Methode der Forschung, führt in das Forschungsdesign ein und erläutert das Vorgehen der Erhebung und Auswertung der Schülervorstellungen. Im Anschluss werden die Ergebnisse der Forschung präsentiert, indem unter anderem die Individualvorstellungen verallgemeinert werden (siehe Kapitel 6). Im nächsten Schritt werden die Ergebnisse aus Kapitel 6 in den bisherigen Forschungsstand eingeordnet und didaktische Leitlinien für den Unterricht vorgestellt (siehe Kapitel 7). Die Arbeit schließt mit einem Ausblick für Forschung und Schulpraxis sowie einer kompakten Zusammenfassung dieser Arbeit (siehe Kapitel 8 und 9).

2 Theoretische Grundlagen

Den Ausgangspunkt der Erhebung im Rahmen des Forschungsprojektes bilden verschiedene Theoriestränge, die im Folgenden dargestellt werden. Dabei handelt es sich einerseits um den Bereich der Schülervorstellungen. Als zweiter großer Teilbereich der theoretischen Grundlagen werden solche zur Karte aufgezeigt.

2.1 Theoretische Grundlagen zu Schülervorstellungen

Zuerst werden theoretische Grundlagen zum Konstruktivismus näher betrachtet, welche der Ausgangspunkt für die folgenden Bereiche sind. Es folgt das Modell der Didaktischen Rekonstruktion, das als Forschungsrahmen dieser Arbeit fungiert. Es schließen sich Erläuterungen zu Schülervorstellungen und verwandten Begriffen an, bevor eine Übersicht zur Conceptual Change-Forschung dieses Teilkapitel der theoretischen Grundlagen abrundet.

2.1.1 Konstruktivismus

Das Modell der Didaktischen Rekonstruktion, Schülervorstellungen und Conceptual Change sind eng verwoben mit dem moderaten Konstruktivismus, der als bedeutender paradigmatischer Rahmen in der Lehr- und Lernforschung gilt (RIEMEIER 2007, S. 70). Konstruktivismus an sich fasst verschiedene Ansätze zusammen, die gemein haben, dass sie das Verhältnis zur Wirklichkeit problematisieren. Die Wirklichkeit ist nicht unmittelbar zugänglich und wird nicht passiv und rezeptiv abgebildet, sondern wird in Abhängigkeit von der Wahrnehmung aktiv konstruiert. Daraus folgt, dass eine Repräsentation der Wirklichkeit nicht auf ihre Richtigkeit hin am Original überprüft werden kann, da sie nur über andere Vorstellungen oder Konstruktionen zugänglich ist und somit lediglich diese verschiedenen Vorstellungen und Konstruktionen miteinander verglichen werden können (FLICK 2019b, S. 151-153). Zu unterscheiden sind verschiedene Ausprägungen des Konstruktivismus:

- Eine erkenntnistheoretische (philosophische), radikal konstruktivistische Position, die eine direkte und objektive Erfassung einer außen liegenden Wirklichkeit als unmöglich ansieht und für die Lehr-Lern-Forschung wenig geeignet ist (BLEICHROTH 1999, S. 195; GERSTENMAIER, MANDL 1995, S. 868, 882-883; MÖLLER 1999, S. 129-130; MÖNTER, SCHLITT 2013, S. 161-162; REINFRIED 2007, S.19; REINMANN, MANDL 2006, S. 626; RIEMEIER 2007, S. 70).

- Ein theoretisches Paradigma in der Soziologie, Kognitionswissenschaft und Psychologie (BLEICHROTH 1999, S. 195; GERSTENMAIER, MANDL 1995, S. 870; REINFRIED 2007, S. 19; REINMANN, MANDL 2006, S. 626)
- Moderat konstruktivistische Ansätze in der Pädagogik, Didaktik und pädagogischen Psychologie (GERSTENMAIER, MANDL 1995, S. 874-875; MÖLLER 1999, S. 129-130; REINFRIED 2007, S. 19; REINMANN, MANDL 2006, S. 626)

Die letztgenannte Ausprägung ist maßgeblich für Schülervorstellungen. Die moderat konstruktivistische Auffassung von Lernen besagt, dass Lernende in einem aktiven und selbstgesteuerten Prozess ihr Wissen selbst konstruieren und nicht einfach nur Wissen aus einer externen Quelle übernehmen, sondern es wird eine individuelle Repräsentation der Welt und ihrer Phänomene geschaffen (GERSTENMAIER, MANDL 1995, S. 874-875; HAVERSATH 2018, S. 123; REINFRIED, SCHULER 2009, S. 121; REINMANN, MANDL 2006, S. 626; RIEMEIER 2007, S.69). Damit unterscheidet sich der konstruktivistische vom kognitivistischen Ansatz, welcher Lernen als Prozess auffasst, bei dem Lehrende objektive Inhalte so zu vermitteln versuchen, dass Lernende den Lerngegenstand in ähnlicher Form wie der Lehrende besitzen (REINMANN, MANDL 2006, S. 619, 626; RIEMEIER 2007, S. 69). Hier setzt der Konstruktivismus an, indem er anstrebt, die Kluft zwischen Wissen und Handeln zu überbrücken und anstatt trägem anwendbares Wissen zu vermitteln (GRUBER et al. 2000, S. 139-140; REINFRIED 2007, S. 19). Dem moderaten Konstruktivismus zur Folge zeichnet sich Lernen neben dem bereits beschriebenen konstruktiven Charakter durch weitere Eigenschaften aus (BLISS 1996, S. 4, 6; DUBS 1995, S. 890-891; HAVERSATH 2018, S. 123; MÖLLER 1999, S. 132-133; MÖNTER, SCHLITT 2013, S. 162; REINMANN-ROTHMEIER, MANDL 1994, S. 3, 8-9; REINMANN, MANDL 2006, S. 627, 638; REUSSER, REUSSER-WEYENETH 1994, S. 16-17; RIEMEIER 2007, S. 70-71):

- aktives Lernen: Eigentätigkeit und emotionale Beteiligung
- selbstbestimmtes, selbstgesteuertes Lernen, das individuelle Lernwege ermöglicht und durch Steuerungshilfen von außen angeregt werden kann
- situatives Lernen: Lernen in relevanten, bedeutungsvollen und kontextgebundenen Situationen
- soziales und kooperatives Lernen: Interaktives Aushandeln von Meinungen und Deutungen

Die konstruktivistische Auffassung von Lernen misst Schülervorstellungen eine zentrale Rolle bei: Der Ausgangspunkt und Hintergrund dieser Konstruktionsprozesse sind die bereits vorhandenen Vorstellungen bei den Lernenden (DUIT 2008, S. 3; GERSTENMAIER, MANDL 1995, S. 874-875; REINFRIED, SCHULER 2009, S. 121; RIEMEIER 2007, S. 69). Darüber hinaus erfahren Schülervorstellungen in einer konstruktivistischen Perspektive eine Umdeutung: Sie stellen viel weniger Defizite gegenüber wissenschaftlichen Vorstellungen dar oder werden unangemessen als Fehlvorstellungen abgetan, sondern werden zur Ressource, auf der weiteres Lernen aufbaut (SCHULER 2011, S. 20). Eine konstruktivistische Perspektive erweitert die Anforderungen an Lehrkräfte, da diese Lernangebote schaffen sollen, die ausgehend von Schülervorstellungen angemessene Konstruktionsprozesse bei den Lernenden anregen (RIEMEIER 2007, S. 72). Zwar wird einerseits von Indizien aus den Didaktiken der Naturwissenschaften gesprochen, dass ein Unterricht, der an Schülervorstellungen anknüpft und somit konstruktivistisch ausgerichtet ist, größere Lernerfolge aufweist und effizienter beim Erwerb von Begriffen und Prinzipien sein kann (DITTON 2002, S. 202-203; DUIT 2006, S. 16-17; GRUEHN 2000, S. 199, 205-206; REINFRIED 2008, S. 11; WIESNER 2006, S. 25, 32). Andererseits gibt es auch Hinweise, dass in stärker instruktional konzipierten Unterrichtskontexten mehr gelernt wird und davon vor allem schwächere Lernende profitieren. Daraus lässt sich eine pragmatische Position ableiten, die sowohl Instruktion durch die Lehrkraft als auch die Konstruktion durch den Lernenden zeitgleich und eng miteinander verknüpft zulässt (KIRSCHNER et al. 2006, S. 75, 83-84; REINFRIED 2007, S. 20).

2.1.2 Das Modell der Didaktischen Rekonstruktion

Das Modell der Didaktischen Rekonstruktion stellt einen erprobten Forschungsrahmen und theoretisch fundierten Untersuchungsplan für die fachdidaktische Lehr-Lernforschung dar, der systematisch Schülervorstellungen und fachlich geklärte Vorstellungen aufeinander bezieht und für die Konstruktion von Unterricht fruchtbar macht (GROPENGIEßER 2008a, S. 172-174; NIEBERT 2010, S. 38; REINFRIED 2007, S. 26). Es handelt sich beim Modell der Didaktischen Rekonstruktion um eine Metatheorie, da es auf mehreren Teiltheorien wie dem Konstruktivismus (siehe Kapitel 2.1.1), der Theorie des erfahrungsbasierten Verstehens (siehe Kapitel 2.1.3.2) sowie dem Conceptual Change (siehe Kapitel 2.1.4) basiert und diese zusammenführt und nutzbar macht (KATTMANN 2007, S. 97-98). Entwickelt wurde dieser Forschungsrahmen in der Physik- und Biologiedidaktik und wurde auch in den Fachdidaktiken der Chemie, Deutsch, Englisch, Geschichte, Mathematik, Sachunterricht sowie der Geographie übernommen (LETHMATE 2007, S. 55).
Das Model der Didaktischen Rekonstruktion, auch als fachdidaktisches Triplett bezeichnet, umfasst drei wesentliche Untersuchungsaufgaben (BELLING 2017, S. 70; GROPENGIEßER 2007a, S. 15, 33; GROPENGIEßER 2008a, S. 172-174; HOOGEN 2016, S. 62; KATTMANN et al. 1997, S. 12; KATTMANN 2007, S. 94-96; RIEMEIER 2007, S. 75; siehe Abbildung 1):
- fachliche Klärung: Hierbei geht es um die methodisch kontrollierte Untersuchung fachwissenschaftlicher Aussagen, Methoden und Termini aus fachdidaktischer Sicht. Als Quellen können hierzu Lehrbuchtexte, Essays, Original-

veröffentlichungen, aber auch Schulbücher, populäre Darstellungen und historische Arbeiten herangezogen werden, wenn diese einen Beitrag zur Präzisierung und Abgrenzung von Theorien und Termini liefern.

- Erfassen von Lernerperspektiven: Es werden individuelle kognitive, affektive, soziale, motivationale und situative Lernvoraussetzungen untersucht, die Ausgangspunkte des Lernens sind.
- didaktische Strukturierung: Dabei handelt es sich um den Planungsprozess zur Gestaltung von Lernumgebungen, der sich aus der Wechselbeziehung zwischen fachlicher Klärung und der Erfassung von Lernerperspektiven ergibt. Aus beiden Perspektiven sollen lernförderliche Korrespondenzen sowie voraussehbare Lernschwierigkeiten aufgezeigt werden, um bei Entscheidungen zum Umfang, Schwierigkeitsgrad und Kontext der unterrichtlichen Vermittlung behilflich zu sein.

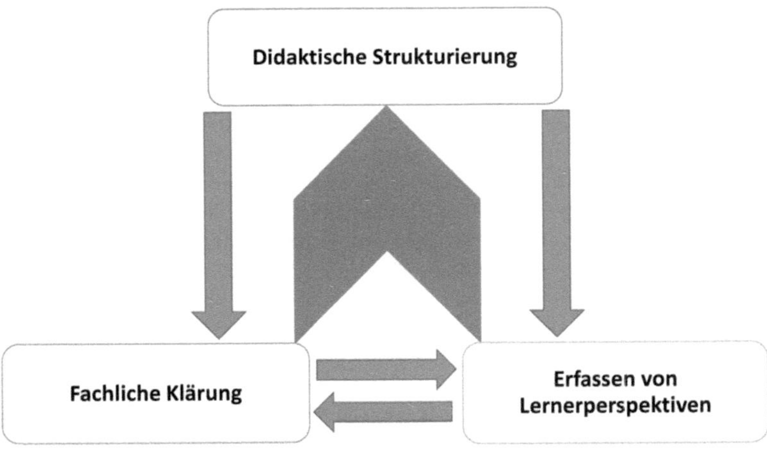

Abb. 1 | Modell der Didaktischen Rekonstruktion (aus: KATTMANN 2015, S. 15; KATTMANN 2017, S. 8; KATTMANN et al. 1997, S. 4; verändert)

Die drei Forschungsschritte unterscheiden sich zwar in ihrer methodischen Herangehensweise, da die fachliche Klärung eine hermeneutisch-analytische, das Erfassen der Lernerperspektiven eine empirische und die didaktische Strukturierung eine konstruktive Untersuchungsaufgabe ist, werden aber im Modell der didaktischen Rekonstruktion sinnvoll miteinander verbunden (GROPENGIEßER 2007a, S. 15; KATTMANN et al. 1997, S. 10; LETHMATE 2007, S. 55). Dabei ist zu beachten, dass es sich im Rahmen der didaktischen Rekonstruktion um ein rekursives und iteratives Vorgehen handelt, d. h. dass die drei Forschungsschritte nicht unabhängig voneinander, nicht in linearer Reihenfolge und nicht gleichzeitig abzuarbeiten sind, sondern dass zum Beispiel Fragen der Vermittlung bereits am Anfang für das Design und die Auswertung relevant sein können bzw. die Ergebnisse der drei Teilaufgaben sich gegenseitig bedingen und fördern (Gropengießer 2008a, S. 172-173; Kattmann et al. 1997, S. 13; Kattmann 2007, S. 94, 101; Lethmate 2007, S. 56; Schubert 2012, S. 10).

Der Begriff der Rekonstruktion zeigt eine wichtige Veränderung im Verständnis von Lernen und Unterricht auf, wodurch das Modell sich deutlich im Konstruktivismus verorten lässt: Im Gegensatz zur didaktischen Reduktion, die davon ausgeht, dass fachliche Strukturen des Unterrichtsinhalts der alleinige Ausgangspunkt sind, vereinfacht werden müssen und somit einseitig wissenschafts- und inhaltsorientiert vorgegangen wird, betont das Modell der Didaktische Rekonstruktion, dass zusätzlich Schülerperspektiven berücksichtigt werden müssen (Kattmann et al. 1997, S. 4; Lange 2010, S. 60; Lethmate 2007, S. 54; Schuler, Felzmann 2013, S. 152). Dass die Fachwissenschaft nicht allein die Gegenstände des Schulunterrichts vorgibt, hat gute Gründe. Einerseits gibt es auch trotz Einigkeit keine allgemein gültige Sachstruktur, sondern es handelt sich dabei um die individuelle Sichtweise der Wissenschaftlerinnen und Wissenschaftler. Des Weiteren sind in der unterrichtlichen Aufbereitung innerfachliche Bezüge zu beachten, die zwar Fachleuten, nicht aber Schülerinnen und Schülern bekannt sind. Außerdem sind fächerübergreifende Aspekte zu bedenken und die Sachverhalte über den Wissenschaftsbereich hinaus in umweltliche, gesellschaftliche und individuelle Zusammenhänge einzubinden. Die Gegenstände des Schulunterrichts werden somit nicht von der Fachwissenschaft vorgegeben, sondern sind in pädagogischer Zielsetzung didaktisch zu rekonstruieren (Gropengießer 2007a, S. 13-14; Kattmann et al. 1997, S. 3-4). Konsequent sieht das Modell der didaktischen Rekonstruktion fachliche und Schülervorstellungen als gleichwertig und gleichbedeutend an, indem Lernerperspektiven die gleiche Kohärenz und Stimmigkeit wie den wissenschaftlichen Vorstellungen zugerechnet werden. Beides sind gleichwertige Quellen für die Unterrichtsplanung (Lethmate 2007, S. 55; Kattmann 2007, S. 98; Kattmann 2017, S. 8). In diesem Kontext steht Fachdidaktik dafür, eine metafachliche Perspektive einzunehmen, eine Brücke zwischen gleichbedeutenden fachlichen und Lernerperspektiven zu bauen und als Vermittlungswissenschaft die Fachwissenschaft in Beziehung zur Lebenswirklichkeit zu setzen (Kattmann et al. 1997, S. 11; Kattmann 2007, S. 100; Riemeier 2007, S. 75).

Kattmann et al. (1997, S. 14-15) sehen neben den bisher genannten Punkten als zentrale Leistungen des Modells der didaktischen Rekonstruktion die Gestaltung der fachlichen Klärung als fachdidaktische Aufgabe, die Betonung von Schülervorstellungen als wichtige Anknüpfungspunkte des Lernens sowie die Vergleichbarkeit von Vorstellungen von Wissenschaftlerinnen und Wissenschaftlern sowie Schülerinnen und Schülern an. Des Weiteren ergeben sich Synergieeffekte beim Verstehen von Schülervorstellungen auf Basis der fachlichen Vorstellungen und umgekehrt. Abschließend wird die selbstkorrigierende Vorgehensweise durch den iterativen und nicht additiven Ansatz bei der

Bearbeitung der drei Untersuchungsaufgaben hervorgehoben, wodurch unzulässige Interpretationen korrigiert werden können. Andererseits muss als Grenze des Modells festgehalten werden, dass pädagogische Komponenten, die nicht bereichsspezifisch auf ein Unterrichtsthema bezogen sind, jedoch aber in die didaktische Strukturierung einfließen, nicht erfasst werden (KATTMANN 2007, S. 98).

2.1.3 Schülervorstellungen

In den folgenden Teilkapiteln werden zunächst der Begriff Schülervorstellungen und weitere, ähnliche Begriff definiert (siehe Kapitel 2.1.3.1). Zusätzlich wird auf Quellen und Entstehung sowie verschiedene Arten von Schülervorstellungen eingegangen (siehe Kapitel 2.1.3.2 und 2.1.3.3). Außerdem werden die Auswirkungen von Schülervorstellungen auf Lernen und Unterricht vorgestellt und Forderungen an die Konzeption von Lernarrangements aufgezeigt, in denen Schülervorstellungen eingebunden werden (siehe Kapitel 2.1.3.4 und 2.1.3.5).

2.1.3.1 Definition von Schülervorstellungen und verwandte Begriffe

Der Begriff Schülervorstellungen umfasst eine Bandbreite an Definitionen und Erweiterungen, die sich aus einer mehrjährigen Forschungsgeschichte sowie einer weit verzweigten Forschungslandschaft über verschiedene Disziplinen hinweg entwickelt hat. Unter einer Vorstellung werden im Sinne von BAALMANN et al. (2004, S. 8) Kognitionen, die Verständnisse und Gedanken zu einem bestimmten Sachgebiet umfassen, verstanden. Dieser im moderaten Konstruktivismus (siehe Kapitel 2.1.1) verorteten Ansicht zur Folge sind Vorstellungen subjektive gedankliche Prozesse, die weder aufgenommen noch weitergegeben werden können, sondern immer selbst von den Personen konstruiert oder erzeugt werden (VON AUFSCHNAITER et al. 1992, S. 385, 388, 420; DUIT 1994, S. xxxi-xxxii; VON GLASERSFELD 1992, S. 131; ROTH 1997, S. 23, 359-360; WANDERSEE et al. 1994, S. 178). Dabei sollte der Vorstellungsbegriff, bei welchem eine individuelle Konstruktion im Zentrum steht, klar vom Begriff des Wissens abgegrenzt werden, der stärker von einem fachlich vorgegebenen Lerngegenstand ausgeht (SCHULER 2011, S. 15). Es müssen von einer Vorstellung zum einen die Wörter oder allgemeiner Zeichen unterschieden werden, die man verwendet, um sie zu kommunizieren, sowie die Dinge oder Ereignisse, allgemeiner auch als Referenten bezeichnet, auf die sich Vorstellungen beziehen (BAALMANN et al. 2004, S. 8; siehe Kapitel 2.1.3.3).
Schülervorstellungen beziehen sich speziell auf die Vorstellungen der Gruppe der Schülerinnen und Schüler, mit denen diese in den Unterricht kommen. Sie stammen häufig aus dem außerschulischen Alltag und sind somit für schulisches Lernen von enormer Bedeutung (SCHUBERT 2012, S. 4-5). Schülervorstellungen sind nicht mit Vorwissen gleichzusetzen, das in der Regel in die Kategorien richtig oder falsch eingeteilt werden kann, sondern sie umfassen subjektive Denk- und Erklärungs-

muster (Schuler 2015, S. 9). Über den Terminus Schülervorstellungen hinaus existiert eine Fülle an weiteren Begriffen, die Ähnliches bezeichnen und häufig synonym verwendet werden (siehe Tabelle 1). Es sollte jedoch dabei beachtet werden, dass sich hinter den verschiedenen Begriffen eigene Theorieansätze verbergen, die sich einerseits ergänzen, andererseits erhebliche Unterschiede aufweisen können (Girg 1994, S. 76; Hills 1989, S. 181; Möller 1999, S. 140; Wodzinski 1996, S. 4, 15).

Tab. 1 | Übersicht zu verschiedenen Begriffen rund um Schülervorstellungen (aus: siehe rechte Spalte, Erklärungen und Besonderheiten aus unterstrichener Quelle, eigener Entwurf)

Begriff	Erklärung bzw. Besonderheiten	Quelle bzw. Verwendung
Ad-Hoc-Vorstellungen	spontane Konstruktion zu Phänomenen, zu denen bisher keine Vorstellung gebildet worden ist	Duit 1993, S. 7; Hammann, Asshoff 2014, S. 23; Häußler et al. 1998, S. 177.
Alltagsmythen	-	Kattmann 2015, S. 13.
Alltagsphantasien	Erweiterung und besondere Form von Alltagsvorstellungen um Tiefendimension der intuitiven Vorstellungen	Gebhard 2007, S. 117-119; Kattmann 2015, S. 13.
Alltagstheorien	Vorstellungen, die in Alltagskontexten entstehen, zum Einsatz kommen, einen hohen Komplexitätsgrad aufweisen und sich bewähren	Möller 2018, S. 37; Reinfried 2007, S. 21; Schuler 2005, S. 97; Schuler 2011, S. 17.
Alltagsvorstellungen	allgemein verbreitete Vorstellungen, Gedanken, Begriffe, Überlegungen, die durch Erfahrungen im Alltag entstehen und sich bewähren	Hammann, Asshoff 2014, S. 15; Kattmann 2017, S. 7; Möller 1999, S. 140; Möller 2018, S. 37; Reinfried 2006a, S. 38; Reinfried 2007, S. 21; Schubert 2012, S. 4; Schuler 2011, S. 14-17.
alternative frameworks	von Schülerinnen und Schülern entwickelte autonome Gefüge, um Erfahrungen aus der physischen Welt zu konzeptualisieren	Dove 1998, S. 184; Driver, Easley 1978, S. 62; Möller 1999, S. 140; Vosniadou, Brewer 1992, S. 536; Wodzinski 1996, S. 15.
alternative Vorstellungen (alternative conceptions)	Konzepte, die nicht konsistent mit aktuell wissenschaftlich anerkannten Konzepten sind; nützliche Alltagsvorstellungen von der Welt	Atwood, Atwood 1996, S. 553; diSessa 1993, S. 108; Dove 1998, S. 184; Dykstra et al. 1992, S. 615; Kattmann 2015, S. 13; Wandersee et al. 1994, S. 178-179.

Begriff	Erklärung bzw. Besonderheiten	Quelle bzw. Verwendung
anthropogene Voraussetzungen	Anlagen, Erfahrungen und Vorgeprägtheit der Schülerinnen und Schüler	SCHNIOTALLE 2003, S. 79; SCHULZ 1979, S. 36.
Ausgangsbedingungen	-	KLAFKI 2007, S. 131-132; SCHNIOTALLE 2003, S. 79.
children's science	Konzeptuelle Strukturen, die ein in sich logisches und kohärentes Verstehen der Umwelt aus der Sicht eines Kindes ermöglichen, aber inkompatibel mit fachlichen Vorstellungen sind	DOVE 1998, S. 184; DUIT, TREAGUST 2003, S. 671; GILBERT et al. 1982, S. 625; MÖLLER 1999, S. 140; MÖLLER 2018, S. 37; WODZINSKI 1996, S. 15.
Fehlkonzepte (misconceptions)	Inkompatibilität mit fachlichen Vorstellungen, normativ-wertend, in Frage gestellt, im Widerspruch mit konstruktivistischem Verständnis von Lernen	DISESSA 1993, S. 108; DOVE 1998, S. 184; DUIT 1994, S. xxix; MCCLOSKEY, KARGON 1988, S. 49; MÖLLER 1999, S. 140; MÖLLER 2018, S. 37; NOVAK 1988, S. 78, 83; POSNER et al. 1982, S. 211; SCHNOTZ 2006, S. 80; VOSNIADOU, BREWER 1992, S. 536; WANDERSEE et al. 1994, S. 178-179.
Fehlvorstellungen	unzureichend, pädagogisch unangemessen, abwertend	GROPENGIEßER 2007a, S. 17; KATTMANN 2015, S. 13; KATTMANN 2017, S. 7; KRÜGER 2007, S. 82; MÖLLER 1999, S. 140; REINFRIED, SCHULER 2009, S. 121.
folk theories	Entstehung aus Alltagserfahrungen und sozialer Interaktion; handlungsleitend, auf andere Situationen anwendbar und dienen Vorhersagen	KEMPTON 1987, S. 222; VOSNIADOU, BREWER 1992, S. 536.
intuitive conceptions	vorhandene Wissensstrukturen vor Lernprozess	LEWIS, E. 1996, S. 4.
intuitive notions	-	BAR 1989, S. 494.
intuitive theories	-	MCCLOSKEY, KARGON 1988, S. 49; VOSNIADOU, BREWER 1992, S. 536.
Hybridvorstellungen	Vereinigung alter Alltagsvorstellung mit neuer Vorstellung	DUIT 1995, S. 910; JUNG 1993, S. 95; KATTMANN et al. 1997, S. 6; REINFRIED 2010, S. 7; WOLBERG, WRENGER 2015, S. 209.

Begriff	Erklärung bzw. Besonderheiten	Quelle bzw. Verwendung
Laientheorie	-	BROMME, KIENHUES 2014, S. 72.
lebensweltliche Vorstellungen	-	HAMMANN, ASSHOFF 2014, S. 15; KATTMANN 2015, S. 13.
Lernerperspektiven	-	HAMMANN, ASSHOFF 2014; S. 15.
Lernvoraussetzungen	Einstellungen, Kenntnisse, Wahrnehmungen, Wertungen, Wertorientierungen, Fähigkeiten und Interessen, die Lernende inhaltsspezifisch potenziell in den Unterricht einbringen	BECKER 1997, S. 15-17; KAISER 1997, S. 190; SCHNIOTALLE 2003, S. 79.
mentale Modelle (mental models)	ein subjektives, anschauliches, mentales (d. h. inneres) Vorstellungsbild von Ausschnitten der Realität	COLLINS, GENTNER 1987, S. 243; DITTON 2002, S. 208; REINFRIED 2006a, S. 38; SCHNOTZ 2006, S. 78-79; SCHULER 2005, S. 99; VOSNIADOU, BREWER 1992, S. 536.
naive Konzepte	-	REINFRIED, SCHULER 2009, S. 121.
naive theories	-	CAREY 1988, S. 1.
naive views	-	BAR 1989, S. 498.
naive Vorstellungen	-	DUIT 2006, S. 16.
naives Wissen	-	HORN, SCHWEIZER 2010, S. 190; REINFRIED 2007, S. 21.
Postkonzepte	Vorstellungen, die nach dem Unterricht bzw. einer unterrichtlichen Intervention entstanden sind	MÖLLER 1999, S. 140; SCHUBERT 2015, S. 5.
Präkonzepte (preconceptions)	Konzepte vor Beginn einer Lehr-Lernsituation	DISESSA 1993, S. 108; DOVE 1998, S. 184; HAMMANN, ASSHOFF 2014, S. 15; MÖLLER 1999, S. 140; MÖLLER 2018, S. 37; REINFRIED 2007, S. 21; REINFRIED, SCHULER 2009, S. 121; WODZINSKI 1996, S. 15.
Schülervorstellungen (students' conceptions)	Vorstellungen von Schülerinnen und Schülern, die vor, neben, im und auch nach dem Unterricht gebildet werden	KATTMANN 2015, S. 13; KATTMANN 2017, S. 7; MÖLLER 1999, S. 140; MÖLLER 2018, S. 35; NIEDDERER 1996, S. 120-121; SCHUBERT 2012, S. 4.

Begriff	Erklärung bzw. Besonderheiten	Quelle bzw. Verwendung
subjektive Theorien	Das durch persönliche Erfahrung und praktische Belehrung aufgebaute Wissen, unbewusst und vorbewusst; multiple Repräsentationen eines Wissensgegenstandes; auf Alltagserfahrungen beruhende konsistente Denkgebäude; System von mehr oder weniger kohärenten und konsistenten subjektiven Annahmen über Sachverhalte und Gesetzmäßigkeiten	ARTELT, WIRTH 2014, S. 185; DITTON 2002, S.208; GROEBEN et al. 1988, S. 19; KATTMANN 2015, S. 13; REINFRIED 2006a, S. 38, 40; REINFRIED 2007, S. 21; REINFRIED, SCHULER 2009, S. 121; SCHULER 2005, S. 98-101; SCHULER 2011, S. 102-105; SEIDEL et al. 2014, S. 28.
Unterrichtsvorstellungen (unterrichtsbedingte Vorstellungen)	Schülervorstellungen, die auf unbeabsichtigten Wirkungen des Unterrichts beruhen	HAMMANN, ASSHOFF 2014, S. 15.
untutored beliefs (auch untutored ideas, views, conceptions)	-	HILLS 1989, S. 156-158.
Vorerfahrungen	beziehen sich auf themenbezogenes Vorwissen und unbewusste Voreinstellungen und Vorahnungen	KOCH-PRIEWE 1995, S. 93; MÖLLER 1999, S. 140; MÖLLER 2018, S. 37; SCHNIOTALLE 2003, S. 79.
Vorkenntnisse	-	KATTMANN 2015, S. 13; SCHNIOTALLE 2003, S. 79.
Vortheorie	seit frühester Kindheit, vor Schuleintritt gebildete feste Theorien über Dinge	KÖSEL 1993, S. 171; SCHNIOTALLE 2003, S. 79.
vorunterrichtliche Vorstellungen	-	HAMMANN, ASSHOFF 2014, S. 15; KATTMANN 2015, S. 13; MÖLLER 1999, S. 140; SCHUBERT 2012, S. 4-5.
(Schüler-) Vorverständnis	Verständnis, Wissen, Können und Erfahrungen, das/die Schülerinnen und Schüler in den Unterricht mitbringen	BALLAUFF 1970, S. 65; GIRG 1994, S. 11; MÖLLER 2018, S. 37; SCHNIOTALLE 2003, S. 79; SCHECKER 1985, S. 8; WODZINSKI 1996, S. 15.
Vorwissen	nicht gleichzusetzen mit Schülervorstellungen	KATTMANN 2015, S. 13; KOCH-PRIEWE 1995, S. 93; MÖLLER 2018, S. 37; SCHULER 2015, S. 9.
Zwischenvorstellungen (intermediate conceptions)	im Verlauf von Lernprozessen entstandene Vorstellungen, die zwischen Alltags- und wissenschaftlichen Vorstellungen anzusiedeln sind	LEWIS, E. 1996, S. 10; MÖLLER 1999, S. 143; NIEDDERER 1996, S. 127, 140; NIEDDERER, GOLDBERG 1995, S. 75.

Im Folgenden soll nur auf häufig verwendete oder für diese Studie relevante Begriffe eingegangen werden. Die Bezeichnung Alltagsvorstellungen wird im Gegensatz zu Schülervorstellungen unabhängig vom Alter verwendet. Damit werden allgemein verbreitete Vorstellungen, Gedanken, Begriffe, Überlegungen und Überzeugungen bezeichnet, die von wissenschaftlichen Vorstellungen abzugrenzen sind, da ihre fachliche Angemessenheit nicht wissenschaftlich geprüft ist (KATTMANN 2017, S. 7; SCHUBERT 2012, S. 4-5). Von Präkonzepten wird gesprochen, wenn Konzepte vor Beginn des Unterrichtes gemeint sind (MÖLLER 1999, S. 140). Ein Postkonzept bezieht sich auf Vorstellungen, die nach einer unterrichtlichen Intervention vorhanden sind (SCHUBERT 2015, S. 5). Darüber hinaus gibt es mehrere Begriffe, die sich zwischen Schüler- und wissenschaftlichen Vorstellungen einordnen lassen: Vorstellungen, die aus einer Verknüpfung von fachwissenschaftlichen und alltagsweltlichen Vorstellungen entstanden sind, ohne von der Lehrperson in dieser Form angestrebt worden zu sein, gelten als Hybridvorstellungen, die eine notwendige und nützliche Stufe im Lernprozess sein können (JUNG 1993, S. 95; REINFRIED 2010, S. 7; WOLBERG, WRENGER 2015, S. 209). Ähnlich sind Zwischenvorstellungen zu verstehen. Sie stellen einen Lernfortschritt dar, entsprechen aber noch nicht der wissenschaftlichen Vorstellung (MÖLLER 1999, S. 143; NIEDDERER 1996, S. 127, 140; NIEDDERER, GOLDBERG 1995, S. 75). Weitestgehend abgelehnt werden Bezeichnungen wie Fehlkonzept oder Fehlvorstellung, da sie in einer normativen und wertenden Art und Weise missachten, dass Alltags- bzw. Schülervorstellungen tief verankert, plausibel und im alltäglichen Leben hilfreich sind (KRÜGER 2007, S. 82; REINFRIED, SCHULER 2009, S. 122; SCHNOTZ 2006, S. 80). Im Folgenden wird überwiegend der Begriff Schülervorstellungen angewandt, da dieser für das vorliegende Forschungsprojekt am zutreffendsten erscheint. Wenn andere Bezeichnungen im jeweiligen Kontext geeigneter sind, werden diese verwendet.

2.1.3.2 Quellen und Entstehung von Schülervorstellungen

Von Bedeutung ist nicht nur die Beschaffenheit von Schülervorstellungen, sondern die Herkunft dieser, um sie nachvollziehen zu können. Zum einen gelten Alltagsbeobachtungen und -erfahrungen als mögliche Quelle von Schülervorstellungen. Beispielsweise werden alltägliche Beobachtungen wie die Sonnenbahn am Horizont oder die Raumwahrnehmung der Erde als Fläche zu subjektiven Theorien verdichtet (DUIT 2008, S. 3; SCHULER, FELZMANN 2013, S. 150). Eine weitere Quelle von Schülervorstellungen sind unsere Sprache und Alltagskommunikation. Sie übertragen bestimmte Vorstellungen, wie beispielsweise der Ausdruck Ozonloch, der die Vorstellung auslöst, dass ein Loch in der Atmosphäre unter anderem die globale Erderwärmung verursacht, oder wie die Formulierung, dass Strom verbraucht wird (DUIT 2008, S. 3; MÖLLER 1999, S. 140; SCHULER, FELZMANN 2013, S. 150). Eine weitere mögliche Quelle von Schülervorstellungen stellen Massenmedien wie Kinder- und Sachbücher, Filme, Serien, etc. dar (MÖLLER 1999, S. 140; SCHUBERT 2012, S. 5-6;

14

SCHULER, FELZMANN 2013, S. 150). Jedoch schränkt KATTMANN (2017, S. 7) ein, dass die Vermutung eines großen, dem Anliegen des Unterrichts entgegenstehenden Einflusses von Medien auf die Vorstellungsbildung bei Kindern und Jugendlichen nur bedingt plausibel ist, da lediglich die Wahrnehmung von Mitteilungen nicht die Bildung von Schülervorstellungen auslöst. Darüber hinaus können Schülervorstellungen auch aus dem vorangegangenen Unterricht stammen (DUIT 1993, S. 7; SCHULER, FELZMANN 2013, S. 150). Dabei können jedoch wegen ungenauen Umgangs mit Fachsprache, starken Vereinfachungen oder stereotypen Darstellungen vom fachlichen Bild abweichende Vorstellungen entstehen (DOVE 1998, S. 193-196; SCHUBERT 2012, S. 13). Der Begriff Unterrichtsvorstellungen (siehe Tabelle 1, Kapitel 2.1.3.1) bezeichnet solche Schülervorstellungen, die aus einer unbeabsichtigten Wirkung des Unterrichts entstehen und von vorunterrichtlichen Vorstellungen abzugrenzen sind (HAMMANN, ASSHOFF 2014, S. 18-19). Es sollte bei der Herkunft von Schülervorstellungen auch nicht der Einfluss von Gesprächen mit und Meinungen von Eltern, Geschwistern und Freunden unterschätzt werden (MÖLLER 1999, S. 140; SCHUBERT 2012, S. 5-6).

Aus diesen Quellen bilden sich auf verschiedene Arten Schülervorstellungen: Erstens werden Analogien zu bekannten Phänomenen gebildet, mit denen ein neues Phänomen erklärt wird. Zweitens werden häufig der unbelebten Natur lebende Eigenschaften zugeschrieben (Animismus). Weit verbreitet ist auch der Gedanke, dass in einem teleologischen Sinn alles Geschehen von Zwecken bestimmt ist. Ebenfalls können Schülervorstellungen auf bildhaften Visualisierungen von Metaphern beruhen (REINFRIED 2008, S. 9). In diesem Kontext bietet die Theorie des erfahrungsbasierten Verstehens einen Ansatz, um die Entstehung von Schülervorstellungen nachzuvollziehen, da dieser folgend erfahrungsbasierte Begriffe auf ein neu zu verstehendes Phänomen angewendet werden (FELZMANN 2010, S. 87-88). Als Grundlage der Theorie des erfahrungsbasierten Verstehens dienen Metaphern: Körperlich-psychische, soziale und umweltliche Erfahrungen aus einem relativ konkreten Ursprungsbereich werden auf einen abstrakten, den Sinneserfahrungen nicht zugänglichen Zielbereich bezogen (BAALMANN et al. 2004, S. 9; GROPENGIEßER 2007b, S. 107; NIEBERT 2010, S. 15; KATTMANN 2015, S. 14). Die Theorie des erfahrungsbasierten Verstehens bietet somit einen Ansatz zur Erfassung und Interpretation von Schülervorstellungen, jedoch auch bei der Analyse wissenschaftlicher Vorstellungen sowie Anknüpfungspunkte für die didaktische Strukturierung (GROPENGIEßER 2007b, S. 113-114; siehe Kapitel 2.1.2). Jedoch muss zum möglichen Einsatz für die didaktische Strukturierung einschränkend erwähnt werden, dass die Theorie des erfahrungsbasierten Verstehens VOSNIADOU (2009, S. 203) zufolge nicht für eine Initiierung eines Conceptual Change (siehe Kapitel 2.1.4) geeignet ist, da viele Lernende Metaphern nicht angemessen interpretieren und reflektieren können. NIEBERT (2010, S. 185) spricht jedoch davon, dies anhand seiner Studie zu widerlegen.

2.1.3.3   Arten von Schülervorstellungen

Über Eigenschaften und Beschaffenheit von Schülervorstellungen gibt es verschiedenen Ansätze, von welchen ein Teil im Kapitel zu Conceptual Change (siehe Kapitel 2.1.4) erläutert wird, da diese sich direkt auf die Veränderung von Schülervorstellungen beziehen. Darüber hinaus wird zwischen Deep Structures und Current Constructions in Bezug auf Schülervorstellungen unterschieden, auch wenn deren Grundideen bereits in den vorigen Ausführungen angesprochen wurden. Unter Deep Structures werden stabile und beständige Konstruktionen verstanden, die sehr resistent gegenüber Veränderungen sind. Davon unterscheiden sich im Grad der Verankerung Current Constructions, unter welchen spontane, kurzlebige und aktuelle Konstruktionen in konkreten Situationen verstanden werden. Aus diesen Current Constructions, die in ihrem Wesen den weiter oben erwähnten Ad-Hoc-Vorstellungen (siehe Kapitel 2.1.3.1) ähneln, können sich stabile Konstruktionen entwickeln (DUIT 1993, S. 7; MÖLLER 1999, S. 140; NIEDDERER, SCHECKER 1992, S. 79-80; SCHUBERT 2012, S. 6; SCHUBERT 2015, S. 7-8). Eine ähnliche Unterscheidung trennt spezielle und allgemeine Schülervorstellungen: Spezielle Schülervorstellungen betreffen einzelne, spezifische Phänomene und Begriffe. Allgemeine Schülervorstellungen dagegen weisen einen Bezug zu einer Vielzahl an Phänomenen und Begriffen auf. Sie umfassen zusätzlich Vorstellungen zum wissenschaftlichen Wissen an sich wie den naiven Realismus (die Idee, dass die Phänomene so sind, wie man sie wahrnimmt) oder Anthropomorphismus (Zuschreibung menschlicher Eigenschaften in nichtmenschliche Bereiche) und sind schwerer als spezielle Vorstellungen zu ändern, wenn sie vielfältig in Alltagsdenkschemata eingebettet sind (HAMMANN, ASSHOFF 2014, S. 19-20; HÄUßLER et al. 1998, S. 177).

Eine wichtige Rolle in Bezug auf Schülervorstellungen spielt die Einteilung dieser in verschiedene Komplexitätsebenen sowie der Entsprechungen im gedanklichen, sprachlichen und referentiellen Bereich (siehe Tabelle 2). Auf der untersten Komplexitätsebene von Vorstellungen finden sich Begriffe: Diese sind die einfachsten Elemente von Vorstellungen, die sich durch (Fach-) Wörter versprachlichen und sich auf Dinge, Objekte oder Ereignisse beziehen. Begriffe repräsentieren erfahrungsabhängig akkumulierte Informationen über Teile der Lebenswelt (BLEICHROTH 1999, S. 188; GROPENGIEßER 2007a, S. 31). Die Verknüpfung unterschiedlicher Begriffe durch Relationen zu einer komplexeren Form von Vorstellungen wird als Konzept bezeichnet. Ihnen entsprechen im referentiellen Bereich Sachverhalte und im sprachlichen Bereich Behauptungen, Sätze und Aussagen (GROPENGIEßER 2007a, S. 31; KRÜGER, RIEMEIER 2014, S. 143; LANGE 2010, S. 60). Wie Konzepte werden Denkfiguren der mittleren Komplexitätsebene zugeordnet, wobei Denkfiguren sich aus verschiedenen Konzepten zusammensetzen und einen erklärenden Charakter haben. Sie beziehen sich auf einen Wirklichkeitsaspekt und kommen als Grundsatz zur Sprache (BAALMANN et al. 2004, S. 8; GROPENGIEßER 2007a, S. 31; KRÜ-

GER, RIEMEIER 2014, S. 143). Auf höchster Komplexitätsebene befinden sich (subjektive) Theorien, im Rahmen welcher Konzepte und Denkfiguren vernetzt werden. Sie referieren auf einen Wirklichkeitsbereich und werden durch Aussagengefüge oder eine Darlegung sprachlich vermittelt (GROPENGIEßER 2007a, S. 31; LANGE 2010, S. 60). Im Hinblick auf die Auswertung von verbalem Datenmaterial zu Schülervorstellungen ergibt sich daraus eine relevante Unterscheidung: Der sprachliche und gedankliche Bereich sollten nicht als gleich angesehen werden, da die Nennung fachlich akzeptabler oder korrekter Termini an sich nicht bedeutet, dass ein Konstruktionsprozess in Richtung eines entsprechenden wissenschaftlichen Verständnisses vorliegt (GROPENGIEßER 2008b, S. 13; RIEMEIER 2004, S. 131, 138; RIEMEIER 2007, S. 74-75).

Tab. 2 | Komplexitätsebenen von Schülervorstellungen und korrespondierende Termini im gedanklichen, sprachlichen und referentiellen Bereich (aus: BAALMANN et al. 2004, S. 8; GROPENGIEßER 2007a, S. 31; LANGE 2010, S. 59-60; SCHUBERT 2012, S. 5; verändert)

Komplexitätsgrad	Referentieller Bereich	Gedanklicher Bereich	Sprachlicher Bereich
zunehmend ↑	Wirklichkeitsbereich	Theorie	Aussagegefüge, Darlegung
	Wirklichkeitsaspekt	Denkfigur	Grundsatz
	Sachverhalt	Konzept	Satz, Aussage, Behauptung
	Ding, Objekt, Ereignis	Begriff	(Fach-) Wort

2.1.3.4 Auswirkungen auf Lernen und Unterricht

Schülervorstellungen werden enorme Auswirkungen auf Lernen und damit verbunden Unterricht zugerechnet. Es muss davon ausgegangen werden, dass Lernende mit Vorstellungen in den Unterricht kommen, die massiv von wissenschaftlichen Vorstellungen abweichen und somit für den Vermittlungserfolg zentral sind (BAALMANN et al. 2004, S. 7-8). Eine konstruktivistische Sicht auf das Lernen betont vorunterrichtliche Schülervorstellungen als wichtigste Ressource, auf der jedes Lernen aufbaut, und als Interpretationsschema, mit welchen Lernende alles deuten (REINFRIED, SCHULER 2009, S. 121-122; SCHULER, FELZMANN 2013, S. 149). Somit nehmen Schülervorstellungen eine Doppelrolle ein: Sie stellen einerseits Lernhemmnisse, andererseits aber auch notwendige Anknüpfungspunkte dar (DUIT 2006, S. 15; REINFRIED 2008, S. 8; REINFRIED, SCHULER 2009, S. 122). Ihre hemmende Wirkung beim Lernen erklärt sich durch ihre tiefe Verankerung im Denken, ihre hohe Plausibilität sowie kohärente und theoriegeleitete Sicht auf die Welt (DISESSA 1993, S. 109; REINFRIED, SCHULER 2009, S. 121-122). Zusätzlich sind sie als robust zu bezeichnen, da sie aufgrund ihrer Bewährung im Alltag als viabel gelten und sich aufgrund von Bedürfnissen, Interessen und Einstellungen der Lernenden nicht durch rationales Lernen ersetzen lassen (DUIT 2008, S. 5; RIEMEIER 2007, S. 74). Schülervorstellungen sind nicht einfach austauschbar gegen fachlich angemessenere Vorstellungen und es sollte auch nicht der Anspruch sein, sie auszumerzen, da sie sich in Alltagssituationen bewähren und auch unentbehrlich sein können (DUIT 1993, S. 11; JUNG 1986, S. 6; KATTMANN 2015, S. 11, 19). Andererseits bieten Schülervorstellungen auch Potenziale: Sie ermöglichen Perspektivwechsel, wenn verschiedene Betrachtungsweisen, die den jeweiligen Schülervorstellungen zugrunde liegen, verglichen werden. Von Anknüpfungsstrategien und kontinuierlichen Lernwegen wird gesprochen, wenn ein mit fachlichen Vorstellungen korrespondierender Aspekt als Ansatzpunkt für das Lernen genutzt werden kann. Konfliktstrategien bzw. diskontinuierliche Lernwege beruhen auf der Gegenüberstellung von Schüler- und fachlichen Vorstellungen, um einen kognitiven Konflikt und einen Conceptual Change bzw. Konzeptwechsel auszulösen, was jedoch nur gelingt, wenn die Gegenbeispiele für die Lernenden überzeugend sind. Brückenstrategien übergehen für den Lernprozess womöglich störende Vorstellungen und fokussieren sich auf die Konstruktion fachlich angemessener Konzepte. Abschließend wird ein Vergleich zu Konzepten vor dem Unterricht gezogen, was jedoch ein hohes Maß an Reflexionsfähigkeit bei den Lernenden verlangt (HAMMANN, ASSHOFF 2014, S. 16; KATTMANN 2015, S. 19-20; KATTMANN 2017, S. 9; MÖLLER 2018, S. 46). Bei den Auswirkungen auf Lernen und Unterricht darf aber nicht unterschätzt werden, dass Schülerinnen und Schüler zu bestimmten Unterrichtsthemen keine Vorstellungen konstruiert haben, da sich in ihrem Alltag noch keine Berührungspunkte zu diesen Inhalten ergeben haben und somit im Unterricht Vorstellungen ad-hoc (siehe Kapitel 2.1.3.1 und 2.1.3.3) gebildet werden (VON AUFSCHNAITER, VON AUFSCHNAITER 2003, S. 619; BELLING 2017, S. 65; DUIT 1993, S. 7; FELZMANN 2013, S. 17; SCOTT 1992, S. 220, 222-223; STRIKE, POSNER 1992, S. 156-158). Es kann zu einer kontextspezifischen Verwendung von Schülervorstellungen kommen, so dass auf fachliche Vorstellungen beispielsweise im Unterricht zurückgegriffen wird, wohingegen im Alltag weiterhin vorunterrichtliche Vorstellungen beibehalten werden (HAMMANN, ASSHOFF 2014, S. 17). Darüber hinaus beeinflussen Schülervorstellungen nicht nur Lernen und Unterricht, sondern Unterricht kann auch Vorstellungen erzeugen, die nicht im Einklang mit den Fachwissenschaften stehen (DUIT 1993, S. 7; siehe Kapitel 2.1.3.2).

2.1.3.5 Forderungen an die Gestaltung von Unterricht mit Schülervorstellungen

Mit der Theorie und Forschung zu Schülervorstellungen sind auch Wünsche für und Forderungen an eine unterrichtliche Umsetzung verbunden. Wie oben bereits beschrieben, stellen Schülervorstellungen gleichzeitig Lernchancen wie auch -hindernisse dar (KATTMANN 2015, S. 12; siehe Kapitel 2.1.3.4). Daher sind für die Erstellung von Unterrichtsmaterial sowie in Unterrichtssituationen selbst Kenntnisse über zu erwartende Vorstellungen hilfreich und notwendig, um angemessene didaktische Entscheidungen treffen zu können (SCHUBERT, WRENGER 2015, S. 173). Jedoch muss davon ausgegangen werden, dass Lehrkräften Schülervorstellungen zu wenig oder nicht bewusst sind, was auch damit zu tun hat, dass nur zu ausgewählten Themen der Geographie Schülervorstellungen erhoben wurden (REINFRIED 2008, S. 8). Untersuchungen und Unterrichtserfahrungen zeigen, dass Lernerfolge größer und nachhaltiger als üblich sein können, wenn Schülervorstellungen angesprochen und reflektiert werden (KATTMANN 2017, S. 10; MULLER 2008, S. 159, 179, 201, 212; REINFRIED 2008, S. 11). Es muss jedoch dabei beachtet werden, dass Schülervorstellungen nicht einfach ersetzt und ausgetauscht werden (DUIT 1993, S. 11; JUNG 1986, S. 6; KATTMANN 2015, S. 11, 19). Ein Unterricht, der lediglich mit einem Brainstorming oder einer Abfrage vorhandener Vorstellungen in einem Unterrichtsgespräch beginnt, wird einer Gestaltung, die Schülervorstellungen berücksichtigt, nicht gerecht, sondern es müssen Schülervorstellungen sowie zusätzlich Einstellungen und Interessen bereits vor der Planung bekannt sein (OBERRAUCH, KELLER 2015, S. 89-90). Es müssen die Perspektive der Lernenden ernst genommen, eine aktive Auseinandersetzung mit dem Thema angeregt, Reflexion über den Lernprozess und das eigene Wissen angestoßen sowie vorunterrichtliche Vorstellungen einbezogen werden (HAMMANN, ASSHOFF 2014, S. 24; HÄUßLER et al. 1998, S. 199-200). Ähnlich formuliert DUIT (2008, S. 5-6), dass ein Kennzeichen eines erfolgreichen Unterrichts die angemessene Berücksichtigung von Schülervorstellungen bei der Planung ist. Hinzu kommen die Einbindung des Lernens in sinnstiftende Kontexte sowie die Schaffung von Freiräumen für das eigenständige Erarbeiten. Verschiedene Vorschläge führen einen möglichen Verlauf des Unterrichts, der Schülervorstellungen einbezieht, aus (siehe Tabelle 3). Allen Vorschlägen gemein sind Phasen der Erkundung der Schülervorstellungen, des Umlernens anhand der wissenschaftlichen Vorstellungen, die Anwendung der neu gewonnenen Konzepte sowie eine Reflexion des Lernweges (mit Ausnahme des Vorschlages nach SCHULER, FELZMANN 2013). Für die Phase zur Erhebung von Schülervorstellungen eignen sich Kartenabfragen mit vorgegebenen Satzanfängen, Zeichnungen, Schreibaufgaben zur Verfassung von beispielsweise erzählerischen Texten, Ordnungsaufgaben, Concept Mapping, Konzept-Cartoons, die gängige Alltagsvorstellungen wiedergeben, Szenarien-Aufgaben, bei welchen nach der Beschreibung eines Phänomens Lernende dieses erklären sollen, Prognosen zum Ausgang von Experimenten sowie die Prüfung der Vorhersagen und Unterrichtsgespräche zu Schülervorstellungen (HAMMANN, ASSHOFF 2014, S. 24; KATTMANN 2015, S. 17-19; KATTMANN 2017, S. 11-13). Zeichnungen können dabei gegenständliche Phänomene wie den Aufbau des Bodens oder Gletscherbewegungen, abstrakte Visualisierungen wie des Treibhauseffektes oder der Plattentektonik sowie visuelle Stereotypen wie bei Oasen erfassen (SCHULER 2015, S. 10-11). Die Ausgestaltung eines Konzeptwechsels bzw. Conceptual Change durch einen kognitiven Konflikt, wie er in Tabelle 3 in der dritten Phase von REINFRIED (2006a, S. 41; 2007, S.25) vorgeschlagen wird, wird in Kapitel 2.1.4 näher betrachtet. Bei aller Berechtigung der Forderung nach Unterrichtsformaten, die Schülervorstellungen aufgreifen, muss jedoch gleichzeitig festgestellt werden, dass in der Unterrichtspraxis für die Vielfalt an zu behandelnden Themen diese Forderung nicht zu erfüllen ist, ohne dass die Forschung dabei unterstützt (OBER-RAUCH, KELLER 2015, S. 89-90). Dazu möchte die vorliegende Studie einen Beitrag leisten, indem in Kapitel 7.2 didaktische Leitlinien zum Unterricht mit Karten angeregt werden.

Tab. 3 | Vorschläge des Verlaufs eines Unterrichts, der Schülervorstellungen einbezieht (aus: siehe Kopfzeile, eigener Entwurf)

	1.	2.	3.	4.	5.
BARTHMANN et al. 2019, S. 82; WIDODO, DUIT 2005, S. 135-137.	Orientierung: Interesse wecken, mit Lerngegenstand vertraut machen	Erkunden der Schülervorstellungen: Bewusstmachen verschiedener Vorstellungen	Umstrukturieren der Schülervorstellungen: u. a. durch Vergleiche mit anderen Quellen, Widersprüche	Anwenden der neuen Vorstellungen	Überprüfen und Bewerten: Rückschau auf vorige Vorstellungen, Fruchtbarkeit der neuen Vorstellungen aufzeigen
REINFRIED 2006a, S. 41; REINFRIED 2007, S. 25.	Orientierung und Entdecken (von Schülervorstellungen aus der Literatur und der Klasse)	Aktivierung und Klärung der Schülervorstellungen in der Klasse	Exposition: Vorstellungsänderung durch kognitiven Konflikt	Rekonstruktion: Anwendung der neu gebildeten Modelle in handlungsorientierten Kontexten	Validierung: Präsentation der Problemlösungen und Reflexion über Lösungswege
DUIT 2008, S. 5.	Vertraut machen mit den Phänomenen	Bewusstmachen der Schülervorstellungen	Einführung der wissenschaftlichen Sichtweise	Anwenden der neuen Sichtweise	Rückblick auf den Lernprozess
SCHULER, FELZMANN 2013, S. 153-154.	Erkundung der eigenen Vorstellungen durch die Lernenden und Erkennen von Unzulänglichkeiten	Erarbeitung der Fachinhalte und wissenschaftlichen Vorstellungen mit Bezug zur ersten Phase	Anwendung der neuen Vorstellungen	-	-
KATTMANN 2015, S. 20; KATTMANN 2017, S. 10.	Bewusstmachen: explizites Ansprechen von Schülervorstellungen	Umlernen: in Beziehung setzen mit wissenschaftlichen Vorstellungen	Anwendung: Übertragung auf neue Beispiele	Reflexion: Vergleich anfangs geäußerter mit neuer Vorstellung zur Verdeutlichung des Lernerfolgs	-
Phase	1.	2.	3.	4.	5.

2.1.4 Die Conceptual Change-Theorie

In einigen der vorigen Kapitel (2.1.2, 2.1.3.2-2.1.3.5) wurde bereits der Zusammenhang zwischen der Conceptual Change-Theorie und dem Modell der Didaktischen Rekonstruktion sowie den Schülervorstellungen erwähnt. Auf Grundlage eines konstruktivistischen Lernverständnisses wird fachliches Lernen als Konzeptwechsel angesehen, wobei Schülerinnen und Schülern von einem Konzept, ihren Schülervorstellungen, zu einem anderen, fachlich angemesseneren Konzept wechseln sollen (DUIT 2008, S. 4; REINFRIED 2016, S. 124). Die Conceptual Change-Forschung, die im angloamerikanischen und naturwissenschaftlichen Bereich schon seit Langem etabliert ist, untersucht dementsprechend die Frage, wie ein Alltagsverständnis Lernender hin zu einem wissenschaftlichen Verständnis verändert werden kann (MÖLLER 1999, S. 129, 131; REINFRIED 2010, S. 2). Unter anderem werden die Begriffe Conceptual Development, Conceptual Growth, Conceptual Reorganisation und Conceptual Reconstruction ähnlich verwendet, wobei jede dieser Bezeichnungen gegenüber dem Conceptual Change eine leicht abweichende Bedeutung aufweisen kann (KRÜGER 2007, S. 82-83).

Sorgsam muss mit der Übersetzung des Ausdruckes Conceptual Change ins Deutsche umgangen werden. Die Wiedergabe des Begriffes „change" als Wechsel ist aus kognitionspsychologischer Sicht unangemessen, da ein Wechsel einen abrupten und vollständigen Austausch einer falschen, vorunterrichtlichen gegen eine richtige Vorstellung andeutet, wohingegen Vorstellungen sich jedoch in einem längeren, komplexeren und unvollständigen Prozess verändern (BARTHMANN 2018, S. 44-45; CHINN, BREWER 1993, S. 12; KATTMANN et al. 1997, S. 6; REINFRIED 2010, S. 7). „Concept" wird angemessen mit Vorstellung, Idee oder Konzept wiedergegeben und sollte nicht lediglich auf ein Wort oder einen Begriff verengt werden (DISESSA, SHERIN 1998, S. 1160-1161; REINFRIED 2010, S. 4-5). Unter dem Begriff Konzept werden gedankliche Werkzeuge verstanden, mit deren Hilfe sinnfällig gehandelt werden kann, da sie die Welt in handhabbare Einheiten gliedert (ATKINSON et al. 2009, S. 332; KRON et al. 2014, S. 58-59). Konzeptveränderungen können sich in verschiedenen Bereichen vollziehen: Neben Vorstellungen zum fachlichen Inhalt können ebenfalls Vorstellungen zu Methoden der Erkenntnisgewinnung sowie Vorstellungen über den eigenen Lernprozess einen Conceptual Change durchlaufen (DUIT 2008, S. 4).

Die Conceptual Change-Theorie basiert auf verschiedenen lern- und entwicklungspsychologischen Ansätzen: Dazu zählen neben dem Konstruktivismus (siehe Kapitel 2.1.1) und der Theorie des erfahrungsbasierten Verstehens (siehe Kapitel 2.1.3.2) Piagets Ansatz der Reorganisation von Wissen durch das Wechselspiel zwischen Assimilation und Akkommodation (KRÜGER 2007, S. 83; POSNER et al. 1982, S. 211-212; REINFRIED 2010, S. 5-6; SCHNOTZ 2006, S. 77, STRIKE, POSNER 1992, S. 148). Ebenfalls fußt der Ansatz unter anderem auf Ausubels Betonung des Einflusses des Vorwissens als wichtigster Faktor auf das Lernen sowie Wygotskys Forderung nach einer stärkeren Integration der in der Schule vermittelten, wissenschaftlichen Konzepte in die konkrete, alltägliche Erfahrungswelt der Lernenden (DUIT 2008, S. 2; REINFRIED 2010, S. 5-6; SCHNOTZ 2006, S. 77).

Als paradigmatisch gilt der Ansatz des Conceptual Change von der Gruppe um POSNER et al. (1982, S. 212), der sich im Wesentlichen auf kognitive Aspekte konzentriert und betrachtet, unter welchen Bedingungen Lernende ihre Vorstellungen aufgrund des Eindruckes neuer Konzepte verändern (DUIT 2000, S. 81; FELZMANN 2013, S. 13; KRÜGER 2007, S. 82; VOSNIADOU 2013, S. 11). Auf der Grundlage von Piagets Konzept der Akkommodation gehen POSNER et al. (1982, S. 214) von einer Unzufriedenheit bzw. einem kognitiven Konflikt am Anfang aus, da bisherige Vorstellungen der Lernenden eine bestimmte Fragestellung nicht angemessenen erklären können. Eine neue Vorstellung, die die vorige ersetzt, muss logisch und ohne Widersprüche verständlich sowie plausibel sein, d. h. eine bessere Erklärung für die entsprechende Fragestellung ergeben und mit eigenen Erfahrungen und Überzeugungen übereinstimmen. Abschließend muss die neue Vorstellung fruchtbar sein, genauer gesagt erfolgreich auf neue Fragestellungen angewendet werden können (DRIELING 2015, S. 18; KRÜGER 2007, S. 82-84; REINFRIED 2010, S. 6-7; SCHUBERT 2012, S. 9; SCHULER, FELZMANN 2013, S. 152-153; STRIKE, POSNER 1992, S. 149). Das Modell eines erfolgreichen Konzeptwechsels geht von einem radikalen Wandel durch die Ausmerzung von Fehl- hin zu wissenschaftlich korrekten Vorstellungen aus (KRÜGER 2007, S. 82). Dies gilt als ein Kritikpunkt am Ansatz von POSNER et al. (1982), da Präkonzepte als fehlerhaft und zu ersetzen angesehen werden, obwohl diese sich zum Teil im Alltag bewährt haben. Ebenfalls setzte sich die Auffassung durch, dass anstatt eines Konzeptwechsels, bei welchem die bisherigen Vorstellungen verschwinden, eher eine zweite, daneben existierende Vorstellung entsteht. Auch gehen POSNER et al. (1982) von Präkonzepten aus, die auf derselben Ebene wie die angestrebten fachlichen Konzepte bestehen, jedoch aus unterschiedlichen Ursprüngen, der fachwissenschaftlichen und der alltäglichen Welt, entstammen. Es ist nicht abschließend geklärt, inwiefern Lernende mit Vorstellungen auf der unterrichtsrelevanten Ebene überhaupt in einen Lernprozess eintreten oder diese im Unterricht selbst generiert werden (DUIT 1995, S. 915; FELZMANN 2013, S. 14; HOOGEN 2016, S. 19; STRIKE, POSNER 1992, S. 158).

Auf Basis der Ausführungen von POSNER et al. (1982) haben sich weitere Ansätze zum Conceptual Change entwickelt, auf welche hier nur exemplarisch und in ausgewählten Aspekten eingegangen wird. Verschiedene Autorinnen und Autoren wie VOSNIADOU (2013) vertreten den Ansatz von Vorstellungen als spezifische Theorien innerhalb von Rahmentheorien (FELZMANN 2013, S. 15; REINFRIED 2016, S. 125). Rahmentheorien bestehen aus elementaren ontologischen Überzeugungen, wie beispielsweise die Ansicht, dass nicht gestützte Objekte nach unten fallen, und aus epistemologischen Überzeugungen, wie beispielsweise die Ansicht, dass unbewegte Objekte ruhen. Diese Überzeugungen sind dem Individuum meist unbewusst. Gemeinsam mit inhaltspezifischen Theorien, die einen Teil einer

Rahmentheorie darstellen und dadurch von diesen vorbestimmt sind, erzeugen diese Rahmentheorien ein kohärentes Erklärungssystem, das sich auch aufgrund der Integration von Alltags- und kulturell vermittelten Erfahrungen bewährt hat (Reinfried 2010, S. 10; Schnotz 2006, S. 78-79). Folglich lässt sich mit diesem Ansatz auch die Schwierigkeit erklären, die ursprünglichen Vorstellungen hin zu einem fachlich korrekteren Bild zu verändern: Die ursprünglichen Vorstellungen weisen für das betroffene Individuum eine hohe Kohärenz auf, auch wenn diese auf Andere inkonsistent wirken, und ähneln in ihrer Struktur Theorien von Expertinnen und Experten (Felzmann 2010, S. 91; Möller 1999, S. 142; Schnotz 2006, S. 78-79). Vorstellungen werden durch die Neuinterpretation von Alltagswissen und die Integration von Wissensbestandteilen weiterentwickelt, so dass Wissensveränderung ein Prozess ist, bei dem Initialmodelle, die auf den Alltagserfahrungen beruhen, sich über synthetische Modelle hin zu wissenschaftlich korrekten Modellen wandeln (Möller 1999, S. 142; Schnotz 2006, S. 78).

Eine andere Theorieschule schlägt eine abweichende Form des Conceptual Change vor: Der Knowledge in Pieces- oder Fragmentierungsansatz nach diSessa (2018, S. 71) geht im Gegensatz zum Ansatz von Vorstellungen als spezifische Theorien innerhalb von Rahmentheorien davon aus, dass Alltagswissen eine inkohärente Struktur aufweist und in einer Vielzahl von isolierten Bruchstücken vorliegt (Felzmann 2010, S. 91; Felzmann 2013, S. 15; Krüger 2007, S. 88; Reinfried 2016, S. 125). Solche Bruchstücke werden unter anderem als P-Prims („phenomenological primitives") und E-Prims („explanatory primitives") bezeichnet, die sich beide die Eigenschaften teilen, selbsterklärend zu sein und nicht hinterfragt zu werden, teilen. P-Prims bilden jedoch eine Unterkategorie von E-Prims, da P-Prims intuitiv sind, nicht explizit ausgedrückt werden und allein aus der Wahrnehmung mit der Umwelt und nicht auch durch Instruktion oder soziale Interaktion entstehen (diSessa 1993, S. 217, 219; diSessa 2018, S. 69; Kapon, diSessa 2012, S.266-267; Reinfried 2016, S. 125-126; Reinfried, Künzle 2020, S.3; Schnotz 2006, S. 78; Vosniadou 2013, S. 12). Lernen bzw. eine Konzeptänderung im Sinne des Knowledge in Pieces-Ansatzes vollzieht sich darin, dass die wenig vernetzten Fragmente bzw. P-Prims oder E-Prims in komplexere Strukturen eingebunden werden, wodurch das Wissen kohärenter, plausibler und besser organisiert wird und letztlich auch kontextspezifisch angewandt werden kann (Felzmann 2010, S. 91; Reinfried 2016, S. 128; Reinfried, Künzle 2020, S. 3; Schnotz 2006, S. 78; Vosniadou 2013, S. 12).

Eine andere Weiterentwicklung geht über kognitive Aspekte hinaus und legt einen größeren Schwerpunkt auf Situiertheit und Kontext eines Conceptual Change. Diese sozialkonstruktivistischen Ansätze, unter anderem von Caravita, Halldén (1994, S. 98) vertreten, kritisieren die angenommene Parallele zwischen dem Lernen in Schulen und der Entwicklung wissenschaftlicher Theorien und betonen, dass Lernen in bestimmten Kontexten stattfindet bzw. Wissen in solchen angewendet werden muss. Kultur, Sprache, Emotionen und sozialer Kontext haben erheblichen Einfluss auf Konzeptveränderungen und Lernende müssen sich bewusst und fähig sein, zwischen verschiedenen Kontexten, in denen man die Welt betrachten kann, zu unterscheiden (CARAVITA, HALLDÉN 1994, S. 98; KRÜGER 2007, S. 86-87; REINFRIED 2010, S. 12; SCHNOTZ 2006, S. 80).

Auswirkungen auf Lernen und Unterricht des Conceptual Change-Ansatzes werden facettenreich diskutiert. Das Auslösen eines kognitiven Konfliktes, so wie im Ansatz von POSNER et al. (1982) umrissen, führt nicht zwingend zu einem automatischen Umdenken, sondern Lerner lehnen die neuen Konzepte ab, ignorieren sie oder nehmen geringfügige Änderungen an ihren bisherigen Vorstellungen vor (CHINN, BREWER 1993, S. 1, 39; NIEBERT 2010, S. 181). Aus diesen Reaktionen ergeben sich Zweifel an der Wirksamkeit kognitiver Konflikte (REINFRIED 2008, S. 11). Der Erfolg eines Conceptual Change, der die Aufgabe des bisherigen Wissens und einen damit einhergehenden Verlust an Sicherheit umfasst, ist auch an affektive Widerstände gebunden (SCHNOTZ 2006, S. 80). Darüber hinaus wird dem metakonzeptionellen Bewusstsein eine erhebliche Rolle zugeschrieben, da es Lernenden an Verständnis über die Bedeutung von Theorien und wissenschaftlichen Modellen sowie an Wissen über die eigenen Alltagsvorstellungen und damit verbunden effektiven Lernstrategien mangelt (NOVAK 1988, S. 90; REINFRIED 2010, S. 19; WISER, SMITH 2013, S. 180).

Folgende Leitlinien für einen Unterricht, der einen Conceptual Change fördern soll, werden vorgeschlagen: Kognitive Konflikte sollten nur dosiert und auf Lernvoraussetzungen abgestimmt eingesetzt werden. Daneben bieten Anknüpfungsstrategien die Möglichkeit, Überschneidungen zwischen Alltags- und wissenschaftlichen Vorstellungen zu erzeugen und somit den Aufbau wissenschaftlicher Vorstellungen zu unterstützen. Zusätzlich gelten der Einsatz von authentischen sowie für die Lernenden persönlich bedeutsamen Lernkontexten als förderlich für das Lernen im Sinne des Conceptual Change. Bisherige Vorstellungen sollen explizit thematisiert werden, um Lernende gemäß dem Rahmentheorienansatz von Präkonzepten zu befreien und somit die Erfahrungsgrundlage der bisher vorhandenen Vorstellungen zu reflektieren und eventuell neu zu interpretieren. Außerdem soll ausreichend Zeit für einen Conceptual Change eingeräumt werden (DISESSA 2013, S. 41; MÖLLER 1999, S. 144-145; SCHUBERT 2012, S. 10). Wirksamkeitsstudien belegen, dass konstruktivistische Lernumgebungen mit einem expliziten Fokus auf Vorstellungen und damit verbundenen Lernschwierigkeiten der Schülerinnen und Schüler zu nachhaltigeren Konzeptveränderungen führen können (REINFRIED 2006b, S. 57; REINFRIED et al. 2012a, S. 173-174; SCHUBERT 2015, S. 1-2). Umso wünschenswerter ist es für die Unterrichtspraxis, dass Lehrpersonen hinsichtlich wichtigster Aspekte der Conceptual Change-Forschung besser ausgebildet werden (REINFRIED 2010, S.22).

2.2 Theoretische Grundlagen zur Karte

Es ist eine Vielzahl an Bereichen bei der Darstellung der theoretischen Grundlagen zur Karte zu beachten. Einen weiteren wichtigen Ausgangspunkt bildet die Entwicklung des räumlichen Denkens, das im Überblick in Kapitel 2.2.1 thematisiert wird. Im nächsten Schritt folgt die fachliche Grundlegung des Untersuchungsgegenstandes der Karte (siehe Kapitel 2.2.2), die die Basis für die Erstellung des Interviewleitfadens (siehe Kapitel 5.2.2) und die Auswertung des Datenmaterials (siehe Kapitel 5.4) bildet. Abschließend wird auf Kartenkompetenz eingegangen (siehe Kapitel 2.2.3), die für eine Betrachtung der theoretischen Grundlagen von Karten von Bedeutung ist. Dabei wird auch der Zusammenhang zu den Kompetenzbereichen der Räumlichen Orientierung sowie der Erkenntnisgewinnung und Methoden aus den Bildungsstandards für das Fach Geographie für den Mittleren Schulabschluss aufgezeigt.

2.2.1 Entwicklung des räumlichen Denkens

Ein Modell zur Entwicklung des räumlichen Denkens im Kindesalter wurde von PI-AGET und INHELDER (1975) vorgelegt. Je nach Autorin bzw. Autor werden in diesem Modell drei oder vier Stufen, Phasen oder Stadien unterteilt (GLÜCK 2001, S. 303-309; KRAY, SCHAEFER 2012, S. 214; PIAGET, INHELDER 1975, S. 19, 188, 349; QUAISER-POHL 2001, S. 282; SCHÄFER 1984, S. 35-39; SCHMEINCK 2007, S. 28-31; SCHNIOTALLE 2003, S. 30-31; SIEGMUND et al. 2007, S. 108):

- Im Alter von null bis vier Jahren verfügen Kinder über ein Verständnis für topologische Relationen, was sich unter anderem in basalen räumlichen Beziehungen wie Nähe, Trennung oder Reihenfolgen ausdrückt.

- In einem zweiten Stadium, im Alter von vier bis sieben oder acht Jahren, werden Gegebenheiten in Form von projektiven Relationen wahrgenommen. Objekte werden in ihrer Konfiguration zueinander richtig lokalisiert.

- Im Alter von sieben oder acht bis elf Jahren findet der Übergang zum euklidischen Raumverständnis statt. Das bedeutet, dass sich die Fähigkeit entwickelt, die Abhängigkeit von Angaben wie links oder rechts vom Standort des Betrachters nachzuvollziehen oder Positionen von Objekten in ein übergeordnetes Bezugssystem wie Himmelsrichtungen einzuordnen. Kinder können Anweisungen geben, um vom einen an den anderen Ort zu gelangen und somit ihren Schulweg gehen.

- Ab ungefähr elf Jahren ist das euklidische Raumverständnis abgeschlossen, das unter anderem die unabhängige Erfassung von Räumen, Maßstabs- und Entfernungsberechnung sowie den Umgang mit Koordinatensystemen zulässt.

PIAGETS und INHELDERS (1975) Modell wird als reifungstheoretischer Ansatz bezeichnet. Dies gilt auch für das Modell nach STÜCKRATH (1968, S.14-15, 28, 30, 35, 41, 46-

48, 50, 54, 59), dass zwei große Entwicklungsstufen der Raumorientierung ausweist (SCHÄFER 1984, S. 33; SCHMEINCK 2007, S. 31-32; SCHNIOTALLE 2003, S. 34-35; SIEGMUND et al. 2007, S. 108-109):

- Im Alter von null bis sechs Jahren befinden sich Kinder auf der Stufe des Raumes in der frühen Kindheit, der feiner in den Leibraum, der Erkundung des eigenen Körpers im ersten Lebensjahr, und den Ichraum vom zweiten bis zum sechsten Lebensjahr, in welchem alle Dinge zum Körper hin geordnet werden, unterschieden werden.
- Die Phase des Alters von sieben bis fünfzehn Jahren bezeichnet STÜCKRATH (1968) als Raum im Schulalter. Dabei durchlaufen Kinder und Jugendliche im sogenannten Laufraum, der Orientierung in der Landschaft, die Stufen der dynamischen (vom siebten bis zum achten Lebensjahr), gegenständlichen (vom neunten bis zum elften Lebensjahr) und figuralen (vom zwölften bis zum fünfzehnten Lebensjahr) Ordnung, wobei eine Loslösung der Subjektivität hin zur Aneignung nicht sichtbarer Bereiche durch Vorstellung festzustellen ist. Im Handlungsraum folgt auf die Dingstruktur des Objekts (vom siebten bis zum achten Lebensjahr) und die Formstruktur des Objektes (vom neunten bis zum elften Lebensjahr) die geometrische Struktur des Objekts (vom zwölften bis zum fünfzehnten Lebensjahr), durch welche Figuren, Strecken und Punkte losgelöst vom Material gedacht und behandelt werden.

Aus den reifungstheoretischen Ansätzen von PIAGET und INHELDER (1975) sowie STÜCKRATH (1968) kann geschlossen werden, dass Schülerinnen und Schüler sich erst in der Sekundarstufe mit Karten auseinandersetzen sollten, da erst mit 12 Jahren das Raumverständnis dementsprechend entwickelt ist (SCHNIOTALLE 2003, S. 114). An diesem Punkt setzen kritische Stimmen an den reifungstheoretischen Ansätzen an: Autorinnen und Autoren wie DOWNS, STEA (1982, S. 271-272), ENGELHARDT, GLÖCKEL (1977, S. 18) und ENGELHARDT (1977, S. 127-128) unterstützen den Ansatz der Kartenarbeit in der Grundschule. Es wird zum Beispiel von DOWNS, STEA (1982, S. 256) argumentiert, dass Kinder bereits vor Schuleintritt zur Reduktion durch den Maßstab und von drei auf zwei Dimensionen sowie zur Decodierung, die Grundlage des Lesens und Interpretierens von Karten, fähig sind. Bereits im Alter von drei Jahren kann sich das Verständnis entwickeln, dass ein Objekt andere Gegenstände repräsentieren kann, wie zum Beispiel die Darstellung eines Raumes durch ein Modell, was eine Grundvoraussetzung für das Verstehen von Karten ist. Des Weiteren werden als Kritikpunkte an reifungstheoretischen Ansätzen angeführt, dass durch die Konzeption einheitlicher Entwicklungsbedingungen intra- und interindividuelle Unterschiede sowie der Einfluss äußerer Faktoren beim Lernprozess übersehen werden. Ein frühkindlicher Egozentrismus ist nicht absolut, sondern kann durch auffallende Orientierungspunkte überwunden werden (DELOACHE 1989, S. 35; DELOACHE 2000, S. 329; DELOACHE et al. 1998, S. 328; GLÜCK 2001, S. 304; SCHMEINCK 2007, S. 36; SCHNIOTALLE 2003, S. 40-42; SIEGLER et al. 2016, S. 259;

SIEGMUND et al. 2007, S. 110). Weitere Autorinnen und Autoren, die noch im weiteren Verlauf dieses Kapitels beschrieben werden (siehe Kapitel 3.2.1.2 und 3.2.1.3), sehen ihre Arbeit als eine Bestätigung (z. B. HARWOOD, RAWLINGS 2001, S. 43-44) oder als eine Widerlegung (z. B. NEIDHARDT, SCHMITZ 2001, S. 274; SCHMEINCK 2007, S. 229) von Teilaspekten der Ansätze PIAGET, INHELDERS.

Auf der Basis von PIAGETS und INHELDERS (1975) Modell erstellten HART und MOORE (1973, S. 274-284) einen Entwicklungsverlauf der topographischen Repräsentation, der sich in seinen Phasen aufgrund der räumlichen Bezugssysteme unterscheidet (DOWNS, STEA 1982, S. 265-266; SCHMEINCK 2007, S. 33-34; SCHNIOTALLE 2003, S. 32-33):

- Das egozentrische System beruht auf eigenen Handlungen und Erfahrungen mit dem eigenen Körper. Wichtige Punkte und Orte werden nur auf Grundlage dieser Handlungen und Erfahrungen dargestellt. Es entstehen darauf basierend Vorstellungen von Räumen nur in Form einzelner Wegekarten, ohne dass dabei ein Gesamtgebilde zu erkennen ist.
- Das feste Bezugsystem löst das egozentrische System ab, wobei Standpunkt und Bewegungen nicht mehr auf sich selbst, sondern auf feste Punkte in der räumlichen Umgebung bezogen werden. Es entsteht ein Weltbild, wobei einzelne Gebiete neben einander, um das Zuhause der Kinder und ohne Verbindung zueinander gruppiert sind.
- Zuletzt folgt das koordinatengerechte Bezugssystem, das der Darstellung einer mentalen Karte entspricht. Die Welt ist als organisiertes Ganzes repräsentiert und räumliche Beziehungen sind richtig aufeinander abgestimmt.

Ebenfalls bezogen sich SIEGEL und WHITE (1975, S. 37-45) in ihrem Ansatz zur Entwicklung räumlicher Strukturen auf Piagets Ausführungen und formulierten folgende mehrstufige Abfolge (ELIOT 1987, S. 118-119; SCHMEINCK 2007, S. 34-35; SCHNIOTALLE 2003, S. 33):

- Auf der ersten Stufe werden unverbundene Markierungspunkte (landmarks) erkannt.
- Diese Markierungspunkte dienen als Bezugspunkte für Wege (routes), die auf der zweiten Stufe hinzukommen.
- Auf der dritten Stufe entstehen Netzwerke (minimaps), die sich aus Gruppen von Markierungspunkten, die durch verschiedene Wege verbunden sind, zusammensetzen.
- Abschließend werden diese Netzwerke zu einem umfassenden und strukturierten Gesamtnetz zusammengesetzt, was die vierte und letzte Stufe auszeichnet (configuration).

CATLING (1978, S. 121) erstellte anhand von PIAGETS und INHELDERS Ansatz zur Entwicklung der Raumrelationen eine Abfolge kindlicher Kartenbilder (HAUBRICH et al. 1988, S. 69; SCHNIOTALLE 2003, S. 36):

- Im topologischen Stadium sind die Karten noch völlig egozentrisch, da alle Plätze mit dem eigenen Zuhause verbunden sind. Die Darstellung erfolgt ausschließlich bildhaft, unkoordiniert und ohne Orientierung, Ordnung und Maßstab.
- In einem ersten Stadium der projektiven Phase sind kindliche Kartenbilder im Wesentlichen noch egozentrisch ausgerichtet. Die Darstellung ist nun teilwiese koordiniert, Richtungen sind genauer und bekannte Plätze miteinander verbunden. Jedoch sind Maßstab und Entfernung ungenau sowie Gebäude noch bildhaft gestaltet.
- In einem nächsten Schritt, jedoch noch immer in der projektiven Phase, werden die Karten der Kinder detaillierter, differenzierter und koordinierter. Orientierung und Distanz werden mehr beachtet und Gebäude wie auf Plänen dargestellt.
- Im euklidischen Stadium fertigen Kinder abstrakt koordinierte, hierarchisch zusammengefügte, genaue und detaillierte Kartenskizzen an. Orientierung, Anordnung, Formen, Größe und Maßstab sind in etwa genau und es wird eine Legende ergänzt, die Kartensymbole erklärt.

Neben dem Verständnis, dass Objekte andere Gegenstände repräsentieren können, entwickeln Kinder weitere Fähigkeiten im Umgang von Karten (DeLoache 1989, S. 35; DeLoache 2000, S. 329; DeLoache et al. 1998, S. 328). Zum einen muss auf holistischer Ebene ein Verständnis des Verhältnisses zwischen der Karte als Ganzem und dem in seiner Gesamtheit wiedergegebenen Raum entstehen. Diese Fähigkeit weisen bereits Vorschulkinder im Wesentlichen auf. Zum anderen müssen die einzelnen Bestandteile der Karte als Repräsentationen begriffen werden. Dabei werden geometrische und repräsentative Entsprechungen unterschieden. Die repräsentative Entsprechung besteht darin, welche Informationen wiedergegeben werden und welche Gestaltungsmittel, unter anderem Kartenzeichen, verwendet werden, um diese Information auf der Karte darzustellen. Geometrische Entsprechung bezieht sich auf die räumliche Dimension des repräsentierten Ausschnitts der Realität und der Darstellung auf der Karte, wozu unter anderem Maßstäblichkeit, Grundrissdarstellung und Orientiertheit zählen (Liben, Downs 1989, S. 180; Liben, Downs 2001, S. 227-228, 234; Wiegand 2006, S. 29).

Tab. 4 | Modelle zur Entwicklung räumlicher Vorstellung im Kindes- und Jugendalter (aus: HAUBRICH et al. 1988, S. 67; NAISH 1982, S. 46-47; SCHNIOTALLE 2003, S. 38; weitere Quellen siehe Kopfzeile, verändert)

<table>
<tr>
<th rowspan="2">Alter</th>
<th rowspan="2">Entwicklung des räumlichen Denkens nach PIAGET, INHELDER (1975)</th>
<th rowspan="2">Abfolge kindlicher Kartenbilder nach CATLING (1978)[3]</th>
<th colspan="2">Entwicklungsstufen der Raumorientierung nach STÜCKRATH (1968)</th>
<th rowspan="2">Entwicklung der topographischen Repräsentation nach HART, MOORE (1973)</th>
<th rowspan="2">Entwicklung räumlicher Strukturen nach SIEGEL, WHITE (1975)</th>
</tr>
<tr></tr>
<tr>
<td>0</td>
<td rowspan="4">topologische Relationen</td>
<td rowspan="4">topologisch, egozentrisch, „link-picture map"</td>
<td colspan="2">Leibraum</td>
<td rowspan="2">-</td>
<td>-</td>
</tr>
<tr>
<td>1</td>
<td colspan="2" rowspan="5">Ichraum</td>
<td rowspan="3">landmarks</td>
</tr>
<tr>
<td>2</td>
<td rowspan="5">egozentrisches System</td>
</tr>
<tr>
<td>3</td>
</tr>
<tr>
<td>4</td>
<td rowspan="3">projektive Relationen</td>
<td rowspan="3">projektiv 1, quasi-egozentrisch, „picture map"</td>
<td rowspan="4">routes</td>
</tr>
<tr>
<td>5</td>
</tr>
<tr>
<td>6</td>
<td rowspan="2">Lauf-raum: dynamisch</td>
<td rowspan="2">Handlungs-raum: Dingstruktur</td>
</tr>
<tr>
<td>7</td>
<td rowspan="4">Übergang zu euklidischem Raumverständnis</td>
<td rowspan="4">projektiv 2, quasi-abstrakt, „quasi-map"</td>
<td rowspan="5">festes Bezugssystem</td>
</tr>
<tr>
<td>8</td>
<td rowspan="3">Lauf-raum: gegenständlich</td>
<td rowspan="3">Handlungs-raum: Formstruktur</td>
<td rowspan="4">minimap</td>
</tr>
<tr>
<td>9</td>
</tr>
<tr>
<td>10</td>
</tr>
<tr>
<td>11</td>
<td rowspan="5">euklidisches Raumverständnis</td>
<td rowspan="5">euklidisch, abstrakt, „true map"</td>
<td rowspan="5">Lauf-raum: figural</td>
<td rowspan="5">Handlungs-raum: geometrische Struktur</td>
</tr>
<tr>
<td>12</td>
<td rowspan="4">koordinatengerechtes Bezugssystem</td>
<td rowspan="4">configuration</td>
</tr>
<tr>
<td>13</td>
</tr>
<tr>
<td>14</td>
</tr>
<tr>
<td>15</td>
</tr>
</table>

---

[3] CATLING (1978) gibt keine Altersstufen an, weswegen aufgrund der Orientierung am Modell von PIAGET und INHELDER (1975) und der gleichen Bezeichnungen von den gleichen Altersstufen ausgegangen wird.

Aus der Vielzahl der verschiedenen Ansätze lässt sich festhalten, dass trotz gewisser Unterschiede eine Abfolge von Entwicklungsniveaus ersichtlich ist, die bei einem frühkindlichen, egozentrischen Orientierungssystem beginnt, das stark vom eigenen Blick und Handeln geprägt ist (siehe Tabelle 4). Es folgt eine zunehmende Objektivierung der Raumwahrnehmung mit Ordnung und Strukturierung bis letztendlich Raum auch unabhängig vom eigenen Handeln wahrgenommen werden kann und verschiedene Perspektiven koordiniert werden (SCHNIOTALLE 2003, S. 42-43). Darüber hinaus wird ersichtlich, dass der Unterricht zu Karten in der Primarstufe zu einem Zeitpunkt einsetzt, zu dem gemäß den aufgezeigten Modellen die Entwicklungen räumlichen Denkens zwar schon fortgeschritten, aber noch nicht abgeschlossen sind. Daher muss damit gerechnet werden, dass einige Lernschritte, die zur Ausbildung einer Kartenkompetenz und der fachlichen Vorstellungen notwendig sind, von Grundschülerinnen und -schülern noch nicht vollständig vollzogen werden können.

HEMMER, I. et al. (2007, S. 69-71) fassten evidenzbasiert mögliche Einflussfaktoren auf die räumliche Orientierung bei Kindern zusammen. Neben dem Alter, das den Schwerpunkt in den oben beschriebenen Modellen bildet, wurden dabei Geschlecht, Vorkenntnisse und Vorerfahrungen, Selbsteinschätzung, Interesse und räumliche Intelligenz aufgezählt. Eine nicht zu vernachlässigende Rolle spielen kulturelle Einflüsse (SIEGLER et al. 2016, S. 261).

2.2.2 Fachliche Grundlegung

Gemäß dem Modell der Didaktischen Rekonstruktion (siehe Kapitel 2.1.2) wird im Folgenden der Untersuchungsgegenstand Karte aus der fachlichen Sicht analysiert. Dies erfolgt auf Basis einer Auswertung von fachwissenschaftlicher Literatur, in diesem Fall genauer kartographischen Überblickswerken und fachdidaktischer Literatur. Die letztgenannte Gruppe wurde in die fachliche Grundlegung mit einbezogen, da zu vermuten ist, dass sie einen nicht unerheblichen Einfluss auf die Schülervorstellungen von Karten hat und sich auf den Umgang mit Karten als Kulturtechnik im Alltagsgebrauch fokussiert, wohingegen die kartographischen Einführungswerke zusätzlich auf die Ausbildung von Kartographinnen und Kartographen ausgerichtet sind. Daher ist es zielführend, beide Gruppen in die Auswertung einzubeziehen. Auf eine Auswertung der Literatur anhand der qualitativen Inhaltsanalyse wurde verzichtet, da der Umfang der ausgewählten Literatur einen erheblichen zeitlichen Mehraufwand bedeutet hätte, der den Fokus von der Erhebung von Schülervorstellungen maßgeblich abgelenkt hätte. Weder Umfang, inhaltliche Tiefe noch Art der Darstellung der fachlichen Perspektive sind Schwerpunkt dieser Untersuchung. Stattdessen soll die fachliche Analyse einen Überblick schaffen sowie eine Grundlage für die Konstruktion des Leitfadens zur Erhebung der Schülervorstellungen bilden (SCHUBERT 2012, S. 25).

2.2.2.1   Quellen der fachlichen Grundlegung

Fachwissenschaftliche Literatur

Für die fachliche Grundlegung wurden im Bereich der kartographischen Literatur die folgenden Überblickswerke herangezogen, die an deutschsprachigen Universitäten mit geographischen oder geowissenschaftlichen Instituten in Lehrbuchsammlungen enthalten sind und für die Ausbildung in den verschiedenen Studiengängen, darunter auch Lehramtsstudiengängen Geographie, verwendet werden. Ergänzt wurden englischsprachige Werke:

- DARKES, Giles, SPENCE, Mary (2017): Cartography. An Introduction.
- DICKMANN, Frank (2018): Kartographie.
- HAKE, Günter, GRÜNREICH, Dietmar, MENG, Liqiu (2002): Kartographie.
- KOHLSTOCK, Peter (2018): Kartographie.
- NICHOLLAS, Tucker (2017): Cartography: Science of Making Maps.

Eine Übersicht über die Kapitel und Unterkapitel ist Anhang A zu entnehmen. Insbesondere das Werk von HAKE et al. (2002) weist eine große Bandbreite an Themen bei gleichzeitig hoher Detailfülle auf. Dieser Umstand zeigt, dass sich die drei deutschsprachigen Überblickswerke insbesondere an sich in der Ausbildung befindende Kartographinnen und Kartographen sowie Studierende in damit verbundenen Fachrichtungen wendet. So umfassen die deutschsprachigen Werke beispielsweise Kapitel zum Urheberrecht oder zum Zusammenhang der Kartographie mit der Geodäsie (DICKMANN 2018, S. 95-116, 202-204; HAKE et al. 2002, S. 39-53, 295-299; KOHLSTOCK 2018, S. 11-12, 19-37, 227-228). Dies belegt einmal mehr, dass es für die vorliegende Untersuchung angemessen ist, sich für die fachliche Grundlegung des Untersuchungsgegenstandes der Karte ebenfalls anhand der komprimierteren und fokussierten Darstellung in der fachdidaktischen Literatur zu orientieren.

Zusätzlich wurden an ausgewählten Stellen weitere Aufsätze und Monographien einbezogen, bei welchen es sich schwerpunktmäßig nicht um Überblickswerke zur Kartographie, sondern um Aufsätze oder Wörterbücher aus dieser Fachrichtung handelt.

Fachdidaktische Literatur

Im Bereich der Fachdidaktik der Geographie sind folgende Werke, die sich umfassend mit Karten auseinandersetzen, vorhanden:

- HÜTTERMANN, Armin (1979): Geographische Interpretation thematischer Karten (= Karteninterpretation in Stichworten, Bd. 2).
- HÜTTERMANN, Armin (1998): Kartenlesen – (k)eine Kunst. Einführung in die Didaktik der Schulkartographie.

- HÜTTERMANN, Armin (2001): Geographische Interpretation topographischer Karten (= Karteninterpretation in Stichworten, Bd. 1).
- HÜTTERMANN et al. (Hg.) (2012): Räumliche Orientierung (= Geographiedidaktische Forschungen, Bd. 49).
- WIEGAND, Patrick (2006): Learning and teaching with maps.

In jüngerer Zeit kam es zu weniger Veröffentlichungen zu Karten in Form von Monographien und Sammelbänden, sondern vielmehr in Form von kompakten Kapiteln in geographiedidaktischen Handbüchern. Die essentiellen Inhalte der oben aufgezählten Bücher finden sich in aktuellerer Fassung auch in Beiträgen und Kapiteln der folgenden Überblickswerke, insbesondere im Falle von Autorengleichheit. Daher wurden im Rahmen der Auswertung der fachdidaktischen Literatur schwerpunktmäßig folgende Beiträge aus geographiedidaktischen Überblickswerken herangezogen und in ausgewählten Bereichen um Details aus der oberen Gruppe ergänzt:

- HÜTTERMANN, Armin (2012a): 3.3 Karte. In: HAVERSATH, Johann-Bernhard (Hg.): Geographiedidaktik. Theorie - Themen - Forschung, S. 192-213.
- HÜTTERMANN, Armin (2013b): Karte. In: BÖHN, Dieter, OBERMAIER, Gabriele (Hg.): Wörterbuch der Geographiedidaktik, S. 128-130.
- HÜTTERMANN, Armin (2013c): Kartenkompetenz. In: BÖHN, Dieter, OBERMAIER, Gabriele (Hg.): Wörterbuch der Geographiedidaktik, S. 130-132.
- HÜTTERMANN, Armin (2013d): Kartenskizze. In: BÖHN, Dieter, OBERMAIER, Gabriele (Hg.): Wörterbuch der Geographiedidaktik, S. 132-133.
- HÜTTERMANN, Armin (2013e): Kartenverständnis, Einführung. In: BÖHN, Dieter, OBERMAIER, Gabriele (Hg.): Wörterbuch der Geographiedidaktik. S. 133-134.
- KRAUTTER, Yvonne (2015): 6.5.1 Karten. Räumlich orientierte Medien. In: REINFRIED, Sibylle, HAUBRICH, Hartwig (Hg.): Geographie unterrichten lernen. Die Didaktik der Geographie, S. 230-253.
- RINSCHEDE, Gisbert, SIEGMUND, Alexander (2020): Geographiedidaktik. (Kapitel 7.12, S. 350-357)
- WÜTHRICH, Christoph (2013): Methodik des Geographieunterrichts. (Kapitel 3.4.6, S. 150-153)

Ebenfalls wurden auch folgende englischsprachige Werke aus dem Bereich der Geographiedidaktik einbezogen. Diese weisen jedoch nur wenige Ausführungen zu Karten im Unterricht auf und umfassen mit Ausnahme eines Werkes kein Kapitel, das sich damit strukturiert befasst:

- CATLING, Simon, WILLY, Tessa (2018): Understanding and Teaching Primary Geography.
- GERSMEHL, Philip (2014): Teaching Geography.

Im Vergleich zu den kartographischen Werken rücken die fachdidaktischen Werke den technischen bzw. digitalen Herstellungsprozess einer Karte nicht in den Fokus (siehe Anhang A). Lediglich HÜTTERMANN (2013d, S. 133) konstatiert, dass Kenntnisse des Herstellungsprozesses ein Bestandteil des Kartenverständnisses sind. Auf der anderen Seite werden didaktische Schwerpunkte stärker als in der fachwissenschaftlichen Literatur betont: Mit Ausnahme von WÜTHRICH (2013) und drei der Einträge HÜTTERMANNS (2013b, 2013c, 2013d) im Wörterbuch der Geographiedidaktik führen alle Werke das Modell der Kartenkompetenz und der Kartenauswertekompetenz auf, zum Teil auch mit Bezug zu entsprechenden Bereichen in den Bildungsstandards des Faches Geographie für den Mittleren Schulabschluss (HÜTTERMANN 2012a, S. 203-211; HÜTTERMANN 2013c, S. 130-131; KRAUTTER 2015, S. 230, 240-241, 244-246, 252-253). Bei RINSCHEDE, SIEGMUND (2020, S. 352) findet sich lediglich eine kurze Erwähnung. Ähnlich verhält es sich mit der Reduktion der Komplexität von Karten durch Lupen-, Fenster- und Schichtenmethode (HÜTTERMANN 2012a, S. 207-208; HÜTTERMANN 2013b, S. 130; KRAUTTER 2015, S. 248). Gewinnbringend zeigt sich die Auswertung der fachdidaktischen Literatur hinsichtlich der Frage, was eine Karte aus fachlicher Sicht auszeichnet, da die fachdidaktischen Darstellungen kompakter und fokussierter gestaltet sind. Eine Vielzahl der Beiträge weist Definitionen von Karte auf, die ein gewisses Maß an Überschneidung zeigen und zum Teil kartographische Literatur zitieren (HÜTTERMANN 2012a, S. 194; HÜTTERMANN 2013b, S. 128; KRAUTTER 2015, S. 230; RINSCHEDE 1999, S. 76; RINSCHEDE, SIEGMUND 2020, S. 350). Andererseits werden „Besonderheiten" oder „charakteristische Merkmale der kartographischen Darstellung" (HÜTTERMANN 2012a, S. 198; RINSCHEDE, SIEGMUND 2020, S. 350), „kartographische Grundlagen" (HÜTTERMANN 2013e, S. 133; WÜTHRICH 2013, S. 150), die das Wesen der Karte ausmachen (HÜTTERMANN 1998, S. 19), sowie „Grundelemente einer Karte" (KRAUTTER 2015, S. 230) beschrieben, was im Wesentlichen Grundriss, Maßstäblichkeit und Verkleinerung, Orientiertheit, Verebnung und Ähnliches umfasst. Zusätzlich werden Klassifikationen von Karten beziehungsweise Kartenarten aufgezählt (HÜTTERMANN 2013b, S. 128-129; KRAUTTER 2015, S. 231; RINSCHEDE, SIEGMUND 2020, S. 350-351). Im weiteren Verlauf dieser Arbeit wird der Begriff „Grundelemente", wie er auch in den Bildungsstandards für das Fach Geographie eingesetzt wird, verwendet (DEUTSCHE GESELLSCHAFT FÜR GEOGRAPHIE 2020, S. 17).

2.2.2.2 Grundelemente der Karte

Es werden nun mithilfe der kartographischen sowie geographiedidaktischen Literatur die Grundelemente einer Karte systematisch dargestellt. Dabei werden, falls vorhanden, auch Widersprüche angesprochen und die weitere Berücksichtigung innerhalb der vorliegenden Forschung skizziert.

Definition

Obwohl im Alltagsgebrauch scheinbar überwiegend Konsens herrscht, wenn von einem bestimmten Medium als Karte gesprochen und dieser Begriff intuitiv verwendet wird, beschäftigt sich geographische, kartographische und fachdidaktische Literatur intensiv mit der Frage, was unter einer Karte zu verstehen ist. Daher lässt sich eine Fülle von Definitionen finden, die ein gewisses Maß an Überschneidungen aufweisen (siehe Tabelle 5). HAKE et al. (2002, S. 25) bieten zwei Definitionen an und erklären, dass sich ihre Definition als Ergänzung zu derjenigen der Internationalen Kartographischen Vereinigung stärker auf die Karte als latentes Modell digitaler Daten konzentriert.

Ein gravierender Unterschied ist zwischen der Definition KOHLSTOCKS (2018) (ggf. auch NICHOLLAS (2017) in Abhängigkeit von der Übersetzung von „depiction") und den anderen Definitionen festzustellen. KOHLSTOCK (2018, S. 12) spricht von einer Karte als Abbild der Erdoberfläche, wohingegen HÜTTERMANN (2013b, S. 128) und HAKE et al. (2002, S. 25) von einem Modell sprechen. Die Verwendung des Ausdrucks Abbild und die damit verbundene Sichtweise einer Karte gilt im Zuge einer kritischen Kartographie als nicht mehr zeitgemäß. Karten wird die Eigenschaft, ein akkurates Abbild oder eine einfache Miniatur der Erdoberfläche sowie ein Spiegelbild der Realität zu sein, abgesprochen, sondern sie können lediglich die Erdoberfläche durch eine Auswahl an Sachverhalten repräsentieren (CASTI 2015, S. 4, 7; DAUM 2012, S. 163; GLASZE 2009, S. 182; GRYL 2016b, S. 5; HÜTTERMANN 2001, S. 18; HÜTTERMANN 2012b, S. 24; HÜTTERMANN 2013b, S. 129; KITCHIN, DODGE 2007, S. 331-332; LIBEN, DOWNS 1991, S. 146; RHODE-JÜCHTERN 1995, S. 134). Karten sind weniger eine Beschreibung der Welt, sondern erschaffen durch ihre Darstellung ganz bestimmte Blicke auf diese (WARDENGA 2012, S. 142-143). Hierzu muss jedoch betont werden, dass es sich dabei um einen Wandel bezüglich der Definitionen von Karten handelt: Wohingegen ältere Definitionen das Konzept einer Karte als Abbild vertreten, verweisen jüngere Definitionen immer stärker auf den konstruktiven und subjektiven Charakter einer Karte, wie zum Beispiel bei HÜTTERMANN (2012a, S. 194; 2012b, S. 23-24) und HEMMER, M., WRENGER (2016, S. 179) anhand der Definitionen von WILHELMY (1966, S. 13) und von WILHELMY et al. (2002, S. 16) zum Ausdruck kommt. Insbesondere die Definition der Internationalen Kartographischen Vereinigung wird dem Gedanken gerecht, dass eine Karte kein objektives Abbild der Erde sein kann (SCHNEIDER 2012, S. 7).

Fast allen Definitionen ist gemein, dass sie Grundelemente einer Karte mit einbeziehen, so zum Beispiel Verkleinerung und Maßstab sowie Generalisierung bzw. Vereinfachung. Diese Eigenschaften einer Karte sowie weitere, die sich in der fachwissenschaftlichen und fachdidaktischen Literatur feststellen lassen, werden im Folgenden genauer beleuchtet.

Tab. 5 | Ausgewählte Definitionen einer Karte (aus: siehe rechte Spalte, eigener Entwurf)

Definition von Karte	Quelle
"A map is a graphic summary of the wider world. It is a distillation of geography where elements of the world around us are presented as symbols, scaled down and simplified to make them understandable. The relative position and the nature of features in the wider world is summarised in order to communicate a message."	DARKES, SPENCE 2017, S. 8.
„Die Karte ist ein maßstabgebundenes und strukturiertes Modell räumlicher Bezüge. Sie ist im weiteren Sinne ein digitales, graphik-bezogenes Modell, im engeren Sinne ein graphisches (analoges) Modell."	HAKE 1988, S. 68; HAKE et al. 2002, S. 25.
„Eine Karte ist ein doppelt verebnetes, maßstäblich verkleinertes, generalisiertes und inhaltlich begrenztes Modell von Informationen über raumbezogene Daten zu einem bestimmten Zeitpunkt."	HÜTTERMANN 2013b, S. 128.
"A map is a symbolized image of geographical reality, representing features of characteristics, resulting from the creative effort of its author's execution of choices, and is designed for use when spatial relationships are of primary relevance."	Internationale Kartographische Vereinigung 1995 (ICA), zit. Nach HAKE et al. 2002, S. 25.
„Eine Karte ist ein verkleinertes, vereinfachtes und verebnetes Abbild der Erdoberfläche, ggf. einschließlich mit ihr in Verbindung stehender Sachverhalte, […]."	KOHLSTOCK 2018, S. 12.
"A map is a symbolic depiction highlighting relationships between elements of some space, such as objects, regions, and themes."	NICHOLLAS 2017, S. 15.
„Die Karte ist eine in die Ebene abgebildete, maßstäblich verkleinerte, vereinfachte, orientierte Darstellung der Erdoberfläche oder eines Teils von ihr zu einem bestimmten Zeitpunkt."	RINSCHEDE 1999, S. 76; RINSCHEDE, SIEGMUND 2020, S. 350.
„Karte ist das verebnete, verkleinerte und erläuterte Grundrißbild [sic!] der gesamten oder eines Teils der Erdoberfläche. Nach der ihr jeweils gestellten Aufgabe ist sie generalisiert und inhaltlich (thematisch) begrenzt."	WILHELMY 1966, S. 13.
„Traditionell ist Karte das verebnete, verkleinerte und erläuterte Grundrißbild [sic!] der gesamten oder eines Teils der Erdoberfläche, wobei sie nach der ihr jeweils gestellten Aufgabe generalisiert und inhaltlich (thematisch begrenzt) ist. […] Karte ist verebnetes, maßstabsgebundenes, generalisiertes und inhaltlich begrenztes Modell räumlicher Informationen."	WILHELMY et al. 2002, S. 16.

Äußere Kartenelemente

Der Inhalt einer Karte wird durch den Kartenrahmen als Begrenzungslinie abgetrennt. Die sich außerhalb dieses Rahmens befindenden Angaben werden von KOHLSTOCK (2018, S. 98, 148) als äußere Kartenelemente bezeichnet. Zu den äußeren Kartenelementen werden u. a. Maßstabsangabe sowie Maßstabsleiste, Koordinaten und Koordinatenlinien, Zeichenerklärung (Legende), Herausgeberin oder Herausgeber, Herausgabejahr sowie ggf. Merkmale zur Einordnung innerhalb des Kartenwerks gezählt. Leichte Unterschiede zu KOHLSTOCK (2018) zeigen sich bei HAKE et al. (2002, S. 141-142, 147-148), da von Kartenrandangaben bzw. äußeren Kartenbestandteilen die Rede ist, oder bei HÜTTERMANN (2001, S. 26-28), der vom Kartenrand und seinen Informationen spricht. In beiden Werken werden in ähnlicher Weise alle Angaben im durch den Kartenrand vom Kartenfeld bzw. Kartenbild abgetrennten Bereich benannt. Des Weiteren bezeichnen HAKE et al. (2002) Angaben zu den Koordinaten als Angaben im Kartenrahmen, wohingegen KOHLSTOCK (2018), wie oben beschrieben, diese den äußeren Kartenelementen zurechnet. Ebenfalls führt HÜTTERMANN (2001, S. 26-27) Koordinaten unter den Informationen des Kartenrandes auf. In der englischsprachigen Literatur wird von „marginalia" gesprochen, die durch einen Rahmen von den räumlichen, georeferenzierten Inhalten der Karte abgetrennt sind und neben diesen einen weiteren Bestandteil der Karte darstellen (DARKES, SPENCE 2017, S. 60; MACEACHREN 1995, S. 347). Im weiteren Verlauf dieser Arbeit wird KOHLSTOCK (2018) folgend der Begriff äußere Kartenelemente verwendet und Koordinaten und Koordinaten-linien zu diesen hinzugezählt.

Von großer Bedeutung ist die Zeichenerklärung beziehungsweise Legende als ein äußeres Kartenelement. Eine Legende erläutert die Darstellung der Kartenobjekte sowie die Objektbeschriftung (DARKES, SPENCE 2017, S. 64; KOHLSTOCK 2018, S. 99; NICHOLLAS 2017, S. 13). Selbst wenn die Bedeutung von Kartenzeichen für Leserin und Leser aufgrund konventioneller Formen offensichtlich sein kann und die gra-phische Gestaltung ein schnelles Einprägen ermöglicht, ist aufgrund der möglichen Vielzahl von Einzelheiten, insbesondere bei besonders spezialisierten Karten, eine Erklärung der Zeichen erforderlich. Lediglich selbsterklärende Zeichen können bei Platzmangel weggelassen werden. Bei großmaßstäbigen Karten kann aufgrund der grundrisstreuen Darstellung auf eine Legende verzichtet werden (DARKES, SPENCE 2017, S. 64; KOHLSTOCK 2018, S. 99). Anhand eines Beispiels zu Farbkonventionen betont HÜTTERMANN (2012a, S. 200) die Notwendigkeit des Studiums einer Legende. WILHELMY (1966, S. 13) und WILHELMY et al. (2002, S. 16) schließen die Eigenschaft „erläutert", die sich auf die Legende bezieht, in ihren Definitionen von Karte ein. Des Weiteren spielt die Legende eine wichtige Rolle hinsichtlich der Kartenkom-petenz (siehe Kapitel 2.2.3).

Im weiteren Verlauf dieser Arbeit wird der Begriff Legende verwendet und bei der Untersuchung äußerer Kartenelemente besonders in den Fokus genommen.

Kartographische Gestaltungsmittel

Im Bereich des Karteninhalts sind verschiedene gängige Formen der Codierung ge-ographischer Inhalte vorhanden. HAKE et al. (2002, S. 118) bezeichnen diese als kartographische Gestaltungsmittel, welche die Grundelemente Punkt, Linie und Fläche sowie die zusammengesetzten Zeichen Signatur, Diagramm, Halbton und Schrift umfassen. KOHLSTOCK (2018, S. 74) spricht von kartographischen Darstellungsmitteln, DICKMANN (2018, S. 136) von kartographischen Grundelementen und Darstellungsmethoden und HÜTTERMANN (2012a, S. 200) von grafischen Gestaltungsmitteln, wobei alle aufgeführten Werke im Wesentlichen die gleichen Möglichkeiten der Gestaltung einer Karte einbeziehen. Mit Blick auf das Ziel der Forschung wird im Weiteren auf Kartenzeichen, Farbgestaltung sowie Schrift eingegangen.

Kartenzeichen, Signaturen und Symbole

Bezüglich der Begriffe Kartenzeichen, Signatur und Symbol zeigt sich in der Literatur kein einheitliches Bild hinsichtlich deren Verwendung. Eine Systematisierung der Begriffe ist nicht klar zu erkennen, so dass Kartenzeichen, Signatur und Symbol teils synonym verwendet werden (KOCH 1998, S. 89). Die Schwierigkeit einer klaren Bestimmung allein des Begriffes Zeichen ist durch die uneinheitliche Verwendung im Alltag und in der Wissenschaft, zum Beispiel aufgrund von Einflüssen aus der Linguistik, Philosophie, Psychologie und Soziologie, verursacht (MACEACHREN 1995, S. 218).
Ausführungen von IMHOF (1972, S. 60) und KOHLSTOCK (2018, S. 74) lassen auf eine synonyme Verwendung von Signatur und Kartenzeichen schließen. HAKE et al. (2002, S. 122) ergänzen dazu noch Symbole. Eine Definition von Signatur findet sich bei WILHELMY et al. (2002, S. 222): „Signaturen im engeren Sinne sind punkt- und linienhafte Elemente, denen qualitative (und evt. quantitative) Aussagen zuzuordnen sind." Ähnliche Darstellungen finden sich bei ARNBERGER, KRETSCHMER (1975, S. 209), KOCH (1998, S. 93, 95) sowie DICKMANN (2018, S. 137), wobei die beiden Letztgenannten einen Unterschied zwischen Kartenzeichen und Signatur darin sehen, dass sich Signaturen nur auf Punkte und Linien beziehen. Bei Flächen wird abweichend von Flächenkartenzeichen gesprochen. Somit wird in diesen Abhandlungen die Signatur als eine Teilmenge oder Untergruppe von Kartenzeichen gesehen (KOCH 1998, S. 93).
Ebenfalls ist das Bild in der Literatur uneinheitlich, was das Verhältnis zwischen Signatur und Symbol betrifft. Auf der einen Seite sehen einige Autorinnen und Autoren die Begriffe als gleichbedeutend an (HAKE et al. 2002, S. 122) oder sprechen trotz ursprünglicher Unterschiede von einer synonymen Betrachtung (WITT 1979, S. 556). Auf der anderen Seite sehen einige Autorinnen und Autoren einen Unterschied, indem Signaturen symbolhafte Bedeutungen zugeschrieben werden oder nur bei einer maßstabsgetreuen Darstellung der Begriff der Signatur verwendet wird. Bei kleiner werdendem Maßstab wird von Symbolen gesprochen (ARNBERGER, KRETSCHMER 1975, S. 209; IMHOF 1972, S. 60; STOCKS 1955, S. 311). KOCH (1998, S. 94-

95) argumentiert, dass Symbole keine eigene Kategorie bilden, sondern neben ikonischen Signaturen eine Untergruppe der Signaturen sind.

Eine Gleichsetzung der Begriffe Zeichen (sign) und Symbol (symbol) wird von MacEachren (1995, S. 218) abgelehnt. Zu einem Kartenzeichen wird ein Zeichen, indem es die Eigenschaft besitzt, für etwas Anderes zu stehen, und einen räumlichen Bezug aufweist (Koch 1998, S. 91; Steurer 1989, S. 14). Koch (1998, S. 91-92) konstatiert, dass Kartenzeichen sich aus mehreren graphischen Bestandteilen zusammensetzen und daher nicht die elementaren graphischen Elemente einer Karte wie Punkt, Linie und Fläche umfassen, aber auch Diagramme, Halbtonflächen und Schriftelemente dazu zählen. Es wird abschließend definiert, dass es sich bei Kartenzeichen um materielle Gestalten handelt, die für etwas stehen, einen Begriff oder Gegenstand repräsentieren und georäumlich determiniert sind. Als Untergruppen werden indexikalische Zeichen, Signaturen und Flächenkartenzeichen aufgezählt (Koch 1998, S. 95).

In der englischsprachigen Literatur zeigt sich ein ähnlicher Umgang, obwohl eine Entsprechung für Signatur nicht zu finden ist. Wie weiter oben bereits ausgeführt, unterscheidet MacEachren (1995, S. 218) die Begriffe „sign" und „symbol". Darkes, Spence (2017, S. 52, 84-87) sprechen von flächenhaften, linienhaften, Punkt-, 1-D-, 2-D-, und 3-D-Symbolen. Nichollas (2017, S. 13, 23) beschreibt eine Unterscheidung von Symbolen und konventionellen Zeichen, wobei für letztere als Beispiel die Verwendung von Farbe zur Klassifikation von Straßen angeführt wird. Wiegand, Stiell (1996, S. 17-18, 23) verwenden in einem Aufsatz zu einer Studie über Kinderatlanten neben „symbol" noch „illustration", „image" sowie „representation".

Schulatlanten benutzen hauptsächlich den Begriff Signatur: Der Diercke Weltatlas (2015, S. 14, 16) führt unter der Überschrift „Signaturen in Wirtschaftskarten" sowohl Flächen- als auch Punktsignaturen auf, unter Signaturen in der physischen Karte auch Höhenschichten. Ähnlich geht der Haack Weltatlas (2015, S. XIV-XV) vor: Unter dem Titel „Atlaseinführung" und „Karten lesen und verstehen" wird der Weg vom Bild zur Signatur veranschaulicht.

Aufgrund des uneinheitlichen Umgangs mit diesen Begriffen in der Literatur wird im weiteren Verlauf dieser Forschungsarbeit der Handhabbarkeit wegen der Ausdruck Kartenzeichen verwendet. Darunter werden in Anlehnung an Steurer (1989, S. 14) sowie der Erklärung von Wilhelmy et al. (2002, S. 222) zu Signaturen alle Elemente verstanden, denen eine qualitative Aussage zuzuordnen ist und die einen räumlichen Bezug aufweisen. So werden beispielsweise auch Flüsse, die durch blaue Linien repräsentiert werden, oder Höhenschichten, die als braune Flächen dargestellt werden, mit einbegriffen.

Farbgebung

Als weiteres wichtiges Gestaltungselement gelten Farben, da sie die Lesbarkeit von Karten steigern. Einerseits erhöhen sie die Geschwindigkeit der Informationsübertragung, andererseits ermöglichen sie eine weitere inhaltliche Differenzierung kartographischer Darstellungen (DICKMANN 2018, S. 140). Beispielsweise dienen Farben der Variation jedes Gestaltungsmittels sowie der Erläuterung, Abgrenzung, Hervorhebung oder Abstufung von Objekten (HÜTTERMANN 2012a, S. 200; KOHLSTOCK 2018, S. 75). Beim Einsatz von Karten spielt die Berücksichtigung von Assoziationen eine bedeutende Rolle: So werden Wälder mit Grün und Gewässer mit Blau repräsentiert (HAKE et al. 2002, S. 118). Ebenfalls werden warme Klimazonen oder Meeresströmungen mit Rot, kalte Klimazonen und Meeresströmungen mit Blau dargestellt (DARKES, SPENCE 2017, S. 54; DICKMANN 2018, S. 142; HÜTTERMANN 2012a, S. 200). Zusätzlich orientiert sich der Einsatz von Farben an kartographisch gängigen Konventionen wie beispielsweise Braun- und Grünfärbung für Höhenunterschiede. Hierbei können jedoch Fehlinterpretationen entstehen, wenn Grün als eine Waldfläche wahrgenommen oder von grüner Farbe auf Fruchtbarkeit von Böden geschlossen wird, weswegen die Klarheit und das angemessene Studium einer Legende von großer Bedeutung für das Verständnis einer Karte sind (HÜTTERMANN 1998, S. 27; HÜTTERMANN 2012a, S. 200; KRAUTTER 2015, S. 232). Als weitere Assoziationen gelten Sauberkeit mit der Farbe Weiß, Fröhlichkeit mit der Farbe Gelb, Liebe, Gefahr oder Kommunismus mit der Farbe Rot sowie Tod und Trauer mit der Farbe Schwarz (MAREK 2016, S. 27; MONMONIER 1996, S. 237). Farbgebung wurde auch bewusst für manipulative Darstellungen eingesetzt, wie beispielsweise zur Hervorhebung der eigenen Nation (häufig mit der Farbe Rot) sowie zur Repräsentation von zivilisationshierarchischen Kulturstufenmodellen in Darstellungen wie beispielsweise in früheren Ausgaben des Haack Weltatlas (HENNIGES, MEYER 2016, S. 45; SCHNEIDER 2012, S. 145). Der Einsatz von Farben in Karten sollte auf acht beziehungsweise zwölf beschränkt werden, da ansonsten die Interpretation erschwert wird (DARKES, SPENCE 2017, S. 54; MAREK 2016, S. 27).

Schrift

Kartenschrift ist ein besonderer Bestandteil des Karteninhalts. Zwar verfügt die Kartenschrift über wenig geometrische Aussagemöglichkeit, ist aber das wichtigste erläuternde Element (HAKE et al. 2002, S. 137). Neben der Identifizierung von Objekten eröffnet Schrift durch Variation von Schriftart, -größe, -breite und -lage Möglichkeiten zur Unterscheidbarkeit von Objektgrößen und -arten (KOHLSTOCK 2018, S. 74). Kartenschrift kann sowohl für sich allein, vor allem bei nicht exakt abgrenzbaren Verbreitungsflächen, wie beispielsweise Gebirgen, als auch in Verbindung mit anderen Gestaltungsmitteln stehen (HAKE et al. 2002, S. 139). Im letzteren Fall kann die Platzierung der Schrift im Verhältnis zu dem in Verbindung stehenden Kartenzeichen problematisch sein, insbesondere bei einer Vielzahl von zu benennenden Objekten auf engem Raum (NICHOLLAS 2017, S. 23-24). Für den weiteren Forschungsbericht wird Schrift aufgrund der Vielzahl anderer Gestaltungsmittel nicht in den Fokus genommen, aber zum Beispiel im Zusammenhang mit anderen Grundelementen der Karte wie Verebnung, u. a. der Beschriftung von Bergen und Gebirgen, aufgegriffen (siehe Kapitel 6.2.5).

Maßstäblichkeit und Verkleinerung

Dass es sich bei Maßstäblichkeit und Verkleinerung um ein elementares Merkmal von Karten handelt, ist aus der Vielzahl der Definitionen ersichtlich, die diese Aspekte explizit erwähnen. Die Angabe des Maßstabes und ggf. einer Maßstabsleiste zählen zu den äußeren Kartenelementen. Bei Kartenskizzen wird auf eine Angabe verzichtet. Bei Karten ist die Angabe des Maßstabes jedoch aufgrund qualitativer Ansprüche von Bedeutung (DARKES, SPENCE 2017, S. 39). Der Maßstab einer Karte gibt das lineare Verkleinerungsverhältnis zwischen dem Abbild und dem Urbild, also zwischen Kartenstrecke und Naturstrecke, an (HAKE et al. 2002, S. 149; KOHLSTOCK 2018, S. 15). Somit hat der Maßstab einer Karte Auswirkungen auf die Genauigkeit und Vollständigkeit der Darstellung bzw. Detailwiedergabe. Je größer der Maßstab ist, desto genauer und vollständiger wird eine Karte (KOHLSTOCK 2018, S. 15). In bestimmten Fällen, wie zum Beispiel bei Flüssen und bedeutenden Verkehrswegen, wird absichtlich von einer maßstabsgetreuen Darstellung abgewichen und die Breite übertrieben, da ansonsten diese für Kartenleserinnen und Kartenleser bedeutenden Informationen nicht sichtbar wären (NICHOLLAS 2017, S. 18). Es gilt zu bedenken, dass der Maßstab einer Karte innerhalb des Kartenbildes nicht konstant ist, da es keine vollständig längentreue Abbildung der definierten Erdoberfläche gibt, sondern immer Verzerrungen vorhanden sind. Jedoch kann dies bei Maßstäben von bis zu 1:1.000.000 vernachlässigt werden, da die Verzerrungen in der Regel sehr gering sind und sich praktisch nicht auswirken (HAKE et al. 2002, S. 149; KOHLSTOCK 2018, S. 16; NICHOLLAS 2017, S. 17-18). Problematisch wird dieser Umstand jedoch, wenn beispielsweise Aufgaben gestellt werden, in welchen auf Weltkarten Distanzen zwischen zwei Orten anhand des Maßstabs gemessen werden sollen, da dies zu einer fehlerhaften Berechnung führen wird (GRYL 2011, S. 19; HÜTTERMANN 2012a, S. 207).
Anhand des Maßstabes besteht auch eine Möglichkeit, Karten zu klassifizieren. So werden Karten mit einem Maßstab bis zu 1:10.000 als groß-, mit einem Maßstab zwischen 1:10.000 und 1:500.000 als mittel- und mit einem Maßstab von kleiner als 1:500.000 als kleinmaßstäbig bezeichnet (KOHLSTOCK 2018, S. 16-17). Eine Karte kleinen Maßstabs weist einen höheren Grad an Generalisierung auf, auch in Bezug auf Kartenzeichen (HÜTTERMANN 2001, S. 21-22).

Verebnung

Über mehrere Definitionen einer Karte hinweg taucht das Merkmal der Verebnung auf. Darüber hinaus wird Verebnung als Besonderheit, charakteristisches Merkmal und Grundlage kartographischer Darstellungen bzw. der Kartographie bezeichnet (HÜTTERMANN 2012a, S.198; HÜTTERMANN 2013e, S. 133; RINSCHEDE, SIEGMUND 2020, S. 350; WÜTHRICH 2013, S. 150). Es handelt sich dabei um die Darstellung der dritten Dimension, was sich zum einen auf die Überführung der gekrümmten, kugelähnlichen Erdoberfläche in eine Ebene bezieht (DICKMANN 2018, S. 23; HÜTTERMANN 2012a, S. 198-199; RINSCHEDE, SIEGMUND 2020, S. 350, 353). Zum anderen beschreibt der Begriff auch die Repräsentation von Höhenunterschieden wie Berg und Tal. Daher wird in einigen Ausführungen von einer doppelten Verebnung gesprochen (HÜTTERMANN 2012a, S. 199; HÜTTERMANN 2013b, S. 128; RINSCHEDE, SIEGMUND 2020, S. 353).

Die Darstellung der gekrümmten Erdoberfläche auf einer Ebene führt zu Verzerrungen, die sich besonders bei kleinmaßstäbigen Karten auswirken kann. Daher spielt in diesem Zusammenhang der gewählte Kartennetzentwurf eine wichtige Rolle (DICKMANN 2018, S. 67). Bei der Darstellung von Höhenunterschieden sind in der Kartographie verschiedene Gestaltungsmittel gängig: Während in früheren Darstellungen auch noch Seitenansichten ohne geometrische Grundlage üblich waren, erlangte zunächst die Verwendung von Schraffen Bedeutung, welche in die Richtung des stärksten Gefälles zeigen. Heutzutage üblich sind die Gestaltungen durch Höhenlinien bzw. Isohypsen, das heißt Linien der gleichen Höhe über Normalhöhennull, Schummerung bzw. Schattierung, bei welcher durch Variation der Intensität von Flächentönen bzw. Halbtönen ein Hang als sonnenbeschienen und der Gegenhang als schattig wiedergegeben wird, sowie farbige Höhenschichten, wobei Unterschiede in einem Spektrum von blaugrün für geringe und braunrot für große Höhen ausgedrückt werden (DARKES, SPENCE 2017, S. 46-47; HAKE et al. 2002, S. 426, 430, 432-433; HÜTTERMANN 2012a, S. 199-200; KOHLSTOCK 2018, S. 86-88, 92, 94-95).

Ein unklares Bild in der Fachliteratur zeigt sich bei der Unterscheidung von Verebnung und Grundriss. Einige Autorinnen und Autoren benennen beides als bedeutende Grundelemente einer Karte nebeneinander, ohne die beiden Begriffe für sich oder im Verhältnis zueinander zu erläutern (HÜTTERMANN 2012a, S. 198; HÜTTERMANN 2013e, S. 133; RINSCHEDE, SIEGMUND 2020, S. 350, 353; WILHELMY 1966, S. 13; WILHELMY et al. 2002, S. 16; WÜTHRICH 2013, S. 150). Gemäß Ausführungen des Lexikons für Kartographie und Geomatik kann geschlussfolgert werden, dass Grundriss als Folge oder Ergebnis der Verebnung betrachtet werden kann (BOLLMANN 2002, S. 405; TAINZ et al. 2001, S. 362). Aufgrund der Vielzahl der Aufführungen beider Begriffe als Charakteristika von Karten werden auch im weiteren Verlauf dieser Arbeit beide Begriffe verwendet, wobei beim Verständnis von Verebnung im Wesentlichen eine Orientierung an der Erklärung HÜTTERMANNS

(2012a, S. 198-199) erfolgt. Diese besagt, dass darunter die Überführung der Kugelgestalt der Erdoberfläche in die Ebene sowie die Darstellung von Reliefunterschieden verstanden wird.

Grundriss

Im vorigen Abschnitt wurde bereits auf die Unschärfe bei der Klärung des Begriffes Grundriss eingegangen. Grundriss als Merkmal von Karten taucht in einer Vielzahl von Definitionen sowie Aufzählungen zu kartographischen Grundlagen auf, wobei auffällig ist, dass dies vermehrt in fachdidaktischen Werken der Fall ist (HÜTTERMANN 2012a, S. 198; HÜTTERMANN 2013e, S. 133; KRAUTTER 2015, S. 230; RINSCHEDE, SIEGMUND 2020, S. 350, 353; WILHELMY et al. 2002, S. 16; WÜTHRICH 2013, S. 150). Das Grundrissbild einer Karte ist das Ergebnis der senkrechten Projektion auf eine definierte Bezugsfläche (HAKE et al. 2002, S. 25). In der kartographischen Literatur wird in Bezug auf Grundriss der Begriff der Situation eingebracht. Darunter werden im kartographischen Verständnis alle natürlichen und künstlichen Objekte der Erdoberfläche verstanden, deren Grundrisse messtechnisch erfassbar und damit in der Karte einfach darstellbar sind. Dazu zählen Siedlungen bzw. Gebäude, Verkehrswege, Gewässer sowie Vegetation bzw. Bodenbedeckungen (HAKE et al. 2002, S. 300; KOHLSTOCK 2018, S. 79).

Eine Unterscheidung bezüglich der auf einer Karte dargestellten Objekte kann in grundrisstreu und grundrissähnlich getroffen werden. Eine grundrisstreue Wiedergabe von beispielsweise Gebäuden ist bei einem Maßstab von 1:10.000 bei einer Größe von drei Metern Länge und drei Metern Breite noch möglich, wohingegen Gebäude kleinerer Ausdehnung lediglich grundrissähnlich dargestellt werden können. Mit kleiner werdendem Maßstab können lediglich große Objekte grundrisstreu beschrieben und kleinere Objekte müssen grundrissähnlich bzw. generalisiert, also zusammengefasst und vereinfacht, repräsentiert werden. Ab einem Maßstab von 1:500.000 ist ein Übergang zu einer Umrissdarstellung notwendig, bei welcher zum Beispiel kleinere Siedlungen durch Kartenzeichen wiedergegeben werden (KOHLSTOCK 2018, S. 77-81).

Im Folgenden wird der Begriff Grundriss so verstanden, dass er sich auf die Darstellung von natürlichen und künstlichen Objekten, wie oben unter dem Begriff Situation aufgezeigt, bezieht. Davon abgegrenzt werden Gebirge, Berge oder Täler, selbst wenn in einigen Kontexten wie im Eintrag zu Grundriss im Lexikon der Geographie auch vom Grundriss eines Gebirges, genauer der Alpen, gesprochen wird (o. V. 2001, S. 79). Dieses Vorgehen steht ebenfalls im Einklang mit den Beschreibungen von KOHLSTOCK (2018, S. 79) und HAKE et al. (2002, S. 300), die unter Situationsdarstellung nicht Höhenunterschiede aufführen sowie Reliefangaben davon gesondert als zu erfassende Geodaten benennen.

Generalisierung

Generalisierung ist ein fundamentaler Prozess der kartographischen Darstellung (DICKMANN 2018, S. 156). Dies zeigt sich einerseits in der konkreten Verwendung des Begriffes in einigen Definitionen von Karten (HÜTTERMANN 2013b, S. 128; WILHELMY et al. 2002, S. 16). Andererseits wird in anderen Definitionen von Vereinfachung gesprochen, was dem Konzept der Generalisierung im Wesentlichen entspricht (DARKES, SPENCE 2017, S. 8; KOHLSTOCK 2018, S. 12; RINSCHEDE, SIEGMUND 2020, S. 350, 353). Generalisierung ist ein notwendiges Prinzip bei der Erstellung einer Karte, da diese aufgrund der maßstäblichen Verkleinerung nicht annähernd alle auf der Erdoberfläche vorhandenen Einzelheiten darstellen kann. Mit einem kleiner werdenden Maßstab geht eine zunehmende Trennung des Wesentlichen vom Unwesentlichen einher (DARKES, SPENCE 2017, S. 40; GERBER 1984, S. 206; KOHLSTOCK 2018, S. 75). Als Generalisierung wird das Verfahren der Auswahl von Objekten sowie Reduktion und Vereinfachung der Komplexität der realen Welt verstanden, so dass bei maßstäblicher Verkleinerung die Karte lesbar wird, indem Objekte, die sichtbar sein sollen, notwendigerweise hervorgehoben werden (DARKES, SPENCE 2017, S. 40). Es gilt, eine Überfrachtung der Karte zu vermeiden (MAREK 2016, S. 26-27).

Zu unterscheiden sind auf der einen Seite die Erfassungsgeneralisierung, im Rahmen welcher bei der Aufnahme bereits zu kleine Objekte und Objektdetails weggelassen werden. Auf der anderen Seite beschreibt die kartographische Generalisierung einen Prozess, der in der Hand der Kartographin oder des Kartographen liegt und vornehmlich bei der Erstellung von Folgekarten (d. h. auf der Basis von Grundkarten) zum Tragen kommt (DICKMANN 2018, S. 156-157; HAKE et al. 2002, S. 168; KOHLSTOCK 2018, S. 75-77). Bei der Unterschreitung von Minimaldimensionen der noch darstellbaren graphischen Elemente bedeutet Generalisierung entweder das Weglassen irrelevanter Objekte oder die geometrische Veränderung wesentlicher Objekte bis hin zum Ersatz durch ein Kartenzeichen, wobei mit zunehmendem Maß der Generalisierung auch ein vermehrter Einsatz von Kartenzeichen einhergeht (KOHLSTOCK 2018, S. 77; MACEACHREN 1995, S. 332). Diese beiden Entscheidungsfelder werden nicht nur durch den Maßstab einer Karte beeinflusst, sondern es spielen dabei auch Adressatinnen und Adressaten, Zweck, Medienträger und die Bedingungen, unter welchen die Karte voraussichtlich betrachtet wird, eine Rolle (DARKES, SPENCE 2017, S. 40). Bei der geometrischen Veränderung werden folgende elementare Vorgänge unterschieden (DARKES, SPENCE 2017, S. 42-43; DICKMANN 2018, S. 157; HAKE et al. 2002, S. 168-169; KOHLSTOCK 2018, S. 77-78; WIEGAND 2006, S. 53):

- Vereinfachen: Details wie Hausvorsprünge werden weggelassen oder die Mäander eines Flusslaufs geglättet.
- Vergrößern: Meist lineare Objekte wie Verkehrswege oder Flüsse werden in ihrer Größe ausgeweitet.

- Verdrängen: Als Folge einer Vergrößerung eines Objektes oder der Trennung von Kartenzeichen werden Objekte verdrängt.
- Zusammenfassen: Mehrere gleiche, angrenzende Objekte, wie zum Beispiel einzelne Häuser einer Siedlung, werden zu einem stellvertretenden Objekt verschmolzen.
- Auswählen: Bei gleichartigen Objekten wird lediglich das Wichtigste verzeichnet, z. B. bei Verkehrswegen.
- Klassifizieren: Bei z. B. unterschiedlichen Vegetationsformen wird das weniger Typische weggelassen und auf eine Hauptform fokussiert.
- Bewerten: Bei gleichartigen Objekten wird das Wichtigere hervorgehoben.

KOHLSTOCK (2018, S. 77) erläutert, dass diese Vorgänge nicht unabhängig voneinander sind, sondern beispielsweise die Vergrößerung eines Objektes zu Verdrängung und zum Auswählen anderer Objekte führen kann. Darüber hinaus wirkt die Einteilung dieser Vorgänge nicht vollständig trennscharf, was zum Beispiel an den Erklärungen zum Auswählen und Bewerten ersichtlich ist. Im weiteren Verlauf dieser Arbeit wird vornehmlich der Oberbegriff Generalisierung verwendet und an entsprechenden Stellen bezüglich der oben aufgeführten Unterscheidungen weiter differenziert.

Orientiertheit

Die Eigenschaft der Orientiertheit einer Karte taucht zwar nur in einer der oben aufgeführten Definitionen auf, wird aber in der fachdidaktischen Literatur als ein bedeutendes kartographisches Grundelement bezeichnet, das Lernenden zu vermitteln ist (HÜTTERMANN 2012a, S. 197; HÜTTERMANN 2013e, S. 133; RINSCHEDE, SIEGMUND 2020, S. 350, 353). Die Orientiertheit einer Karte bezeichnet das Verhältnis der Himmelsrichtungen auf der Karte zu denen in der Realität (NICHOLLAS 2017, S. 17). Gemäß kartographischen Konventionen werden Karten so erstellt, dass sich Norden im Kartenbild am oberen Rand befindet und die Karte damit eingenordet ist. Dabei gilt es zu beachten, dass es sich dabei nicht um eine universell gültige Praxis handelt, sondern beispielsweise Karten aus dem mittelalterlichen Europa Osten oben zeigten, um Jerusalem ins Zentrum zu rücken, oder die McArthur-Karte bewusst dieser Konvention widerspricht (NICHOLLAS 2017, S. 17; SCHNEIDER 2012, S. 89, 138). Zur genaueren Information können in Karten ein Nordpfeil oder eine Windrose eingefügt werden. Dies ist bei bekannten im Kartenbild dargestellten Regionen und der konventionellen Orientiertheit nicht immer der Fall, muss aber zwingend bei nicht eingenordeten Karten beachtet werden (DARKES, SPENCE 2017, S. 61; HÜTTERMANN 2012a, S. 198; RINSCHEDE, SIEGMUND 2020, S. 353-354).

Kartenarten

Alle Werke, sowohl kartographische als auch fachdidaktische Literatur, weisen eine Vielzahl an Möglichkeiten auf, verschiedene Arten von Karten anhand unterschiedlicher Merkmale zu gliedern. Überwiegend zeigen sich Überschneidungen zwischen diesen Aufstellungen. HAKE et al. (2002, S. 26-31) differenzieren 13 Möglichkeiten der Gruppierung von Karten, wobei die letzte Gruppe als „weitere Gruppierungen" bezeichnet wird. Häufig wird die Bezeichnung Kartenart verwendet. Jedoch wird unter anderem unterschieden zwischen Kartenart, die sich vorwiegend auf den Karteninhalt und damit verbundenen Gebrauch bezieht, und Kartentyp als Kennzeichnung der Merkmale der Kartengraphik und des damit verbundenen Maßstabs (HAKE et al. 2002, S. 26). Als Kartentypen werden daneben auch typische kartographische Darstellungsmethoden beziehungsweise themenkartographische Basismodelle benannt (DICKMANN 2018, S. 136). Im weiteren Verlauf dieser Forschungsarbeit wird der Begriff Kartenart als Ausdruck für Einteilungen von Karten anhand bestimmter Kriterien verwendet. Im Folgenden wird nur eine für diese Arbeit relevante Auswahl an Klassifizierungen von Kartenarten vorgestellt: Einteilungen nach dem Karteninhalt, nach dem Maßstab sowie dem Grad der Maßstäblichkeit, nach der Präsentationsform, nach der Darstellung sowie nach der Entstehung und Funktion. Außen vor bleiben Gruppierungen wie nach der Herkunft oder nach der äußeren Form und Art des Verbundes (HAKE et al. 2002, S. 29-30; WILHELMY et al. 2002, S. 17). Außerdem wird noch auf kartenverwandte Darstellungen eingegangen.

Kartenarten nach dem Karteninhalt

Eine Einteilung von Karten nach dem Karteninhalt findet sich in der Mehrzahl fachwissenschaftlicher sowie fachdidaktischer Werke. Jedoch gibt es Unterschiede in der Zusammensetzung dieser Kartenarten. Fachwissenschaftliche Werke unterscheiden im Wesentlichen zwischen topographischen und thematischen Karten (DARKES, SPENCE 2017, S. 13; HAKE et al. 2002, S. 27; KOHLSTOCK 2018, S. 17; WILHELMY et al. 2002, S. 17). Diese Einteilung wird nicht nur als häufigste Unterscheidung bezeichnet, sondern bildet eine Basis der Gliederung vieler kartographischer Überblickswerke (HAKE et al. 2002, S. 27; WILHELMY et al. 2002, S. 17). Im Gegensatz dazu nennen fachdidaktische Werke überwiegend vier Kartenarten nach dem Karteninhalt: Neben topographischen und thematischen Karten kommen noch die Bezeichnungen physische und stumme Karten hinzu (HÜTTERMANN 2013b, S. 129; KRAUTTER 2015, S. 231), wobei RINSCHEDE, SIEGMUND (2020, S. 351) die stumme Karte nicht als Kartenart nach dem Inhalt, sondern als besondere Kartenart aufführen.
Eine topographische Karte stellt eine bestimmte maßstabsabhängige Auswahl an natürlichen oder künstlichen, physiognomisch erfassbaren Objekten an der Erdoberfläche dar. Diese Objekte werden lagerichtig vermessen und überwiegend im

Grundriss wiedergegeben (HÜTTERMANN 1979, S. 9; HÜTTERMANN 2013b, S. 129; KOHL-STOCK 2018, S. 17). Zu den Informationen, die auf einer topographischen Karte gezeigt werden, gehören im Kern semantische und geometrische Angaben zu den Siedlungen, dem Verkehrsnetz, dem Gewässernetz, der Vegetation sowie des Geländereliefs einschließlich zugehöriger Namen und Erläuterungen (HAKE et al. 2002, S. 409). Gewöhnlich entstehen diese Karten im Maßstab von 1:25.000 oder 1:100.000 als hoheitliche Aufgabe staatlicher Behörden, den Landesvermessungsämtern, und können daher auch thematische Informationen wie Verwaltungs- und Schutzgebiete aufweisen (HAKE et al. 2002, S. 409; HÜTTERMANN 2013b, S. 129).

Thematische Karten dagegen setzen ein Thema oder mehrere in unmittelbarem oder mittelbarem Zusammenhang mit der Erde stehende Themen in den Vordergrund, wobei sich die Auswahl der Karteninhalte nach dem Thema ausrichtet und abstrakte, nicht visuell erfassbare, physiognomische Erscheinungen eingebunden werden. Daneben können zur räumlichen Orientierung topographische Elemente berücksichtigt werden, wobei diese mehr in den Hintergrund treten (DARKES, SPENCE 2017, S. 14; HÜTTERMANN 1979, S. 10; HÜTTERMANN 2013b, S. 129; KOHLSTOCK 2018, S. 17). Dabei gilt es zu beachten, dass eine ganz klare Abgrenzung zur topographischen Karte nicht anzugeben ist, da zum einen, wie bereits im vorigen Absatz aufgezeigt, topographische Karten auch nichttopographische Aspekte wie Verwaltungsgrenzen wiedergeben, zum anderen thematische Karten lediglich thematisch ergänzte, ansonsten aber vollständige topographische Karten, wie im Falle von Wanderkarten, sein können. Im Fall der Wanderkarte kann auch von einer Mischform gesprochen werden (HAKE et al. 2002, S. 27; KOHLSTOCK 2018, S. 143). Beispiele thematischer Karten aus dem physiogeographischen Bereich sind Karten zu den Themen Klima und Bodenbedeckung bzw. Vegetation, aus dem humangeographischen Bereich Karten zu Themen wie Wirtschaft und Bevölkerung. Daneben gibt es noch Karten mit Anteilen aus beiden Bereichen wie zum Beispiel zum Thema Landnutzung (DARKES, SPENCE 2017, S. 14; KOHLSTOCK 2018, S. 144; KRAUTTER 2015, S. 231).

Wie bereits oben dargelegt, wird in der fachdidaktischen Literatur bzw. auch im schulischen Kontext neben der topgraphischen und der thematischen Karte die physische Karte als eine weitere Kartenart gezählt. Unter einer physischen Karte werden Übersichten von Teilen oder der gesamten Erdoberfläche in kleineren Maßstäben verstanden, die sich durch die charakteristische Darstellung von Höhenverhältnissen auszeichnen. Meist werden die Farben Grün bis Braun für Höhenschichten verwendet und diese teils auch mit einer Schummerung kombiniert. Zusätzlich sind häufig noch wichtige Flüsse, Siedlungen, Verkehrswege und Grenzen verzeichnet (HÜTTERMANN 2013b, S. 129; KRAUTTER 2015, S. 231; RINSCHEDE, SIEGMUND 2020, S. 350). HÜTTERMANN (2013b, S. 129) hält fest, dass der Begriff der physischen Karte als umstritten gilt, sich aber fest eingebürgert hat. Dies zeigt sich am Umgang anderer Werke mit physischen Karten: RINSCHEDE, SIEGMUND (2020, S. 350) erklären, dass physische Karten häufig den thematischen Karten zugerechnet werden, da sie sich auf die Wiedergabe physiogeographischer Inhalte fokussieren. HAKE et al. (2002, S. 417) sprechen dagegen davon, dass topographische Karten im weiteren Sinne auch als physische Karten gelten, ohne auf die Besonderheit der Darstellung von Höhenunterschieden über farbige Höhenschichten einzugehen. Im Gegensatz dazu vermeidet KOHLSTOCK (2018, S. 175-176, 178) den Ausdruck einer physischen Karte, zeigt aber vier Abbildungen, die einer solchen Karte entsprechen, im Kapitel zu thematischen Karten. Dabei wird aber von Handatlaskarten und Schulatlaskarten gesprochen und im folgenden Kapitel werden zumindest zwei der Abbildungen als detaillierte, kleinmaßstäbige topographische Karte bezeichnet.

HAKE et al. (2002, S. 27-28) erwähnen zusätzlich den Begriff Plan und weisen auf unterschiedliche Nutzungen hin: So können darunter zum Beispiel geometrisch exakte, aber einfach gestaltete, großmaßstäbige Kartierungen wie Katasterpläne, der Übersicht dienende stark vereinfachte Übersichten wie Stadtpläne, Teildarstellungen wie ein Lageplan oder die Wiedergabe künftiger Vorhaben wie in einem Bebauungsplan verstanden werden.

HÜTTERMANN (2013b, S. 129) und darauf aufbauend KRAUTTER (2015, S. 231) weisen stumme Karten als eine nach dem Karteninhalt zu differenzierende Kartenart aus. Dabei handelt es sich um Umrisskarten, die stark reduziert sind und nur wenige Elemente zur Orientierung umfassen. Die Kartennutzerin bzw. der Kartennutzer sollen durch Beschriftung Informationen ergänzen, wodurch das topographische Grundwissen geschult werden soll.

In der englischsprachigen fachdidaktischen Literatur wird zusätzlich der Begriff der „reference map" verwendet. Ihre Eigenschaften werden so beschrieben, dass eine Bandbreite an verschiedenen Kartenzeichen und Farben verwendet werden, um die Lage verschiedener Objekte wiederzugeben. Sie dient damit einem regional-geographischen Ansatz und wird als Gegenstück zur thematischen Karte dargestellt, die mehr dem allgemeingeographischen Ansatz entspricht (GERSMEHL 2014, S. 28-29). Dieser Beschreibung zur Folge weist sie Ähnlichkeiten mit einer topographischen Karte auf, sollte aber nicht mit dieser gleichgesetzt werden.

Im Folgenden wird bei der Einteilung von Karten nach dem Karteninhalt die Gruppierung in topographische, physische und thematische Karten aufgegriffen, da diese im Forschungsgebiet der Geographiedidaktik üblich ist, für das angestrebte Forschungsdesign sowie die Auswertung der Daten praktikabel erscheint und so eingeschätzt wird, dass sie bei den Probandinnen und Probanden teils anzutreffen ist.

Kartenarten nach dem Maßstab oder der Maßstäblichkeit

Auf die Möglichkeit, Karten nach der Maßstabszahl zu gliedern, wurde bereits im Abschnitt zu Maßstäblichkeit und Verkleinerung hingewiesen. Jedoch weichen

Darstellungen der Literatur in diesem Punkt voneinander ab, da die Grenze zwischen mittel- und kleinmaßstäbigen Karten zum einen bei 1:300.000 (Hake et al. 2002, S. 28), zum anderen bei 1:500.000 angegeben wird (Kohlstock 2018, S. 16-17). Zusätzlich können Karten auch noch nach dem Grad der Maßstäblichkeit gruppiert werden. Nicht vollständig maßstabstreu, sondern raumtreu sind unter anderem anamorphe Karten, bei welchen nach bestimmten Regeln Flächen und Distanzen proportional zu einem Indikator verzerrt werden, weiterhin Topogramme, die topographisch nicht exakt und nur schematisch relative Raumbezüge wiedergeben und keine quantitativen Aussagen enthalten, sowie Kartenskizzen, die graphisch nicht exakt sind (Brucker 2018, S. 212; Hake et al. 2002, S. 30, 175; Krautter 2015, S. 231).

Kartenarten nach der Präsentationsform

Diese Einteilung von Karten entstammt mehr der fachdidaktischen Literatur und wird auch als Unterscheidung anhand von Darbietungsformen bezeichnet (Hüttermann 2013b, S. 128; Krautter 2015, S. 231; Rinschede, Siegmund 2020, S. 351). Einerseits werden dabei analoge Karten unterschieden. Hierzu zählen (Hüttermann 2013b, S. 128; Krautter 2015, S. 231; Rinschede, Siegmund 2020, S. 351):

- Hand- oder Einzelkarten, die der Nutzerin oder dem Nutzer als Kopie vorliegen,
- Atlaskarten, bei welchen es sich in der Regel um physische oder thematische sowie komplexe Karten handelt,
- Schulbuchkarten, die auf ein bestimmtes Thema angepasst und vereinfacht im Medienverbund konzipiert sind,
- sowie Wandkarten, also großformatige Karten, die der gemeinsamen Verständigung und Orientierung beispielsweise in einem Klassenzimmer dienen.

Andererseits sind digitale Karten zu nennen, zu denen eine große Bandbreite an Formen zu zählen ist. Im engeren Sinne sind unter digitalen Karten Bildschirmkarten oder Karten für eine interaktive Tafel zu verstehen, die Interaktivität mit dem Medium durch Ergänzung, zum Beispiel von Markierungen, oder durch Veränderung, zum Beispiel des Maßstabs oder dem Einblenden von Kartenzeichen oder Ebenen, ermöglichen (Hüttermann 2013b, S. 129; Krautter 2015, S. 231). Diese Eigenschaften treffen jedoch auch auf Geographische Informationssysteme oder Geoinformationssysteme (GIS) zu, unter welche eine Vielzahl von Medien und Medienträger aus dem Alltag fallen. Dazu zu zählen sogenannte DesktopGIS, also Software mit voller GIS-Funktionalität, WebGIS mit eingeschränkter Funktionalität, Navigationsgeräte, virtuelle Globen wie Google Earth und Nasa World Wind, Internet-Karten wie Open Street Map und Geo-Apps wie Programme zum Geocaching (Hruby 2009, S. 154; Kohlstock 2018, S. 18, 181-182; Michel, Schubert 2013, S. 106; Scheidl 2009, S. 170). In Bezug auf Angebote digitaler Karten im Internet spielt der

Begriff Web-Mapping bzw. Web-Mapping 2.0 eine wichtige Rolle, der die Möglichkeit des Entwurfs von Karten ohne Programmierkenntnisse beschreibt (DICKMANN
2018, S. 197). Unter GIS ist ein Datenverarbeitungssystem zu verstehen, mit dem
die Erde betreffende Daten digital erfasst, verarbeitet, aktualisiert, präsentiert
und für unterschiedliche Aufgaben genutzt werden können. Es handelt sich um
Modelle der realen Welt, die diese in Schichten verschiedener Datenebenen darstellen. Es gilt zu bedenken, dass ein GIS mehr als eine digitale Karte ist, sondern
auch die dazugehörige Datengrundlage einschließt (DARKES, SPENCE 2017, S. 24;
HÖHNLE 2018, S. 85; KOHLSTOCK 2018, S. 18; MICHEL, SCHUBERT 2013, S. 106).
In einem engen Zusammenhang zur Einteilung nach Präsentationsformen steht die
Unterscheidung zwischen statischen und dynamischen Karten, wobei erstere fer-
tig vorliegen und nicht veränderbar sind. Dies beschränkt sich nicht zwingend nur
auf analoge Karten, denn auch digitale Karten können statisch sein. Dynamische
Karten hingegen werden auf Anfrage erzeugt und zeigen raumzeitliche Veränd e-
rungen oder verändern sich nach Standort der Nutzerin oder des Nutzers. Ähnliches wird durch die Begriffe passive und interaktive Karte beschrieben (DARKES,
SPENCE 2017, S. 13; HAKE et al. 2002, S. 31; KOHLSTOCK 2018, S. 183). Im weiteren
Verlauf der vorliegenden Arbeit wird die Bezeichnung der Kartenarten nach Präsentationsformen verwendet und sich im Wesentlichen auf die Unterscheidung
von analogen und digitalen Karten konzentriert.

Kartenarten nach der Darstellung

Eine weitere Form der Klassifikation von Karten stammt aus der fachdidaktischen
Literatur und wird als Einteilung nach der Darstellung beziehungsweise nach der
Menge der gleichzeitig dargestellten Informationen bezeichnet (HÜTTERMANN
2013b, S. 129; KRAUTTER 2015, S. 231). Es werden analytische, komplexe und synthetische Karten unterschieden. Analytische Karten geben lediglich einen Inhalts-
bereich in grafisch einfacher Form wieder. Komplexe Karten dagegen stellen mehrere Inhaltsbereiche mit verschiedenen Kartenzeichen auf verschiedenen Ebenen
dar. Synthetische Karten repräsentieren komplexe Karten in einfacher grafischer
Form. Dies ist zum Beispiel der Fall bei Klimakarten oder Karten zum Entwicklungsstand, bei der eine Vielzahl von Daten, die in einer großen Menge von Kombinationen an Kartenzeichen das Kartenbild zu stark belasten würden, als einfache Flächenfarbe aufbereitet werden. Dabei verlagert sich die Anforderung im Gegensatz
zu komplexen Karten weg von der grafischen Oberfläche des Kartenbildes hin zur
Legende (HÜTTERMANN 2012a, S. 202-203; HÜTTERMANN 2012b, S. 23-24; HÜTTERMANN
2013b, S. 129; KRAUTTER 2015, S. 231). Kartenarten nach der Darstellung werden in
der Folge nur marginal in den Forschungsprozess mit einbezogen, da sie voraussichtlich keine oder eine geringe Rolle in den Schülervorstellungen spielen, aber
bei Bedarf aufgegriffen.

Kartenarten nach der Entstehung und Funktion

In der kartographischen Literatur lässt sich zusätzlich eine Einteilung von Karten nach der Entstehung und Funktion finden. Als Grund- oder Primärkarten werden die unmittelbare, vollständige und exakte Wiedergabe der originalen Daten aus topographischen Vermessungen, thematischen Aufnahmen oder Bildauswertungen bezeichnet. Diese stellen das grundlegende topographische Kartenwerk eines Landes dar und sind in der Regel großmaßstäbig oder mittelmaßstäbig. Aus Grund- oder Primärkarten werden Folge- bzw. Sekundärkarten abgeleitet. Diese sind im Gegensatz zu ihrer Basis weiter verkleinert und generalisiert (HAKE et al. 2002, S. 28; KOHLSTOCK 2018, S. 17). Im weiteren Verlauf des Forschungsprojektes werden Kartenarten nach der Entstehung und Funktion nicht tiefer gehend einbezogen, können jedoch in Bezug auf die Kartenherstellung von Bedeutung sein.

Kartenverwandte Darstellungen

Unter diese Art fallen alle kartographischen Darstellungen, die es neben der Karte zusätzlich gibt. Ihre Verwandtschaft zu einer Karte begründet sich in der Ähnlichkeit hinsichtlich Objekt- und Maßstabsbereich. Jedoch bestehen Unterschiede in den nur bedingt eingehaltenen geometrischen Regeln. Zu solchen kartenverwandten Darstellungen können unter anderem anamorphe Karten, Luftbilder und Kartogramme gezählt werden, wobei ein Teil dieser Formen bereits im Abschnitt zu Kartenarten nach dem Maßstab oder der Maßstäblichkeit erwähnt und beschrieben wurden (HAKE et al. 2002, S. 31; KRAUTTER 2015, S. 231).
Luft- und Satellitenbilder, auch als Bildkarten bezeichnet, sind auf elektronischem und bzw. oder fotographischem Wege, zum Beispiel vom Flugzeug, Satelliten oder Raumfahrzeug aus, gewonnene, bildhafte Momentaufnahmen von Ausschnitten der Erdoberfläche. Sie dienen dem Zweck der Bildinterpretation sowie als Grundlage zur Herstellung von Karten. Sie unterscheiden sich von Karten zum Beispiel aufgrund der Wiedergabe aller ausreichend großer topographischer Einzelheiten, sofern sie nicht verdeckt sind, und fehlender Vereinfachung und Erläuterung durch Kartenzeichen und Legende. Aufgrund der digitalen Speicherung nahezu aller Bilder hat die ehemals klare Trennung zwischen Luft- und Satellitenbildern an Relevanz verloren (KOHLSTOCK 2018, S. 123-124; PINGOLD 2013, S. 183; SCHÖPS 2018b, S. 137).
Als Kartogramm wird die Verbindung einer Karte und raumbezogener grafischer Elemente, die quantitative Informationen transportieren, zu einer neuen Darstellung verstanden. Dabei tritt die stark reduzierte Karte in den Hintergrund und bildet den orientierenden Rahmen für integrierte Diagramme (MÖNTER 2018, S. 117). Eine klare Zuteilung zu einer Kartenart gestaltet sich aufgrund verschiedener Verständnisse des Begriffes schwierig: HAKE et al. (2002, S. 30) setzen ein Kartogramm mit einem Topogramm insofern gleich, dass bei beiden eine nicht exakte, mehr schematische Darstellung von Raumbezügen vorherrscht, und erwähnen daher

ein Kartogramm in der Gruppierung nach dem Grad der Maßstäblichkeit. Zusätzlich werden Kartogramme im gleichen Werk in Übereinstimmung mit KOHLSTOCK (2018, S. 156) bei der Darstellung flächenhafter Objekte in thematischen Karten verwendet (HAKE et al. 2002, S. 473). Des Weiteren ist die Übersetzung des Begriffes ins Englische problematisch: Unter einem „cartogram" wird in der englischsprachigen Literatur eine Art von Karte verstanden, die absichtlich die tatsächlichen Beziehungen zwischen Objekten verzerrt, um eine bestimmte Eigenschaft gemäß dem Thema zu betonen (DARKES, SPENCE 2017, S. 88). Diese Erklärung repräsentiert jedoch stärker das, was unter der Bezeichnung anamorphe Karte in der deutschsprachigen Literatur verstanden wird. Ein expliziter Hinweis darauf findet sich bei NICHOLLAS (2017, S. 36), indem bei einer offensichtlich aus dem deutschsprachigen Raum stammenden Abbildung zur Veranschaulichung eines „cartogram" auf eine fehlerhafte Übersetzung als Kartogramm hingewiesen wird.

Im weiteren Verlauf dieser Forschung werden kartenverwandte Darstellungen nur bei Bedarf aufgegriffen, jedoch aber nicht als Schwerpunkt in der Erhebung ausgewiesen.

Perspektivität von Karten

Unter dem Ausdruck der Perspektivität von Karten soll ein wichtiges Merkmal zusammengefasst werden, dass bereits im Abschnitt unter Definition beschrieben wurde. Darin wurde bereits angedeutet, dass Karten keine Abbilder der Erdoberfläche, sondern spezifische Perspektiven sind (GRYL 2010, S. 20). RHODE-JÜCHTERN (1995, S. 142) spricht in diesem Zusammenhang von der doppelten Perspektivität der Kartographie, da sie zum einen reproduziert, was die Verfasserin oder der Verfasser sieht und mit kartographischen Gestaltungsmitteln ausdrücken kann, und zum anderen in die Gestaltung der Welt durch die Offenlegung oder Verschleierung von Ursache und Wirkung eingreift. Eng verbunden mit der Perspektive einer Karte ist die Unterscheidung in die Objektivität beziehungsweise Subjektivität einer Karte, die durch die Reflexion der Perspektivität einer Karte durchschaut werden kann (GRYL et al. 2010, S. 175). Trotz der häufigen Herkunft aus gesellschaftlich anerkannten Institutionen und der damit verbunden hohen Akzeptanz sind Karten keine wertfreien, objektiven Abbilder der Welt, sondern werden immer in Abhängigkeit der Sichtweise von Kartenerstellenden[4] gestaltet. Selbst Satellitenbilder als Grundlage der Entstehung von Karten sind nicht objektiv, da sie retuschiert werden (DAUM 2012, S. 163; HARLEY 1989, S. 1, 4; JEKEL et al. 2010, S. 42; KANWISCHER, GRYL 2012, S. 78; RHODE-JÜCHTERN 1995, S. 134; SCHNEIDER 2012, S. 8). Eine ähnliche Richtung schlägt die Konzeptualisierung von Karten als Konstrukte ein: Nachdem ihnen lange Zeit die Eigenschaft der Abbildung von Wirklichkeit zugerechnet

---

[4] Der besseren Lesbarkeit wegen wird in der Folge der Begriff „Kartenerstellende" verwendet. Dieser umfasst verschiedene Beteiligte an der Erstellung von Karten wie Kartographinnen und Kartographen, Auftraggeberinnen und Auftraggeber, am Entwurf beteiligte Personen und weitere.

wurde, wird zunehmend stärker der konstruktive Charakter betont und auch in Definitionen berücksichtigt. Karten verbreiten Raumkonstruktionen und unterliegen einem doppelten Interpretationsprozess, bei dem Kartenerstellende die Eindrücke der Realität und die Kartenleserin beziehungsweise der Kartenleser die Karte interpretiert (HEMMER, I. et al. 2012a, S. 144-145; KANWISCHER, GRYL 2012, S. 79; KÜHNE 2005, S. 32).

In diesem Kontext spielt auch eine entscheidende Rolle, dass eine Karte sich an ein bestimmtes Publikum oder eine ausgewählte Gruppe von Adressatinnen und Adressaten wendet. Kartenerstellende erzeugen nach bestem Wissen und Absichten Karten, beispielsweise für Kinder, und achten bei kartographischen Darstellungsmitteln und der Auswahl der dargestellten Objekte auf die von ihnen wahrgenommenen Bedürfnisse der Zielgruppe (GRYL 2014, S. 6). Die Anpassung an die Bedürfnisse der Anwenderinnen und Anwender geht einher mit der subjektiv empfundenen Güte einer Karte: Obwohl eine Karte beziehungsweise ein Topogramm eines U-Bahn-Netzes zwar die Raumdarstellung verzerrt und die Haltepunkte nur relativ zueinander darstellt, wird eine solche Wiedergabe wegen ihrer Funktionalität und leichten Lesbarkeit als gut eingestuft (MAREK 2016, S. 25-26). Die Intentionen, vor deren Hintergrund eine Karte erstellt wird, können jedoch auch stark manipulativer Natur sein, wobei dieser Vorwurf jedoch lediglich auf Beispiele mit dem Zweck der Propaganda beschränkt werden sollte und in harmloseren Fällen Begriffe wie unbewusste Konventionen, Weltbilder und Diskurse zutreffender sind (GRYL 2016b, S. 6, 15). Karten als Instrument der Manipulation, Propaganda und Macht sind vielfältig verbreitet worden: Beispielsweise wurden koloniale Ansprüche europäischer Großmächte in anderen Erdteilen anhand entsprechender Karten legitimiert. Polen wurde unter seinen Nachbarstaaten bereits im 18. Jahrhundert immer wieder in Karten sukzessive aufgeteilt. Karten aus der Zeit des Nationalsozialismus in Deutschland wurden beispielsweise unter dem Titel „Diktat von Versailles" mit der Darstellung eines bedrohlichen, politisch-militärischen Ringes Frankreichs und seiner Trabanten um das Deutsche Reich herum oder mit der angeblichen Habgier Großbritanniens gegenüber dem kleineren Deutschland bewusst verzerrt, um in den USA Sympathien für Deutschland zu wecken und gegen andere Nationen zu hetzen (HARLEY 1989, S. 9-10, 13; HENNIGES, MEYER 2016, S. 52; KÜHNE 2005, S. 33; SCHNEIDER 2012, S. 101, 103). Karten können durch ihre Perspektive und ihre Fähigkeit zur Verbreitung von Wissen Machtstrukturen erzeugen, weshalb Nationalstaaten und Regierungen als Mittel der Kontrolle für ihre Zwecke zum Herausgeber werden und somit die daraus resultierende Deutungsmacht, auch aus einer institutionalisierten Position heraus, erlangen (GRYL et al. 2010, S. 174; HARLEY 1989, S. 11-12). Weniger manipulativ ausgelegt, aber kritisch betrachtet, werden Regionalisierungen und Grenzziehungen nach Kulturerdteilen, da sie den Eindruck entstehen lassen, dass Kulturen einheitlich definiert und abgegrenzten Räumen zugeordnet werden können. Dabei werden Entwicklungen im Zeitalter der

Globalisierung und Prozesse der Interaktion von Kulturen außer Acht gelassen und es besteht die Gefahr, dass bei Lernenden Tendenzen zur Aus- und Abgrenzung verstärkt werden können. Letztendlich bieten stark manipulative Darstellungen oder Karten zu Kulturerdteilen auch ein erhebliches Potenzial zum Lernen über die Perspektivität von Karten (BUDKE, SCHINDLER 2016, S. 53; GRYL 2016b, S. 16).

Die Perspektivität von Karten zeigt sich auch an Fehlern, die in diesen wiedergegeben wurden. In älteren Karten zählen die Darstellungen von mystischen, real nicht existierenden Inseln wie Thule oder St. Brandan, die bis ins 18. und 19. Jahrhundert anzutreffen sind, sowie die Eintragung von Elefanten in Skandinavien im Jahr 1555 dazu, was auch als Ausdruck des Unbekannten aufzufassen ist (SCHNEIDER 2012, S. 127-127). Jüngere fehlerhafte Repräsentationen zeigten sich auch auf Briefmarken, so zum Beispiel eine Weltkarte ohne Island und Grönland oder Zypern in falscher Lage und Form. Auf der Europakarte der Ein-Euro-Münze fehlt Norwegen, aber es wird die Schweiz verzeichnet, obwohl beide keine Mitglieder der Europäischen Union sind (DAUM 2012, S. 163-164; SCHNEIDER 2012, S. 7).

Die Perspektivität als Merkmal einer Karte hat dahingehend eine besondere Position gegenüber den anderen Grundelementen, da sie Einfluss auf all diese hat beziehungsweise diese die Perspektivität von Karten beeinflussen oder ausdrücken können. Im Bereich der äußeren Kartenelemente wurde der Kartenrahmen genutzt, um heraldische Symbole und Abbildungen der Monarchen als Repräsentation von Macht zu verwenden (SCHNEIDER 2012, S. 151). Bezüglich der Farbgebung lässt sich beispielhaft die Verwendung von Gold für die Stadt Jerusalem zur Betonung ihrer besonderen Bedeutung anführen (SCHNEIDER 2012, S. 138). Kartennetzentwürfe können durch ihre Darstellung der dreidimensionalen Erdoberfläche auf eine flache zweidimensionale Fläche nicht verzerrungsfrei sein, was unter anderem gezielt eingesetzt wurde, um die Sowjetunion größer und mächtiger erscheinen zu lassen (MONMONIER 1996, S. 22-23; SCHNEIDER 2012, S. 135). In Bezug auf die Orientiertheit gilt die McArthur-Karte als ein berühmtes Beispiel, bei der die Konvention der Einnordung sowie der Eurozentrierung von Weltkarten umgangen wird und durch eine Pazifikzentrierung Australien in die Mitte und durch Einsüdung nach oben gesetzt wird. Diese Karte fordert etablierte Sehgewohnheiten heraus und regt zum Perspektivwechsel an, da sie ausdrückt, dass Kartenerstellende dazu neigen, ihren Standort in das Zentrum der Karte zu rücken (DAUM 2011, S. 59; GRYL 2010, S. 32; MAREK 2009, S. 22; SCHNEIDER 2012, S. 89). Ebenfalls wird über den Prozess der Generalisierung eine bestimmte Perspektive vermittelt: Nicht nur die Gestaltung in Anlehnung an einen bestimmten Zweck, anhand welcher die dargestellten Objekte selektiert werden, sondern auch die Generalisierung spiegelt ein Werturteil über die relative Bedeutung kartographisch darstellbarer Merkmale und Details wider (MONMONIER 1996, S. 37, 64).

Einen erheblichen Einfluss auf die gesteigerte Beachtung der Perspektivität von Karten haben technische und digitale Innovationen. Dies wurde bereits in der Einleitung (siehe Kapitel 1), bei der Definition von Karten und unter Kartenarten unterschieden nach der Präsentationsform beschrieben. Diese Innovationen ermöglichen Laien, selbstständig verhältnismäßig professionell Karten herzustellen, wodurch die Grenze zwischen Produzentinnen bzw. Produzenten und Konsumentinnen bzw. Konsumenten verschwindet und von Prosumentinnen bzw. Prosumenten oder „Prosumer" gesprochen wird (DICKMANN 2018, S. 197-198; GRYL 2016b, S. 13; KANWISCHER, GRYL 2012, S. 77; MONMONIER 1996, S. 14). Durch diesen Demokratisierungsprozess der Kartenherstellung sinkt auf der einen Seite die Autorität und Deutungshoheit von institutionalisierten Kartenerstellenden. Zusätzlich steigt die Anzahl an Kartenproduzentinnen und -produzenten an. Jedoch lässt sich daraus auch ein gesteigerter Bedarf an Reflexion der Produktion sowie des Konsums von Karten hinsichtlich ihrer Perspektivität ableiten (GRYL, SCHULZE 2013, S. 215; GRYL 2016b, S. 16).

Unter Perspektivität werden im weiteren Fortgang dieser Forschungsarbeit die Konzepte von Karten als Konstrukte bzw. der Konstruktivität von Karten, der subjektive und lediglich vermeintlich objektive Charakter von Karten, Möglichkeiten der Manipulation, die Orientierung an Konventionen sowie die Perspektive, die eine Karte einnehmen kann, auch durch Vorgabe von Kartenerstellenden, verstanden. Bei Bedarf wird der Begriff der Perspektivität entsprechend differenziert und tiefergehend analysiert.

Kartenherstellung

Fachdidaktische Werke fordern an verschiedenen Stellen Kompetenzen oder Wissen zum Prozess der Kartenherstellung ein, ohne genauer auszuführen, um welche Teilprozesse es sich dabei handelt (HÜTTERMANN 2013c, S. 131; HÜTTERMANN 2013e, S. 133; KRAUTTER 2015, S. 230). HÜTTERMANN (2012b, S. 23) benennt als Bereiche der Kartenherstellung die exakten geodätischen Grundlagen und die Darstellung auf der ebenen Papierfläche (Netzentwürfe), die Bereitstellung von exakten Daten mit räumlichem Bezug, die Verarbeitung der Daten für die optimale Darstellung (u. a. Generalisierung und thematische Begrenzung) sowie die grafische Umsetzung. Detaillierte Darstellungen zum Prozess der Kartenherstellung finden sich in der kartographischen Literatur. Dabei werden je drei Formen der Kartenherstellung unterschieden: Sowohl HAKE et al. (2002, S. 358-359) als auch KOHLSTOCK (2018, S. 187, 198-199) benennen ein Verfahren als die klassische beziehungsweise konventionelle Kartenherstellung, die bis in die 1990er vorherrschend war. Diese Form setzt sich aus den drei Schritten des Kartenentwurfs, der Erzeugung eines Kartenoriginals und der Kartenvervielfältigung zusammen. Der Kartenentwurf, auch als Rohkarte oder Kartenmanuskript bezeichnet, wird aus verschiedenen Quellen wie Luftbildern, Karten oder Statistiken gebildet und dient Kartenerstellenden als

Grundlage zur weiteren Entwicklung. Die Lageangaben müssen bereits geometrisch exakt sein, aber eine graphisch exakte Darstellung ist noch entbehrlich. Im nächsten Schritt entsteht das Kartenoriginal, das die endgültige, geometrisch exakte und nach Zeichnungsvorschriften graphisch gestaltete Darstellung des Karteninhaltes umfasst. Das Kartenoriginal dient als Grundlage für die Kartenvervielfältigung, die über transparente Folien auf einer Druckplatte erfolgen (HAKE et al. 2002, S. 358-359; KOHLSTOCK 2018, S. 198-199).

Neben dem klassischen und konventionellen Verfahren werden von HAKE et al. (2002, S. 357, 361-362) rechnergestützte und digitale Kartenherstellung benannt. Von einem rechnergestützten Verfahren wird gesprochen, wenn Computertechnik bestimmte Aufgaben menschlicher Tätigkeiten und Arbeitstechniken übernimmt und somit klassische und digitale Methoden kombiniert werden. Es lassen sich somit schneller Karten herstellen. Digitale Methoden kommen beispielsweise bei der Bearbeitung von Kartennetzen, der Datengewinnung und Kartengestaltung zum Einsatz. Die digitale Kartenherstellung dagegen zeichnet sich durch den vollständigen digitalen Datenfluss von der Datenerfassung bis zur Vervielfältigung sowie interaktiver Bearbeitungsmethoden und automatischer Verfahren aus. Diese Verfahren stehen in einem Zusammenhang mit GIS (HAKE et al. 2002, S. 357, 369). KOHLSTOCK (2018, S. 200-202) dagegen zählt neben der konventionellen Kartenherstellung Desktop-Mapping oder Computerkartographie sowie Web-Mapping als weitere Verfahren auf, wobei Web-Mapping als Besonderheit des Desktop-Mappings dargestellt wird. Während Desktop-Mapping von der Einbeziehung des Internets unabhängige Verfahren bezeichnet, beschreibt Web-Mapping, genauer auch Web-Mapping 2.0, neben der Navigation und dem Abfragen bestimmter Inhalte auch die Möglichkeit der Erzeugung von Karten und -anwendungen aus verschiedenen Datenquellen durch die Nutzerinnen und Nutzer, die nicht kartographisch vorgebildet sein müssen. Bei erweiterten Handlungsmöglichkeiten ist die Bezeichnung Web-GIS zutreffender. Bekannte Beispiele sind Google Maps und Open Street Map.

Am Anfang des Prozesses der Kartenherstellung spielen der angestrebte Zweck oder das Ziel sowie die Adressatinnen und Adressaten eine erhebliche Rolle. Denn aus der Festlegung dieser Aspekte leiten sich bestimmte Parameter des Designs und der Produktion ab (DARKES, SPENCE 2017, S. 26-27). Grundlagen der Kartenherstellung bilden topographische Vermessungen, zum Beispiel bei topographischen Karten, digitale topographische Modelle oder topographische Grundkarten. Unter topographischen Vermessungen werden alle Verfahren zur Erfassung der natürlichen und künstlichen Objekte der Erdoberfläche verstanden, welche dann in Form von Grundkarten oder digitalen Landschaftsmodellen bereitgestellt werden. Zu solchen Verfahren zählt die Tachymetrie, also die Einzelpunktaufnahme im Gelände, sowie Fernerkundungsverfahren, zu denen Luftbildmessung, Laser-Scanning, Erfassung mit optischen Scannern, insbesondere von Satelliten aus, sowie

Radarverfahren gehören, wobei letztere Bildkarten, also photographische oder einer Photographie ähnelnde Bilder der Erdoberfläche erzeugen können (Dickmann 2018, S. 209; Kohlstock 2018, S. 47, 123, 187). Der häufigste Fall ist die Erstellung einer Karte auf Basis bereits bestehender Karten, wobei die Auswahl der darzustellenden Objekte und weitere Prozesse der Generalisierung von Bedeutung sind. Nach der Gestaltung des Kartenbildes an sich, auch in Bezug auf Design von Schriften, Farben, Kartenzeichen und ähnlichem sowie der Dimensionen des Papiers, falls die Karte gedruckt wird, sind die äußeren Kartenelementen zu ergänzen. Von großer Bedeutung sind Überprüfungen und Korrekturen bei der Kartenerzeugung, was bei klassischen oder konventionellen Karten bereits im Schritt des Kartenentwurfs enthalten ist. Für Karten, bei denen das Ergebnis in Printform als dauerhaftes Bild erzeugt werden soll, kommen verschiedene Ausgabegeräte zum Einsatz, auf welche an dieser Stelle nicht näher eingegangen werden soll (Darkes, Spence 2017, S. 27-29; Hake et al. 2002, S. 358; Kohlstock 2018, S. 192).

Im weiteren Verlauf dieser Forschungsarbeit werden die zuvor ausgeführten Schritte in der Erzeugung einer Karte als Kartenherstellung zusammengefasst und bei Bedarf in kleineren Teilschritten analysiert.

Zwischen Bild und Text

Der Karte wird ein Doppel- oder Hybridcharakter zugesprochen, da sie sowohl Elemente von Bildern als auch von Texten enthalten. Bei der Betrachtung von Karten als Bildern sind nicht realistische Bilder oder Abbildungen gemeint, sondern es handelt sich eher um Eigenschaften, die denen von Diagrammen entsprechen (Gryl et al. 2010, S. 172-173). Wie in einem Bild können Karten jenseits einer vorgegebenen Chronologie betrachtet werden. Hinzu kommt, dass Karten wie ein Text betrachtet werden können. Karten bestehen aus Zeichen, vergleichbar mit Buchstaben und deren Kombinationen in einem Text, und werden übersetzt. Wie beim linguistischen Zeichen handelt es sich um eine willkürliche Verbindung zwischen einer spezifischen Form und dem damit repräsentierten Inhalt (Gryl 2010, S. 22; Gryl 2016b, S. 7). In ihrer Zusammensetzung aus Zeichen wird die Karte selbst ein Zeichen genannt (Gryl 2016b, S. 7; MacEachren 1995, S. 302; Wood 1993, S. 2).

In den PISA-Studien wurden Karten wie Diagramme, Tabellen, Bilder und Grafiken als nicht-kontinuierliche Texte klassifiziert. Dabei wird der Begriff des Textes sehr weit gefasst und über fortlaufende bzw. kontinuierliche Texte hinaus ausgedehnt (Dickmann, Diekmann-Boubaker 2008, S. 2; Flath 2004, S. 68; Hüttermann 2007, S. 118; Hüttermann 2012a, S. 192). Textliche Darstellungen werden als deskriptionale, symbolische Repräsentationen verstanden, bei welchen bestimmte Komponenten eines Sachverhalts durch explizite Zeichen für Relationen wiedergegeben werden. Dagegen umfassen depiktionale, ikonische Repräsentationen, zu welchen

Karten, realistische Bilder und Diagramme zählen, keine solchen expliziten Relationszeichen, sondern verfügen über inhärente Struktureigenschaften, die mit solchen des darzustellenden Sachverhalts übereinstimmen. Im Fall der Karte ist dies die reale Raumsituation (DICKMANN, DIEKMANN-BOUBAKER 2007, S. 269; HÜTTERMANN 2007, S. 122; HÜTTERMANN 2012a, S. 192; SCHNOTZ 2001, S. 297). Jedoch unterscheiden sich die neben der Karte in der Gruppe der diskontinuierlichen Texte aufgezählten Medien in einigen Punkten deutlich, weshalb diese Gruppe uneinheitlich ist. Darüber hinaus werden einer Karte chorologische bzw. chorographische Eigenschaften zugesprochen. Diese Eigenschaften bilden einen Gegensatz zu chronologischen oder sequentiellen Arrangements, wie sie zum Beispiel in Texten zu finden sind. Aufgrund der Anordnung räumlicher Informationen in räumlicher Form bilden Karten eine eigenständige Repräsentationsform (HÜTTERMANN 1998, S. 9; HÜTTERMANN 2007, S. 118; HÜTTERMANN 2012a, S. 192; WILHELMY et al. 2002, S. 13).

Daraus ergeben sich Vorteile von Karten gegenüber anderen Medien: Zum einen können Informationen wie Lagebeziehungen an der Repräsentation direkt abgelesen werden. Das Verstehen von Texten erfordert eine Umcodierung von der deskriptionalen in eine depiktionale, mentale Repräsentation, wohingegen Karten andere mentale Speicherprozesse auslösen. Zusätzlich sind Karten als Repräsentationsformen robuster als Texte, da auch Teile von Karten ausreichen, wohingegen bei Texten dies zu Informationsverlust führen würde. Ebenfalls sind Karten in ihrer Informationsmenge Texten überlegen, da sie auf der gleichen Fläche eines Textes das Zwanzigfache an Informationen bieten können. Auch im Gegensatz zu einer Tabelle erzielt eine Karte eine Informationsverdichtung sowie eine Präzisierung durch exakte Lokalisierungen. Ähnlich wie bei Bildern speichert der menschliche Intellekt eine viel größere Anzahl optischer Zeichen als beispielsweise Buchstaben. Jedoch besitzen Karten gegenüber Bildern den Vorteil, dass Kartenerstellende gezielt Redundanzen einsetzen, um den Kommunikationsprozess zu fördern, wohingegen in Bildern diese Redundanzen ohne Zielsetzung enthalten sind (HÜTTERMANN 1998, S. 9; HÜTTERMANN 2007, S. 118, 122; HÜTTERMANN 2012a, S. 192-193; OGRISSEK 1970, S. 71; SCHNOTZ 2001, S. 298-299).

Die Eigenschaft der Karte, texthafte Elemente zu umfassen, steht im Zusammenhang mit der Perspektivität von Karten. Ähnlich wie Texte können Karten als Konstruktionen gesehen werden, in die subjektive Perspektiven aus den Weltbildern ihrer Kartenerstellenden Eingang finden (GRYL 2009a, S. 22). Im weiteren Verlauf des vorliegenden Forschungsprojektes werden der Hybridcharakter der Karte mit bild- und texthaften Elementen unter dem Ausdruck „Zwischen Bild und Text" zusammengefasst.

Die Karte als Kommunikationsmittel

In verschiedenen Werken aus der fachwissenschaftlichen oder fachdidaktischen Literatur werden kommunikationswissenschaftlich-informationstheoretische

Ansätze der Kartographie vorgestellt, so dass Karten als Informationsträger im Kommunikationsprozess betrachtet werden (HEMMER, I. et al. 2007, S. 67). Somit wird an verschiedenen Stellen von Karten als Kommunikationsmitteln oder Kartographie als Kommunikationsprozess gesprochen (DICKMANN 2018, S. 13; MACEACHREN 1995, S. 3). Trotz einer Vielzahl unterschiedlicher Ausführungen zu möglichen Modellen eines Kommunikationsprozesses anhand von Karten, teilen alle im Kern die Idee, dass Kartenerstellende aus ihren Wahrnehmungen der Umwelt Karten erstellen, die in der Mitte des Kommunikationsprozesses stehen, und dann von Nutzerinnen und Nutzern gelesen werden, woraus sich dann ein Verständnis entwickelt, das zum Vorwissen der Nutzerinnen oder der Nutzer in Bezug gesetzt wird (MACEACHREN 1995, S. 3-4). Jedoch ist von einem komplexeren als dem einfachen Sender-Empfänger-Modell auszugehen. Auf Seiten der Kartenerstellenden finden Prozesse der Konstruktion von Räumen anhand der subjektiven Wahrnehmung statt, die einerseits bewusst durch Intentionen, andererseits unbewusst durch geltende Diskurse in eine Repräsentation in Form einer Karte münden. Auf der anderen Seite sind Konsumentinnen und Konsumenten nicht passiv, sondern es kommt ebenfalls zu individuellen Raumkonstruktionen, da die Karte nicht eins zu eins rezipiert wird, sondern auch unbewusst und selektiv als Ausgangspunkt von Denkprozessen im Zuge einer Hypothesenbildung genutzt wird. Eine erhebliche Auswirkung auf die Raumkonstruktionen der Nutzerinnen und Nutzer haben zusätzlich Kontextwissen und Überzeugungen, die zum Weltverstehen beitragen und handlungsleitend sind (GRYL et al. 2010, S. 173-175; GRYL 2014, S. 6; MACEACHREN 1992, S. 100). Erweitert werden kann ein solches Modell durch Filter, durch welche Informationen gelangen, bis sie bei der Nutzerin oder dem Nutzer ankommen. Auf Seiten der Kartenerstellenden gehören dazu Einstellungen, Wissen, Fähigkeiten, Überlegungen zu den Erwartungen der Nutzerinnen und Nutzer sowie Konventionen bei der Herstellung beziehungsweise Grundelemente einer Karte wie Netzentwürfe und Generalisierung. Beim Lesen einer Karte zählen Fähigkeiten der Wahrnehmung, räumliches Vorstellungsvermögen, Verständnis des Zeichensystems, Ziele, Einstellungen, Intelligenz, Vorwissen und Vorstellungen sowie Dauer der Betrachtung der Karte als Filter. Diese können die Weitergabe von Informationen stören, in Informationsverlust münden oder Kommunikationsfehler hervorrufen (MACEACHREN 1995, S. 5).
Bei der Betrachtung von Karten als Kommunikationsmittel müssen gravierende Veränderungen mit bedacht werden, die sich durch die Entwicklung mobiler End-geräte, Digitalisierung und Web 2.0 ergeben haben. Die vormals monodirektional ausgerichtete Kommunikationsrichtung von Karten ist einem stärker bidirektiona-len Charakter gewichen: Einerseits bieten interaktive Angebote Möglichkeiten, kartographische Darstellungen eigenen Wünschen entsprechend anzupassen. An-dererseits löst sich die Grenze zwischen Herstellerinnen und Herstellern sowie

Nutzerinnen und Nutzern auf, da ein individueller Input oder die Herstellung eigener Karten für eine Vielzahl von Nutzerinnen und Nutzern leicht zu vollziehen ist
und diese somit zu Prosumentinnen und Prosumenten bzw. „Prosumer" werden
(Dickmann 2018, S. 14-15, 196-197; Kanwischer, Gryl 2012, S. 77).

Der Idee einer Karte als Kommunikationsmittel zur Folge sind Karten
zweckorientiert zu gestalten, so dass das angestrebte Ziel, das vermittelt werden
soll, die Gestaltung und Auswahl des Karteninhalts steuert und damit das bereits
existierende Wissen der Kartenerstellenden verbreitet werden soll (MacEachren
1995, S. 4; Robinson 1952, S. 15). Dieses Konzept wird von MacEachren (1995, S. 4,
12) kritisiert, da es missachtet, dass Wissen von Kartenerstellenden an
Nutzerinnen oder Nutzer nicht weitergegeben, sondern von Nutzerinnen und
Nutzer konstruiert wird, und daher in seinem weiteren Werk die Sichtweise von
Karten als Kommunikationsmittel nicht weiterverfolgt, sondern Karten als eine
von vielen möglichen Repräsentationen von Phänomenen im Raum betrachtet
wird.

Kartennetzentwürfe

Bei der Überführung der dreidimensionalen Erdoberfläche in eine zweidimensionale Ebene auf der Karte wird ein systematischer, mathematischer Ansatz benötigt, anhand welchem sichergestellt werden soll, dass möglichst jeder Punkt auf
der Erde auch auf der Karte an der richtigen Stelle erscheint. Dieser Prozess wird
mit den Begriffen Kartennetzentwurf bzw. Kartenprojektion beschrieben (Darkes,
Spence 2017, S. 22). Es gilt zu beachten, dass Kartennetzentwurf und -projektion
nicht gleichbedeutend sind: Kartenprojektion wurde im älteren Schrifttum vermehrt verwendet und hat sich aus dem französischen bzw. englischen Begriff „projection" entwickelt. Jedoch trifft Kartenprojektion nur für einen Teil aller Netzentwürfe zu, da nur wenige Netzentwürfe aus Zentral- oder Parallelprojektion entstehen. Im Englischen wird in der Fachliteratur „map projection" verwendet (Darkes,
Spence 2017, S. 22-23; Hake et al. 2002, S. 53; Kohlstock 2018, S. 38; Nichollas 2017,
S. 14; Wiegand 2006, S. 74).

Im Gegensatz zu einem Globus, der die Erdoberfläche verzerrungsfrei wiedergeben kann, sind bei einer Karte Verzerrungen unvermeidbar, wobei dieser Effekt
bei großmaßstäbigen Karten weniger ausschlaggebend ist. Es können entweder
die Distanzen zwischen bestimmten Punkten, bestimmte Flächen oder Winkel
richtig repräsentiert werden, jedoch nie mehr als einer der drei Aspekte (Darkes,
Spence 2017, S. 22; Hüttermann 2012a, S. 199; Monmonier 1996, S. 22-23). Dabei
spielt die Entscheidung der Kartenerstellenden, welcher Kartenetzentwurf für den
angestrebten Kartenzweck am geeignetsten ist, eine wichtige Rolle (Dickmann
2018, S. 70; Nichollas 2017, S. 14). Zunächst können drei Formen unterschieden
werden, die als Abbildungskörper am Erdkörper anliegen: Bei der Tangentialebene
beziehungsweise Azimutalabbildung berührt eine Ebene die Erde an genau einem

Punkt, wie beispielsweise dem Nordpol, und das Gradnetz der Erde wird auf die Ebene projiziert. Ein Zylinder umhüllt die Erde an einem Großkreis wie zum Beispiel dem Äquator oder einem Längengrad. Bei der Kegelabbildung berührt dieser mit seiner Abbildungsfläche einen Breitenkreis. Diese drei Formen fallen unter die kartographischen Abbildungen, die überwiegend für kleinmaßstäbige Karten verwendet und von den geodätischen Abbildungen unterschieden werden. Sie kommen bei amtlichen topographischen Karten zum Einsatz, da hier Genauigkeit im Zentimeterbereich gefordert und somit ein rechtwinkliger anstatt eines krummlinigen Verlaufes bei Breiten- und Längengraden verlangt wird (DICKMANN 2018, S. 70, 95; KOHLSTOCK 2018, S. 37).

Ein bekanntes Beispiel ist die Mercator-Projektion. Sie gehört in die Gruppe der Zylinderabbildungen und gilt als winkeltreu. Diese Abbildung eignet sich für die Navigation in der Schifffahrt. Jedoch verzerrt die Mercator-Projektion, angewandt auf eine Weltkarte, die Größen und Distanzen zunehmend hin zu den Polen. So zum Beispiel wirkt Grönland bei dieser Projektion gleich groß wie Südamerika oder Afrika, wohingegen auf einer flächentreuen Projektion Südamerika um das Achtfache größer erscheint. Zylinderabbildungen sind ansonsten außerhalb der Schifffahrt nur zwischen 40° nördlicher und südlicher Breite sinnvoll (DARKES, SPENCE 2017, S. 23; DICKMANN 2018, S. 84-85; GRYL 2016b, S. 12; KOHLSTOCK 2018, S. 41-42; MONMONIER 1996, S. 27, 31-32; NICHOLLAS 2017, S. 20). Ein weiteres bekanntes Beispiel ist die Peters- oder Gall-Peters-Projektion, die von Hilfsorganisationen verwendet, aber auch noch in Schulbüchern und -atlanten abgebildet wird. Ziel war es, Entwicklungsländer im Vergleich zur übrigen Welt gerecht und unverfälscht zu repräsentieren. Die Vorgabe der Peters- oder Gall-Peters-Projektion, eine flächentreue Abbildung zu sein, führte zu fachwissenschaftlichen Kontroversen, da sie Afrika doppelt so lang wie breit darstellte, obwohl Nord-Süd und West-Ost-Ausdehnung sich ungefähr gleichen. Beide Beispiele belegen den konstruktivistischen Charakter von Karten, die den Raum nicht vollständig korrekt abbilden können, sondern nur für bestimmte Zwecke geeignet sind (DARKES, SPENCE 2017, S. 22-23; DICKMANN 2018, S. 91-92; HÜTTERMANN 2012a, S. 199; MAREK 2016, S. 29).

Im weiteren Verlauf dieser Forschungsarbeit werden Kartennetzentwürfe nicht vertieft analysiert, da sie in der Schulgeographie eine untergeordnete Rolle spielen.

Atlanten

In den Standardwerken der Kartographie tauchen vermehrt Ausführungen zu Atlanten auf. Unter einem Atlas wird in der Regel eine gebundene Zusammenstellung von Karten in Buchform verstanden (HÜTTERMANN 2013a, S. 18; KOHLSTOCK 2018, S.177; OBERMAIER 2018a, S. 16). Jedoch handelt es sich dabei nicht um eine einfache Kartensammlung, sondern das Ergebnis intensiver und gestalterischer Arbeit, die in einer konsistenten Struktur der Einzelkarten mit kognitiver Intuitionsfunktion sowie einem notwendigen Vergleich von Einzelkarten mündet (HAKE et al. 2002, S. 509). Es gibt eine Vielzahl von Kriterien, anhand welcher Atlanten gegliedert werden können. Am relevantesten ist eine inhaltliche Gliederung, wonach zum einen nach dem geographischen Bezugsbereich in Weltraum-, Welt-, National-, Regional- und Stadtatlanten unterschieden werden kann. Nach dem Objektbereich kann in topographische Atlanten, Fach- (zu bestimmten Fachthemen oder Themengruppen) sowie Bildatlanten differenziert werden. Darüber hinaus können Atlanten nach ihrem Zweck beziehungsweise ihrer Benutzendengruppe in Schul-, Planungs-, Auto oder Heimatatlanten unterteilt werden (HAKE et al. 2002, S. 509-510).

Aufgrund der Relevanz für die vorliegende Studie wird noch vertieft auf Schulatlanten eingegangen. Sie unterscheiden sich von anderen Atlanten darin, dass sie an Lehrplänen orientiert erstellt sind und durch Erschließungshilfen, kartendidaktische Seiten und gelegentlich zusätzliche Informationen und Materialien, wie beispielsweise Grafiken, Abbildungen und Fotos, ergänzt sind, wobei diese Eigenschaften nicht ausschließlich für Schulatlanten gelten. Innerhalb der Gruppe der Schulatlanten gibt es verschiedene Varianten, die spezifisch für Schulstufen, also Primar- oder Sekundarstufe, Schularten oder Regionen konzipiert werden. Neben dem Einsatz zur Schulung räumlicher Orientierung bieten sie Kartenmaterial für den Unterricht. Schulatlanten umfassen hauptsächlich physische Karten, die der Übersicht dienen, und thematische Karten, die sowohl einen Überblick bieten als auch Fallbeispiele illustrieren. Im Gegensatz zu Schulbüchern finden sich in Schulatlanten überwiegend komplexe Darstellungen, die in unterschiedlichen Zusammenhängen und Jahrgangsstufen genutzt werden können (HÜTTERMANN 2013a, S. 18; OBERMAIER 2018a, S. 16).

Neben den oben genannten Atlanten sind noch folgende Arten zu nennen, die nicht vollständig die Kriterien der Definition eines Atlas erfüllen: Satelliten- oder Weltraumbildatlanten umfassen aus großen Höhen aufgenommene Bilder, die häufig mit ergänzenden Karten zusammengestellt werden. Digitale, auch elektronische oder virtuelle Atlanten werden über digitale Datenträger und Graphikbildschirme präsentiert. Darüber hinaus wird der Begriff Atlas auch in über Karten hinausgehenden Zusammenhängen verwendet, zum Beispiel in Bezug auf die Anatomie des Menschen oder anderer Lebewesen (HÜTTERMANN 2013a, S. 18; KOHLSTOCK 2018, S. 179; NICHOLLAS 2017, S. 65). Zu unterscheiden von Atlanten sind Kartenwerke, auch -serien, und Sammlungen, die die Gesamtheit von Kartenblättern für ein bestimmtes Gebiet mit gleicher Gestaltung und allgemein auch gleichem Maßstab umfassen (HAKE et al. 2002, S. 29; KOHLSTOCK 2018, S. 17; NICHOLLAS 2017, S. 61). Atlanten sind vergleichbar mit Karten nicht wertfrei oder objektiv. Sie ordnen, systematisieren und konstruieren soziale und politische Räume. Die mit der Erstellung eines Atlas verbundenen Auswahlprozesse und Entscheidungen spiegeln eine

Einschätzung der Atlas- und Kartenerstellenden über die Bedeutung der abgebildeten oder nicht abgebildeten Regionen wider (Schneider 2012, S. 60). Im Folgenden werden Atlanten nicht explizit berücksichtigt, weil sich die Forschungsfragen auf Karten an sich richten (siehe Kapitel 4). Jedoch darf bei der Interpretation ihre Relevanz für Schülervorstellungen zu Karten nicht unterschätzt werden, weil sie mit einer der vermutlich am häufigsten anzutreffenden Medienträger sind, in denen Schülerinnen und Schülern Karten begegnen.

2.2.3 Kartenkompetenz

Neben der fachlichen Grundlegung des Untersuchungsgegenstands der Karte sind für die vorliegende Arbeit Grundlagen der Kartenkompetenz von Bedeutung. Zwar wird im weiteren Verlauf der Forschungsarbeit Kartenkompetenz nicht vertieft analysiert. Von Auswirkungen auf die Schülervorstellungen zu Karten ist aber auszugehen, da die Modelle der Kartenkompetenz, insbesondere aus den Bildungsstandards für den Mittleren Schulabschluss für das Fach Geographie, Eingang in die Konzeption von Lehrplänen und Schulbüchern gefunden haben. Des Weiteren wäre eine Erfassung von Schüler- oder Alltagsvorstellungen zur Kartenkompetenz von erheblichem Umfang, weshalb es in dieser Arbeit nicht in den Fokus genommen wird.

2.2.3.1 Kartenkompetenz in den Bildungsstandards im Fach Geographie für den Mittleren Schulabschluss

Die für Karten maßgeblich relevanten Kompetenzbereiche im Fach Geographie für den Mittleren Schulabschluss sind Räumliche Orientierung sowie Erkenntnisgewinnung und Methoden.

Kompetenzbereich Räumliche Orientierung

Eine Vorlage für den Kompetenzbereich in den Bildungsstandards im Fach Geographie für den Mittleren Schulabschluss bildete das von Kroß (1995, S. 7, 9) erweiterte Modell zur räumlichen Orientierung. Diesem Modell zur Folge entfaltet sich räumliche Orientierung auf vier Lernfeldern: Topographisches Orientierungswissen, räumliche Ordnungsvorstellungen, topographische Fähigkeiten und räumliche Wahrnehmungsmuster (Fuchs 1977, S. 8-9; Hemmer, I. et al. 2007, S. 66; Kirchberg 1977, S. 27-28; Kirchberg 1980, S. 323-324; Kirchberg 1984, S. 6-7). Daraus gingen folgende, für den Umgang mit Karten relevante Bereiche hervor (Deutsche Gesellschaft für Geographie 2020, S. 17-18; Herzig et al. 2007, S. 318-319; Hüttermann 2012a, S. 204; Hüttermann 2013c, S. 131-132):

- O3: Fähigkeit zu einem angemessenen Umgang mit Karten (Kartenkompetenz)
- O4: Fähigkeit zur Orientierung in Realräumen

- O5: Fähigkeit zur Reflexion von Raumwahrnehmung und -konstruktion

O3 umfasst eine Vielzahl an Fähigkeiten, die im Zusammenhang mit verschiedenen Eigenschaften einer Karte stehen. Der Einzelstandard 5 benennt als Grundelemente einer Karte (siehe Kapitel 2.2.2.2) Grundrissdarstellung, Generalisierung sowie die doppelte Verebnung und verknüpft diese mit dem Entstehungsprozess einer Karte. Einzelstandard 6 fordert die Auswertung verschiedener, nach dem Inhalt unterschiedener Kartenarten. Bei Einzelstandard 7 stehen die Beeinflussungsmöglichkeiten der Kommunikation mit kartographischen Darstellungen im Vordergrund, zum Beispiel durch Farbwahl und Akzentuierung. Die Einzelstandards 8 und 9 benennen die Anfertigung von Skizzen und einfachen Karten, sowohl analog als auch digital, sowie Kartierungen (DEUTSCHE GESELLSCHAFT FÜR GEOGRAPHIE 2020, S. 17-18).

Die Einzelstandards in O4 betonen die Bedeutung von Karten für die räumliche Orientierung, genauer zur Standortbestimmung, Beschreibung von Wegstrecken oder zur Bewegung im Realraum. Im Gegensatz zu den anderen für Karten relevanten Bereiche sind die Einzelstandards von O4 überwiegend standortabhängig, was den Nutzen einer Karte im Realraum unterstreicht (DEUTSCHE GESELLSCHAFT FÜR GEOGRAPHIE 2020, S. 17-18; WRENGER 2015, S. 16). Des Weiteren wird in O5 die Reflexion von Raumwahrnehmung und -konstruktion thematisiert. Dies wird in den beiden Einzelstandards 15 und 16 anhand von kartographischen Darstellungen demonstriert: So geht Einzelstandard 15 auf die subjektive und selektive Wahrnehmung von Räumen ein, die über Mental Maps und „augmented reality" ausgedrückt werden kann. Einzelstandard 16 fordert von Schülerinnen und Schülern die Erläuterung des konstruktiven Charakters von Raumdarstellungen, beispielsweise anhand verschiedener Kartennetzentwürfe oder Karten zum Entwicklungsstand. Reflexion ist eine Querschnittskompetenz, die in allen Kompetenzbereichen gefördert werden sollte. So lässt sie sich in den Bildungsstandards für das Fach Geographie auch im Bereich Methoden und Erkenntnisgewinnung, Beurteilung und Bewertung, hier im Zusammenhang mit Medien allgemein, sowie Handlung finden, was sich ähnlich in den Bildungsstandards naturwissenschaftlicher Fächer findet. Jedoch wird Reflexion im Kompetenzbereich Räumliche Orientierung nicht nur über die Einzelstandards in der Teilkompetenz O5 ausgedrückt, sondern auch Einzelstandard 7, welcher sich auf die Manipulationsmöglichkeiten kartographischer Darstellungen bezieht, kann als Vorstufe von Einzelstandard 16 betrachtet werden (DEUTSCHE GESELLSCHAFT FÜR GEOGRAPHIE 2020, S. 17-18; GRYL 2010, S. 28; GRYL et al. 2010, S. 177; GRYL, KANWISCHER 2011, S. 180, 185; HÜTTERMANN 2012a, S. 211).

Kompetenzbereich Erkenntnisgewinnung und Methoden

Neben dem Kompetenzbereich der Räumlichen Orientierung sind Karten zusätzlich dem Kompetenzbereich Erkenntnisgewinnung/Methoden zuzuordnen, wobei die Eigenschaft der Karte als Informationsträger im Mittelpunkt steht. Karten nehmen als das spezifische Medium der Geographie eine wichtige Rolle ein und bieten einerseits die Möglichkeit, dass Schülerinnen und Schüler die Kenntnis von geographisch relevanten Informationsquellen, -formen und -strategien erlangen (Teilkompetenz M1), die Fähigkeit, Informationen zur Behandlung von geographischen Fragestellungen gewinnen (Teilkompetenz M2), Informationen zur Behandlung geographischer Fragestellungen auswerten (Teilkompetenz M3) und Schritte geographischer Erkenntnisgewinnung in einfacher Form beschreiben und erläutern (Teilkompetenz M4), entwickeln (DEUTSCHE GESELLSCHAFT FÜR GEOGRAPHIE 2020, S. 19-21).

2.2.3.2 Modelle der Kartenkompetenz

Neben den Bildungsstandards im Fach Geographie für den Mittleren Schulabschluss werden Modelle der Kartenkompetenz fast ausschließlich von Seiten der fachdidaktischen Literatur beschrieben. In der kartographischen Literatur finden sich stellenweise Elemente von Kartenkompetenz, wie die Begriffe Kartenauswertung, Kartenlesen und Karteninterpretation. Diese Behandlungen sind jedoch im Vergleich zur fachdidaktischen Perspektive oberflächlicher, da mehr Zwecke als solche im Rahmen von Lehr- und Lernprozessen angesprochen und somit die Ausführungen allgemeiner gehalten werden. Unter anderem wird Kartenauswertung in der Raumplanung und -verwaltung verwendet, so zum Beispiel zur Entnahme von Maßen wie Strecken, Flächen und Winkeln (HAKE et al. 2002, S. 381-383; KOHLSTOCK 2018, S. 203, 209-213).

In der fachdidaktischen Literatur wird in einer knappen Definition unter Kartenkompetenz die Fähigkeit des angemessenen Umganges mit Karten verstanden (OBERMAIER 2018b, S. 114). Weiter gefasst wird Kartenkompetenz als die Fähigkeit definiert, fertige Karten zu nutzen, eigene Karten herzustellen und eigene und fremde Karten kritisch analysieren, bewerten und reflektieren zu können. Dies umfasst sowohl kartographische Kenntnisse als auch kartenspezifische Anwendungen (HÜTTERMANN 2013c, S. 130). In dieser Definition wird bereits ein Modell der Kartenkompetenz und deren Teilkompetenzen sichtbar: Kartenkompetenz setzt sich aus den drei Teilkompetenzen Karten zeichnen, Karten auswerten und Karten bewerten zusammen. Je nach Darstellung wird zum Karten auswerten auch nutzen, zum Karten bewerten auch noch analysieren und über sie reflektieren ergänzt (HEMMER, I. et al. 2012a, S. 145; HÜTTERMANN 2005, S. 6; HÜTTERMANN 2013c, S. 130-131; OBERMAIER 2018b, S. 114). Das Erlernen dieser drei Teilkompetenzen ist weder als ein Nacheinander noch als ein eigenständiges Unterrichtsthema zu verstehen, sondern es handelt sich um ein den Unterricht begleitendes Lernen, das in verschiedenen Unterrichtssituationen stattfindet. Die Förderung aller drei Teilkompetenzen ist über alle Jahrgangsstufen anzustreben. Eine Progression findet nicht zwischen den Teilkompetenzen, sondern von einfacheren hin zu komplexeren, weniger anschaulichen, in ihrem Inhalt abstrakteren Karten hin statt (HÜTTERMANN 2005, S. 6-7; HÜTTERMANN 2012a, S. 204; HÜTTERMANN 2013c, S. 131). Darüber hinaus existieren weitere Ansätze zur Kartenkompetenz, die überwiegend Überschneidungen aufweisen beziehungsweise als Beitrag der Diskussion in das zuvor vorgestellte Modell mündeten (HEMMER, I. et al. 2010a, S. 159; siehe Tabelle 6).

Das Konzept nach CLAAßEN (1997, S. 5-9) zur Kartenarbeit gliedert diese in Karten lesen, verstehen und anfertigen. Das Verstehen von Karten umfasste die Orientierung sowie das Auswerten bzw. das Interpretieren. Auf dieser Grundlage und orientiert an den Stufen der Lesekompetenz der PISA-Studie erstellten DICKMANN, DIEKMANN-BOUBAKER (2008, S. 7) eine Übersicht mit fünf Stufen der Kompetenz im Rahmen der Kartenarbeit: Kartenlesen, sich in der Karte orientieren, Karten auswerten, Karten interpretieren sowie Karten auswerten und interpretieren. In Anlehnung an PISA ergänzte FLATH (2004, S. 69) die Ermittlung von Informationen, das text- oder kartenbezogene Interpretieren sowie das Reflektieren und Bewerten (HURRELMANN 2003, S. 9). Einen weiteren Beitrag zur Debatte steuerte ein Modell der Dimensionen der Kartenkompetenz von LENZ (2005, S. 6) bei, das Kartenkompetenz auf der ersten Unterebene in Decodierungsfähigkeit und „einfache Karten anfertigen" gliedert. Decodierungsfähigkeit spaltet sich weiter in das Kartenlesen sowie das Kartenverstehen auf, das wiederum die Teildimensionen der Orientierung auf und mit der Karte, des Interpretierens und des Bewertens von Karten umfasst. Das Anfertigen einfacher Karten wird weiter in topographische Skizzen, thematische Skizzen und einfache thematische Karten differenziert.

Tab. 6 | Beiträge und Modelle zur Diskussion um Kartenkompetenzen in der Geographiedidaktik (aus: HÜTTERMANN 2005, S. 7; weitere Quellen siehe linke Spalte, verändert)

		Qualifikationen:	
CLAAßEN 1997	Kartieren: Karten anfertigen	• lesen • sich orientieren • auswerten, interpretieren	

PISA 2001		• Informationen ermitteln
		• textbezogenes Interpretieren
		  ○ ein allgemeines Verständnis des Textes entwickeln
			• Reflektieren und Bewerten
			  ○ über den Inhalt des Textes reflektieren
			  ○ über die Form des Textes reflektieren

		○ eine text-bezogene Interpretation entwickeln	
FLATH 2004; HURRELMANN 2003		• ermitteln von Informationen • textbezogenes Interpretieren	• reflektieren und bewerten
HÜTTERMANN 2005, 2012a	Fähigkeit zum selbstständigen Zeichnen von Karten • topographische Skizzen • thematische Skizzen • einfache thematische Karten	Fähigkeit zur Auswertung von Karten • Karten lesen • Karten interpretieren	Fähigkeit zur Bewertung von Karten • über den Inhalt der Karte reflektieren • über die grafische Darstellung (Kartographie) der Karten reflektieren • über die Intentionen des Kartenherstellers reflektieren

LENZ 2005	einfache Karten anfertigen
	• topographische Skizzen
	• thematische Skizzen
	• einfache thematische Karten
		Decodierungsfähigkeit:
		• Karten lesen
		• Karten verstehen
		  ○ orientieren auf und mit der Karte
		  ○ Karten interpretieren
			• Karten verstehen
			  ○ Karten bewerten

DICKMANN, DIEKMANN-BOUBAKER 2008		Lesekompetenz und Kartenarbeit: • Karten lesen • sich in der Karte orientieren • Karten auswerten • Karten interpretieren • Karten auswerten und interpretieren	• Karten auswerten und interpretieren
HEMMER, I. et al. 2010a, 2012a		Ludwigsburger Modell der Kartenauswertekompetenz • Kartenlesen	

		o Decodieren der Grafik
		  o Karte beschreiben
		• Karten interpretieren
		  o Karte erklären
		  o Karte beurteilen	

FRANK et al. 2010	Kompetenz des Kartenzeichnens:
	• Informationen auswählen
	• Graphisches Codieren
	  o symbolisch
	  o geometrisch		

GRYL, KANWISCHER 2011, 2012			Reflexive Kartenkompetenz: Elemente der Kartenkonstruktion: • Lage und Ausrichtung • Projektion • Gestaltung • Regionalisierung • Klassengrenzen • Datengrundlage • Generalisierung
LENZ 2012		• Decodieren der Grafik • Karte beschreiben, d. h. Einzelphänomene und Raumstrukturen erfassen • Karte erklären, d. h. Beziehungen und Relationen erfassen • Karte beurteilen (u. a. bzgl. Nutzen zur kritischen Beantwortung der	• Karte beurteilen (bzgl. manipulativer Interessen der Darstellungsformen)

		Ausgangsfrage-stellung	
HÜTTER-MANN 2013c	**Karten zeichnen**	**Karten auswerten und nutzen**	**Karten analysieren, bewerten und über sie reflektieren**

In der letzten Zeile in Tabelle 6 ist die jüngste Aufstellung von HÜTTERMANN (2013c, S. 130-131) hervorgehoben, die einen Rahmen für die Strukturierung der Teilkompetenzen der verschiedenen Ansätze bietet. Jedoch ist eine eindeutige Zuordnung schwierig, was sich besonders an der Teilkompetenz des Bewertens zeigt. Das Bewerten des Karteninhalts steht eher der Auswertung, das Bewerten der Karte als Medium eher der Reflexion über Karten nahe.

Auf das Ludwigsburger Modell der Kartenauswertekompetenz wird in der vorliegenden Arbeit im Abschnitt „Karten auswerten", auf reflexive Kartenkompetenz im Abschnitt „Reflexion über Karten" eingegangen. Abseits der oben aufgezeigten Ansätze definiert HÜTTERMANN (2001, S. 31) das Kartenlesen als die Fähigkeit, sich aus der Karte ein Bild der abgebildeten Wirklichkeit machen zu können. Als Voraussetzungen zum Kartenlesen werden Vorstellungs- und Kombinationsgabe, Kenntnis der Legende und des Maßstabes sowie Orientierungsvermögen bezeichnet. Das Kartenlesen gilt als Vorstufe der Karteninterpretation, die als geographische Interpretation von Inhaltselementen der Karte und ihrer Beziehungen untereinander sowie ihres Zusammenwirkens in räumlichen Einheiten abgegrenzt wird (HÜTTERMANN 2001, S. 15).

Überschneidungen zu Modellen der Kartenkompetenzen im deutschsprachigen Raum sind bei Konzepten aus Großbritannien festzustellen. Auf Grundlage der Kritik an den Lehrplänen für England und Wales, die zu ungenau definiert waren, schlug WEEDEN (1997, S. 169) vor, dass Schülerinnen und Schüler über vier Teilkompetenzen verfügen sollten. Dazu zählt einerseits das Nutzen von Karten, worunter die Anwendung im realen Raum zu verstehen ist und beispielsweise Repräsentationen auf der Karte direkt mit den Objekten in der Landschaft in Bezug gesetzt werden sollen. Des Weiteren wird das Erstellen oder Zeichnen von Karten, genauer das Codieren von Informationen in Form einer Karte, aufgeführt. Das erfolgreiche Decodieren von Elementen in der Karte wird als das Lesen von Karten bezeichnet und zuletzt wird das Interpretieren von Karten beispielsweise als die Fähigkeit beschrieben, das geographische Vorwissen mit Objekten und Mustern, die auf der Karte gesehen werden, in Verbindung zu setzen (WIEGAND 1999, S. 66). Ein ähnlicher Ansatz findet sich bei WIEGAND (2006, S. 91), der zwischen Kartenlesen, Kartenanalyse und Karteninterpretation unterscheidet. Kartenlesen meint die einfache Entnahme von Informationen aus der Karte. Die Kartenanalyse umfasst zusätzlich, dass die entnommenen Informationen angeordnet werden, um Muster und Beziehungen zu beschreiben oder Distanzen zwischen Orten zu messen. Unter Karteninterpretation wird die Anwendung von Vorwissen und die Verknüpfung mit Inhalten und Fähigkeiten, die über die Karte hinausgehen, verstanden, um Problemstellungen zu lösen oder Entscheidungen zu treffen. CATLING und WILLY (2018, S. 274-275) zählen vier Kernkompetenzen auf, die Lernende in der Primarstufe entwickeln sollen um Karten zu lesen, zu verstehen und zu interpretieren. Dazu werden das Verständnis der Bedeutung von Kartenzeichen, die Fähigkeit der Lokalisation von bestimmten Orten oder Objekten, die Fähigkeit zur Orientierung und ein Verständnis des Maßstabs gezählt.

In den folgenden Kapiteln wird vertieft auf die Teilkompetenzen Karten zeichnen, Karten auswerten und Karten analysieren, bewerten und über sie reflektieren eingegangen.

Teilkompetenz Karten zeichnen

Bei der Umsetzung dieser Teilkompetenz im Unterricht wird darunter im Wesentlichen die Anfertigung einfacher Karten unter Berücksichtigung kartographischer Grundsätze verstanden. Einerseits kann dies als analoge Kartendarstellung erfolgen, zum Beispiel bei der Anfertigung von Kartenskizzen. Als Kartenskizze werden inhaltlich und grafisch reduzierte Karten bezeichnet, bei denen auf Lagegenauigkeit sowie korrekte Linienführung verzichtet wird. Andererseits kann das Zeichnen einer Karte auch digital umgesetzt werden, indem mithilfe entsprechender Technik digitale Karten hergestellt werden. Darunter fallen auch GIS-Anwendungen, die dafür eingesetzt werden (HÜTTERMANN 2013c, S. 131; HÜTTERMANN 2013d, S. 132; OBERMAIER 2018b, S. 114). Im weiteren Sinne zählen zum Bereich der Kartenzeichnung auch das Abpausen von Karten, das Übertragen von Karteninhalten in eine stumme Karte, die Übernahme von Objekten im Gelände in eine Grundriss- oder thematische Karte in Form einer Kartierung sowie das Zeichnen von Mental Maps (HÜTTERMANN 2012a, S. 208).

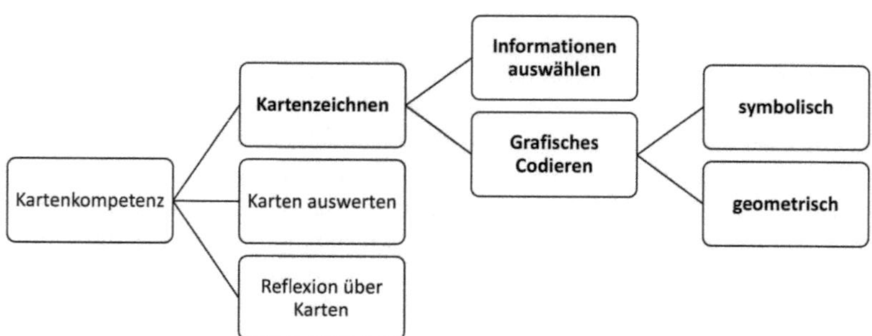

Abb. 2 | Modell der Kompetenz des Kartenzeichnens (aus: FRANK et al. 2010, S. 197-198; HEMMER, I. et al. 2012a, S. 150; verändert)

Zum Kartenzeichnen werden in Anlehnung an Modelle der Schreibkompetenz folgende Fähigkeiten benötigt (siehe Abbildung 2): Graphische Elemente werden bei einer Handskizze gezeichnet oder mit Computerprogrammen wie bei einem GIS erstellt. Hinzu kommt die Beherrschung der Grundregeln der Kartographie, zum Beispiel im Bereich der Anwendung von Kartenzeichen oder des Maßstabes. Zuletzt muss der Prozess der Kartenentstehung eigenverantwortlich reflektierend gestaltet werden, unter anderem bei der Frage der Auswahl der Informationen oder der graphischen Darstellung. Als Dimensionen der Kompetenz des Kartenzeichnens wird auf der einen Seite die Auswahl der Informationen, auf der anderen Seite das symbolische und geometrische Codieren von Informationen ausgewiesen (FRANK et al. 2010, S. 193-194, 198; OBERMAIER 2018b, S. 114).

Teilkompetenz Karten auswerten (Ludwigsburger Modell der
       Kartenauswertekompetenz)

Die Kartenauswertung gilt als weitere Teilkompetenz der Kartenkompetenz. Das Modell basiert, wie zuvor bereits beschrieben, auf dem Konzept der Lesekompetenz bei PISA. Dieses setzt sich aus drei Skalen zusammen: Informationen ermitteln, textbezogenes Interpretieren sowie Reflektieren und Bewerten. Jedoch muss das PISA-Modell der Lesekompetenz fachspezifisch modifiziert und erweitert werden, da ein Kompetenzmodell zur Kartenauswertung berücksichtigen muss, dass das Medium Karte als eigenständige Repräsentationsform sowohl Textelemente als auch grafische Elemente beinhaltet (siehe Kapitel 2.2.2.2). So wird die Decodierfähigkeit bei PISA als unabhängige Variable betrachtet, wohingegen das Decodieren von Karten deutlich komplexer als das von Texten ist und daher als eigenständige Dimension angesehen wird. Auf der anderen Seite werden bewusst Anleihen zum Modell der Lesekompetenz gemacht, so zum Beispiel bei der Unterscheidung in primär karteninterne und -externe Informationen (FLATH 2004, S. 69; HEMMER, I. et al. 2010a, S. 160-162, 165-167; HEMMER, I. et al. 2012a, S. 148-151; HÜTTERMANN 2012a, S. 204-205).
Das Ludwigsburger Modell der Kartenauswertekompetenz setzt sich folgendermaßen zusammen (siehe Abbildung 3): Es umfasst die zwei Teilbereiche Kartenlesen, zu welchem die Dimensionen des Decodierens der Grafik sowie des Beschreibens der Karte gehören, und Karten interpretieren, wozu das Erklären und das Beurteilen der Karte gezählt werden (HÜTTERMANN 2013c, S. 130; OBERMAIER 2018b, S. 114). Das Kartenlesen grenzt sich darin von der Karteninterpretation ab, dass es sich um eine Elementaranalyse handelt, bei welcher explizite Informationen entnommen werden, wohingegen die Karteninterpretation als Komplexanalyse bezeichnet wird, die nicht lediglich die Interpretation von Einzelelementen, sondern die Aufdeckung der Verflechtungen der Geofaktoren untereinander zum Ziel hat (HÜTTERMANN 1993, S. 13; MÜLLER, A. 2001, S. 438; SCHÜTT 2001, S. 433).

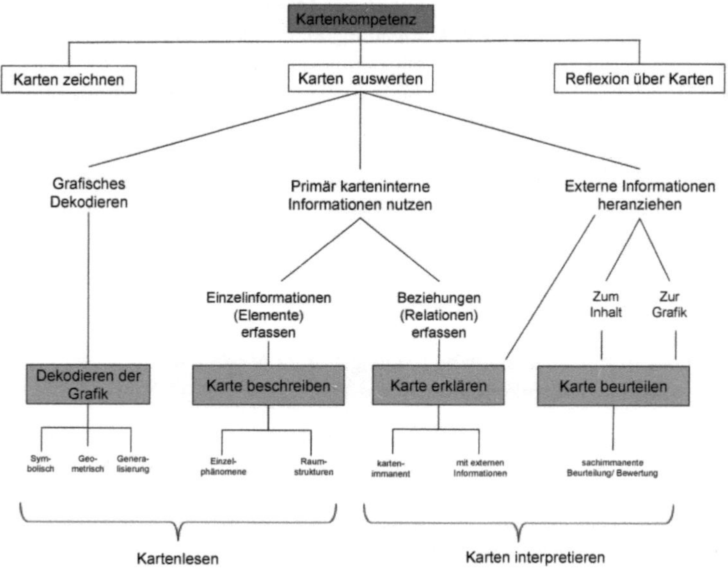

Abb. 3 | Eckpfeiler eines Kompetenzstrukturmodells zur Kartenauswertung – Das Ludwigsburger Modell (aus: HEMMER, I. et al. 2012a, S. 150; verändert)

Zunächst soll das Kartenlesen genauer betrachtet werden. Das Decodieren der Grafik teilt sich in die symbolische, also die Bedeutungsbestimmung von qualitativen Objekten, der Auseinandersetzung mit dem Titel, der Kartenzeichen und der Legende, sowie die geometrische Decodierung auf, was sich auf Aspekte der Orientiertheit, der Positionsbestimmung des Maßstabes und der Verebnung bezieht. Generalisierung wird gesondert aufgeführt, da sie sich einer eindeutigen Zuteilung in symbolische oder geometrische Transformation entzieht (HEMMER, I. et al. 2010a, S. 166-167; HEMMER, I. et al. 2012a, S. 150; LENZ 2012, S. 197; WRENGER 2015, S. 29). Neben dem Decodieren der Grafik zählt das Beschreiben der Karte zum Kartenlesen. Dabei werden Einzelphänomene oder Raumstrukturen erfasst und der Karteninhalt beschrieben. Das Beschreiben der Karte stützt sich lediglich auf die Nutzung primär karteninterner Informationen.

Die Verwendung dieser Informationen ist auch Grundlage für das „Karten erklären", wobei diese Dimension nicht mehr zum Karten lesen, sondern Karten interpretieren zählt. Karte erklären kann aber, wie im gerade eben beschriebenen Fall, nicht nur kartenimmanent erfolgen, sondern es können auch externe Informationen zu dieser Dimension herangezogen werden. Die Einbindung externer Informationen bildet ebenfalls die Basis des Beurteilens der Karte, was sich sowohl auf den

Inhalt als auch auf die Grafik beziehen kann. Zusammengefasst geht es um die Entwicklung einer Interpretation, die sich auf den Karteninhalt bzw. die Inhaltselemente und ihre Beziehung zueinander sowie ihr Zusammenwirken in räumlichen Einheiten bezieht. Das Karten lesen ist als Voraussetzung des Interpretierens von Karten zu sehen (HEMMER, I. et al. 2010a, S. 160; HEMMER, I. et al. 2012a, S. 146; HÜTTERMANN 2005, S. 6; HÜTTERMANN 2013c, S. 130).

Zusätzlich wird an anderen Stellen das Messen in Karten bzw. die Kartometrie zur Kartenauswertung gezählt, aber nicht gesondert im Ludwigsburger Modell dargestellt (HEMMER, I. et al. 2010a, S. 159; HEMMER, I. et al. 2012a, S. 145). HÜTTERMANN (2013c, S. 130-131) ordnet dem Karten auswerten noch das Karten nutzen bei. Darunter wird die Verwendung von Karten in denen für sie möglichen Zusammenhängen verstanden, wie zum Beispiel die Orientierungs- oder der Informationsfunktion.

Teilkompetenz Reflexion über Karten

Die Benennungen dieser Teilkompetenz weichen leicht voneinander ab: Neben der ursprünglichen Formulierung „Karte bewerten" (HÜTTERMANN 2005, S. 6; HÜTTERMANN 2012a, S. 208), finden sich auch Bezeichnungen wie Reflexion über Karten (HEMMER, I. et al. 2012a, S. 150; OBERMAIER 2018b, S. 114) oder die Zusammenfassung zu Karten analysieren, bewerten und über sie reflektieren (HÜTTERMANN 2013c, S. 131). Diese Dimensionen können sich auf die Grafik, d. h. beispielsweise der optimalen Nutzung kartographischer Grundregeln zur Darstellung der Inhalte, auf die inhaltliche Auswahl und Generalisierung oder die Herstellung an sich beziehen, was sich aber ebenfalls auf die vorigen zwei Bereiche der Grafik und des Inhalts auswirkt. Ein Zugang zur Bewertung von Karten kann darin liegen, dass die Bereitstellung relevanter Informationen für eine bestimmte Fragestellung, die Gültigkeit der Daten und Quellen, die Erfassung der Informationen als Daten, die Angemessenheit der grafischen Darstellung, zum Beispiel die Verwendung passender Kartenzeichen, oder die Verwendung möglicherweise suggestiver Darstellungen problematisiert wird (HÜTTERMANN 2012a, S. 211-212). Die Erweiterung um den Ausdruck der Reflexion erweitert das Spektrum dieser Teilkompetenz um das Hinterfragen eigener und fremder Karten, des eigenen Denkens und Handelns mit Karten sowie auch die subjektive Rezeption von Karten (OBERMAIER 2018b, S. 114). Zusätzlich dient es der Schärfung dieser Teilkompetenz, da die Bezeichnung des Beurteilens einer Karte auch im Bereich der Kartenauswertung auftritt. Dies bezieht sich jedoch auf die sachimmanente Beurteilung oder Bewertung der Karte, wohingegen es bei der Reflexion stärker um Karten als Konstrukte geht (HEMMER, I. et al. 2012a, S. 151; siehe Kapitel 2.2.2.2). Aus diesem Grund wird diese Teilkompetenz als Reflexion über Karten in dieser Arbeit bezeichnet.

Eng damit verbunden ist das Modell der reflexiven Kartenkompetenz, das heißt der Umgang mit jenen Aspekten, die unter der Perspektivität von Karten (siehe

Kapitel 2.2.2.2) vorgestellt wurden. In früheren Ausführungen wurde dies noch als konstruktivistische Kartenlesekompetenz bezeichnet, die sich als Fähigkeit zur Dekonstruktion von Karten in einem didaktisch reduzierten Verständnis versteht (GRYL 2009a, S. 27; GRYL 2009b, S. 85). Die Weiterführung zur reflexiven Kartenkompetenz umfasst den Begriff der Reflexion, der in der Philosophie den Erkennenden als Teil des Erkenntnisprozesses herausstellt und als Schlüssel zur geistigen Durchdringung eines Gegenstands dient. Im Sinne von AEBLI (1993, S. 21-22, 27), der den Menschen als reflektierend im Zuge des Denkens und Handelns auf sein eigenes Tun bezeichnet, kann Reflexion als Einnahme einer Metaperspektive gegenüber dem eigenen Handeln und Denken, die sich von der ursprünglichen Perspektive unterscheidet, und Innehalten der praktischen Tätigkeit beschrieben werden. Lerntheoretische Ansätze der Situated Cognition, Cognitive Flexibility und Cognitive Apprenticeship betonen in diesem Zusammenhang den hohen Stellenwert von Multiperspektivität für eine flexible Wissensaneignung und Strategiewissen. In der PISA-Studie wird Reflexion neben der Bewertung als höchste Fähigkeitsstufe bei der Lesekompetenz ausgewiesen. Es lässt sich eine Vielzahl von Ansätzen zur Reflexion in Lernpsychologie und Pädagogik feststellen, weshalb domänenspezifische Ansätze von Reflexion, wie im Fall der reflexiven Kartenkompetenz, vorteilhaft sind (DRESSLER 2007, S. 28, 30-31; GRYL et al. 2010, S. 175; GRYL, KANWISCHER 2011, S. 179-182; SCHIEFNER-ROHS 2012, S. 118-119). In der weiteren Entwicklung der Ansätze wird feiner zwischen Reflexion und Reflexivität differenziert, wobei sich Reflexion im engeren Sinne auf das Hinterfragen des Gegenstands, im vorliegenden Fall die Karte, oder von Meinungen bezieht. Reflexivität beinhaltet zusätzlich das eigene Denken über einen Gegenstand und das Handeln mit dem Gegenstand, indem ein Verlassen des eigenen Blickwinkels verlangt wird. Reflexivität stellt daher größere Ansprüche als Reflexion, welche das eigene Handeln nicht umfasst. Jedoch ist Reflexion ohne Reflexivität unvollständig und wenig handlungswirksam (GRYL 2014, S. 7; GRYL 2016b, S. 7; HOFMANN 2015, S. 178-179).
Reflexive Kartenkompetenz wird als jene Fähigkeit und Fertigkeit definiert, Karten als Konstruktionen zu verstehen, ihre Konstruktionsbedingungen durch Perspektivenwechsel aufzudecken und auf dieser Basis Entscheidungen über die Verwertbarkeit oder notwendigen Ergänzungen ihrer Inhalte zu treffen (GRYL 2010, S. 25). Aus Definitionen der konstruktivistischen Kartenlesekompetenz und reflexiven Kartenarbeit können noch Aspekte wie die subjektive Konstruktion und Rezeption von Karten, das Hinterfragen eigener und fremder Karten, die Erfassung des eigenen Weltbildes als Konstruktion, die Grundlagen der kritischen Kartographie, die Anwendung auf analoge und digitale Karten sowie das Ziel des mündigen Handelns ergänzt werden (GRYL 2009a, S. 25, 27; GRYL 2009b, S. 85; GRYL 2016b, S. 8). Hierzu wurde ein Kompetenzstrukturmodell vorgeschlagen, das über sieben Strukturelemente und acht Kompetenzniveaustufen verfügt. Bei den Strukturelementen han-

delt es sich um Bereiche der Konstruktionsentscheidungen der Kartenerstellenden, die objektiv nicht begründbar sind. Dazu zählen unter anderem die Datengrundlage, Generalisierung, Projektion sowie Klassenanzahlen und -grenzen. Die Kompetenzniveaustufen sollen der Erstellung von Testaufgaben dienen und umfassen ein Spektrum von geringster Komplexität bei kontextfreiem Beschreiben und Kennen über Anwenden und Erkennen bis hin zur größten Komplexität bei Transfer und Reflexion (GRYL, KANWISCHER 2011, S. 192-196; GRYL, KANWISCHER 2012, S. 155).

In Anlehnung an das Konzept der reflexiven Kartenkompetenz gibt es Anregungen, wie diese unterrichtlich umzusetzen ist. Einerseits gilt, dass reflexive Kartenkompetenz nicht direkt oder innerhalb einer Unterrichtseinheit angebahnt werden kann, sondern systematisch und anhand verschiedener Unterrichtsinhalte aufgebaut werden soll. Eine Förderung im Unterricht wird durch Perspektivwechsel ermöglicht, der durch anregende und problemorientierte Fragestellungen, Klarheit über den Sinn einer Reflexion von Karten, Reflexivität gegenüber dem eigenen Denken und Handeln, unterstützenden Kriterien zur Bewertung von Karten und zusätzlichen, eventuell kontroversen Quellen geschaffen wird. Dabei bieten unter anderem die oben erwähnten Strukturelemente, genauer deren Hinterfragen, einen Ansatzpunkt, aber auch die Konventionen der Einnordung und Eurozentrierung oder Grenzziehung zwischen beispielsweise Kulturerdteilen. Ein Unterrichtsverlauf zur Anbahnung einer reflexiven Kartenkompetenz kann im Einstieg mit einfachen Beispielen zur Offenlegung von Diskursen und der Vermittlung von Perspektivwechseln aufwarten, die auf Fragestellungen abzielen, die in Widersprüchen münden. In Erarbeitungsphasen können Schülerinnen und Schüler Karten mit anderen Karten oder medialen Darstellungen vergleichen. Auch bietet die Herstellung eigener Karten eine Chance der Reflexion (GRYL 2014, S. 8-9; GRYL 2016b, S. 16).

3 Stand der Forschung

In diesem Kapitel wird zunächst der Forschungsstand zu Schülervorstellungen mit Schwerpunkt auf die deutschsprachige Geographiedidaktik vorgestellt (siehe Kapitel 3.1). Es schließt sich ein Überblick zum Stand der Forschung zum Kompetenzbereich der Räumlichen Orientierung mit dem Schwerpunkt der Karte an (siehe Kapitel 3.2). Abschließend wird der Beitrag der vorliegenden Forschung zum bisherigen Forschungsstand skizziert (siehe Kapitel 3.3).

3.1 Stand der Forschung zu Schülervorstellungen in der Geographiedidaktik

Im Bereich der Geographiedidaktik gelten die Forschungsansätze zum Modell der Didaktischen Rekonstruktion, Schülervorstellungen und Conceptual Change als jung. Zuerst wurden in den Bereichen der Didaktiken der Naturwissenschaften Forschungsberichte vor allem im englischen Schrifttum zu geowissenschaftlichen Themen ab den 1990er Jahren veröffentlicht. Auch wenn im weiteren Sinne frühere Forschungen zu Stereotypen sowie Raumwahrnehmung und Mental Maps als erste Berichte in diesem Feld betrachtet werden können, wird das Feld in der Geographiedidaktik bis in die 2000er Jahre als wenig erforscht bezeichnet (BELLING 2017, S. 61; DUIT 2008, S. 2; REINFRIED 2008, S. 8-9; REINFRIED, SCHULER 2009, S. 122; WOLBERG, WRENGER 2015, S. 210). Thematisch setzt sich die Mehrheit der Arbeiten mit physiogeographischen Themen auseinander wie der Form der Erde, Entstehung von Jahres- und Tageszeiten, Wasserkreislauf, Treibhauseffekt und vielen weiteren (FELZMANN, GEHRICKE 2015, S. 45; REINFRIED 2008, S. 8-9). Humangeographische Themen spielen eine geringfügigere Rolle und machen nur einen kleinen Anteil in der Ludwigsburger-Luzerner Bibliographie zur Alltagsvorstellungsforschung aus. Ein möglicher Grund liegt darin, dass naturwissenschaftliche Konzepte begrifflich eindeutiger zu definieren sind, was die fachliche Klärung vereinfacht und folglich den Vergleich mit Schülervorstellungen und die Ableitung von Konsequenzen für die didaktische Strukturierung erleichtert (BELLING 2017, S. 119; BELLING, FRÜH, F. 2018, S. 208; REINFRIED 2010, S. 16; REINFRIED, SCHULER 2009, S. 130; SCHUBERT 2018, S. 139). Im Bereich der Methodik überwiegen qualitative Forschungsansätze, die häufig leitfadengestützte Interviews und qualitative Inhaltsanalyse zur Auswertung fachwissenschaftlicher Texte und des Interviewmaterials umfassen. Ergänzend werden Metaphernanalysen, Concept-Mapping, Mind-Mapping und Strukturlegetechniken eingesetzt. Des Weiteren gibt es auch Ansätze, die quantitative und qualitative Zugänge kombinieren (FELZMANN, GEHRICKE 2015, S. 45, 48; OBERRAUCH, KELLER 2015, S. 88). Die Mehrheit der Studien fokussiert sich auf die Erforschung vorunterrichtlicher Vorstellungen, wohingegen unterrichtliche Interventionen kaum durchgeführt wurden (SCHUBERT 2018, S. 140).

Tab. 7 | Übersicht zu ausgewählten Veröffentlichungen und Forschungen zu Schülervorstellungen in der Geographiedidaktik (Eigener Entwurf)

Raumwahrnehmung	Räumliche Schülervorstellungen von Europa (SCHNIOTALLE 2003)
	Räumliche Schülervorstellungen zur Welt (SCHMEINCK 2007)
	Vorstellungen zu raumbezogenen Themen (ADAMINA 2008)
physiogeographische Themen	Grundwasser (REINFRIED 2006b)
	Boden und Bodengefährdung (DRIELING 2008, 2015)
	Meteoriteneinschläge auf der Erde (MÜLLER, M. 2009)
	Erdöllagerstätten (FRIDRICH 2009, 2011)
	Klimawandel bzw. Treibhauseffekt (REINFRIED et al. 2010, 2012a; REINFRIED, TEMPELMANN 2014; SCHULER 2009, 2011)
	Gletscher und Eiszeiten (FELZMANN 2010, 2013)
	Schalenbau der Erde (GAPP, SCHLEICHER 2010)
	Lawinen (REMPFLER 2010)
	Quellen (REINFRIED et al. 2012b, 2013; REINFRIED 2016; REINFRIED, KÜNZLE 2020)
	Wüsten und Desertifikation (SCHUBERT 2012, 2015; KONERMANN, SCHUBERT 2015; PIEPER, SCHOCKENHOFF 2015)
	Polargebiete (CONRAD 2012, 2013)
	Passatzirkulation (BASTEN 2013)
	Plattentektonik (CONRAD 2014)
	Wildnis und Verwilderung (MOHS 2020)
	Vulkane und Vulkanismus (OTTO et al. 2020)
humangeographische Themen	Hunger in Afrika (OBERMAIER, SCHRÜFER 2009)
	Illegale Migration (HOOGEN 2016)
	Demographischer Wandel (BELLING 2017)
	Entwicklungsländer (Früh in BELLING, FRÜH, F. 2018; FRÜH, F. et al. 2019)
	Landwirtschaft (VAN DER LINDEN, HEMMER, I. 2019)
Weitere	Einfluss personaler Faktoren Lehramtsstud erender auf Konzeptveränderungen (HORN, SCHWEIZER 2010)
	Geographie und ihre zentralen Konzepte (BETTE 2011)
	Vorstellungen von Geographielehrkräften über Schülervorstellungen (BARTHMANN 2018; BARTHMANN et al. 2019)

Im Folgenden wird ein Überblick über Studien zu Schülervorstellungen in der geographiedidaktischen Forschung vorgestellt (siehe auch Tabelle 7). Ein Anspruch auf Vollständigkeit kann dabei nicht erhoben werden, da viele Studien nicht ausschließlich im geographiedidaktischen Schrifttum veröffentlicht wurden, sondern sich über das ganze Feld fachwissenschaftlicher, pädagogischer und psychologischer Fachzeitschriften und -bücher verteilen. Hinzu kommt, dass geowissenschaftliche Themen Überschneidungen zu anderen Fächern aufweisen (REINFRIED, SCHULER 2009, S. 121, 123-124). Außerdem konnten nicht alle Qualifikationsarbeiten, zum Beispiel Bachelor-, Master- und Zulassungsarbeiten, einfließen. Des Weiteren hing die Auswahl der Studien, die im Folgenden näher erläutert werden, auch von der Relevanz für die vorliegende Forschungsarbeit ab: Es werden Studien aufgezeigt, die methodisch, thematisch und in ihren Ergebnissen wichtige Aufschlüsse für die Untersuchung der Schülervorstellungen von Karten umfassen.

Die Studien zu räumlichen Schülervorstellungen von SCHMEINCK (2007) und SCHNIOTALLE (2003) werden im Kapitel zum Forschungsstand zur räumlichen Orientierung, Karten und Kartenkompetenz beschrieben (siehe Kapitel 3.2.1.2). ADAMINA (2008, S. 81-83) erforschte Vorstellungen von Schülerinnen und Schülern zu Themen von Raum, Zeit und Geschichte, wobei an dieser Stelle im Wesentlichen auf die Themen zum Raum eingegangen wird. Es wurden Raumbewusstsein und räumliche Orientierung bezüglich des Schulweges, der Umgebung, der Schweiz und der Erde untersucht und zusätzlich Unterschiede über verschiedene Jahrgangsstufen betrachtet. Dazu füllten 246 Schülerinnen und Schüler der ersten, dritten, fünften und siebten Jahrgangsstufe aus drei Schulen in der Schweiz Fragebögen aus und bearbeiteten im Unterricht verschiedene Aufgaben wie die einer „Raumreise". Im Rahmen der Raumreise wurde der eigene Schulweg skizziert, die Erde aus der Perspektive eines Raumschiffes gezeichnet, der eigene Wohnort, weitere topographische Inhalte sowie Nachbarländer auf einer Karte der Schweiz verortet sowie von den Schülerinnen und Schülern genannte Gebiete und Landschaftsbilder auf einer Karte der Erde verortet. Auf Teilergebnisse, die relevant hinsichtlich des Kartenzeichnens sind (siehe Kapitel 3.2.2.1), wird an späterer Stelle des Stands der Forschung eingegangen. Insgesamt wurden große individuelle Unterschiede innerhalb der Klassen und Klassenstufen festgestellt, wobei die Heterogenität und Anzahl der Konzepte über die Klassenstufen hinweg zunimmt und am größten in den 7. Jahrgangsstufe ist (ADAMINA 2008, S. 84, 87, 91-93, 224-225, 228).

Eine Vielzahl an Forschungsprojekten zu Schüler-, Alltagsvorstellungen und Conceptual Change anhand physiogeographischer Themen führte REINFRIED durch. In Bezug auf Grundwasser ging REINFRIED (2006b, S. 43) der Hypothese nach, inwiefern Studierende ihre unvollständigen und fehlerhaften Modelle verändern. Im Rahmen einer Interventionsstudie erhielten die Studierenden der Experimentalgruppen Unterricht, der ihnen die Möglichkeit zur De- und Rekonstruktion ihrer Vorstellungen gab. Der Prätest ergab für alle dreißig Teilnehmerinnen und Teilnehmer, dass das Wissen über Grundwasser insgesamt gering und unvollständig ist, da drei Viertel kein oder ein falsches Konzept von Grundwasser aufwiesen. Nach der Intervention veränderten sich die Präkonzepte der Experimentalgruppe mehr zu fachlich angemesseneren Konzepten hin, wobei nichtsdestotrotz 20 bis 25 % auch nach dem Unterricht an ihren Präkonzepten festhielten (REINFRIED 2006b, S. 41, 45, 48, 51, 57). In einer explorativen Pilotstudie mit 81 dreizehnjährigen Schülerinnen und Schülern wurden unter anderem mit Zeichnungen, Fragebögen und Interviews Vorstellungen zu Wasserquellen erhoben. Wichtige Befunde waren, dass zwar die Hälfte der Teilnehmerinnen und Teilnehmer über ein gewisses hydrologisches Grundwissen verfügten, aber auch Konzepte hatten, die das Lernen beeinträchtigen, wie zum Beispiel, dass festes Gestein wasserundurchlässig ist und dass große unterirdische Hohlräume zur Entstehung von Quellen notwendig sind (REINFRIED et al. 2012b, S. 1365, 1367, 1371). Im Anschluss daran untersuchten REINFRIED et al. (2013, S. 262), ob dreizehnjährige Schülerinnen und Schüler mit einer didaktisch rekonstruierten und lernpsychologisch optimierten Lernumgebung naturwissenschaftlich korrekte Vorstellungen und vernetztes Wissen über Quellen rekonstruieren. Die quantitativ angelegte Interventionsstudie brachte einen beträchtlichen Lernzuwachs und stabile Behaltensleistungen aufgrund des didaktisch rekonstruierten Lernangebots hervor (REINFRIED et al. 2013, S. 259, 262, 280). Darüber hinaus untersuchten REINFRIED (2016, S. 129) und REINFRIED und KÜNZLE (2020, S. 1, 5), ob sich die konzeptuelle Struktur von Schülervorstellungen über Wasserquellen mit dem Knowledge in Pieces-Ansatz sinnvoll beschreiben lässt (siehe Kapitel 2.1.4). Dabei wurden Interviews auf die Identifikation von u. a. P-Prims und E-Prims hin analysiert. Die in den Interviews dargelegten Vorstellungen können nachvollziehbar mit dem Knowledge in Pieces-Ansatz interpretiert werden, da zum Beispiel eine geäußerte Vorstellung einer Quelle so strukturiert ist, dass verschiedene Ideen unspezifisch miteinander verbunden sind, was als subjektive Kohärenz bezeichnet werden könnte. Darüber hinaus wurden zwei E-Prims ermittelt (REINFRIED 2016, S. 129, 134-135; REINFRIED, KÜNZLE 2020, S. 1, 9, 13). MÜLLER, M. (2009) erforschte Schülervorstellungen zu Meteoriteneinschlägen. Dabei wurden zuerst Schülervorstellungen quantitativ in ihrer kognitiven und affektiven Dimension sowie das Interesse erfasst, bevor anhand einer Typenbildung aus den Ergebnissen Interviewpartner für eine qualitative Erfassung der Schülervorstellungen ausgewählt wurden. Es wurden zwei Typen von Vorstellungen identifiziert: Auf der einen Seite fanden sich wenig komplexe und wissenschaftliche Vorstellungen bei Probandinnen und Probanden, wohingegen auf der anderen Seite auch komplexere und wissenschaftsnähere Konzepte auftraten (MÜLLER, M. 2009, S. 16, 237). FRIDRICH (2009, 2011) beschäftigte sich mit Alltagsvorstellungen zu Erdöllagerstätten von Schülerinnen und Schülern sowie Erwachsenen im Vergleich. Außerdem wurde der Wissenszuwachs von Projektklassen, deren Unterricht problemorientiert, anschaulich und auf Alltagsvorstellungen eingehend ausgerichtet war, mit dem einer konventionell unterrichteten Klasse verglichen. Ausgewertet wurden dabei beschriftete Skizzen zu Erdöllagerstätten von 433 Erwachsenen und

265 Schülerinnen und Schülern. Nur 8,1 % der befragten Erwachsenen wiesen wissenschaftlich zutreffende Konzepte von Erdöllagerstätten auf. Es zeigten sich nur geringe Unterschiede zwischen den Alltagsvorstellungen der Schülerinnen und Schüler auf der einen sowie der Erwachsenen auf der anderen Seite. Die Projektklassen demonstrierten deutlich mehr wissenschaftlich angemessene Konzepte aufgrund der angepassten Lernumgebungen (FRIDRICH 2009, S. 27-28, 30; FRIDRICH 2011, S. 222, 224-227, 231-232). In einer Studie untersuchten GAPP und SCHLEICHER (2010, S. 41, 50-51) die Alltagsvorstellungen von 23 Schülerinnen und Schülern der dritten Klasse bezüglich des Schalenaufbaus der Erde. Dabei stellten sie bei über der Hälfte Vorstellungen fest, die wissenschaftlichen Theorien sehr nahekommen, aber auch keine vorhandenen Vorstellungen oder starke Leitung durch die eigene Fantasie. In einer explorativ angelegten Pilotstudie erforschte REMPFLER (2010, S. 55, 58-59) die Schülervorstellungen zum Thema Lawinen, insbesondere im Zusammenhang zu Systemdenken. Dabei wurden 178 Jugendliche im Alter von im Schnitt fünfzehn Jahren schriftlich befragt, wobei sie unter anderem dazu aufgefordert wurden, ihre Konzepte zur Entstehung von Lawinen mit Beschriftungen zu zeichnen. Dabei wurden acht verschiedene mentale Modelle festgestellt, wobei zwei Drittel der Schülerinnen und Schüler solche aufwiesen, die weniger im Einklang mit den wissenschaftlichen Vorstellungen stehen (REMPFLER 2010, S. 59-60, 65, 67). SCHULER (2011, S. 121) ging der Frage nach, welche Alltagstheorien Schülerinnen und Schüler zu atmosphärischen Prozessen, den Ursachen und den Folgen des anthropogenen Treibhauseffekts und Klimawandels haben. In einer explorativen Vorstudie wurden 129 Schülerinnen und Schüler der zwölften Jahrgangsstufe schriftlich befragt, bevor in der Hauptstudie 25 Schülerinnen und Schüler in einem Leitfadeninterview untersucht wurden. In den Interviews kamen Strukturlegetechniken als spezielle Visualisierungsverfahren zur Erhebung der komplexen Strukturen zum Einsatz. Bezüglich der Verwundbarkeit von Menschen durch den Klimawandel wurde festgestellt, dass gravierende Folgen in Deutschland nicht erwartet wurden, jedoch für Afrika Folgen wie Wasserknappheit, Probleme bei der Ernährungssicherung sowie die Gefahr verstärkter Desertifikation bewusst sind (SCHULER 2009, S. 3, 22-23; SCHULER 2011, S. 121). REINFRIED et al. (2010, S. 254; 2012a, S. 160) untersuchten bezüglich des Treibhauseffektes den Lernerfolg und die Stabilität der Konzeptveränderungen unter verschiedenen Lernbedingungen. Dazu wurden 289 Schülerinnen und Schüler im Alter von durchschnittlich vierzehn Jahren untersucht, von denen ein Teil mit herkömmlichen Unterrichtsmaterialien, ein Teil mit einer lernpsychologisch optimierten Lernumgebung unterrichtet wurde sowie ein letzter Teil als Kontrollgruppe fungierte. Anhand von Wissensfragen und beschrifteten Skizzen wurde festgestellt, dass alle Lerngruppen ein geringes Vorwissen vor der Intervention zeigten. Die Experimentalgruppe, welche die lernpsychologisch optimierten Materialien erhielt, demonstrierte den größten Lernfortschritt (REINFRIED et al. 2010, S. 251, 254-257, 268; REINFRIED et al. 2012a, S.

155, 161, 168, 174-175). In einer weiteren Untersuchung gingen Reinfried und Tempelmann (2014, S. 34) der Frage nach, wie Wissenskonstruktionsprozesse mit einem konstruktivistischen Lernansatz ablaufen und welche Rolle dabei das Vorwissen spielt. Dabei wurden vor und nach einer Intervention Interviewdaten und Skizzen zum Treibhauseffekt von zwölf Schülerinnen und Schülern im Alter von dreizehn Jahren erhoben und ausgewertet. Es wurden drei Typen von Präkonzepten festgestellt, die sich unterschiedlich auf den Lernerfolg der Intervention auswirkten und den erheblichen Einfluss des Vorwissens für Lernprozesse belegen (Reinfried, Tempelmann 2014, S. 31, 34-35, 51).

Der leitenden Forschungsfrage, welche Vorstellungen Schülerinnen und Schüler von Wüsten haben, ging Schubert (2012, S. 19) nach. Genauer wurden Kriterien zur Abgrenzung, Lage, Entstehung und Ausbreitung von Wüsten sowie der daran angepassten Lebensweisen der Menschen untersucht. Es wurden die Konzepte von dreizehn Schülerinnen und Schülern der siebten Jahrgangsstufe in problemzentrierten Interviews ermittelt, die mithilfe eines Leitfadens, der auf den Ergebnissen einer fachlichen Analyse basiert, geführt wurden. Ergebnisse sind unter anderem, dass Wüste als trockene, heiße und leere Sandwüsten konzeptualisiert werden und diese Eigenschaften als Erklärung in allen thematischen Bereichen von Wüsten herangezogen werden. Zum Beispiel wird bei der Entstehung von Wüsten auf die Herkunft des Sandes fokussiert (Schubert 2012, S. VI, 49). Felzmann (2013, S. 281) wandte das Modell der Didaktischen Rekonstruktion auf das Thema der Eiszeiten an. Mithilfe qualitativer Inhaltsanalysen wurden Fach- und Lernerperspektiven wechselseitig miteinander verglichen und daraus didaktische Leitlinien erstellt. Besonders bei der Erfassung der Lernerperspektiven war der Einsatz der Methode des Vermittlungsexperiments, bei welchen Interviewphasen und Vermittlungsphasen abgewechselt und diese videographiert sowie transkribiert wurden. Unter anderem ergab sich, dass Gletscher in den Vorstellungen der 13- bis 14-jährigen Schülerinnen und Schüler entweder aus Schnee oder unmittelbar zuvor flüssigem Wasser entstehen sowie das Gletscher nicht in Bewegung sind. Neben den Studien von Fridrich (2009, 2011), Reinfried et al. (2010, 2012, 2013) und Reinfried und Tempelmann (2014) handelt es sich bei dieser um eine von wenigen Forschungen, die Vorstellungsänderungen in ihrem zeitlichen Ablauf kleinschrittig untersuchen (Felzmann 2010, S. 93-96; Felzmann 2013, S. 281; Reinfried 2015, S. 108).

Anhand der Analyse fachwissenschaftlicher Quellen und darauf basierender teils strukturierter Interviews und Fragebögen erforschte Conrad (2012, S. 106-107; 2013, S. 14, 35) Schülervorstellungen zu Polargebieten. Unter anderem wurden dabei Unsicherheiten bezüglich der Gestalt der Polargebiete, Verwechslungspotenzial der Begriffe Arktis und Antarktis sowie Betroffenheit, Verunsicherung und Interesse in Bezug auf das Schmelzen der Polkappen ermittelt (Conrad 2012, S. 122-123; Conrad 2013, S. 92, 95). Basten (2013, S. 33) ging den Forschungsfragen nach, wie sich Wissenschaftlerinnen und Wissenschaftler sowie Schülerinnen und

Schüler Phänomene und Prozesse im Rahmen der Passatzirkulation vorstellen, und ermittelte Gemeinsamkeiten und Unterschiede. Die wissenschaftliche Perspektive wurde anhand der Auswertung aktueller und historischer Schriften, die Lernerperspektive mithilfe einer qualitativen Interviewstudie mit 30 Schülerinnen und Schülern der zehnten Jahrgangsstufen ermittelt. Dabei wurden 38 Typen von Alltagsvorstellungen zur Passatzirkulation gefunden (BASTEN 2013, S. III, 211). Basierend auf dem Modell der Didaktischen Rekonstruktion ging CONRAD (2014, S. 59-60, 64) den Forschungsfragen nach, welche Vorstellungen sowohl Wissenschaftlerinnen und Wissenschaftler als auch Schülerinnen und Schüler zu Strukturen und Prozessen des Systems Plattentektonik konstruieren, auf welche Quellenbereiche dabei zurückgegriffen wird und welche Gemeinsamkeiten und Unterschiede zwischen fachwissenschaftlicher und Lernerperspektive bestehen. Eine besondere Stellung nahm dabei, genauso wie bei den oben genannten Studien von FELZMANN (2010, 2013) und BASTEN (2013), die Theorie des erfahrungsbasierten Verstehens ein, die auf ihre Aussagekraft bezüglich Lernschwierigkeiten in geowissenschaftlichen Kontexten betrachtet wurde. Es wurde Fachliteratur ausgewertet und fünfzehn problemzentrierte Interviews mit Schülerinnen und Schülern der neunten Jahrgangsstufe an bayerischen Gymnasien geführt. Ergebnisse sind zum Beispiel, dass die Schülerinnen und Schüler teils Platten und Kontinente gleichsetzen oder nicht zwischen ozeanischer und kontinentaler Kruste unterscheiden (CONRAD 2014, S. 3, 79).

Die Ermittlung von Schülervorstellungen zu Boden, Bodengefährdung und Bodendegradation stand im Fokus der Arbeit von DRIELING (2015, S. 53). In einem qualitativen Forschungsdesign wurden in der Hauptstudie zehn Schülerinnen und Schüler der zehnten Klasse vor dem Eintritt in die Oberstufe mithilfe problemzentrierter Interviews befragt. Dabei zeigten sich sowohl oberflächliche Ansichten als auch umfassende und komplexe Denkfiguren, die den Fachwissenschaften sehr nahekommen und auf lebensweltlichen Erfahrungen beruhen (DRIELING 2008, S. 36; DRIELING 2015, S. 53, 55-56, 73, 244). MOHS (2020, S. 38-40) untersuchte im Rahmen seiner Dissertation fachliche und Schülervorstellungen zur Wildnis und Verwilderung und entwickelte daraus Leitlinien für Lehr-Lernprozesse. Zur fachlichen Klärung wurden 28 Texte analysiert und zur Ermittlung der Schülervorstellungen wurden 16 halbstandardisierte Interviews mit Schülerinnen und Schülern verschiedener Schularten der neunten Jahrgangsstufe geführt. Die fachlichen Vorstellungen zeigen unter anderem schon bei der Definition von Wildnis und Verwilderung ein weniger homogenes Bild als angenommen. Unter den Lernenden wird Wildnis überwiegend als ein Teil der Natur verstanden, ohne dass Natur und Wildnis klar voneinander abgegrenzt werden, der abgeschieden und unberührt vom Menschen ist und eine üppige Tier- und Pflanzenwelt aufweist. Als Konsequenzen für den Unterricht schlägt der Autor zum Beispiel vor, dass die Begriffe Wildnis und Verwilderung konsistent verwendet und die Themen fächerübergreifend betrachtet werden sollen (MOHS 2020, S. 244, 278-279). OTTO et al. (2020, S. 103, 106) untersuchten in einer Teilstudie Alltagswissen und -vorstellungen zum Aufbau und zur Entstehung von Vulkanen, wobei Schwerpunkte auf Altersunterschiede sowie räumliche Nähe zu Vulkanen gelegt wurden. Es wurden Zeichnungen und Antworten zu Wissensaufgaben von 130 Schülerinnen und Schülern an zwei deutschen Schulen in Ecuador ausgewertet, wobei eine Schule in der Nähe eines Vulkans lag und die andere eine größere Distanz aufwies, und anhand der Einordnung in ein Punkteschema bewertet. Es stellten sich signifikante Unterschiede heraus, da die älteren Schülerinnen und Schüler der zwölften Jahrgangsstufe ein höheres Wissen aufwiesen als die der sechsten Jahrgangsstufe. Außerdem zeigte sich ein größeres Wissen bei den Schülerinnen und Schülern, die in der Nähe zu Vulkanen in die Schule gingen (OTTO et al. 2020, S. 107-108, 111, 115).

OBERMAIER und SCHRÜFER (2009) gingen den subjektiven Erklärungsansätzen von Hunger nach. Dabei wurden in einem ersten Schritt 102 Studierende gebeten, von Hunger betroffene Regionen auf der Erde auf einer Weltkarte zu markieren und Gründe dafür anzugeben. In einem zweiten Schritt wurden mithilfe von zwanzig Interviews und Concept Maps Kausalbeziehungen für Hunger untersucht. Dabei wurde zum Beispiel festgestellt, dass die Erklärungsansätze der Studierenden kaum mit den wissenschaftlichen übereinstimmen, da die Studierenden wenig externe, zum Beispiel politische oder ökonomische, Einflüsse einbezogen. Auch unterschied nur ein kleiner Anteil der Studierenden die Gründe für Hunger nach Regionen auf der Erde (OBERMAIER, SCHRÜFER 2009, S. 245, 247-249). Ebenfalls im Bereich der humangeographischen Themen widmete sich HOOGEN (2016, S. 55-57) gemäß dem Modell der Didaktischen Rekonstruktion den Fragen, welche fachwissenschaftliche Konzepte zum Thema der illegalen Migration vorliegen, welche Vorstellungen Schülerinnen und Schüler dazu konstruieren und welche Konsequenzen sich aus dem wechselseitigen Vergleich für den Unterricht ergeben. Die Perspektiven der Schülerinnen und Schüler der achten und zehnten Jahrgangsstufe wurden anhand problemzentrierter Interviews erhoben. Ein Ergebnis der Untersuchung ist, dass der Begriff der illegalen Migration mit Kriminalität und daher mit ablehnender Haltung verknüpft wurde, was in den wissenschaftlichen Darstellungen nicht der Fall ist und daher im Unterricht ein reflektierter Umgang mit dem Begriff wünschenswert ist (HOOGEN 2016, S. 71-72, 76, 390, 393). Bei der Arbeit handelt es sich um die erste im deutschsprachigen Forschungsfeld zu Schülervorstellungen, die sich mit spezifischen anthropogeographischen Vorstellungen auseinandersetzte (BELLING 2017, S. 119; BELLING, FRÜH, F. 2018, S. 208).

Im Zentrum der Arbeit von BELLING (2017, S. 121) stand die Erforschung von Vorstellungen von Schülerinnen und Schülern zum demographischen Wandel, genauer zum Beispiel zur Lebenserwartung, der Entwicklung von Geburten und Sterbefällen sowie räumlichen Disparitäten. Untersucht wurden Schülerinnen und Schüler der zehnten Jahrgangsstufe mithilfe problemzentrierter Leitfadeninterviews. Dabei wurde unter anderem festgestellt, dass die Schülerinnen und Schüler zwar über eine Vielzahl von Vorstellungen zu diesem Thema verfügen, aber nicht mit dem Fachbegriff des demographischen Wandels in Verbindung bringen können (Belling 2017, S. 122, 136, 219). Franziska Früh beschäftigt sich in ihrer Forschung mit Schülervorstellungen von Entwicklungsländern anhand von halbstandardisierten Interviews und Zeichnungen. Ergebnisse sind zum Beispiel, dass zunächst überwiegend Merkmale und Probleme eines Entwicklungslandes beschrieben und auf einfache Kausalketten, eindimensionale Schlussfolgerungen und Stereotypen zurückgegriffen werden. Zeichnungen von 315 Schülerinnen und Schülern in der Einführungsphase der Oberstufe in Nordrhein-Westfalen zeigten Tendenzen zu wenig ausgeprägten, eher subjektiven und stereotypen Darstellungen, die stark eurozentrisch geprägt sind (Belling, Früh, F. 2018, S. 209, 214-215; Früh, F. et al. 2019, S. 118, 122). In einer explorativen Studie untersuchten van der Linden und Hemmer, I. (2019, S. 217) die Alltagsvorstellungen von 51 Geographiestudierenden zur Landwirtschaft. Auf Basis agrargeographischer Überblickswerke wurde ein Fragebogen erstellt, der Strukturen, Einflüsse, Wandel und Auswirkungen der Landwirtschaft bei den Studienteilnehmerinnen und -teilnehmern ermittelte. Unter anderem wurden keine gravierenden Unterschiede zwischen den Alltags- und fachlichen Vorstellungen ermittelt, jedoch zeigte sich, dass mehr ökonomische als ökologische Herausforderungen für die Zukunft in der Agrarwirtschaft wahrgenommen werden (van der Linden, Hemmer, I. 2019, S. 223-224, 229-232).

Das Spektrum in der Forschung zu Schülervorstellungen wurde zum Beispiel durch die Betrachtung der Vorstellungen von Geographielehrkräften über Schülervorstellungen und Auswirkungen auf unterrichtliches Handeln von Barthmann (2018, S. 52; Barthmann et al. 2019, S. 83) erweitert. In der qualitativen Interviewstudie wurden 17 Lehrkräfte an bayerischen Realschulen und Gymnasien dazu befragt. Zusammengefasst kann festgehalten werden, dass das Professionswissen von Geographielehrkräften über Schülervorstellungen nur wenig ausgeprägt ist. Jedoch zeigt sich, dass sich aufgrund der Berufserfahrung theorieähnliche Vorstellungen sowie anschlussfähiges Professionswissen zu Schülervorstellungen entwickelt haben, was aber noch nicht ausreicht, um dafür angemessene konstruktivistische Lernumgebungen zu konzipieren (Barthmann 2018, S. 145; Barthmann et al. 2019, S. 78, 79, 92). Horn, Schweizer (2010, S. 189) gingen der Forschungsfrage nach, inwieweit personale Faktoren von Lehramtsstudierenden den Prozess der Konzeptveränderungen beeinflussen. Mithilfe eines standardisierten Fragebogens wurden 462 Lehramtsstudierende, darunter 176 mit dem Fach Geographie, untersucht. Zum Beispiel ergab sich ein stark positiver Zusammenhang zwischen der Selbstwirksamkeit sowie dem Fähigkeitsselbstkonzept und dem Prozess der Konzeptveränderung (Horn, Schweizer 2010, S. 197, 207). Bette (2011, S. 3) untersuchte Vorstellungen von Schülerinnen und Schülern sowie Wissenschaftlerinnen und Wissenschaftlern zur Geographie und ihren zentralen Konzepten. Während die wissenschaftliche Perspektive anhand der Bildungsstandards im Fach Geographie beleuchtet wurde, wurden zur Erfassung der Lernendenperspektive sechs problemzentrierte Interviews geführt, von denen drei aufbereitet und ausgewertet wurden. Auf Seiten der Schülerinnen und Schüler wurden dabei nicht kohärente und fest verankerte Vorstellungen zur Geographie festgestellt, denen zufolge die Geographie das Zusammenspiel oder die Wechselwirkung von Mensch und Natur, die Landschaft oder auch Länder erforscht. Diese Begriffe werden jedoch diffus und ungenau verwendet (BETTE 2011, S. 23, 48, 126).

Aufgrund des angestrebten Forschungsdesigns, in dessen Rahmen auch ein Vergleich zwischen den Schülervorstellungen zweier Altersgruppen vorgenommen werden sollen (siehe Kapitel 4, 5.2.3), werden in der Folge Forschungen vorgestellt, die ein ähnliches Vorgehen umfassten. Auf die Studien von ADAMINA (2008, S. 82), FRIDRICH (2009, 2011) sowie OTTO et al. (2020, S. 106) und dem Vergleich von Vorstellungen über verschiedene Jahrgangs- bzw. Altersstufen hinweg wurde bereits in diesem Kapitel eingegangen. KONERMANN und SCHUBERT (2015, S. 113) untersuchten, ob sich die Ergebnisse zu Vorstellungen von Wüsten von SCHUBERT (2012, 2015) auch anhand einer quantitativen Forschungsmethodik und einer größeren Stichprobe feststellen lassen. In einem Quasi-Längsschnitt wurden 433 Schülerinnen und Schüler der fünften Jahrgangstufe zu vorunterrichtlichen und Lernende der neunten Jahrgangsstufe zu nachunterrichtlichen Vorstellungen befragt. Die Erhebung erfolgte anhand eines Fragebogens mit unter anderem offenen und geschlossenen Antwortformaten. Die Ergebnisse der Vorgängerstudie konnten darin bestätigt werden, dass Wüsten überwiegend als trocken, heiß und leer konzipiert werden. Diese Vorstellungen sind auch noch unter den Schülerinnen und Schülern der neunten Jahrgangsstufe tief verankert, wobei sich auch gewisse Tendenzen zu einem fachlich angemesseneren Bild, zum Beispiel bezüglich Vegetation und weiteren Wüstenarten zeigen (KONERMANN, SCHUBERT 2015, S. 113-116, 120, 122, 129, 137). In einem ähnlichen Vorgehen widmeten sich PIEPER und SCHOCKENHOFF (2015, S. 233) der Forschungsfrage, welche Vorstellungen Schülerinnen und Schüler der sechsten Jahrgangsstufe (im Sinne vorunterrichtlicher Vorstellungen) und der achten Jahrgangsstufen (im Sinne nachunterrichtlicher Vorstellungen) zur Ausbreitung von Wüsten bzw. Desertifikation aufweisen. Insgesamt wurden 575 Lernende mit Fragebögen, die offene und geschlossene Items aufwiesen, untersucht. Es stellte sich heraus, dass bei den Schülerinnen und Schülern der achten Jahrgangsstufe fachlich angemessenere Konzepte vorhanden waren und zum Beispiel das Konzept einer kleiner werdenden Wüste seltener auftrat oder anthropogene Einflüsse vermehrt in den Vorstellungen eingebunden wurden (PIEPER und SCHOCKENHOFF 2015, S. 233, 238, 246, 250, 261). In der Biologiedidaktik gingen FRÖHLICH et al. (2013, S. 62) der Forschungsfrage nach, welche Vorstellungen Schülerinnen und Schüler von den Tätigkeiten in der Landwirtschaft zu Beginn und zum Ende der Sekundarstufe aufweisen. Dazu wurden 112 Schülerinnen und Schüler der fünften und sechsten und 158 Schülerinnen und Schüler der zehnten Jahrgangsstufe aus fünf bayerischen Städten anhand eines Fragebogens mit geschlossenen und offenen Items befragt. Die Autorinnen und der Autor attestierten den Lernenden wenig detaillierte, altmodische und stereotype Konzepte. Die jüngeren Schülerinnen und Schüler nannten vor allem Tätigkeiten im Zusammenhang mit der Tierhaltung wie das Melken, wohingegen die älteren Schülerinnen und Schüler vermehrt auf pflanzenbezogene Konzepte eingingen. Ökologische Aspekte kamen nur bei den Schülerinnen und Schülern der zehnten Jahrgangsstufe vor (FRÖHLICH et al. 2013, S. 62-63, 65-66).

3.2 Stand der Forschung zum Kompetenzbereich Räumliche Orientierung, Karten und Kartenkompetenz

Das folgende Kapitel bietet einen Überblick zum Stand der Forschung zum Untersuchungsgegenstand der Karte. Dabei werden zuerst Studien zum Kompetenzbereich der Räumlichen Orientierung als Rahmen vorgestellt, wobei der Fokus auf Arbeiten mit einem engen Bezug zur Karte und Kartenkompetenz gelegt wird (siehe Kapitel 3.2.1). Im Anschluss werden Forschungsergebnisse dargelegt, die sich konkret mit Karten und Kartenkompetenz auseinandersetzen (siehe Kapitel 3.2.2), und auf weitere relevante Studien eingegangen (siehe Kapitel 3.2.3).

3.2.1 Studien zum Kompetenzbereich Räumliche Orientierung

Die Studien zum Kompetenzbereich der Räumlichen Orientierung werden der Übersichtlichkeit wegen in Studien zur Entwicklung der räumlichen Orientierung und Einflussfaktoren (siehe Kapitel 3.2.1.1), in Studien mit Bezug zum topographischen Orientierungswissen (siehe Kapitel 3.2.1.2) und Studien zur räumlichen Orientierung im Realraum mithilfe von Karten gegliedert (siehe Kapitel 3.2.1.3). Sie bilden eine wichtige Grundlage, da der Umgang mit Karten ein bedeutender Teilbereich des Kompetenzbereichs der räumlichen Orientierung ist und somit relevante Anhaltspunkte für die Schülervorstellungen von Karten gegeben werden können (siehe Kapitel 2.2.3.1).

3.2.1.1 Studien zur Entwicklung der räumlichen Orientierung und Einflussfaktoren

Nachdem in den Kapiteln 2.2.1 und 2.2.3.1 Modelle und Ansätze der Entwicklung von räumlicher Orientierung vorgestellt wurden, soll nun ein Überblick über Forschungsergebnisse aus dem Bereich der räumlichen Orientierung folgen, die auch Bezug zu Karten haben und somit Schlüsse auf Schülervorstellungen zu Karten zulassen. SCHÄFER (1984) fokussierte sich auf die Entwicklung des geographischen Raumverständnisses im Grundschulalter. Anhand eines Tests mit geschlossen Antwortmöglichkeiten wurden 242 Schülerinnen und Schüler aus den Jahrgangsstufen eins bis vier untersucht. Dabei wurde festgestellt, dass sich die egozentrische Ausrichtung des räumlichen Denkens im Wesentlichen bestätigt, auch da die jüngeren Schülerinnen und Schüler eine geringere Abstraktionsfähigkeit aufweisen und die Denkleistung noch stark von der Wahrnehmung gelenkt ist. Bis zum Ende der Primarstufe wächst die Fähigkeit, Lagerelationen und die Relativität der Lage von Objekten zu bewältigen. Erstklässler können jedoch mühelos mit Verzerrungen umgehen. Zusätzlich wurden ein signifikanter Zusammenhang zwischen den Schulleistungen und Testergebnissen sowie ein positiver Einfluss von Anregungen aus dem Elternhaus festgestellt (SCHÄFER 1984, S. 5, 42, 98, 178, 180, 190).

QUAISER-POHL (2001) untersuchte den Einfluss des Wohnviertels auf die Raumvorstellung und die kognitiven Landkarten von Kindern im Alter zwischen sieben und zwölf Jahren. Anhand standardisierter Testverfahren zur Raumvorstellungsfähigkeit und Einordnung kognitiver Karten des eigenen Wohnviertels wurden 438 Schülerinnen und Schüler aus der zweiten, vierten und sechsten Jahrgangsstufe aus unterschiedlichen Stadtteilen untersucht. Zum einen bestätigten sich PIAGETS und INHELDERS (1975) Annahmen der Entwicklung vom topologischen über das projektive hin zum euklidischen Raumverständnis. Ebenfalls nahm mit dem Alter der Studienteilnehmerinnen und -teilnehmer die Detailliertheit der Karten zu. Zum anderen zeigte sich, dass die Qualität der kognitiven Karten besonders bei Schülerinnen und Schülern aus Stadtteilen, die von Einfamilienhäusern geprägt sind, höher ist als bei Schülerinnen und Schülern aus Altbauvierteln und Plattenbausiedlungen. Darüber hinaus erwiesen sich häufiges Spielen im Freien, der Wohnort der besten Freundin oder des besten Freundes im gleichen Viertel oder regelmäßiges zu Fuß gehen respektive Fahrrad fahren anstatt gefahren zu werden als positive Einflüsse auf die Entwicklung des räumlichen Denkens (QUAISER-POHL 2001, S. 280, 285-286, 288-292).

RECKER (2008) untersuchte, wie Kinder Strecken einschätzen und auf andere Maßstabsebenen skalieren. Dazu wurden Kinder im Alter von vier bis fünf Jahren und Erwachsene in mehreren Versuchen verglichen. Zum einen wurden sie gebeten, die Lage von sowie die Distanzen zwischen Standorten auf einer Matte einzuprägen und diese dann auf einer Matte der gleichen Abmessungen sowie auf Matten, die größer und kleiner waren, im Verhältnis wiederzugeben. Die Autorin stellte fest, dass sowohl Erwachsene als auch Kinder Strecken verwenden können, um Standorte auf anderen Maßstabsebenen zu ermitteln. Jedoch haben beide Altersgruppen mehr Schwierigkeiten, wenn die absolute Größe des Bezugsraumes sehr groß ist. Es stellte sich ebenfalls heraus, dass die Umsetzung auf eine kleinere Maßstabsebene Erwachsenen und Kindern leichter fällt, wohingegen die Umsetzung auf eine größere Maßstabsebene die größere Hürde darstellt. Daraus lässt sich schließen, dass die Speicherung und Verarbeitung der Strecken weniger problematisch ist als die Projektion auf eine größere Fläche (RECKER 2008, S. 1, 19, 21, 73, 79-80).

3.2.1.2 Studien zur räumlichen Orientierung mit Bezug zum topographischen Orientierungswissen

Eine Reihe von weiteren Untersuchungen beschäftigte sich mit dem Teilbereich der räumlichen Orientierung, der das topographische Orientierungswissen betrifft. Es ist davon auszugehen, dass bei Schülervorstellungen zu Karten das topographische Orientierungswissen eine wichtige Rolle spielt. Somit wird im Folgenden ein kurzer Überblick vorgestellt.

ØVERJORDET (1984) untersuchte kognitive Karten der Welt bei 185 Kindern und Jugendlichen zwischen sieben und 16 Jahren aus Norwegen. Die Erhebung fand zwischen dem 24. und 28. Mai 1982, der siebten Woche der Falklandkrise, statt. 62 der 141, also rund 44 % der Studienteilnehmerinnen und -teilnehmer im Alter von über neun Jahren, platzierten die Falklandinseln auf der Karte. Vor allem bei jüngeren Schülerinnen und Schülern erschienen die Falklandinseln neben Argentinien in der Mitte der Erde. Aber auch auf präziseren Weltkarten wurden die Falklandinseln eingezeichnet und sie tauchten häufiger als Deutschland auf. Die Untersuchung demonstrierte den großen Einfluss der konstanten Berichterstattung aus den Massenmedien auf die kognitiven Karten von Kindern und Jugendlichen. ØVERJORDET folgerte (1984, S. 213), dass besonders bei Jüngeren und Kindern mit bisher wenigen Informationen das Bild der Welt wenig stabil ist. Eine Woche nach der Erhebung kam es im südlichen Libanon zu einem Konflikt mit Israel. Daher fand der Libanon keine Beachtung bei den Schülerinnen und Schülern (HAUBRICH 1992, S. 40; ØVERJORDET 1984, S. 208-209, 211).

OESER (1987, S. 29, 150) ging zum einen der Forschungsfrage nach, über welche topographischen Kenntnisse Schülerinnen und Schüler der sechsten Jahrgangstufe verfügen. Dazu wurden 742 Teilnehmerinnen und Teilnehmer aus 29 Klassen im Großraum Nürnberg mithilfe von Fragebögen untersucht. Der Fragebogen konzentrierte sich auf die Topographie Europas und beinhaltete unter anderem Teilbereiche und Aufgaben zu Hauptstädten, Landesflächen, Entfernungen und Himmelsrichtungen. Dabei ergab sich ein weit verbreitetes Wissen zu Hauptstädten, wohingegen bei Einwohnerzahlen, Flächen und Entfernungen die Kenntnisse als vage bezeichnet werden. Lagebeziehungen wurden in Relation zwischen zwei Elementen gut eingeschätzt, aber die Anzahl der richtigen Antworten sank bei Verortungen auf globaler Ebene und in Bezug auf Himmelsrichtungen. Jungen schnitten besser als Mädchen und Gymnasiastinnen und Gymnasiasten besser als Hauptschülerinnen und -schüler (heute: Mittelschule) ab (OESER 1987, S. 29, 41-43, 52-53, 150, 152). Zum anderen führte der Autor noch eine Intervention durch: Es wurden die Veränderungen bei den 742 Probandinnen und Probanden durch zwei Treatments gemessen. Im ersten Treatment wurde eine Unterrichtseinheit zur Topographie Europas durchgeführt, im zweiten das Lernspiel Europareise gespielt. Das erste Treatment, die Unterrichtseinheit, bewirkte deutliche Verbesserungen bei solchen Fragen, die in der Unterrichtseinheit aufgegriffen wurden, wohingegen bei anderen Fragen sich lediglich ein Übungseffekt zeigte. Der Lernzuwachs stellte sich als unabhängig von Schultyp und Geschlecht heraus und am meisten verbesserten sich die Ergebnisse in den Teilbereichen Hauptstädte und Staaten, nicht aber beim Nahraum und Größenverhältnissen. Das Lernspiel Europareise bewirkte keine Verbesserungen, da die höheren Antwortzahlen einzig auf Übungseffekte zurückzuführen waren (Oeser 1987, S. 123-124, 152-153). Oeser (1987, S. 152-153) zog als Fazit, dass einfach strukturiertes topographisches Wissen durch intensive unterrichtliche Arbeit in kurzer Zeit gefördert werden kann, aber komplexe topographische Bereiche mehr Lern- und Übungsphasen brauchen.

Wiegand (1995) wertete ebenfalls Kartenskizzen der Erde aus. Dazu fertigten 269 Schülerinnen und Schüler im Alter von vier bis 11 Jahren aus sieben Schulen im Norden Englands Zeichnungen der Welt an, die dann aufgrund ihrer Genauigkeit und Qualität in fünf Typen eingeteilt wurden. Dabei wurde festgestellt, dass mit höherem Alter die Genauigkeit und Qualität der Kartenskizzen, sprich der Anteil von Skizzen in den höher gestuften Typen, zunahmen. Zwischen den Schulen wurde kein Unterschied festgestellt. Besonders hervorstechend auf vielen Skizzen sind Frankreich, Spanien, Amerika und Australien dargestellt. Dagegen sind außer Brasilien und Argentinien kaum südamerikanische Länder bekannt und Zentral-, Osteuropa, Südostasien und Zentralamerika sind nur wenig differenziert wiedergegeben. Afrika wird verhältnismäßig klein, Europa verhältnismäßig groß dargestellt, wobei Formen wie die iberische Halbinsel und der italienische „Stiefel" besonders häufig eine detaillierte Darstellung erfahren (Wiegand 1995, S. 19-21, 25-26).

In einer weiteren Untersuchung erforschte Wiegand (1998) die Zeichnung der Landmassen der Erde von 72 Grundschulkindern auf Plastikbällen. Dabei bestätigte sich Ergebnisse aus früheren Studien, dass Europa und Afrika fehlerhaft und meist zu weit südlich verortet wurden. Neu trat auf, dass Europa und Afrika häufig als eine Landmasse, Europa und Asien aber als getrennt gezeichnet wurden. Gegenüber der Studie von 1995, in der auf eine ebene Oberfläche gezeichnet wurde, waren insgesamt weniger Formen und Details eingetragen, was auch in der ungewohnten Zeichenunterlage begründet sein kann. Bemerkenswert war, dass häufig mit dem Nordpol begonnen und dieser als Landmasse wiedergegeben wurde. Statistisch signifikante Leistungsunterschiede wurden bezüglich des Alters, aber nicht bezüglich des Geschlechts festgestellt (Schmeinck 2007, S. 94; Wiegand 1998, S. 67, 69, 74, 79-80).

Harwood und Rawlings (2001) untersuchten in einer Interventionsstudie von Kindern gezeichnete Kartenskizzen der Welt. Zwischen den beiden Erhebungen erhielten die 26 Schülerinnen und Schüler aus einer Klasse im Alter von zehn bis elf Jahren aus einem Ort in den englischen Midlands sechs Unterrichtseinheiten zur Verwendung des Atlas. Eine der Unterrichtseinheiten widmete sich der Lokalisation von Kontinenten und Ozeanen im Atlas. Die Intervention bewirkte Fortschritte bei Kenntnissen über Lage, Form sowie Größe der Kontinente, wobei die Lage am häufigsten korrekt erfasst wurde. Ebenfalls wurden Verbesserungen bei der Verortung von Städten, Flüssen oder Bergen festgestellt. Australien und die Antarktis wurden vielfach zu groß dargestellt, was sich aber durch die Intervention deutlich milderte. Amerika wurde am genauesten verortet und in der Größe am korrektesten eingeschätzt, wohingegen Europa trotz der persönlichen Nähe eher ungenau dargestellt wurde. Im Einklang mit WIEGANDS (1995, 1998) Ergebnissen wurde festgehalten, dass Europa zu weit im Süden, teils über den Äquator hinaus, gezeichnet wurde. Auch nach der Intervention ergab sich weiterhin ein Überhang hin zu überwiegend europäischen Ländern sowie Ländern des globalen Nordens, die in den Zeichnungen enthalten waren. Hauptsächlich zeigte sich vor und nach den Unterrichtseinheiten ein eurozentrisches Weltbild, in einigen Fällen auch ein anglozentrisches mit einer vergrößerten Darstellung der britischen Inseln, (HARWOOD, RAWLINGS 2001, S. 22-23, 31-42). HARWOOD und RAWLINGS (2001, S. 43-44) sehen in ihren Ergebnissen auch Elemente der Entwicklungsstufen von PIAGET und INHELDER (1975) bestätigt, wobei sie allerdings neben diesen Entwicklungsstufen auch kulturelle Einflüsse betonen.

In der Studie von SCHMEINCK (2007, S. 44) wurde angestrebt, räumliche Schülervorstellungen zur Welt mithilfe von Mental Maps sowie mögliche Einflussfaktoren zu erheben. Dabei wurden 724 Kinder und Jugendliche im Grundschulalter (im Durchschnitt etwas über zehn Jahre alt) aus acht verschiedenen Ländern gebeten, eine Mental Map der Welt zu zeichnen und einen Fragebogen auszufüllen. Die Mehrheit der Probandinnen und Probanden stammte aus Deutschland. Es wurden aber auch Schülerinnen und Schüler aus dem außereuropäischen Ausland einbezogen. Es ergab sich, dass die meisten Mental Maps eurozentriert waren. Jedoch wurde keine Neigung festgestellt, dass das eigene Herkunftsland auffällig häufig in der Mitte oder überproportional dargestellt wurde. Die Grundschülerinnen und -schüler gaben überwiegend eine politische Gliederung in Form von Kontinenten und Staaten wieder, zeigten aber nicht zwingend ein Bewusstsein für eine Stadt-Land-Kontinent-Hierarchie. Es wurde eine große Anzahl an Ländern dargestellt, die sich nicht auf die Umgebung des eigenen Landes konzentriert. Beachtenswert ist, dass ebenfalls symbolische Repräsentationen Eingang fanden. Es wurde zusätzlich festgehalten, dass mehrere Faktoren die Entwicklung der Raumvorstellung beeinflussen, jedoch keiner der betrachteten Punkte wie Interesse, Reisetätigkeit oder familiäres Umfeld für sich allein als ausschlaggebend identifiziert wurde und insgesamt die Zusammenhänge mit der Qualität der Mental Maps nur schwach bis mäßig waren. Die höchste Korrelation wurde bezüglich der Kartenkompetenz ermittelt (SCHMEINCK 2007, S. 133, 230-232). SCHMEINCK (2007, S. 229) argumentiert, dass die Ergebnisse der Studie die von PIAGET und INHELDER (1975) postulierte Stufenabfolge der Entwicklung räumlicher Fähigkeiten widerlegt. Dies wird darin begründet, dass die Mental Maps trotz der homogenen Altersstruktur sehr unterschiedlich ausfallen und somit die räumlichen Vorstellungen qualitativ und quantitativ verschieden ausgeprägt sind.

Siegmund et al. (2007) werteten in ihren Untersuchungen ebenfalls Mental Maps aus, um Raumvorstellungen der Welt genauer zu beleuchten. Zusätzlich füllten 94 Schülerinnen und Schüler der vierten Jahrgangsstufe im Alter von neun bis zwölf Jahren sowie deren Eltern Fragebögen aus, um auch Rückschlüsse auf Einflüsse ziehen zu können. Die Mental Maps in Kombination mit den Fragebögen ergaben, dass das räumliche Vorstellungsvermögen der Probandinnen und Probanden der vierten Jahrgangsstufe auf globaler Ebene nur wenig ausgeprägt ist. Im Einklang mit der Studie von Kullen (1986) wird die Neigung, Deutschland zu groß und in der Mitte wiederzugeben, festgestellt. Es zeigen sich ebenfalls Schwierigkeiten bei der Unterscheidung von Kontinenten und Ländern, bei der Lokalisierung von Afrika auf ungewohnten Projektionsentwürfen und ein Fokus der benannten Länder auf solche, die aufgrund aktueller politischer und sportlicher Ereignisse im Fokus standen. Bezüglich möglicher Einflüsse auf das räumliche Vorstellungsvermögen der Welt spielen im Wesentlichen außerschulische Faktoren eine wichtige Rolle. So wirken sich das hohe Interesse der Kinder an fremden Ländern, das häufig mit einem hohen Interesse bei den Eltern korreliert, sowie das Interesse, das Vorhandensein und der Umgang mit kartographischen Medien positiv auf die räumlichen Vorstellungen der Welt aus. Dagegen wird Urlaubsreisen ins Ausland ein geringerer Effekt attestiert (Siegmund et al. 2007, S. 111-116). Siegmund et al. (2007, S. 116) halten abschließend fest, dass nur wenige Schülerinnen und Schüler in der Lage waren, Länder lagerichtig darzustellen und zu beschriften, jedoch aber Voraussetzungen zur Förderung des räumlichen Vorstellungsvermögens der Welt aufgrund des gezeigten Interesses an fremden Ländern vorhanden zu sein scheint.

Lamkemeyer (2012, 2013) zielte in einer umfassender angelegten Studie auf die Ermittlung topographischer Kenntnisse und Fähigkeiten ab, wobei auch das räumliche Orientierungswissen erhoben wurde. An der Studie nahmen 1060 Schülerinnen und Schüler aus Abschlussklassen der Sekundarstufe 1 über alle Schularten hinweg aus den Bundesländern Nordrhein-Westfalen, Bayern und Thüringen teil. Bezüglich des topographischen Orientierungswissens wurde dabei eine heterogene Ergebnisstruktur auf niedrigem, nicht zufriedenstellendem Niveau festgestellt. Auffällig ist, dass die Probandinnen und Probanden großräumige, globale oder kontinentale Strukturen besser einordnen können als kleinräumige, nationale. Anthropogeographisch begründete Raumstrukturen sind stärker ausgeprägt als physiogeographische. Einzig die Fähigkeit der Einordnung geographischer Objekte und Sachverhalte in räumliche Ordnungssysteme entspricht den von Seiten der Gesellschaft und Experten gewünschten Kenntnissen und Fähigkeiten. Als relevante Einflussfaktoren wurden der Schultyp, die Herkunft aus einem Bundesland, das Geschlecht und das Interesse an Kartenarbeit ermittelt (Lamkemeyer 2012, S. 106, 110, 114; Lamkemeyer 2013, S. 98, 121, 184-185).

KULLEN (1986) setzte sich mit der Frage auseinander, wie sich Kinder Europa vorstellen. Dazu fertigten 28 Schülerinnen und Schüler einer vierten Klasse aus Reutlingen im Rahmen eines Tests eine Mental Map von Europa an und wurden zu den Quellen ihrer Vorstellungen befragt. Die Klasse nahm im vorigen Jahr an einem Projekt zu Europa in Grundschulen teil. Dies wirkte sich auf die Mental Maps aus: Finnland war das Land, das am zweithäufigsten eingezeichnet wurde, was daran lag, dass die Mutter eines Schülers von dort herstammt und im Zuge der Projekttage ihr Heimatland vorstellte. Deutschland wurde am meisten benannt, häufig hervorgehoben und in die Mitte gesetzt. Bei rund einem Viertel der Probandinnen und Probanden sind das Umrissbild Europas erkennbar und die Lagerelationen richtig getroffen, wohingegen bei der Hälfte weniger als zwölf Länder eingezeichnet und keine Übereinstimmung bei den räumlichen Mustern ersichtlich waren. Bezüglich der Quellen gaben die Schülerinnen und Schüler an, dass ihre Vorstellungen am häufigsten aus Erfahrungen und Erlebnissen aus Ferienreisen stammen, gefolgt von dem Projekt aus dem vorigen Schuljahr. Der Autor schloss aus diesen Befunden, dass persönlich-individuelle und emotionale Komponenten erheblichen Einfluss auf die Mental Maps und Vorstellungen der Grundschülerinnen und -schüler haben (KULLEN 1986, S. 131-134, 136).

Auch SCHNIOTALLE (2003) fokussiert sich in ihrer Untersuchung auf Europa. In einem Unterrichtsexperiment wurde untersucht, wie sich Lerneinheiten zur Topographie Europas auf die räumlichen Schülervorstellungen zu diesem Raum auswirken. Die Untersuchung fand mit vier Experimental- und zwei Kontrollklassen der dritten Jahrgangsstufe als Längsschnittuntersuchung über drei Erhebungszeitpunkte statt. Unter anderem identifizierten die Grundschulkinder vorrangig westliche, demokratische Staaten, wohingegen die meisten ehemals sozialistischen Staaten gar nicht auf den Mental Maps eingetragen waren. Es konnte festgehalten werden, dass das räumliche Orientierungswissen gezielt durch schulische Maßnahmen gefördert werden kann. Zusätzlich wurde demonstriert, dass der Lernerfolg mit einem selbsttätigen Umgang mit kartographischen Medien langfristig wirksamer ist als bei einem vorrangig rezeptiv-nachvollziehenden Verfahren (SCHNIOTALLE 2003, S. 135, 316-317, 322). Aus den Ergebnissen leitet SCHNIOTALLE (2003, S. 319-321) einige Anregungen für die unterrichtliche Gestaltung ab: So plädiert sie für anschauliche Darstellungen von räumlichen Sachverhalten, zum Beispiel den Einsatz des Globus, um mehrere Sinneskanäle anzusprechen, sowie für dauerhafte Repräsentanz von kartographischen Medien im Klassenzimmer, um den Umgang mit ihnen zu fördern und ihren Wert als Informationsquelle aufzuzeigen. Kartenarbeit sollte nicht als abgeschlossene Unterrichtseinheit konzipiert werden, sondern in thematische Fragestellungen, die sich nicht nur auf den geographischen Bereich beschränken, eingebunden werden. Ein synthetisches Vorgehen bei der Einführung ins Kartenverständnis, bei dem einzelne Schritte der Erstellung einer Karte unabhängig von einer Fragestellung eingeführt werden, wird abgelehnt, da Grundschulkinder bereits über umfassende Vorkenntnisse und Fähigkeiten verfügen.

3.2.1.3   Studien zur räumlichen Orientierung im Realraum mithilfe von Karten

Im Folgenden werden Studien beschrieben, die sich mit der räumlichen Orientierung im Realraum mithilfe von Karten auseinandersetzen. Dieser Bereich ist relevant für die vorliegende Arbeit, da der anwendungsbezogene Einsatz von Karten die Vorstellungen zu diesen prägen kann.

BLADES und SPENCER (1986) untersuchten die Fähigkeiten junger Kinder, kartographische Darstellungen zum Auffinden eines Schatzes und dem Folgen eines Weges zu nutzen, wobei beim Finden des Schatzes ein maßstabgetreues Modell im Verhältnis von 1:8 eines Zimmers, bei der Aufgabe zum Folgen des Weges Karten im Maßstab von 1:50 verwendet wurden. Bereits Kinder im Alter von drei Jahren konnten bestimmte Orte mithilfe des Modells lokalisieren. Mit 4,5 Jahren waren Kinder dazu fähig, mithilfe einer Karte einem vorgegebenen Weg korrekt zu folgen. Die Autoren schlossen zusätzlich daraus, dass Aufgaben und Spiele geeignete Mittel sind, Kindern dieses Alters das Konzept der Karte näher zu bringen (BLADES, SPENCER 1986, S. 47-48, 52).

Eine Untersuchung von NEIDHARDT und SCHMITZ (2001, S. 266) beschäftigte sich mit Leistungen der Raumorientierung, strategischen Präferenzen und Einflussfaktoren. Dies wurde anhand von 22 Grundschulkindern der ersten und zweiten Jahrgangsstufe im Alter zwischen sechs und acht Jahren erforscht, die angeleitet wurden, ein dreidimensionales Labyrinth zu durchlaufen. Dieses war unter anderem mit Stofftieren als Landmarken bestückt und die Probandinnen sowie Probanden wurden nach je vier Orientierungsdurchgängen gebeten, die Landmarken im Labyrinth von außen zu zeigen sowie eine Aktionsraum-Karte und einen individuellen Labyrinth-Plan zu erstellen. Unter anderem stellten die Autorinnen fest, dass Mädchen eine deutlichere Präferenz für Landmarken aufwiesen, wohingegen sich bei Jungen die Orientierung an Landmarken und Richtungswechseln die Waage hielten. Jungen zeigten bessere Zeigeleistungen, wobei sich die Unterschiede zwischen den Geschlechtern nach mehreren Durchgängen und damit verbunden zunehmender Vertrautheit nivellierten (NEIDHART, SCHMITZ 2001, S. 266-270, 274). NEIDHARDT und SCHMITZ (2001, S. 263, 274) interpretieren ihre Ergebnisse als ein Gegenargument zu einer generellen, stufenförmigen Entwicklung, wie sie zum Beispiel im Modell von SIEGEL und WHITE (1975), das eine Fortführung der Ideen von PIAGET und INHELDER (1975) darstellt (siehe Kapitel 2.2.1), formuliert wurden, sondern sehen ein komplexes Beziehungs- und Wirkungsgefüge, das sich aus einem erfahrungsbedingten Raumwissen aus der Interaktion von Landmarkenbezügen entwickelt.

KASTENS und LIBEN (2010) gingen der Frage nach, welche Strategien Kinder bei der Lokalisierung von Standorten im Realraum verwenden und welche Fehler dabei auftreten können. 34 Schülerinnen und Schüler der vierten Jahrgangsstufe wurden gebeten, den Standort einer Flagge im Realraum mit einem Aufkleber auf einer

Karte festzuhalten. Außerdem sollten sie beschreiben, anhand welcher Informationen und Hinweise sie die Lokalisierung der Flagge vorgenommen haben. Die Probandinnen und Probanden hatten bereits eine Einführung ins Kartenverständnis im Unterricht erhalten, aber nicht die Nutzung im Realraum erlernt. Insgesamt wurden 67 % der Aufkleber korrekt gesetzt (inklusive eines Toleranzbereiches). Zwar erfolgte die Lokalisierung überwiegend genau, aber es zeigte sich, dass die Beschreibungen der Standorte unzureichend waren. Die Schülerinnen und Schüler verwendeten ausschließlich und variantenreich Formulierungen, die nach PIAGET und INHELDER (1975) dem topologischen oder projektiven Raumverständnis zugeordnet werden. Angaben von Distanzen in Metern oder Himmelsrichtungen kamen nicht vor. Die Mehrheit der Fehler bei der Verortung der Standorte der Flaggen auf der Karte entstand durch die Auswahl irrelevanter Aspekte aus der Umwelt oder nicht ausreichende Informationen aus der Umwelt. Fehler in der Wahrnehmung oder bei der Transformation auf die Karte waren deutlich seltener (KASTENS, LIBEN 2010, S. 315-317, 322-323, 333, 335-336). KASTENS und LIBEN (2010, S. 337) schließen daraus, dass Übungen im Umgang mit der Karte nicht zwingend eine bessere Leistung der Lokalisierung im Realraum bedeuten, da mehr Schwierigkeiten bei der Encodierung von Informationen aus der Umwelt entstehen. Sie empfehlen daher für außerschulisches Lernen und die Lokalisierung im Feld, dass die Verortung neben der Eintragung auf der Karte auch versprachlicht werden sollte. Es sollte sowohl auf Besonderheiten der Umgebung aufmerksam gemacht werden, die auf der Karte verzeichnet sind, als auch auf solche, die es nicht sind, um die selektive Wahrnehmung zu fördern. Darüber hinaus ist es ratsam, die Abschätzung von Distanzen anhand des Maßstabes in der Karte, die Nutzung eines Kompasses im Feld und die Kombination von mindestens zwei räumlichen Informationen zur Lokalisierung einzuüben.

Ein von der deutschen Forschungsgesellschaft gefördertes Projekt beschäftigte sich mit der Ermittlung personenbezogener Einflussfaktoren auf die kartengestützte räumliche Orientierung von Kindern in städtischen Realräumen, kurz EKROS genannt (HEMMER, I. et al. 2012b, S. 64-65; HEMMER, I. et al. 2012c, S. 130). Dabei wurden die Faktoren Interesse, Vorerfahrungen, Vorkenntnisse im Kartenlesen, Fähigkeitsselbstkonzept und räumliche Intelligenz genauer betrachtet. Im Rahmen eines Vortests in der Schule wurden diese Faktoren sowie Alter und Geschlecht als Kontrollvariablen erhoben. Dabei ergaben sich im Bereich des Kartenlesens die geringsten Leistungen bei der Maßstabsberechnung und bei Aufgaben zum Grundriss, bessere Ergebnisse zu Kartenzeichen, Planquadraten und dem Ausrichten der Karte. Ungefähr 14 Tage nach der Voruntersuchung waren 328 Schülerinnen und Schülern aus 24 Grund-, Mittel-, Realschulen und Gymnasien, begleitet von Versuchsleiterin oder Versuchsleiter sowie Protokollantin oder Protokollant, aufgefordert, kartengestützt einen Weg durch eine ihnen fremde Stadt zu finden und dabei verschiedene Stationen und Aufgaben zur räumlichen Orientierung zu bewältigen. Die Probandinnen und Probanden wurden gebeten, ihre

Überlegungen laut auszusprechen, was unter anderem anhand standardisierter Protokollbögen erfasst wurde. Es konnte ermittelt werden, dass Vorkenntnisse beim Kartenlesen sowie räumliche Intelligenz die zentralen Prädiktoren der kartengestützten Orientierungskompetenz sind. Außerdem hat das Alter der Schülerinnen und Schüler einen enormen Einfluss auf die Ergebnisse. Insbesondere der Unterschied zwischen den Schülerinnen und Schülern der dritten und der vierten Jahrgangsstufe ist erheblich, was einerseits durch den Unterricht zu Karten, andererseits durch relevante Entwicklungsschritte in diesem Alter begründet sein kann (HEMMER, I. et al. 2010b, S. 65, 68, 73, 75; HEMMER, I. et al. 2012b, S. 64-65, 68-70, 73; HEMMER, I. et al. 2012c, S. 133, 136, 138-140, 142; HEMMER, I. et al. 2013, S. 23, 27-28, 32-33, 35-37).

Auf der Basis von EKROS ging WRENGER (2015, S. 2, 55) der Frage nach, wie Schülerinnen und Schüler bei der Orientierung in einem städtischen Umgebungsraum bei Wegentscheidungen, vor allem Abbiegesituationen, genau vorgehen und welche Raummerkmale dabei von Bedeutung sind. Dabei wurden aus der Studie zu EKROS 32 Realschülerinnen und -schüler der fünften Jahrgangsstufe ausgewählt, die eine zwei Kilometer lange Strecke durch einen bislang unbekannten Umgebungsraum mithilfe eines Stadtplanausschnittes verfolgten. Es wurden anhand standardisierter Beobachtungsbögen und leitfadengestützter Kurzinterviews die Orientierungsleistungen und -strategien erhoben. Als Ergebnisse wurde festgehalten, dass es keine fehlerfreie Bewältigung der Aufgaben gab, insgesamt aber 74 % der Wegentscheidungen richtig getroffen wurden, wobei Jungen leicht besser abschnitten. Es zeigte sich, dass der Einsatz unterschiedlicher Strategiearten erforderlich ist, um eine Route durch den städtischen Realraum mithilfe einer Karte zu verfolgen. Dabei stellten sich die Entnahme von Informationen aus der Karte und deren Übertragung auf den Realraum sowie die Orientierung an Straßenbezeichnungen und Landmarken als die erfolgreichsten Strategien heraus. Die Schülerinnen und Schüler zeigten die Fähigkeit, Informationen aus komplexen Karten zu entnehmen und auf den Realraum zu übertragen, was bei selbsterklärenden Zeichen, wie Straßen und Flüssen, besser funktionierte als bei der Entschlüsselung von abstrakteren Zeichen anhand der Legende. Ein Großteil der Schülerinnen und Schüler verfügte über Wissen zur Orientiertheit und Himmelsrichtungen, wies aber Defizite beim Umgang mit dem Maßstab, der Ermittlung von Distanzen oder Kenntnissen zur kartographischen Generalisierung auf (WRENGER 2015, S. 60-61, 173-174, 177-179). HERGAN und UMEK (2017) verglichen in ihrer Studie die Orientierung im Realraum mithilfe einer analogen Karte und mithilfe mobiler Navigation. Dazu absolvierten 122 Schülerinnen und Schüler mehrheitlich im Alter von zehn Jahren aus sechs Schulen in Ljubljana eine Strecke durch einen Vorort, wobei sie einzeln auf der ersten Teilstrecke mithilfe eines GPS-Gerätes, auf der zweiten Teilstrecke mit der Karte den Weg finden mussten. Zu Beginn erhielten die Schülerinnen und Schüler eine kurze Einführung in die Handhabung des GPS-Gerätes bzw. in die Orientierung mit einer Karte, da die Probandinnen und Probanden dazu noch keinen Unterricht erhalten hatten. Mithilfe von Beobachtungsbögen hielten Begleitpersonen die Genauigkeit und die Geschwindigkeit der Wegfindung sowie inwieweit die Wegentscheidungen selbstständig getroffen wurden fest. Im Anschluss wurden noch kurze Interviews mit den Probandinnen und Probanden geführt. Insgesamt verlief die Orientierung anhand der mobilen Navigation erfolgreicher. Vor allem konnten 87,7 % der Schülerinnen und Schüler unabhängiger, d. h. ohne Hilfe der Begleitpersonen, den Weg finden, wohingegen 94,3 % bei der Orientierung mit der Karte mindestens an einem Wegpunkt, in 4,1 % der Fälle an allen Wegpunkten Hilfe benötigten. Auch machten die Schülerinnen und Schüler mehr Fehler im Umgang mit der Karte, also bogen sie zum Beispiel früher, später oder gar nicht ab. Lediglich bei der Geschwindigkeit stellten sich beide Orientierungshilfen als fast gleichschnell heraus: 1000 Meter mit der Karte wurden in 14,5, 1000 Meter mit der mobilen Navigation in 14,4 Minuten im Durchschnitt zurückgelegt. Die Orientierung mit der Karte wurde von 87,7 % der Studienteilnehmerinnen und -teilnehmer als schwieriger eingestuft, aber dennoch würde über die Hälfte sowohl die Karte als auch das GPS-Gerät zukünftig zur Orientierung im Realraum einsetzen (HERGAN, UMEK 2017, S. 91, 93-96, 99-100, 103).

3.2.2 Studien zur Kartenkompetenz

Die folgenden Studien werden der besseren Übersicht wegen den Teilbereichen der Kartenkompetenz, d. h. dem Kartenzeichnen (siehe Kapitel 3.2.2.1), der Kartenauswertung (siehe Kapitel 3.2.2.2) und dem Karten analysieren, bewerten und über sie reflektieren zugeordnet (siehe Kapitel 3.2.2.3). Es ist davon auszugehen, dass die Fähigkeiten im Umgang mit Karten in hohem Maße die Schülervorstellungen zu Karten beeinflussen und umgekehrt Vorstellungen zur Karte sich auf die Kartenkompetenz auswirken. Daher ist es für die vorliegende Forschungsarbeit von enormer Bedeutung, diese Studien aufzugreifen und zu berücksichtigen.

3.2.2.1 Studien zur Kompetenz des Kartenzeichnens

Mehrere Studien beschäftigen sich mit der Kompetenz des Kartenzeichnens. Diese Fähigkeit ist von großer Bedeutung für die vorliegende Forschungsarbeit, da Kartenskizzen Vorstellungen zu Karten widerspiegeln können und darum im Rahmen der Vorbereitung der Studie erwogen wurde, von den Schülerinnen und Schülern Karten anfertigen zu lassen. Ein Teil der Studien zum Kartenzeichnen wurde schon in den vorigen Kapiteln zur räumlichen Orientierung in Bezug auf das topographische Orientierungswissen (siehe Kapitel 3.2.1.2) beschrieben, sofern dieses über Kartenzeichnungen ermittelt wurde (HARWOOD, RAWLINGS 2001, KULLEN 1986, ØVERJORDET 1984, SCHMEINCK 2007, SCHNIOTALLE 2003, SIEGMUND et al. 2007, WIEGAND 1995, WIEGAND 1998). Die Studie von UMEK (2003) berührt sowohl Bereiche des Kartenzeichnens als auch der Kartenauswertekompetenz und wird im nächsten Kapitel aufgegriffen (siehe Kapitel 3.2.2.2). Weitere exemplarische Studien werden in der Folge vorgestellt.

Saarinen (1988) erhob ebenfalls wie Øverjordet (1984) Kartenskizzen der Welt, welche hinsichtlich Orientiertheit und Zentrierung ausgewertet wurden. Diese Kartenskizzen wurden von 3863 Geographiestudierenden von allen Kontinenten, genauer 71 Orten in 49 Ländern, im ersten Jahr ihres Studiums angefertigt. Bei der Auswertung der Kartenskizzen wurde sich auf die Zentrierung fokussiert. 80 % der Kartenskizzen sind eurozentrisch, 11 % sinozentrisch und 7 % amerikazentrisch ausgerichtet. Die Herkunft der Probandinnen und Probanden hatte einen erheblichen Einfluss auf die Zentrierung: Neben der Tendenz, die eigene Herkunftsregion in die Mitte der Kartenskizze zu setzen, zeigten sich koloniale Einflüsse in Form von eurozentrischen Karten, auch wenn dadurch die eigene Heimatnation wie im Falle Thailands oder der Philippinen am Rand dargestellt wurde. In Angloamerika wurden 68 % eurozentrische Karten gezeichnet, wobei diese Tendenz nach Westen hin in abnahm, so dass in Fairbanks in Alaska 38 % der Karten amerikazentrisch gestaltet wurden. In Japan, China und Südkorea zeigte sich ein hoher Anteil sinozentrischer Karten, wobei nach Westen hin der Anteil über Bangladesch, Pakistan bis nach Kuwait und Saudi-Arabien sank. Ebenfalls entstanden mehr sinozentrische Kartenskizzen in Australien und Neuseeland (Saarinen 1988, S. 112, 116, 118-124).

Harwood, Usher (1999) untersuchten in einer Interventionsstudie die Fortschritte von Grundschülerinnen und -schülern beim Zeichnen von Karten. Im ersten Abschnitt der Untersuchung nahmen 19 Schülerinnen und Schüler in der Experimental- und 20 Schülerinnen und Schüler in der Kontrollgruppe im Alter zwischen acht und neun Jahren aus einer Schule in der Nähe einer Stadt in den englischen Midlands teil. Bei insgesamt vier Erhebungen erhielt die Experimentalgruppe zwischen dem ersten und zweiten Test Unterricht zur Vogelperspektive, Kartenzeichen, Legende und Interpretation von Lageplänen, zwischen dem zweiten und dritten Test erneut zu Kartenzeichen, Legende und Straßenplänen. Der letzte Test war als Follow-up angelegt. Die Schülerinnen und Schüler waren immer gebeten, eine Karte von der Schule zur Kirche zu zeichnen. Im zweiten Abschnitt der Untersuchung wurde in einer anderen Experimentalgruppe und Kontrollgruppe, die jedoch die gleichen Merkmale wie die aus dem ersten Abschnitt aufwiesen, die gleiche Aufgabe gestellt. Die Experimentalgruppe erhielt die zusätzliche Angabe, die Karte im Grundriss bzw. aus der Vogelperspektive zu erstellen (engl. „plan-view"). Angefertigt wurden die Karten vor und nach einem Gang von der Schule zur Kirche sowie eine Woche später als Follow-up. Es stellte sich heraus, dass sich die Fähigkeiten zum Kartenzeichnen durch den oben beschriebenen Unterricht verbesserten, wobei der Fortschritt als mäßig eingestuft wurde. Dies wird als im Einklang mit Piagets und Inhelders (1975) Befunden gesehen, wonach das Kartenzeichnen eine schwierige Aufgabe für Grundschülerinnen und -schüler ist. Der größte Zuwachs wurde im Bereich der Grundrissdarstellung verzeichnet, wobei die Mehrheit der Probandinnen und Probanden noch immer aus der Seitenansicht zeichnete. Das zusätzliche Ablaufen des zu zeichnenden Wegs bewirkte zwar eine größere Menge an räumlichen, georeferenzierten Inhalten, aber keinen großen Fortschritt bezüglich des Zeichnens der Karte. Mädchen schnitten vor der Unterrichtseinheit besser ab, wohingegen danach Jungen bessere Ergebnisse erzielten (HARWOOD, USHER 1999, S. 225, 233-234, 236-237).

ADAMINA (2008) erhob im Rahmen der Untersuchung zu Vorstellungen von Raum, Zeit und Geschichte unter anderem Darstellungen des Schulweges sowie Zeichnungen der Erde von einem Raumschiff aus. Eine Beschreibung der Forschungsfrage, Methodik und weiterer Ergebnisse ist in Kapitel 3.1 enthalten. Bei den Darstellungen des Schulweges zeichneten die Schülerinnen und Schüler der dritten Jahrgangsstufe vermehrt Mischformen von Elementen im Grund- und Aufriss. In der fünften Jahrgangstufe waren es 54,1 %, in der siebten 44,8 % der Probandinnen und Probanden, die ihre Skizzen konsequent im Grundriss anfertigten. Es wurde zusätzlich festgestellt, dass die Verwendung von Signaturen und eine einheitliche Umsetzung der Generalisierung kaum gelingen. Bei der Auswertung der Zeichnungen der Erde wurde festgestellt, dass viele Kinder der ersten Jahrgangsstufe großmaßstäbliche Elemente wiedergaben, jedoch die meisten Schülerinnen und Schüler kleinmaßstäbliche Darstellungen anfertigten (ADAMINA 2008, S. 81, 91-93, 168, 174).

Im Zuge der Ermittlung von topographischen Kenntnissen und Fähigkeiten wurden von LAMKEMEYER (2013) auch Aufgaben zur Zeichnung von einfachen Karten eingebunden (siehe Kapitel 3.2.1.2 und 3.2.2.2). Es gelang knapp über einem Drittel der untersuchten Schülerinnen und Schüler, eine Zeichnung aus Schräg- und Seitenansicht in eine einfache Kartenskizze umzusetzen (LAMKEMEYER 2013, S. 76, 133, 223).

3.2.2.2 Studien zu Teilbereichen der Kartenauswertekompetenz

HEMMER, I. et al. (2010a, S. 164-165) konstatierten 2010, dass abgesehen von der PISA-Studie keine systematischen, empirischen Untersuchungen zur Kartenauswertekompetenz vorliegen. Stattdessen fokussiert sich eine Großzahl der Untersuchungen auf Teilaspekte wie beispielsweise dem Decodieren von Kartenzeichen oder die Kartenauswertekompetenz von Studierenden (HERZIG et al. 2007, KUCKUCK, VELTMAAT 2016). Es liegt nahe, dass Kartenauswertekompetenz und Vorstellungen zu Karten sich wechselseitig beeinflussen und bedingen. In der Folge werden zuerst Studien aufgezeigt, die sich mit einzelnen Grundelementen der Karte bzw. Teilbereichen der Kartenauswertung beschäftigen, worauf die Präsentation von Untersuchungen folgt, die umfassendere Aspekte der Kartenauswertung in den Fokus nehmen.

SANDFORD stellte in verschiedenen Studien Probleme beim Verständnis der Generalisierung fest. Unter anderem ging fast die Hälfte von 1600 Sekundarschülerinnen und -schülern in einer Untersuchung davon aus, dass sich in Neuseeland nur drei Städte befinden, da nur drei auf der Karte verzeichnet waren. In einer weiteren Studie mit 100 Jugendlichen im Alter von zwölf bis fünfzehn Jahren stellte sich heraus, dass aufgrund der Darstellung in der Karte von abgeschlossenen Siedlungen umgeben von landwirtschaftlichen Nutzflächen und Wäldern anstatt der Ausuferung des städtischen Raumes von London nach Süden hin bis zur Küste ausgegangen wurde. Auf Grundlage einer Karte Asiens entstand bei 340 Studienteilnehmerinnen und -teilnehmern von einer Sekundarschule in London der Eindruck, dass es Seen in China und Russland, jedoch nicht in Indien gibt (SANDFORD 1972, S. 86; SANDFORD 1980, S. 84; SANDFORD 1981, S. 122; WIEGAND 2006, S. 53).

GERBER (1982) beschäftigte sich mit der Wahrnehmung verschiedener Schriftarten in Karten. Dabei wurden 160 Schülerinnen und Schüler aus Australien und England im Alter zwischen neun und 15 Jahren untersucht, indem ihnen vier Karten vorgelegt wurden, auf welchen lediglich Ortsnamen in verschiedenen Schriftgrößen und -arten abgebildet waren. Es stellte sich heraus, dass insgesamt Schriften ohne Serifen von Vorteil sind. Mit zunehmendem Alter nahmen Schwierigkeiten ab, mit Unterschieden zwischen den Größen und Schriften mit oder ohne Serifen umzugehen. Daraus schloss der Autor, dass Kinder- und Schulatlanten auf einfach zu lesende Schriften setzen sollten, wohingegen Atlanten für das Alter ab 15 Jahren eine größere Bandbreite an Schriftarten und -größen verwenden können (GERBER 1982, S. 115, 117, 120-121).

DELUCIA und HILLER (1982, S. 46) gingen auf die Gestaltung von Legenden und entsprechend Kartenzeichen und deren Lesbarkeit ein. Die Autoren nahmen an, dass eine beispielhafte Nachahmung eines Ausschnitts der Karte, genauer der kartierten Erdoberfläche mit passender Benennung, visuell effektiver ist als farbige und schraffierte Boxen. Eine solche Gestaltung bezeichnen sie als „natural legend design". 40 Studierenden wurden Testfragen und zwei Karten einer Landschaft vorgelegt, von denen eine eine gewöhnliche Legende aufweist und die andere im „natural legend design" erstellt worden ist (DELUCIA, HILLER 1982, S. 46, 48). DELUCIA und HILLER (1982, S. 50, 52) stellten fest, dass die Legende im „natural legend design" die Fähigkeiten des Kartenlesens und der Kartenauswertung verbessert. Vor allem fiel es den Nutzerinnen und Nutzern leichter, die Landschaft zu visualisieren, wohingegen die Aufgaben zu Beurteilung von Höhen nur geringfügig besser ausfielen.

WIEGAND und STIELL (1996, S. 17, 19) untersuchten Kinderatlanten auf ihre bildhafte Darstellung und interviewten 86 Kinder im Alter zwischen sieben und zehn Jahren aus einer Grundschule in einer Innenstadt in der Grafschaft Yorkshire zu deren Interpretation von Kartenzeichen ohne Stützung durch eine Legende. Zum einen wurde ermittelt, dass die Probandinnen und Probanden auf die Frage, was sie sehen, am meisten auf Bilder in der Karte eingingen, die groß im Verhältnis zu anderen Bildern sind, im starken Kontrast gegenüber dem Hintergrund stehen und stark linienhaft in der Form sind. Bei der Befragung zu bestimmten Kartenzeichen ergab sich, dass zwar viele Bilder korrekt identifiziert wurden, aber die korrekte Decodierung einer metaphorischen Verwendung eine Schwierigkeit darstellen kann. Beispielsweise wurde das Bild eines Autos als Autohändler und ein Mantel als stellvertretend für kaltes Klima interpretiert (Wiegend, Stiell 1996, S. 20, 22-24).

Wiegand (2002) beschäftigte sich auch mit dem Verständnis punktueller Kartenzeichen in thematischen Karten von Schülerinnen und Schülern. Dazu wurden 50 Paare aus elf- bis vierzehnjährigen Schülerinnen und Schüler gebildet, die zuerst zu einem Ausschnitt einer Wirtschaftskarte befragt und im Anschluss gebeten wurden, eine Vorlage zur räumlichen Verteilung von Industrien sowie deren Beschäftigtenzahl mithilfe einer einfachen Software, deren Handhabung kurz eingeübt wurde, für eine kartographische Darstellung aufzubereiten (Wiegand 2002, S. 125, 128). Wiegand (2002, S. 128, 131, 133, 135) stellte dabei fest, dass beispielsweise ein punktuelles Kartenzeichen, das in der Legende mit „Möbel" verknüpft wurde, von manchen Probandinnen und Probanden als Verkaufsort und nicht als Produktion aufgefasst wurde. Das Fehlen eines punktuellen Kartenzeichens an einem Ort wird von vielen nur mit der Möglichkeit verbunden, dass an diesem Ort der repräsentierte Inhalt nicht vorhanden ist. Das dies auch an einer geringeren Bedeutung aufgrund der Unterschreitung eines Schwellenwertes liegen kann, ist vielen nicht bewusst. Bei der Erstellung der Karte konzentrierten sich die jüngeren Studienteilnehmerinnen und -teilnehmer darauf, allein die Kartenzeichen räumlich korrekt einzuordnen. Dagegen verwendeten ältere Schülerinnen und Schüler komplexere Strategien und legten zusätzlich mehr Wert auf die Wiedergabe der Anzahl der Beschäftigten. Letztendlich schaffte es nur ein Paar, eine Karte zu erstellen, die professionellen kartographischen Ansprüchen genügt und systematisch die Beschäftigtenzahl mit der Lage und Darstellung verknüpfte.

Wiegand (1996) ging ebenfalls der Frage nach, wie Schülerinnen und Schüler mit Generalisierung umgehen. Den Jugendlichen aus der Region um Leeds, die höhere Jahrgänge der Primar- und niedrigere Jahrgänge der Sekundarstufe besuchten, wurde die Aufgabe gestellt, einfache Punktverteilungen auf einer Karte in ein Piktogramm einer Kuh, eines Vogels und eines Pferdes auf der Karte umzusetzen. Wenige Probandinnen und Probanden verstanden die Aufgabe nicht. Einige setzten die Punkte eins zu eins in Kartenzeichen um. Die jüngeren Schülerinnen und Schüler verteilten die Kartenzeichen nach alternativen Kriterien. Die Mehrheit der Probandinnen und Probanden verortete die Kartenzeichen so, dass möglichst die ganze Region abgedeckt wurde und somit nur die räumliche Verteilung berücksichtigt wurde. Zuletzt schafften es nur wenige, Raum und Dichte bei der Verwendung der Kartenzeichen angemessen zu berücksichtigen. Während einige Studienteilnehmerinnen und -teilnehmer kein Konzept aufwiesen und andere zu genau die einzelnen Punkte umsetzten, schaffte es nur eine geringe Menge, die Notwendigkeit der Generalisierung umzusetzen, indem einige Informationen außen vorgelassen wurden, um eine ästhetisch angemessene und informative Karte herzustellen (WIEGAND 1996, S. 60-62).

Mehrere Studien beschäftigten sich mit dem Teilbereich des Lesens und Interpretierens von Relief und Höhenunterschieden. BOARDMAN (1982, 1983, 1989) untersuchte in mehreren Studien die Kompetenz von Schülerinnen und Schülern, Höhenlinien und Relief korrekt zu lesen und zu interpretieren. In einer Studie nahmen 166 Schülerinnen und Schüler im Alter von elf bis zwölf sowie 170 Schülerinnen und Schüler im Alter zwischen 13 und 14 Jahren aus sechs Schulen in den englischen West Midlands an einem Test mit Aufgaben zu Höhenlinien in Karten teil. Es zeigten sich bei den älteren Probandinnen und Probanden Fortschritte gegenüber den jüngeren, was auf ein besseres Verständnis von Höhenlinien mit zunehmendem Alter schließen lässt. Jedoch attestiert der Autor allen Studienteilnehmerinnen und Studienteilnehmern Probleme beim Verständnis von Relief und Höhenlinien (BOARDMAN 1982, S. 103-104, 108; BOARDMAN 1983, S. 29; BOARDMAN 1989, S. 324-325). In einer weiteren Studie mit 578 fünfzehn bis sechzehnjährigen Schülerinnen und Schülern von zwölf Schulen in Birmingham stellte BOARDMAN (1983, S. 23; 1989, S. 324-325) fest, dass fast die Hälfte nur lückenhafte Kompetenzen in Bezug auf Höhenlinien in Karten aufwiesen.

WIEGAND und STIELL (1997) setzen sich mit der Frage auseinander, wie Kinder Relief darstellen. Dazu wurden 111 Mädchen und Jungen im Alter zwischen fünf und elf Jahren aus einer Grundschule bei Leeds gebeten, vier Modelllandschaften aus Sand, von einfachen und gleichmäßigen Hügeln bis hin zu einem komplexen Hügel, aus der Perspektive von oben auf einem Blatt Papier zu zeichnen. Zum einen stellten die Autorin und der Autor fest, dass die Versuche der Kinder, die Hügel kartographisch darzustellen, anspruchsvoller wurden, je weiter sie in den Übungen fortschritten. Des Weiteren zeichneten die jüngeren Studienteilnehmerinnen und -teilnehmer überwiegend Hügel im Profil, auch bei den einfacheren Hügeln. Die Sieben- bis Neunjährigen zeichneten überwiegend einfache Formen, wohingegen die ältesten Probandinnen und Probanden Höhenlinien verwendeten, wobei es bei der Genauigkeit Unterschiede gab. Im Falle des einfachsten Hügels im ersten Landschaftsmodell zeichneten 63 % der Fünf- und Sechsjährigen diesen von der Seite. Dagegen nutzten Schülerinnen und Schüler im Alter von zehn und elf Jahren zu 57 % Höhenlinien (WIEGAND, STIELL 1997, S. 180-181, 183-185).

RAPP et al. (2007) untersuchten den Umgang von Studierenden mit topographischen Karten in Bezug auf Relief. Dabei wurden 190 Studierende eines Einführungskurses zwei Kartenbeispiele vorgelegt, wobei die Aufgabe gestellt wurde, ob ein Lagerfeuer von einem bestimmten Standpunkt aus sichtbar ist. Die Probandinnen und Probanden wurden in vier ungefähr gleich große Gruppen aufgeteilt, von denen je eine Gruppe eine gewöhnliche topographische Karte, eine topographische Karte mit Schummerung, eine topographische Karte mit zusätzlicher dreidimensionaler Visualisierungshilfe (u. a. einer 3D-Brille) sowie eine topographische Karte mit Schummerung und dreidimensionaler

Visualisierungshilfe erhielten. Überraschenderweise fielen die Ergebnisse bei dem von den Autoren als schwerer eingeschätzten der beiden Kartenbeispiele besser aus, was vermutlich daran lag, dass dieses als Zweites bearbeitet wurde und somit ein Übungseffekt eintrat. Insgesamt wurden im ersten Beispiel einer topographischen Karte 59,3 %, im zweiten 63,8 % der Aufgaben richtig bearbeitet. Die Visualisierungshilfe unterstützte bei beiden Beispielen die Probandinnen und Probanden enorm. Die Schummerung wirkte sich zumindest im komplexeren Kartenbeispiel positiv aus. Daraus lässt sich folgern, dass markante Hervorhebungen das Verstehen des Reliefs in topographischen Karten fördern (Rapp et al. 2007, S. 5, 7-9, 14-15). Rapp et al. (2007, S. 11-12) stellten zusätzlich fest, dass sich die Vorerfahrung mit topographischen Karten und vermehrte Außenaktivitäten beim zuerst bearbeiteten Kartenbeispiel auswirkten, wohingegen Geschlechterzugehörigkeit keinen Einfluss auf die Ergebnisse hatte. Gerber (1981) untersuchte das Verständnis von Elementen einer Karte bei jungen Kindern. Die Stichprobe umfasste ungefähr 80 Schülerinnen und Schüler im Alter zwischen sechs und acht Jahren aus Grundschulen in Brisbane in Australien. Dabei wurden Aufgaben und Fragen zur Definition einer Karte, zur Vogelperspektive, zu Distanzen, zur Richtung und Orientiertheit, zu räumlichen Bezugssystemen, zur kartographischen Sprache (Kartenzeichen) und zur Fähigkeit zum Denken über Karten gestellt. Zum Teilbereich der Definition ergab sich, dass fast die Hälfte der Studienteilnehmerinnen und -teilnehmer eine Karte als Mittel, um einen Weg zu finden, bezeichneten. Es wurden aber auch ein Land und die Welt sowie die Verortung bestimmter Phänomene genannt. 15 % konnten keine Definition einer Karte ausdrücken. Insgesamt bewertet der Autor die Fähigkeit zur Definition einer Karte noch als schwach entwickelt. Es sind Belege für das Verständnis der Vogelperspektive vorhanden, wobei komplexe geometrische Formen nur schwer in diese überführt werden können. In Bezug auf Richtung und Orientiertheit zeigen sich Ansätze der Verwendung von Himmelsrichtungen. Es wird jedoch noch eine Vielzahl von Ersatzformen verwendet, die bei den jüngeren Schülerinnen und Schülern noch sehr von einer egozentrischen Perspektive geprägt sind. Jedoch zeigte eine anschließende Einführung in den Umgang mit dem Kompass verbesserte Ergebnisse in diesem Bereich. Die Einschätzung von Distanzen und Proportionen fiel der Mehrheit der Probandinnen und Probanden schwer. Bei der Anfertigung von Karten verwendeten die Schülerinnen und Schüler überwiegend egozentrische oder schlichte Kartenzeichen und -sprache (Gerber 1981, S. 128-133). Gerber (1981, S. 133) fasste die Ergebnisse so zusammen, dass er den Sechs- bis Achtjährigen ein allmählich beginnendes Verständnis von Karten attestierte. Die Auseinandersetzung mit einem einzelnen kartographischen Element fiel den Schülerinnen und Schülern leichter. Dagegen stellt der Umgang mit der Gesamtheit der kartographischen Elemente eine große Hürde dar.

HERZOG (1986) befragte Erwachsene zu kartographischen Kenntnissen. Ein Schwerpunkt lag dabei auf der Planungskartographie: Aus dem Wunsch heraus, dass Bürgerinnen und Bürger vermehrt an raumbezogenen Planungsvorhaben beteiligt werden sollen, wollte der Autor Einblicke in den Kenntnisstand erlangen, um Empfehlungen für Planungskartographinnen und -kartographen zu erstellen. Es wurden 261 Erwachsene in Wartezimmern von Arztpraxen mithilfe eines standardisierten Fragebogens mit offenen und geschlossenen Items untersucht. Der Fokus lag zum Beispiel auf der Ermittlung des Umganges mit Fachbegriffen oder auf der Nutzung der Legende. Es wurde eine große Unsicherheit im Umgang mit den Fachbegriffen festgestellt: Zwar war über 90 % der Teilnehmerinnen und Teilnehmer der Begriff des Maßstabes bekannt, aber häufig konnten sie diesen nicht anwenden. Nur rund ein Fünftel war in der Lage, aus der Maßstabzahl ein korrektes Streckenverhältnis abzuleiten. Auch die Maßstabsleiste bereitete erhebliche Schwierigkeiten. Über die Hälfte der Probandinnen und Probanden konnte nicht den Begriff der Legende erklären. 30 % der Studienteilnehmerinnen und -teilnehmer war die Konvention der Einnordung bewusst. Der Autor empfahl daher der Planungskartographie, dass wichtige Orientierungspunkte in Karten klarer beschriftet, Kartenrandangaben ein höherer Stellenwert eingeräumt und eine gut lesbare und übersichtlich gegliederte Legende eingebunden werden sollten (HERZOG 1986, S. 210-215, 217; LAMKEMEYER 2013, S. 52-53).

In einer Interventionsstudie befassten sich LIVNI und BAR (2001) damit, wie Kompetenzen im Umgang mit physischen Karten bei Schülerinnen und Schülern gefördert werden können. Dafür wurde eine konstruktivistisch angelegte, an Empfehlungen aus Forschungsergebnissen orientierte Lerneinheit entwickelt, die unter anderem das Zeichnen von Karten, die Darstellung von Höhenunterschieden und das Lesen physischer Karte beinhaltete. Die Stichprobe umfasste 38 Schülerinnen und Schüler im Alter von neun bis zehn Jahren aus zwei Klassen unterschiedlicher israelischer Schulen. Die eine Klasse diente als Experimentalgruppe, die die oben beschriebene Lerneinheit erhielt, wohingegen die andere Klasse als Kontrollgruppe gewöhnlich unterrichtet wurde. Vor und nach den Lerneinheiten wurden Tests zu physischen Karten durchgeführt. Im Prätest ergaben sich keine signifikanten Unterschiede. Nach der Lerneinheit waren fast alle Probandinnen und Probanden der Experimentalgruppe dazu fähig, mit der Darstellung in der Vogelperspektive umzugehen, was in der Kontrollgruppe kaum der Fall war. Ebenfalls zeigte die Experimentalgruppe weiter entwickelte Kompetenzen darin, Höhenangaben in physischen Karten zu decodieren und Relief zu interpretieren. In der Kontrollgruppe wies keine Schülerinnen oder kein Schüler die Fähigkeit zum symbolischen Ausdruck räumlicher Vorstellungen auf, was in der Experimentalgruppe zumindest in geringem Umfang der Fall war (LIVNI, BAR 2001, S. 149, 151, 153-154, 156-157, 162). Aus diesen Befunden schließen LIVNI und BAR (2001, S. 163), dass Schülerinnen und Schüler im Alter von neun bis zehn Jahren fähig sind, bei gezielter Förderung die Darstellung des Reliefs in physischen Karten zu interpretieren.

UMEK (2003) verglich in einer Interventionsstudie Kartenzeichnen und Kartenlesen hinsichtlich ihrer Auswirkungen auf das Kartenverständnis. Fünf Klassen der zweiten Jahrgangsstufe mit insgesamt 105 Schülerinnen und Schülern aus Ljubljana in Slowenien nahmen an der Studie teil. Zwei Klassen erhielten eine Lerneinheit, die stärker auf das Zeichnen von Karten ausgerichtet war, wohingegen zwei weitere Klassen mit Fokus auf das Lesen von Karten unterrichtet wurden. Eine weitere Klasse fungierte als Kontrollgruppe. Vor und nach den Lerneinheiten erhielten alle Klassen einen Test, der in ähnlichen Anteilen vergleichbare Aufgaben zum Kartenzeichnen und -lesen beinhaltete. Als erfolgreichere Methode stellte sich der Fokus auf das Zeichnen von Karten heraus, das den größten Zuwachs bescherte. Jedoch machten auch die Experimentalgruppen, die mehr im Karten lesen geschult wurden, in beiden Testbereichen Fortschritte und erzielten bessere Leistungen in den Aufgaben zum Kartenlesen. Selbst die Kontrollgruppe verbesserte sich im Posttest und schnitt nur etwas schlechter als die Experimentalgruppen ab. Mädchen zeigten vor den Unterrichtseinheiten schwächere, nach der Lerneinheit bessere Ergebnisse als Jungen. Aus den Ergebnissen leitete die Autorin ab, dass ein komplementärer Einsatz von Methoden zum Lesen sowie zum Zeichnen von Karten für die Einführung in das Kartenverständnis in der Primarstufe empfehlenswert ist (UMEK 2003, S. 18-20, 23-24, 28-29).

HERZIG et al. (2007) untersuchten die kartographischen Kompetenzen von Studienanfängern geowissenschaftlicher Fachrichtungen in Deutschland, Österreich und der Schweiz. Dabei werteten die Autoren 1024 Fragebögen aus, die in einem Teil deklarative und theoretische Kenntnisse zu kartographischen Darstellungen, in einem weiteren Teil prozedurale Fähigkeiten zum Umgang mit topographischen Karten und zuletzt personenbeschreibende Merkmale erfassten. Insgesamt schnitten die Probandinnen und Probanden im Bereich der Generalisierung, der Identifizierung von Kartenzeichen mithilfe der Legende (besonders bei nicht leicht zu erkennenden Objekteigenschaften auf den ersten Blick) und dem Zusammenhang von Maßstab und Verwendungszweck gut ab. Jedoch lassen in Bezug auf Kartenzeichen einige Ergebnisse darauf schließen, dass manche Teilnehmerinnen und Teilnehmer davon ausgehen, dass ein konventionelles Zeichensystem für alle thematische Karten gilt. Im Vergleich zweier Karten bezüglich des Maßstabes argumentierten nur sehr wenige Studierende mit dem Zusammenhang zur Generalisierung. 34,9 % verwendeten Formulierungen wie „großer" und „kleiner Maßstab", wovon in 59,5 % der Fälle diese richtig angewendet wurden. Den Zusammenhang zwischen Höhenlinien und dem Verlauf eines Flusses erkannten 71,2 % korrekt (HERZIG et al. 2007, S. 319-321, 323-324). Aus den personenbezogenen Merkmalen und den Ergebnissen schlossen HERZIG et al. (2007, S. 322-323, 325), dass ein individuelles Interesse im Freizeitbereich und außerhalb der Schule, eine hohe Nutzungshäufigkeit und der Besitz von Einzelkarten sich positiv auf die Leistungen im Test auswirkten. Wenig Einfluss zeigte dagegen der Besitz eines Atlas. Zudem ergab sich, dass Männer besonders im prozeduralen Teil sowie bei Aufgaben zum Maßstab und zur Generalisierung, aber auch insgesamt, besser abschnitten, was aber auch mit höheren Werten beim Interesse und der Nutzung von Karten korrelierte. Während bei Frauen das Interesse an Karten mehr durch das Elternhaus und die Reisevorbereitung angestoßen wird, gaben Männer häufiger Alltag, Sport und Freizeit an.

CLARK et al. (2008) widmeten sich der Frage, welche Strategien, Schemata und Annahmen Studierende zur Interpretation von topographischen Karten aufweisen und wie sich diese durch die universitäre Lehre verändern. In einem ersten Teil wurden 26 Studierende des ersten Semesters mit einem Test, der überwiegend Aufgaben zum Umgang mit Höhenlinien umfasste, vor und fünf Wochen nach Beginn eines Kurses zum Lesen topographischer und geologischer Karten befragt. Acht der 26 Teilnehmerinnen und Teilnehmer wurden in Interviews noch genauer untersucht, bevor im folgenden Semester nochmal 92 Studierende des zweiten Semesters an einer überarbeiteten Version des Tests teilnahmen. Unter anderem stellten die Autorinnen und Autoren fest, dass häufig die Vorstellung vorherrscht, dass dicht beieinanderliegende Höhenlinien als Berge, weit auseinanderliegende Linien als Orte geringer Höhe interpretiert werden. Dies erweist sich als robust, denn auch noch im Posttest wiesen einige Probandinnen und Probanden diese Vorstellung auf. Bereits im Prätest schnitten viele Studierende aufgrund logischer Schlussfolgerungen gut ab. Jedoch wirkte sich der Kurs positiv aus, da die Studierenden nun häufiger elaboriertere Strategien zur Interpretation der topographischen Karten anwandten. Insgesamt bereiteten die Aufgaben, in denen eine Übersetzung der zweidimensionalen Darstellung in eine dreidimensionale und umgekehrt verlangt waren, am meisten Probleme (CLARK et al. 2008, S. 377-378, 383, 385, 391, 402-404).

DICKMANN und DIEKMANN-BOUBAKER (2007, 2008, DIEKMANN-BOUBAKER, DICKMANN 2010) untersuchten in mehreren Studien die Kartenkompetenzen von Schülerinnen und Schülern. In einer als kartenexperimentell und Vorstudie bezeichneten Untersuchung bearbeiteten über 500 Gymnasialschülerinnen und -schüler aus dem Raum Göttingen Aufgaben zu einer Wanderkarte (Jahrgangsstufe 5) und einer thematischen Karte zur Desertifikation in der Sahelzone (Jahrgangsstufe 9 bis 11). Das Abschneiden der Teilnehmerinnen und Teilnehmer der fünften Jahrgangsstufe wird als ernüchternd umschrieben. Zwar zeigten sich nur wenig Defizite bei der Einordnung zu Himmelsrichtungen. Jedoch konnte nur ein kleiner Teil der Probandinnen und Probanden Höhenunterschiede ermitteln oder verschiedene Wege bezüglich ihrer Schwierigkeit anhand von Höhenlinien einschätzen. Bei einer Aufgabe zur thematischen Karte zur Sahelzone schafften es nur 3 %, die Bedeutung von zwei Linien zu decodieren und eine Distanz anhand des Maßstabes einzuschätzen. Insgesamt bereitete das Lösen von Verortungsaufgaben wenig Probleme. Es waren aber nur wenige Schülerinnen und Schüler in der Lage, Aufgaben höherer Kompetenzstufen zu bewältigen, besonders, wenn differenzierte Kartensymbole zu erfassen und in den thematischen Kontext zu setzen waren (DICKMANN, DIEKMANN-BOUBAKER 2007, S. 267, 270, 273, 275-276).

In einer weiteren Studie gingen DICKMANN und DIEKMANN-BOUBAKER (2008) auf die Frage ein, wie sich das Lesen von Texten und das Lesen von Karten bei der Lösung von raumbezogenen Aufgaben auswirken. Dabei wurden 89 Schülerinnen und Schüler für die Arbeit mit der Karte und 65 Schülerinnen und Schüler für die Arbeit mit dem Text ausgewählt, die allesamt Gymnasien im Raum Göttingen besuchten. Bei Aufgaben zur Verortung ergaben sich mehr richtige Antworten bei der Ermittlung anhand der Karte als bei der Ermittlung anhand des Textes. Dagegen beantworteten 60 % der Studienteilnehmerinnen und -teilnehmer die Interpretationsaufgaben anhand des Textes korrekt, wohingegen dies nur 18 % anhand der Karte richtig lösten. Es scheint die Codierung in Worten und die sukzessive Informationsaufnahme bei Schülerinnen und Schülern vertrauter zu sein, aber in vielen Fällen handelte es sich bei den Antworten um wortwörtliche Entnahmen aus den Texten. Aufgaben zur Decodierung wurden anhand von Karten mit 36 % häufiger richtig gelöst als anhand des Textes. Besonders flächige Signaturen und die Zuordnung in die Legende bewirkten bessere Ergebnisse (DICKMANN, DIEKMANN-BOUBAKER 2008, S. 2, 5-6, 11-12). DICKMANN und DIEKMANN-BOUBAKER (2008, S. 13) schließen aus den Ergebnissen, dass Karten bei Verortungen einen besseren räumlichen Wissenstransfer ermöglichen und bei raumgreifenden Phänomenen wie Klimazonen im Vorteil sind. Erhebliche Probleme traten dagegen bei der Wahrnehmung räumlicher Zusammenhänge und dynamischer Vorgänge auf. Texte scheinen dagegen im Vorteil bei der Vermittlung kausaler und finaler Zusammenhänge zu sein.

DIEKMANN-BOUBAKER und DICKMANN (2010) untersuchten erneut die Kompetenzen von Schülerinnen und Schülern im Umgang mit Karten. Dabei beantworteten 205 Schülerinnen und Schüler der Jahrgangsstufen fünf bis neun offene Fragen zu einem Stadtplan von Oldenburg. Verortungsaufgaben zeigten sich dabei als wenig problematisch, wohingegen es Defizite bei der Verbalisierung von Wegstrecken, der Verwendung des Maßstabs und bei der Farbgebung beim Finden des kürzesten Weges gab (DIEKMANN-BOUBAKER, DICKMANN 2010, S. 37-38, 40). Zusätzlich arbeiteten 314 Schülerinnen und Schüler erneut an der komplexanalytischen Karte der Sahelzone wie in der Publikation von 2007. Hierbei ließen sich wenig Probleme bei der Benennung von Informationen aus der Karte und dem Ablesen von Informationen aus der Legende sowie der Anwendung des Maßstabes feststellen. Abschließend wurde festgehalten, dass zum Beispiel Verortungen sicher erfolgen, jedoch Lesefehler bei Aufgaben niedrigen Anforderungsniveaus durch mangelndes Verständnis des Kartenthemas und der Grundaussage auftreten. Auch war vielen Probandinnen und Probanden die Konvention der Einnordung nicht bewusst (DIEKMANN-BOUBAKER, DICKMANN 2010, S. 41-43).

HEMMER, I. et al. (2011, 2012a) untersuchten, inwieweit die Aufgabenstellungen in bayerischen Gymnasialschulbüchern die Teilkompetenzen des Ludwigsburger Modells der Kartenauswertekompetenz einbeziehen. Insgesamt wurden 12 Schulbücher aus drei zugelassenen Reihen für die Jahrgangsstufen fünf, sieben, acht und zehn betrachtet. Zunächst fiel auf, dass thematische Karten mit 82,6 % aller in Schulbüchern verwendeten Karten dominant vorkamen, gefolgt von stummen Karten (6,6 %), physischen Karten (6,2 %), Stadtplänen (3,7 %) und topographischen Karten (0,9 %). Am wenigsten Karten fanden sich in den Schulbüchern der Jahrgangsstufe fünf, wobei hier die Vielfalt der Karten größer ist. In der fünften Jahrgangsstufe werden am stärksten die Teilkompetenzen „Decodieren" und „Beschreiben" gefordert. Das Erklären wird am häufigsten in der zehnten Jahrgangsstufe, das Beurteilen in der achten Jahrgangsstufe verlangt. Insgesamt bilden Aufgaben zum Beschreiben der Karte den Schwerpunkt aller Aufgabenstellungen mit einem Anteil von 61,2 %. Dagegen wird das Beurteilen anhand der Karte nur selten, in 3,3 % der Aufgaben, aufgegriffen. Im Bereich des Decodierens beschäftigte sich nur eine Aufgabe mit Generalisierung. Des Weiteren wird festgestellt, dass die Aufgabenstellungen nicht durchwegs der neuen Aufgabenkultur gerecht werden und sich vereinzelt W-Fragen finden. Gelegentlich ist die Kombination von Medien verlangt und es werden zwei Operatoren in einer Aufgabenstellung verknüpft. Die Autorinnen und Autoren halten fest, dass die untersuchten Schulbuchaufgaben zu Karten keinen systematischen Ansatz zum Aufbau von Kartenkompetenz zeigen und häufig lediglich die Teilkompetenz des Beschreibens eingefordert wird (HEMMER, I. et al. 2011, S. 43-44; HEMMER, I. et al. 2012a, S. 151-152).

Im Rahmen der oben näher beschriebenen EKROS-Studie (siehe Kapitel 3.2.1.3) wurden im Vortest auch Fähigkeiten der Probandinnen und Probanden zum Kartenlesen untersucht. Mehr als die Hälfte der Aufgaben wurde korrekt gelöst. Die schwächsten Leistungen wurden bei Aufgaben zum Grundriss und der Maßstabsberechnung erzielt, wohingegen die Resultate zu Kartenzeichen, Planquadraten und der Ausrichtung der Karte besser ausfielen (HEMMER, I. et al. 2012c, S. 140; HEMMER, I. et al. 2013, S. 32-33).

Im Rahmen einer größeren Überblicksstudie zur Ermittlung von topographischen Kenntnissen und Fähigkeiten ging LAMKEMEYER (2013, S. 18, 132) auch auf die Fähigkeit zu einem angemessenen Umgang mit Karten ein, darunter auch Aspekte der Kartenauswertung, von Schülerinnen und Schülern zum Ende der Sekundarstufe 1. Dabei bearbeiteten 1060 Schülerinnen und Schüler aus allen Schularten in Nordrhein-Westfalen, Bayern und Thüringen Aufgaben zum Lesen und Auswerten topographischer, physischer, thematischer und anderer alltagsüblicher Karten. Der Autor attestiert den Studienteilnehmerinnen und -teilnehmern, dass sie im Allgemeinen einfache Karten und Kartenskizzen lesen können, jedoch in Punkten wie dem Erkennen von Geländeformen anhand von Höhenlinien und der Berechnung von Entfernungen anhand von Maßstäben erhebliche Schwierigkeiten haben. Neben der Zugehörigkeit zur Schulart – Gymnasiastinnen und Gymnasiasten schnitten am besten ab – haben das Interesse an Kartenarbeit und die Geschlechtszugehörigkeit einen erheblichen Einfluss (Lamkemeyer 2013, S. 98, 132-133, 142, 184).

Plepis (2013) untersuchte, welche bereichsspezifischen Strategien beim Decodieren, Beschreiben, Erklären und Beurteilen von Karten von Schülerinnen und Schülern eingesetzt werden. Anhand der Erhebungsmethode des lauten Denkens wurde dies mit neun Schülerinnen und Schülern aus der zehnten Jahrgangsstufe einer Realschule ermittelt. Die Schülerinnen und Schüler sprachen dabei ihre Gedanken bei der Bearbeitung einer komplexen Karte aus einem Schulatlas aus, wobei die Aufgaben am Ludwigsburger Modell der Kartenauswertekompetenz orientiert waren. Unter anderem stellte sich heraus, dass die Schülerinnen und Schüler die Karten als ein faktisches Medium betrachteten, dass die Wirklichkeit widerspiegelt. Die Legende der Karte wurde immer wieder in den Auswertungsprozess mit einbezogen, jedoch wird sie nicht durchgehend genutzt, was in minutenlangen, ungezielten Suchprozessen mündete. Der Zusammenhang zwischen Maßstäblichkeit und Detailgrad der kartographischen Darstellung und die damit verbundene notwendige Generalisierung, auch deren Ausrichtung nach inhaltlichen Schwerpunkten, war vielen Probandinnen und Probanden bewusst. Das Decodieren von Höhenlinien bereitete den Schülerinnen und Schülern der eigenen Einschätzung nach große Probleme. Die Teilkompetenz zur sachimmanenten Beurteilung wirkt begrenzt, was auch darin begründet ist, dass in der Schulpraxis selten über das Beschreiben und Erklären hinausgegangen wird (Plepis 2013, S. 3, 39, 41, 46, 106, 115-116, 118-119, 122).

Kuckuck und Veltmaat (2016) strebten in Anlehnung an die Studie von Herzig et al. (2007) an, die Kartenkompetenzen von Studierenden zu ermitteln. Dabei zogen die Autorinnen in Erwägung, dass sich die zunehmende Digitalisierung und der Fortschritt der Technik, die sich im Bereich von kartographischen Medien in der Nutzung von virtuellen Globen oder Online-GIS niederschlägt, sowie die Etablierung der Bildungsstandards im Fach Geographie auf die Kartenkompetenz auswirken könnten. Dazu wurde ein Fragebogen erstellt, der theoretische Kenntnisse und praktische Fähigkeiten beim Lesen einer topographischen Karte umfasste und personenbezogene Daten abfragte. Die Autorinnen erhielten 102 Fragebögen, die online ausgefüllt wurden, zurück. Im Durchschnitt wurden 63 % der Aufgaben korrekt beantwortet. Dabei schnitten Studierende aus Masterstudiengängen besser ab als solche aus dem Bereich des Bachelors. Es wurde ein schwächeres Abschneiden in Bezug auf Maßstab sowie Geländedarstellung und Relief als bei Generalisierung sowie Darstellungsmittel und -methoden festgestellt. Signaturen als Darstellungsmittel werden gut erkannt, wohingegen Schrift Schwierigkeiten bereitet. Das Lesen und Interpretieren von Höhenlinien gelang überwiegend, jedoch stellte sich das Ablesen von Höhenwerten als problematisch heraus. Insgesamt zeigte sich bei den Teilnehmern ein höheres Interesse an Karten und am Fach als bei den Teilnehmerinnen. Es konnten aber keine signifikanten Zusammenhänge zwischen dem Interesse an Karten sowie dem Fach und richtigen Antworten ermittelt werden. Es ergaben sich keine Unterschiede zwischen männlichen und weiblichen Studierenden bezüglich der richtigen Antworten, was als Abbau der Disparitäten zwischen den Geschlechtern bezüglich der Kartenkompetenz gewertet wird. Die beiden Autorinnen ziehen das Fazit, dass es scheinbar keine Auswirkung durch einen häufigeren Umgang mit digitalen Karten und der Etablierung der Bildungsstandards sowie kompetenzorientierter Curricula gibt (KUCKUCK, VELTMAAT 2016, S. 304, 306- 309).

3.2.2.3   Studien zur Kompetenz der Reflexion über Karten

GRYL und KANWISCHER (2011, S. 190-191) stellten 2011 fest, dass der Bereich der reflexiven Kartenarbeit bisher in Studien wenig beachtet wurde. Er ist jedoch von großer Bedeutung bei der Untersuchung von Schülervorstellungen zu Karten, weswegen er in die vorliegende Forschungsarbeit einfließt. Aus diesem Bereich wird in der Folge eine Studie vorgestellt.

GRYL (2011, 2012) untersuchte Lehrende bezüglich der Ausprägung der reflexiven Geomedienkompetenz, was auch Karten umfasst. Dazu wurden 28 problemzentrierte Interviews mit Lehrkräften geführt. Es wurden anhand der Interviews vier Typen von Lehrenden bezüglich reflexiver Geomedienkompetenz festgestellt, die vom reflexiv-reflexiven auf der höchsten Stufe bis zum reflexionsaversen Lehrenden auf der untersten Stufe eine große Bandbreite an Ausprägungen umfassen. Diese Typologie steht im engen Zusammenhang mit der generellen Reflexivität im Lehrerberuf. Des Weiteren wurden Bedürfnisse und Wünsche zur Förderung der reflexiven Geomedienkompetenz der Lehrenden erfragt. Dabei wurden vielfach eine entsprechende technische Ausstattung, die Bereitstellung gezielt ausgerichteter Materialien und Aufgaben, ausreichend Zeit und praxisorientierte Fortbildungen genannt (GRYL 2011, S. 24, 28, 29; GRYL 2012, S. 168-169, 173-175, 177-178).

3.2.3   Weitere Studien

Einige weitere Untersuchungen lassen sich nicht eindeutig in die obere Gliederung zuordnen. Sie weisen aber wichtige Bezüge zur Untersuchung von Schülervorstellungen von Karten auf, weswegen sie im folgenden Kapitel separat zusammengefasst werden und in die weitere Forschungsarbeit einfließen.

DOWNS und LIBEN gingen in mehreren Studien der Frage nach, was Kinder unter einer Karte verstehen. Unter anderem befragten sie Vorschulkinder, Erst- und Zweitklässler sowie Erwachsene zu ihrer Einschätzung, ob verschiedene zweidimensionale Darstellungen als Karte einzustufen sind. Dabei ergab sich unter anderem, dass eine kleinmaßstäbige, politische Karte der Welt mit unterschiedlichen Farben für verschiedene Länder höchste Zustimmungswerte erhielt. Mit zunehmendem

Alter wird eine größere Bandbreite an räumlichen Darstellungen als Karte akzeptiert (DOWNS, LIBEN 1987, S. 209-210, 217; LIBEN, DOWNS 2001, S. 233-234). In einer weiteren Teilstudie wurden vierzehn drei- bis sechsjährige Kinder zu räumlichen, georeferenzierten Inhalten verschiedener räumlicher Darstellungen befragt, unter anderem auf Karten und Luftbildern. Dabei wurden erhebliche Inkonsistenzen bezüglich Maßstäblichkeit und Perspektive festgestellt. DOWNS und LIBEN (1987, S. 211-213, 217; LIBEN, DOWNS 2001, S. 239) betonen als Zusammenfassung der Ergebnisse der Teilstudien, dass Kinder bereits im Vorschulalter ein rudimentäres Konzept aufweisen, welche Darstellungen eine Karte sind und Kinder dabei viele Überschneidungen mit Erwachsenen aufweisen. Als Grund der Nutzung einer Karte wird überwiegend das Finden von Wegen bzw. Navigation genannt.

Im Rahmen des umfassenden „Mapping Project at Penn State" von LIBEN und DOWNS (1989) wurden Interviews mit drei- bis sechsjährigen Kindern geführt, in denen eine Sequenz von je zwei Repräsentationen vorgelegt, die sich zum Beispiel im Medium (Karte und Luftbild), im Maßstab oder in der Perspektive (Ansicht von oben und schräg oben) unterschieden, und die Äußerungen festgehalten. Zusätzlich wurden in einem Test 265 Schülerinnen und Schüler im Alter zwischen fünf und acht Jahren in einer Grundschule befragt. Es wurde festgestellt, dass Karten mit kleinem bis mittlerem Maßstab, Farbe, aus der Ansicht von oben und mit konventionellen Kartenzeichen am ehesten als Karte angesehen werden. Abweichungen davon führen bereits zu einem gewissen Ausmaß an Unsicherheit, ob es sich um eine Karte handelt. Abbildungen mit mehr fotographischen Elementen und großmaßstäbige Karten wurden eher abgelehnt. In Einklang mit den Ergebnissen der oben genannten Veröffentlichung wurde mit zunehmendem Alter eine Vergrößerung der Bandbreite an Repräsentationen festgestellt, die als Karte akzeptiert werden. Fast alle Kinder nannten das Finden eines Weges als entscheidende Funktion einer Karte, wobei aber kaum andere Funktionen genannt wurden (LIBEN, DOWNS 1989, S. 176, 179-182, 191). In weiteren Studien wurde von ANDERSON (1996, S. 113), mit Schülerinnen und Schülern der ersten Jahrgangsstufe ohne vorhergehenden Unterricht zu Karten, und LIBEN und YEKEL (1996, S. 2786) die vorwiegende Vorstellung der Funktion von Karten als Mittel zur Navigation bestätigt, wobei LIBEN und YEKEL bei Befragungen von vier- und fünfjährigen Kindern zusätzlich die Speicherung räumlicher Informationen als Merkmal einer Karte ermittelten (LIBEN et al. 2002, S. 271; WIEGAND 2006, S. 29).

Im Rahmen des Millennium Mapping Research Project adressierten BARRATT und BARRATT HACKING (1998) unter anderem die Frage, wie elf- bis vierzehnjährigen Schülerinnen und Schülern dabei geholfen werden kann, Fehlkonzepte (im Original: „misconceptions" und „mistakes") in der Erstellung und Interpretation von Karten zu überwinden. Das Forschungsprojekt entstand aus der Erfahrung heraus, dass viele, besonders unerfahrene, Lehrkräfte davon berichteten, Kartenarbeit als Herausforderung im Lehr- und Lernprozess zu empfinden. Aus den Vorstudien ergab sich, dass die Umsetzung des Wissens über die Umwelt in eine graphische Darstellung, die Orientiertheit von Karten und der Umgang mit Maßstab, Himmelsrichtungen und Distanzen bei Schülerinnen und Schüler als weitere Forschungsfragen angegangen werden sollten (BARRATT, BARRATT HACKING 1998, S. 88-89). Aus weiteren Veröffentlichungen wird ersichtlich, dass der Fokus im Rahmen des Forschungsprojektes verschoben wurde. Anhand der Auswertungen von Kartenskizzen von Schülerinnen und Schülern zu ihrem Heimatort und ihren Wünschen, wie dieser im kommenden Jahrtausend aussehen sollte, wurden mögliche Anpassungen des Lehrplans im Fach Geographie abgeleitet, die sich stärker an den Bedürfnissen der Schülerinnen und Schüler orientieren. (BARRATT, BARRATT HACKING 1999, S. 126-127; BARRATT, BARRATT HACKING 2000, S. 17; BARRATT, BARRATT HACKING 2003, S. 29). BARRATT und BARRATT HACKING (1999, S. 126) stellten bezüglich Karten fest, dass die Vorstellungen der örtlichen Umgebung Fehlkonzepte umfassen, die sich auf die Interpretation von Karten des Heimatraumes auswirken.

HEMMER, I. und HEMMER, M. (2010, 2021) erhoben in ihren Studien zum Schülerinteresse neben Themen und Regionen auch jenes an Arbeitsweisen. Dabei wurden im Jahr 1995 2.657 sowie im Jahr 2005 3.741 bayerische Schülerinnen und Schüler verschiedener Schularten zu Beginn der fünften Jahrgangsstufe, zum Ende der Jahrgangsstufen fünf bis neun sowie zum Ende der elften Jahrgangsstufe am Gymnasium anhand eines Fragebogens bezüglich ihres Interesses untersucht. Ein Teil des Fragebogens widmete sich mit 17 Items anhand einer fünfstufigen Skala den Arbeitsweisen im Geographieunterricht. Es wurde ein signifikant höheres Interesse an Karten im Jahr 1995 als 2005 festgestellt, wodurch die Arbeit mit Karten auf den 13. Rang von 17 Arbeitsweisen abrutschte. Zwischen den verschiedenen Schularten wurden keine Unterschiede im Interesse festgestellt. Bemerkenswert ist, dass sich nach einem Absinken vom Beginn der fünften Jahrgangstufe ein starker Anstieg von der achten zur neunten Jahrgangsstufe zeigte. Außerdem stellte sich bei der Befragung von Lehrkräften im Rahmen der Studie heraus, dass der Einsatz von Karten von 1995 bis 2005 offensichtlich zugunsten textlastiger Medien abnahm, wobei aufgrund der Größe der Stichprobe (89 Lehrkräfte 1995, 38 Lehrkräfte 2005) dieser Befund nicht überbewertet werden sollte (HEMMER, I., HEMMER, M. 2010, S. 67-68, 69-70, 91-92, 115, 119, 130). In einer jüngeren Erhebung, im Rahmen welcher die Interessen von je 1400 Schülerinnen und Schülern aus Bayern und Nordrhein-Westfalen an Gymnasien und Realschulen in den Jahrgangsstufen 5-10 ermittelt wurde, zeigt sich ein ähnliches Bild: Sowohl in Bayern als auch in Nordrhein-Westfalen belegte das Arbeiten mit Karten einen der hinteren Ränge unter den Arbeitsweisen. Ein höheres Interesse wiesen die Schülerinnen und Schüler an der Arbeit mit Google Earth auf, was als Hinweis auf das Interesse am Einsatz von digitalen Karten gedeutet werden kann (HEMMER, I., HEMMER, M. 2021, S. 8-9, 13-14).

Hanus und Havelková (2019) nahmen Lehrkräfte und deren Konzepte der Entwicklung von Kartenkompetenz in den Fokus. Dabei nahmen 252 tschechische Lehrkräfte der Primar- und Sekundarstufe und unterschiedlicher Fächer per Fragebogen teil. Zusätzlich wurden 14 Geographielehrkräfte vertieft in halb-strukturierten Interviews befragt. Es ließ sich unter anderem feststellen, dass am meisten die Entnahme von Informationen, gefolgt von räumlicher Orientierung (bei manchen Lehrkräften auch im Realraum) und das Lesen und Verstehen der Karte als Verwendungen genannt wurden. Geographielehrkräfte waren im Gegensatz zu ihren Kolleginnen und Kollegen in der Lage, Kartenkompetenz detaillierter und vertiefter zu beschreiben. Nur wenige Probandinnen und Probanden erwähnten anspruchsvollere Operationen mit Karten wie Umgang mit dem Maßstab oder Bewertungen anhand der in der Karte vermittelten Informationen vornehmen. Wert gelegt wird überwiegend auf das Lesen und die Interpretation von Karten, wohingegen das Kartenzeichnen nur eine untergeordnete Rolle spielt. Jedoch herrscht Unsicherheit darüber, was Karteninterpretation bedeutet, weshalb das Kartenlesen dominiert. Hauptsächlich werden Lehrkräfte des Faches Geographie in der Pflicht gesehen, Kartenkompetenz zu entwickeln. Die Mehrheit der Lehrkräfte schöpft Karten nicht vollständig als Werkzeug geographischen Denkens aus (Hanus, Havelková 2019, S. 101, 104, 107-109, 112-113).

Pettig (2019) untersuchte, inwieweit sich Lernen als ästhetische Erfahrung bei der künstlerischen Kartenarbeit zeigt und inwieweit diese Lernmomente didaktisch inszeniert werden können. Dazu wurde in einem qualitativen Vorgehen ein Mapping-Projekt im Unterricht abgehalten, mit teilnehmenden Verfahren wie Feldnotizen, Gedächtnisprotokollen und Bilderserien der Projektphasen begleitet und die Unterrichtsprodukte in Form von Projektmappen, Reflexionstexten und fixierten Mappings festgehalten. Es wurde daraus für Forschung und Lehre abgeleitet, dass im Studium der Geographiedidaktik mehr Gelegenheiten für den Nachvollzug von Lernerfahrungen über Beispiele angeboten werden sollen. Zudem soll für die Performativität der Karte über dekonstruktivistische Zugangsweisen hinaus sensibilisiert sowie eine theoretische Mehrsprachigkeit angebahnt werden, indem Studierende Phänomene aus unterschiedlichen theoretischen Ansichten betrachten können (Pettig 2019, S. 14, 157-158, 161, 227, 232-233).

3.3 Beitrag der vorliegenden Studie zum Stand der Forschung

Eine Innovation stellt die vorliegende Arbeit im Bereich der Schülervorstellungsforschung in Bezug auf ihren Untersuchungsgegenstand der Karte dar. In den bisherigen Studien standen überwiegend Themen im Mittelpunkt, die sich dem physiogeographischen Bereich zuordnen lassen. In jüngerer Zeit wurden vermehrt auch humangeographische Themen und Schülervorstellungen untersucht (siehe Kapitel 3.1). In dieser Arbeit wird mit der Karte nun ein Medium in den Vordergrund gerückt, das insbesondere in der Geographie und der -didaktik eine zentrale

Rolle spielt. Reinfried, Schuler (2009, S. 131) schlugen einen Fokus der Forschung von Alltagsvorstellungen auf methodisch-instrumentelle Fragen vor und benannten dabei unter anderem das Kartenlesen, was in dieser Studie nicht zentral analysiert wird, zu dem jedoch Anknüpfungspunkte geboten werden.

Einen weiteren wichtigen Beitrag kann die vorliegende Arbeit durch ihre Ausrichtung als Quasi-Längsschnittstudie leisten (siehe Kapitel 4). Vergleiche zwischen Schülervorstellungen verschiedener Alters- und Jahrgangsstufen sind bisher in der Geographiedidaktik wenig vertreten. Fridrich (2011, S. 224-225, 227) stellte Vorstellungen von Schülerinnen und Schülern sowie Erwachsenen anhand beschrifteter Skizzen von Erdöllagerstätten gegenüber. Pieper und Schockenhoff (2015, S. 231) erhoben Vorstellungen zur Desertifikation von Schülerinnen und Schülern der sechsten und achten Jahrgangsstufe, Konermann und Schubert (2015, S. 113) von Schülerinnen und Schülern der fünften und neunten Jahrgangsstufe. In der Biologiedidaktik untersuchten Fröhlich et al. (2013, S. 62) Schülervorstellungen zur Landwirtschaft von Schülerinnen und Schülern der fünften, sechsten und zehnten Jahrgangsstufe. Otto et al. (2020, S. 106) gingen auf die Unterschiede im Alltagswissen und in den Alltagsvorstellungen von Schülerinnen und Schülern der sechsten und zwölften Jahrgangsstufe deutscher Schulen in Ecuador zu Vulkanen ein. Diese Studien verglichen Schülervorstellungen mithilfe von Fragebögen und Zeichnungen, wohingegen die vorliegende Studie anstrebt, anhand von Interviews Gemeinsamkeiten und Unterschiede herauszuarbeiten (Fröhlich et al. 2013, S. 66; Konermann, Schubert 2015, S. 113; Pieper, Schockenhoff 2015, S. 233; Otto et al. 2020, S. 107). Zusätzlich werden bei den Schülervorstellungen zu Karten Vorstellungen aufeinander aufbauender Schularten, genauer aus der Primarstufe und der Sekundarstufe 2, gegenübergestellt (siehe Kapitel 4, 5.2.3). Es werden die Schülervorstellungen vor und nach der Sekundarstufe 2 erhoben. Dies ist von großem Interesse, weil somit Erkenntnisse vor und nach dem Pflichtunterricht im Fach Geographie aufgezeigt werden können.

Im Bereich der Studien zum Umgang mit Karten und zur Kartenkompetenz bietet die vorliegende Forschung aufgrund ihres Ansatzes, Schülervorstellungen zu erheben, neue Perspektiven. Einerseits ermöglicht der qualitative Forschungsansatz (siehe Kapitel 5.1) bisher wenig berücksichtigte Betrachtungsweisen auf Lernende und ihre Fähigkeiten im Umgang mit Karten zu ermitteln. Andererseits kann der gewählte Forschungsansatz aufdecken, worin die im Forschungsstand (siehe Kapitel 3.2) aufgezeigten Defizite im Umgang mit Karten präziser liegen und Möglichkeiten aufzeigen, wie diesen Defiziten in Lernangeboten begegnet werden kann. Außerdem ermöglicht die vorliegende Studie einen Einblick in die Fähigkeit von Schülerinnen und Schülern zur Reflexion über Karten, wozu bisher kaum Erkenntnisse vorliegen (siehe Kapitel 2.2.3.2, 3.2.2.3).

Diese potenziellen Beiträge zum Stand der Forschung werden im Folgenden anhand der Forschungsfragen weiter ausgeführt.

4 Forschungsfragen

Eine Grundlage der vorliegenden Forschungsarbeit bildet das Modell der Didaktischen Rekonstruktion (siehe Kapitel 2.1.2). Die fachwissenschaftliche Perspektive auf den Forschungsgegenstand Karte wird nicht als Teil des Forschungsprozesses betrachtet, sondern im Kapitel der theoretischen Grundlagen und Stand der Forschung dargestellt. Der Fokus wird auf die Erhebung von Schülervorstellungen zur Karte gelegt. Die didaktische Strukturierung wird als Formulierung von Leitlinien wiedergegeben, die sich als Konsequenzen aus den Ergebnissen der Erforschung der Schülervorstellungen ergeben.

Die Formulierung der Forschungsfrage in einer qualitativen Untersuchung ist ein entscheidender Faktor (siehe Kapitel 5.1). Auf der einen Seite soll sie den Anspruch erfüllen, klar, eindeutig, einfach und nachvollziehbar formuliert zu sein. Auf der anderen Seite gilt aber, dass sie nicht unveränderbar ist, sondern sie kann während des Analyseprozesses innerhalb bestimmter Leitplanken dynamisch angepasst, verändert oder ergänzt werden, da beispielsweise neue Aspekte oder unerwartete Zusammenhänge auftreten können (Döring, Bortz 2016, S. 146; Flick 2019a, S. 258; Flick 2019c, S. 132-133, 140; Kuckartz 2018, S. 46; Reinders 2016, S. 76-79). Diesen Ansprüchen folgend wird als übergeordnete Fragestellung für dieses Forschungsprojekt formuliert:

F1: Welche Vorstellungen haben Schülerinnen und Schüler zu Karten?

Die einfache, offene und übergeordnete Fragestellung ermöglicht die Formulierung von Teilfragen für das vorliegende Forschungsvorhaben (Reinders 2016, S. 78-79). Ein Teil dieser Teilforschungsfragen ergibt sich aus einigen der in der fachlichen Grundlegung ermittelten Grundelemente einer Karte (siehe Kapitel 2.2.2.2):

- Wie definieren Schülerinnen und Schüler in ihren Vorstellungen eine Karte?
- Welche äußeren Kartenelemente stellen sich Schülerinnen und Schüler vor?
- Wie stellen sich Schülerinnen und Schüler Kartenzeichen in Karten vor?
- Welche Vorstellungen haben Schülerinnen und Schüler zu Maßstäblichkeit und Verkleinerung in Karten?
- Welche Vorstellungen haben Schülerinnen und Schüler zur Verebnung von Inhalten in Karten?
- Wie stellen sich Schülerinnen und Schüler die Darstellung von Inhalten im Grundriss vor?
- Welche Vorstellungen haben Schülerinnen und Schüler zur generalisierten Darstellung von Inhalten in Karten?
- Welche Vorstellungen haben Schülerinnen und Schüler zur Orientiertheit von Karten?
- Welche Arten von Karten stellen sich Schülerinnen und Schüler vor?
- Welche Vorstellungen haben Schülerinnen und Schüler über die Perspektivität von Karten?

Diese Teilforschungsfragen werden unter anderem auf der individuellen Ebene der Schülerinnen und Schüler in Anhang H, auf einer verallgemeinerten Ebene in Kapitel 6.2 adressiert. Über die Grundelemente einer Karte hinaus strebt die vorliegende Forschung an, einen Vergleich zwischen Schülerinnen und Schülern vor dem Eintritt in die Sekundarstufe 1 und nach der Sekundarstufe 1 zu ziehen. Ein Vergleich zwischen Schülervorstellungen verschiedener Alters- und Jahrgangsstufen ist bisher selten durchgeführt worden. In Kapitel 3.1 wurden die Studien von ADAMINA (2008), FRÖHLICH et al. (2013), KONERMANN und SCHUBERT (2015) und PIEPER und SCHOCKENHOFF (2015) vorgestellt, die ein ähnliches Vorgehen aufweisen. Es wird folgende Teilforschungsfrage für die vorliegende Untersuchung formuliert:
F2: Welche Gemeinsamkeiten und welche Unterschiede bestehen zwischen den Vorstellungen von Schülerinnen und Schülern vor Eintritt in die Sekundarstufe 1 und nach der Sekundarstufe 1?
Diese Forschungsfrage wird in Kapitel 6.2 beantwortet. Abschließend soll aus den Ergebnissen zu den weiter oben genannten Forschungsfragen noch auf mögliche Schlussfolgerungen für die Unterrichtspraxis eingegangen werden, die sich aus den Schülervorstellungen zu Karten, auch im Vergleich mit der fachwissenschaftlichen Perspektive, ziehen lassen. Auf dieses Anliegen wird in Kapitel 7.2 in Form von didaktischen Leitlinien eingegangen. Die Forschungsfragen wirken sich auf die Entscheidungen bezüglich des methodischen Vorgehens aus, die im folgenden Kapitel beschrieben und begründet werden (FLICK 2019a, S. 258).

5　Methodik

Das folgende Kapitel widmet sich dem methodischen Vorgehen. Zuerst werden grundlegende methodische Überlegungen vorgenommen (siehe Kapitel 5.1), bevor die Schritte der Datenerhebung aufgezeigt werden (siehe Kapitel 5.2). Es folgt eine Beschreibung der Datenaufbereitung (siehe Kapitel 5.3) und der Datenauswertung (siehe Kapitel 5.4). Abschließend wird auf Maßnahmen der Gütesicherung eingegangen (siehe Kapitel 5.5).

5.1　Grundlegende methodische Überlegungen

Wichtiges Kriterium bei der Auswahl der Forschungsmethoden ist die Angemessenheit für Gegenstand und Forschungsfragen. Die gewählten Verfahren müssen dafür geeignet sein, für die spezielle Forschungsfrage angemessene Daten bereitzustellen (DÖRING, BORTZ 2016, S. 184; HELFFERICH 2011, S. 26). Daher ist die Anwendung qualitativer Forschungsverfahren für die in Kapitel 4 dargelegten Forschungsfragen naheliegend: Sie eignen sich für die Rekonstruktion von subjektiven Sichtweisen, Alltagstheorien, -wissen und Deutungsmuster, da das Verstehen den Kern ihres Forschungsauftrages darstellt (HELFFERICH 2011, S. 21, 29; KELLE, KLUGE 2010, S. 39). Zusätzlich ist der Einsatz qualitativer Forschungsmethoden für die oben aufgezeigten Forschungsfragen passend, da mit der Untersuchung von Schülervorstellungen zum fachwissenschaftlichen Inhalt der Karte ein neues Forschungsfeld erschlossen wird. In diesem Sinne kann diese Forschungsarbeit als explorativ bezeichnet werden. Explorative Forschung fokussiert sich in ihrem Forschungsinteresse darauf, einen Sachverhalt, zu dem bisher wenig bekannt ist, mit dem Ziel eines Beitrages zur Hypothesenfindung, Theoriebildung und -entwicklung zu erkunden und zu beschreiben (BUDKE 2015, S. 22; DÖRING, BORTZ 2016, S. 184-185, 192; LAMNEK, KRELL 2016, S. 33-34; RAAB-STEINER, BENESCH 2018, S. 41; SCHECKER et al. 2014, S. 11). Ein quantitativer Ansatz ist im Feld der Schülervorstellungen dann schlüssig gewählt, wenn die Kategorien der Vorstellungen bekannt sind und Quantifizierungen bei Folgerungen für das Lehren und Lernen bedeutsam sind, was im vorliegenden Fall bei der Untersuchung von Karten nicht der Fall ist beziehungsweise ein möglicher nachfolgender Schritt ist (KATTMANN 2007, S. 102; MÜLLER, M. 2009, S. 123).

Darüber hinaus versteht sich die vorliegende Studie als grundlagenwissenschaftlich, indem ein bestimmter Sachverhalt genauer betrachtet wird. Die Forschungsfragen indizieren eine empirische Arbeit, im Rahmen welcher im Sinne einer Primäranalyse Daten selbstständig erhoben und anschließend analysiert werden (DÖRING, BORTZ 2016, S. 185, 188-189).

5.2   Datenerhebung

Die Darstellung der Datenerhebung setzt sich aus Ausführungen zur Entscheidung für qualitative, leitfadengestützten Interviews (siehe Kapitel 5.2.1), der Konstruktion des Interviewleitfadens (siehe Kapitel 5.2.2), Erläuterungen zum Sampling (siehe Kapitel 5.2.3), der Erprobung des Interviewleitfadens in Vorstudien (siehe Kapitel 5.2.4) sowie einer Beschreibung der Datenerhebung zusammen (siehe Kapitel 5.2.5).

5.2.1   Entscheidung für qualitative, leitfadengestützte Interviews

Die Entscheidung für ein qualitatives Vorgehen bei der Erhebung der Schülervorstellungen wurde unter anderem mit dem explorativen Ansatz der vorliegenden Forschungsarbeit und dem damit verbundenen Beitrag zur Hypothesenfindung, Theoriebildung und -entwicklung begründet. Für dieses Anliegen werden Interviews als ein geeignetes Mittel der Datenerhebung aufgezählt (DÖRING, BORTZ, S. 184-185, 192; DRESING, PEHL 2017, S. 6; RAAB-STEINER, BENESCH 2018, S. 41; SCHECKER et al. 2014, S. 11). Interviews als Erhebungsmethode sind darüber hinaus dienlich, da bei der Auswertung der aus den Interviews resultierenden Texte ein ausgereiftes und weit entwickeltes Instrumentarium zur Verfügung steht. Die Texte geben wenig verzerrt und überwiegend authentisch die Gedanken der Interviewpartnerinnen und -partner wieder, wodurch intersubjektive Nachvollziehbarkeit und

Kontrollmöglichkeiten gewährleistet sind (Lamnek, Krell 2016, S. 313). Aus ähnlichen Überlegungen heraus ist eine Entscheidung für qualitative Interviews in einer Vielzahl von anderen Studien zu Schülervorstellungen getroffen worden (siehe Kapitel 3.1). Für den Untersuchungsgegenstand der Karte ist auch die Erhebung und Auswertung von Kartenskizzen in Erwägung zu ziehen. Jedoch ist die Auswertung von Kartenskizzen problematisch hinsichtlich möglicher störender Einflüsse durch die heterogenen Fähigkeiten beim Kartenzeichnen und einem hohen Grad an Subjektivität durch die auswertenden Personen (Saarinen 1988, S. 113-114). Hinzu kommt, dass zur Exploration von Schülervorstellungen Kartenskizzen nur bedingt aussagkräftig sind, weswegen ein Interview, innerhalb welchem die Erstellung und das Ergebnis einer Kartenskizze besprochen wird, als gegenstandsangemessener einzustufen ist.

Im folgenden Schritt ist eine dem Forschungsgegenstand angemessene Interviewart auszuwählen. Ein vielversprechender Ansatz ist im problemzentrierten Interview zu sehen. Als dessen Ziel wird die unvoreingenommene Erfassung individueller Handlungen sowie subjektiver Wahrnehmungen beschrieben (Witzel 2000, S. 1). Die Befragten werden als Expertinnen und Experten ihrer Orientierungen und Handlungen begriffen, was im Einklang mit dem Forschungsgegenstand der Schülervorstellungen steht. Forschende gehen mit einem theoretischen Konzept in die Datenerhebung, aber die Dominanz bei der Konzeptgenerierung liegt bei den Befragten. Eine besondere Eignung des problemzentrierten Interviews für die vorliegende Forschung liegt in seinen Grundpositionen der Gegenstands- und Prozessorientierung. Die Methode lässt sich flexibel auf die Anforderungen des untersuchten Gegenstands anpassen und kann im Zusammenhang mit anderen Methoden, zum Beispiel der Auswertung, gestellt werden. Eine Prozessorientierung kann insofern erzielt werden, dass sich die Kommunikation sensibel und akzeptierend auf die Rekonstruktion der Orientierungen der Befragten konzentriert und somit eine Basis für Vertrauen und Offenheit geschaffen wird, in welcher Befragte sich ernst genommen fühlen (Flick 2019c, S. 210; Lamnek, Krell 2016, S. 348; Niebert, Gropengießer 2014, S. 125; Witzel 2000, S. 3, 5).

Das problemzentrierte Interview versteht sich in einem Wechselverhältnis zwischen Induktion und Deduktion, bei dem das Vorwissen als Rahmen für Frageideen und Dialog dient, gleichzeitig aber auch Offenheit gegenüber den Relevanzsetzungen der Untersuchten gezeigt wird. Dieser Ansatz der Erhebung eröffnet eine Kombination von Induktion und Deduktion auch für die Auswertung, in welcher theoretische Vorstellungen durch die Ansichten der Probandinnen und Probanden konfrontiert und modifiziert werden. Aus dieser Position heraus leitet sich der Einsatz eines Leitfadens ab, der als Orientierungsrahmen fungiert, um aus der Perspektive des Forschenden als wichtig betrachtete Themenbereiche abzudecken, und der eine Vergleichbarkeit der Interviews unterstützt (Lamnek, Krell 2016, S. 345, 347, 349; 361; Mayring 2016, S. 70; Witzel 2000, S. 2, 4, 7).

Ein ähnlicher, nicht gleicher, Ansatz, der sich für das vorliegende Forschungsvorhaben eignet, ist das leitfadengestützte Interview. Es ermöglicht die Erhebung und Rekonstruktion subjektiver Theorien und Formen des Alltagswissen. Das leitfadengestützte Interview bietet ein hohes Maß an Offenheit, greift aber strukturierend in den offenen Erzählraum ein, erleichtert die Auswertung, indem Unterthemen über verschiedene Interviews verfolgt werden können, und ermöglicht die Generierung von Aussagen zu Aspekten, die ansonsten nicht erwartet werden können. Letzter Punkt trifft zum Beispiel auf Inhalte wie die Perspektivität von Karten zu (HELFFERICH 2011, S. 38, 179; NIEBERT, GROPENGIEẞER 2014, S. 122, 126-127).

Aus den ähnlichen Ansätzen des leitfadengestützten und problemzentrierten Interviews leitet sich die Anlage als teil- oder semistrukturiertes Interview ab. Dabei werden die Vorteile strukturierter und unstrukturierter Interviews vereint, in welchen den Interviewten ein großer Einfluss auf das Interview durch flexible Handhabung des Leifadens, zum Beispiel in der Reihenfolge der Impulse und deren Formulierung, zugestanden wird, aber relevante Themenbereiche klar umrissen sind (HOPF 2019, S. 351; REINDERS 2016, S. 82-83).

Einzelinterviews sind in Anbetracht der Forschungsfragen Gruppeninterviews vorzuziehen. Zwar bieten Gruppeninterviews bzw. -diskussionen gewisse Vorteile: Die Interaktion mit anderen Schülerinnen und Schülern umfasst nicht an die Forschenden gerichtete Antworten, die von einer sozialen Erwünschtheit geprägt sein können. Es können somit Erkenntnisse geliefert werden, die ansonsten verborgen geblieben wären. Jedoch muss davon ausgegangen werden, dass bei Gruppeninterviews individuelle Vorstellungen verdeckt werden. Im Einzelinterview bietet sich die Möglichkeit, vertiefte Nachfragen zu stellen und dass die Interviewten ihre eigenen Äußerungen kommentieren können, wodurch ein größeres Verständnis für die Gedankenwelt der oder des Befragten erreicht werden kann (BILLMANN-MAHECHA, GEBHARD 2014, S. 149; FELZMANN, GEHRICKE 2015, S. 54-55; NIEBERT, GROPENGIEẞER 2014, S. 124).

5.2.2 Konstruktion des Interviewleitfadens

Aus der Entscheidung für ein problemzentriertes bzw. leitfadengestütztes Interview (siehe Kapitel 5.2.1) heraus ist als nächster Schritt ein Interviewleitfaden für die Datenerhebung zu konstruieren. Dabei werden verschiedene Prinzipien zur Gestaltung von Interviewleitfaden bei der Erstellung beachtet: Er soll ein hohes Maß an Offenheit gewährleisten, so dass sich innerhalb eines Interviews an die Gesprächssituation angepasst werden kann. Er soll gleichzeitig einer logischen Struktur folgen, so dass er lenkend, aber nicht einschränkend im Interview wirkt. Eine übersichtliche und handhabbare Gestaltung für einen schnellen Überblick dienen einem flüssigen Verlauf des Interviews, so dass Fragen nicht umständlich abgelesen werden müssen. Dabei soll nur eine begrenzte Zahl von Fragen und Impulsen zum Einsatz kommen, um den Leitfaden nicht zu überladen. In seiner

Formulierung soll sich an einer angemessenen Alltagssprache orientiert werden (HELFFERICH 2011, S. 180; NIEBERT, GROPENGIEßER 2014, S. 126-127; REINDERS 2016, S. 135-139; VOGL 2015, S. 56).

Für die inhaltliche Strukturierung des Leitfadens werden Grundelemente einer Karte ausgewählt, die sich einerseits als relevant im Rahmen der fachlichen Grundlegung herausgestellt haben (siehe Kapitel 2.2.2). Dabei wurde unter anderem darauf geachtet, dass die Grundelemente in kartographischen und fachdidaktischen Werken aufgezählt sind (siehe Anhang A). Andererseits wurde hinsichtlich der Interviews abgewogen, inwiefern Impulse zu diesen Grundelementen im Einklang mit den oben genannten Prinzipien erstellt werden können. Zuletzt wurde auch eingeschätzt, inwieweit eine übersichtliche und gezielte Auswertung möglich ist. Daher wurden folgende Grundelemente einer Karte (siehe Kapitel 2.2.2.2) ausgewählt, die die inhaltliche Struktur des Interviewleitfadens bilden sollen:

- Definition
- Äußere Kartenelemente
- Kartenzeichen
- Maßstäblichkeit und Verkleinerung
- Verebnung
- Grundriss
- Generalisierung
- Orientiertheit
- Kartenarten nach dem Inhalt (im weiteren Verlauf als Kartenarten 1 bezeichnet)
- Kartenarten nach der Präsentationsform bzw. Medienträger (im weiteren Verlauf als Kartenarten 2 bezeichnet)
- Perspektivität von Karten
- Kartenherstellung
- Zwischen Bild und Text

Im Verlauf der Datenauswertung, genauer ab der qualitativen Inhaltsanalyse 2, wurde auf eine weitere Auswertung der Kategorien Kartenherstellung und „Zwischen Bild und Text" verzichtet (siehe Kapitel 5.4.2 und 7.3). Außerdem wurden keine gezielten Impulse für Farbgebung im Leitfaden erstellt. Diese Entscheidung erfolgte in Hinblick auf die Auswertung. Aufgrund einer vermuteten Fülle an möglichen Codierungen, die womöglich wenig Aussagekraft zu Vorstellungen der Farbgebung in Karten beinhalten, zum Beispiel, wenn räumliche, georeferenzierte Inhalte lediglich mit der in der Darstellung eingebundenen Farbe benannt werden, wurde auf diesen Schwerpunkt bei der Leitfadenkonstruktion verzichtet. Stattdessen erschien es zielführender, Rückschlüsse auf Farbgebung über Kartenzeichen, welche stellvertretend für kartographische Gestaltungsmittel (siehe Kapitel 2.2.2.2) einbezogen wurden, und die Perspektivität von Karten, wenn es um die konventionelle Farbgebung bestimmter räumlicher, georeferenzierter Inhalte geht, zu ziehen. Bezüglich der Kartenarten (siehe Kapitel 2.2.2.2) wurde einerseits auf die Einteilung nach Inhalten fokussiert, da diese sowohl in Schulbüchern, fachdidaktischer und kartographischer Literatur präsent ist. Andererseits wurde auch ein Schwerpunkt auf Kartenarten nach der Präsentationsform bzw. Medienträger gelegt, da ein besonderes Forschungsinteresse bezüglich der zunehmenden Digitalisierung im Bereich von Karten besteht und dies auch inhaltlich und strukturell im Leitfaden abgebildet werden soll. Auch das Merkmal „Zwischen Bild und Text" wurde aus einem besonderen Forschungsinteresse heraus in den Leitfaden mit aufgenommen, obwohl es fast ausschließlich der fachdidaktischen Literatur entstammt. Die Kategorie „Perspektivität von Karten" wurde aufgenommen, um jüngere Ansätze zum Beispiel aus der kritischen Kartographie (siehe Kapitel 1, 2.2.2.2) angemessen zu berücksichtigen und Vorstellungen der Schülerinnen und Schüler in diese Richtung zu erfassen. Dabei wurden verschiedene Aspekte dieses Themenbereiches unter der Bezeichnung der Perspektivität von Karten subsumiert.

Bei der Struktur des Leitfadens und des Interviewverlaufs (siehe Tabelle 8) werden eine Einstiegs-, Warm-Up- und Hauptphase sowie ein Ausklang konzipiert. Im Einstieg wird zunächst mit Smalltalk eine entspannte und offene Interviewatmosphäre geschaffen. Es folgt eine Einführung durch den Interviewer, bei der Inhalt und Ziele des Interviews vorgestellt werden. Es wird Wert daraufgelegt, dass die Befragten in ihrer Rolle als Expertin oder Experte angesprochen werden, und betont, dass es sich um keine Leistungserhebung handelt. Zusätzlich werden Interviewer und Besitzerin vorgestellt sowie auf die Anonymisierung hingewiesen (NIEBERT, GROPENGIEßER 2014, S. 124; REINDERS 2016, S. 202-203; SCHULER 2011, S. 138; VOGL 2015, S. 106-108).

Zur Erstellung des Leitfadens zur Hauptphase des Interviews wurde sich am SPSS-Prinzip nach HELFFERICH (2011, S. 182-185) orientiert, dass das Sammeln, Prüfen, Sortieren und Subsumieren von Fragen umfasst. In Anlehnung an das S²PS²-Verfahren (Sammeln, Sortieren, Prüfen, Streichen, Subsumieren) nach KRUSE (2015, S. 230-235), einer Weiterentwicklung des SPSS-Prinzips, wurde die Phase der Sammlung von Fragen zur Prüfung der eigenen Forschungsfragestellungen und -intentionen zusätzlich eingebunden und die Phase des Sortierens vor die des Prüfens gesetzt. Die Leitfadenkonstruktion wurde im Austausch mit verschiedenen Expertinnen und Experten durchgeführt, um verschiedene Perspektiven und Ansichten einzubinden.

Bei der Erstellung der Fragen bzw. Interventionsmodi wurde darauf geachtet, ungeeignete Impulse wie Suggestivfragen, geschlossene und schwer verständliche Fragen so weit wie möglich zu vermeiden (DRESING, PEHL 2017, S. 10-11; HELFFERICH 2011, S. 102-106, 108; HOPF 2019, S. 359; KRUSE 2015, S. 218; REINDERS 2016, S. 157; VOGL 2015, S. 103-104). Im Wesentlichen wurde sich auf die Erstellung und den Einsatz folgender Arten von Fragen konzentriert (auch siehe Tabelle 8):

- offene Einstiegsimpulse und erzählungsgenerierende Fragen: Zentrierung auf das im Mittelpunkt stehende Thema bei gleichzeitiger Ermöglichung der Relevanzsetzung durch die Befragten (HELFFERICH 2011, S. 102-106; KRUSE 2015, S. 220; NIEBERT, GROPENGIEßER 2014, S. 128; REINDERS 2016, S. 106; WITZEL 2000, S. 6); Beispiel aus dem Interviewleitfaden: „Stelle Dir vor, dass Du vor einer Karte sitzt. Wie sieht diese aus?"
- vertiefende Interventionen und Sondierungen: im Anschluss an Einstiegsfragen, anknüpfend an das vom oder von der Befragten Erzählte im Einklang mit den Formulierungen im Leitfaden (NIEBERT, GROPENGIEßER 2014, S. 128; REINDERS 2016, S. 106; WITZEL 2000, S. 6); Beispiel aus dem Interviewleitfaden: „Der Berg schaut anders aus als in echt. Was hast Du daran verändert?"
- Validierungsinterventionen bzw. variierte Wiederholungen: zur Überprüfung voriger Äußerungen und bereits erfasster Bereiche im Sinne einer internen Triangulation (NIEBERT, GROPENGIEßER 2014, S. 126, 129); Beispiel aus dem Interviewleitfaden: „Stelle Dir vor, ein Außerirdischer kommt zu uns auf die Erde und hat noch nie eine Karte gesehen und kennt das Wort nicht. Wie würdest Du ihm das erklären?"
- Ad-Hoc-Interventionen: freie Formulierung während des Interviews (NIEBERT, GROPENGIEßER 2014, S. 130; REINDERS 2016, S. 106-107; WITZEL 2000, S. 6)

Tab. 8 | Überblick zur Struktur der Interviews bzw. zum Interviewleitfaden (Eigener Entwurf)

Einstiegs- und Warm-Up-Phase	Smalltalk, Einführung in das Interview		
Hauptphase	**offener Einstiegsimpuls**	**Sondierungsfragen**	**variierte Wiederholung**
1. Block: Definition von Karte	*„Stelle Dir vor, dass Du vor einer Karte sitzt. Wie sieht diese aus?"*	*„Welche Unterschiede bestehen zwischen der Karte und den Dingen in echt (, die darauf abgebildet sind)?"*	*„Stelle Dir vor, ein Außerirdischer kommt zu uns auf die Erde und hat noch nie eine Karte gesehen und kennt das Wort nicht. Wie würdest Du ihm das erklären?"*
2. Block: Kartenskizze	Anfertigung der Kartenskizze und Erklärung	Flexible Sondierungen anhand der Kartenskizze zu • Kartenzeichen	variierte Wiederholungen über 3. Block abgedeckt

		• äußeren Karten-elementen • Maßstäblichkeit und Verkleine-rung • Verebnung • Grundriss • Generalisierung • Orientiertheit • Perspektivität von Karten • Kartenherstel-lung • Zwischen Bild und Text	
3. Block: Karten-beispiele	*„Sortiere oder ordne die neun Materialien an."*	Sondierungen über 2. Block abgedeckt	• Äußere Karten-elemente • Kartenarten 1 • Verebnung • Grundriss • Maßstäblich-keit und Ver-kleinerung • Kartenarten 2 • Perspektivität von Karten • Orientiertheit • zwischen Bild und Text
Biographischer Hintergrund	biographische Fragen mit Bezug zu Karten, u. a. Nutzung im Alltag		
<u>Interviewausklang</u>	Nachfragen und Anmerkungen von Interviewten		

Da Forschungsfrage 2 (F2, siehe Kapitel 4) die Befragung von Kindern einschließt, sind bei der Planung der Erhebung und im Speziellen bei der Erstellung des Interviewleitfadens besondere Vorkehrungen zu treffen. So ist bei der Ermittlung von Vorstellungen von Grundschulkindern die Komplexität der Fachthemen als Herausforderung zu nennen und angemessen zu berücksichtigen. Auch müssen entwicklungsabhängige Kompetenzen wie Lese-, Zeichenfähigkeiten und Ausdrucksvermögen in die Erwägungen einfließen (GAPP, SCHLEICHER 2010, S. 34). Im Alter zwischen acht und zehn Jahren zeigen sich vermehrt kognitive Fähigkeiten wie Dezentrierung, Metakognitionen, mehrdimensionales, hypothetisches und differenziertes Denken. In Bezug auf Interviews weisen Kinder im selben Alter Fähigkeiten zur Bildung von längeren und komplexeren Sätzen, Lesen und Schreiben, mündlicher Kommunikation in verschiedenen Kontexten, sozial akzeptierter Kommunikationsstrategien, nachvollziehbarer Erklärungen und Begründungen unter Berücksichtigung des Vorwissens der Zuhörenden sowie fließender Themenwechsel auf. Jedoch muss bei der Erstellung der Interviewleitfäden auch auf Grenzen der kognitiven Fähigkeiten geachtet werden, wie zum Beispiel Schwierigkeiten beim abstrakten Denken oder in manchen Fällen wenig zuverlässigen Mengen- und Zeitangaben. Bereits im Alter von zehn Jahren kann eine kommunikative Kompetenz vergleichbar mit dem Niveau von Erwachsenen erreicht werden. Trotz der vielfältigen Fähigkeiten, die sich in diesem Alter bereits entfaltet haben bzw. sich in Ansätzen entwickeln können, sind beispielsweise Fotos und Zeichnungen zur Anregung der Kommunikation dienlich. Zusätzlich ermöglichen diese Mittel eine Verlängerung der möglichen Gesprächsdauer, die sich ohne diese Mittel bei Acht- bis Zehnjährigen zwischen 30 und 45 Minuten, bei Zehn- bis Zwölfjährigen bei etwa einer Stunde bewegt (VOGL 2015, S. 25, 28, 32, 44-46, 71, 97, 113).

Nicht nur wegen der Führung der Interviews mit Probandinnen und Probanden im Kindesalter, sondern auch aufgrund des theoretischen Ansatzes der Schülervorstellungen ist die Einbindung von Aufgabenstellungen mit Materialien ein gewinnbringendes Vorgehen (NIEBERT, GROPENGIEßER 2014, S. 128). Somit wurde festgelegt, dass die Interviewpartnerinnen und -partner eine Kartenskizze von einem von ihnen frei wählbaren Raumausschnitt anfertigen sollen. Besonders bei den Grundschülerinnen und -schülern ist das Zeichnen als natürliche Aktivität ein Mittel zur abwechslungsreichen Gestaltung der Gesprächssituation und es bietet einen vielversprechenden Ansatz zur Anregung der Kommunikation im Anschluss daran. Zwar ist zu beachten, dass nicht alle Kinder Freude am Zeichnen haben und es bei Jugendlichen zu Hemmungen führen kann. Jedoch wurde sich in der Abwägung für die Zeichnung einer Kartenskizze entschieden, um die Vorteile dieses Vorgehens zu nutzen, das Potenzial für die Erhebung von Vorstellungen zum Inhalt der Karte auszuschöpfen und eine Vergleichbarkeit zwischen den Altersgruppen, wie in F2 (siehe Kapitel 4) vorgegeben, herzustellen. Hinzukommend wurde entschieden, dass verschiedene Materialien, genauer Fotos und Abbildungen, in das Interview eingebunden werden sollen. Dies soll bei aller Offenheit des Ansatzes des problemzentrierten bzw. leitfadengestützten Interviews gewährleisten, dass die Schülerinnen und Schülern ihre Vorstellungen zu den aus der Perspektive der Fachwissenschaften relevanten Grundelementen einer Karte äußern können. Dabei wurden als Ergebnis intensiver Abwägungen und Besprechungen folgende Materialien ausgewählt, die sich in ihrer Gestaltung auf die für das Interview ausgewählten Grundelemente einer Karte beziehen (Angabe folgt auf das Material in der Klammer):

- M1: Thematische Karte Europas ohne äußere Kartenelemente (Äußere Kartenelemente)
- M2: Physische Karte Bayerns (Kartenarten 1, Verebnung, Maßstäblichkeit und Verkleinerung)
- M3: Thematische Karte (Landwirtschaft) Bayerns (Kartenarten 1, Verebnung)
- M4: Ausschnitt topographische Karte Eichstätt 1:25.000 (Maßstäblichkeit und Verkleinerung, Verebnung)
- M5: Bild eines Navigationsgerätes (Kartenarten 2)
- M6: Senkrecht-Luftbild eines Stadtteils Nürnbergs (Kartenherstellung, Generalisierung)
- M7: McArthur-Karte, eine nicht eingenordete und nicht eurozentrierte Weltkarte (Orientiertheit, Perspektivität von Karten)
- M8: Foto eines Zimmers aus der Seitenansicht (Zwischen Bild und Text, Grundriss)
- M9: Beschreibung und Lokalisierung von Gegenständen aus M8 in Form eines Textes (Zwischen Bild und Text)
- M10: Kinderkarte von Nürnberg (Perspektivität von Karten)

In der späteren Auswertung wurden auch Aussagen zu einem Grundelement einer Karte bzw. zu einer Kategorie berücksichtigt, die bei der Besprechung eines Materials geäußert wurden und nicht ursprünglich das Ziel der Gestaltung des Materials waren. Zum Beispiel ergaben sich bei M1 und M5 häufig Aussagen zum Wesen einer Karte, die der Kategorie der Definition zugeordnet werden konnten. Einige Grundelemente wurden nicht isoliert auf ein Material bezogen besprochen, sondern im Vergleich mehrerer Materalen adressiert, so zum Beispiel Maßstäblichkeit und Verkleinerung bezogen auf M2 und M4 sowie Kartenarten 1 bezogen auf M2, M3 und M4. M10 wird nur optional eingebracht, um je nach Interviewsituation weitere Aussagen zur Perspektivität von Karten zu generieren.

Nach intensiven Besprechungen und Abwägungen wurde sich dagegen entschieden, Interviewabschnitte nach thematischen Blöcken zu gliedern (HELFFERICH 2011, S. 179; KRUSE 2015, S. 213). Dies hätte entweder bei Berücksichtigung aller ausgewählten Grundelemente einer Karte zu einem Interviewleitfaden mit dreizehn thematischen Blöcken geführt, der damit sehr überladen gewesen wäre und Interviews im Stil einer „Leitfaden-Bürokratie", vergleichbar mit einem standardisierten Fragebogen, hervorgebracht hätte, oder es hätten weitere Grundelemente gekürzt werden müssen (HOPF 2019, S. 358; REINDERS 2016, S. 221; VOGL 2015, S. 103). Daher wurde der Interviewleitfaden anhand des Einsatzes von Materialien in Blöcke unterteilt (siehe Tabelle 8):

- Ein erster Block umfasst Impulse zur Definition von Karten ohne den Einsatz von Materialien.

- Im zweiten Block werden zunächst von den Interviewten eine Kartenskizze erstellt und anhand dieser weitere Grundelemente einer Karte durch entsprechende Impulse besprochen.
- In einem dritten Block werden die Materialien M1 bis M9 (und ggf. M10) in das Interview eingebracht und durch entsprechende Impulse erneut die Grundelemente einer Karte thematisiert.

Die Reihenfolge ist darin begründet, dass sich der erste Block zur Definition einer Karte am Anfang des Interviews anbietet. Im Sinne einer Warm-Up-Phase wird durch die Stellung unstrukturierter, offener Fragen, die einen weiten Antwortraum ermöglichen, dem oder der Interviewten signalisiert, dass sie oder er Redefreiheit besitzt und als Expertin bzw. Experte angesehen wird. Außerdem sollen Informationen gesammelt werden, die für den weiteren Interviewverlauf nützlich sein können (REINDERS 2016, S. 148, 156, 204-206). Dieser Block wird weiter unterteilt in einen offenen Einstiegsimpuls, in eine Sondierungsfrage und eine variierte Wiederholung.

Im zweiten Block wird zunächst die oder der Interviewte zur Anfertigung einer Kartenskizze eines frei wählbaren Raumausschnitts aufgefordert. Im Anschluss daran sollen sie aufgrund eines offenen Einstiegsimpuls erst selbstständig die eigene Kartenskizze beschreiben. Es folgen Sondierungsfragen, die sich flexibel an die Kartenskizze anpassen. Dies erfolgt je nachdem, ob ein bestimmtes Merkmal in der Kartenskizze berücksichtigt wurde oder nicht. Hinzu kommt ein Impuls zum Prozess der Kartenherstellung, bei welcher die verschiedenen Schritte, die die Probandinnen und Probanden erwähnen, auf Papierkarten festgehalten werden in Anlehnung an eine Strukturlegetechnik im Anschluss nochmal in eine Reihenfolge gebracht werden sollen.

Der dritte Block führt im Anschluss die Materialien M1 bis M9 in das Interview ein. Dies wurde bewusst ans Ende der drei Blöcke gesetzt, da sich unter den Materialien Karten und kartenverwandte Darstellungen befinden, die die Vorstellungen der Interviewten ad-hoc prägen und beeinflussen können. Zumindest in den ersten Blöcken des Interviews sollte ein solcher Einfluss unterbunden werden. Einem ersten offenen Einstiegsimpuls zu den neun Materialien schließen sich Sondierungsfragen zu den verschiedenen Grundelementen von Karten an. Dieser dritte Block fungiert gleichzeitig als variierte Wiederholung mit Validierungsimpulsen zu den einzelnen Grundelementen einer Karte, die ggf. bereits im ersten Block, spätestens aber im zweiten Block, eine Zeitlang im Zentrum des Gesprächs standen. Ein Überblick zur Struktur des Interviews bzw. dessen Leitfaden findet sich in Tabelle 8. Der ausführliche Leitfaden ist Anhang B zu entnehmen.

An die drei Blöcke des Interviews schließen sich biographische Fragen mit Bezug zu Karten an die Interviewpartnerinnen und -partner an. Um den Kommunikationsprozess der vorigen Blöcke nicht negativ zu beeinflussen, sind diese Fragen, die geschlossener sind und mehr der Abfrage von Fakten ähneln, ans Ende des Interviews gesetzt worden (DRESING, PEHL 2017, S. 11; KRUSE 2015, S. 218). Sie zielen auf

Einschätzungen der Befragten zu den Quellen ihrer Vorstellungen ab. Dabei werden die Nutzung im Alltag sowie das Vorhandensein von Karten und Atlanten zuhause abgefragt. Hinzu kommen Nachfragen zum Einsatz von Karten im HSU, Geographieunterricht oder anderen Unterrichtsfächern.

Der Ausklang des Interviews soll die Interviewten aus der Interviewsituation wieder zurückführen, um ein zu abruptes Ende des Gesprächs zu vermeiden. Den Befragten wird eine Möglichkeit eingeräumt, noch Nachfragen zu stellen und Anmerkungen zum Interview zu machen, wodurch auch Rückschlüsse auf die Interviewführung möglich sind. Um einen möglichen Verlust relevanter Daten zu vermeiden, wird das Aufnahmegerät laufen gelassen und nach der Verabschiedung der oder des Befragten noch Notizen im Protokoll ergänzt. Es werden noch allgemein Besonderheiten oder Auffälligkeiten zum Interview notiert (REINDERS 2016, S. 107, 216-217).

Im nächsten Schritt wurden zwei Versionen des Leitfadens gebildet, wobei einer für die Interviews mit Grundschülerinnen und -schüler, der andere für die Schülerinnen und Schüler der Sekundarstufe 2 eingesetzt wurde. Dabei wurden nur geringfügige Veränderungen vorgenommen, um eine Vergleichbarkeit in den folgenden Schritten zu gewährleisten. So wurden in der Version für die älteren Schülerinnen und Schüler beispielsweise die variierte Wiederholung im ersten Block allgemeiner formuliert und mehr sowie teils anders formulierte Fragen zur Biographie gestellt. Diese beiden ausführlichen Leitfadenversionen wurden abschließend in einen technischen Leitfaden (siehe Anhang B) umgewandelt, der komprimierter und stichpunktartiger für den Einsatz während der Interviews als Gedächtnisstütze konzipiert wurde (REINDERS 2016, S. 153-154).

5.2.3 Sampling

Die Frage nach dem Sampling ist in einem qualitativ orientierten Projekt wie dem vorliegenden von großer Bedeutung (KELLE, KLUGE 2010, S. 41). Im Gegensatz zur quantitativen Forschung wird nicht statistische Repräsentativität angestrebt. Das Sampling qualitativer Untersuchungen zielt auf die Generalisierbarkeit der Ergebnisse ab. Dieser Anspruch kann durch ein Sampling erfüllt werden, das den untersuchten Fall angemessen inhaltlich repräsentiert (MERKENS 1997, S. 100; MERKENS 2019, S. 291). FLICK (2019a, S. 260) spricht in diesem Zusammenhang von theoretischer Generalisierung (im Gegensatz zur numerischen Generalisierung), die qualitative Forschung u. a. dadurch erreichen kann, indem die Unterschiedlichkeit der verschiedenen Fälle angemessen berücksichtigt wird. Durch eine facettenreiche Erhebung und Vermeidung von Homogenität der befragten Personen in ihren Merkmalen können Verallgemeinerungen aus der Interpretation qualitativer Interviews rekonstruiert und aus den Besonderheiten des Denkens einzelner Schülerinnen oder Schüler Kategorien erschlossen werden, die sich auf das Allgemeine

im Denken beziehen (GROPENGIEßER 2007a, S. 148; GROPENGIEßER 2008a, S. 182; HELF-
FERICH 2011, S. 173; MERKENS 2019, S. 291; REINDERS 2016, S. 118).

In der vorliegenden Studie handelt es sich um ein Vorgehen, das an einer kriteri-engeleiteten Fallauswahl orientiert ist. Es sind Vorkenntnisse über relevante Ein-flussfaktoren vorhanden und es können Auswahlmerkmale a priori definiert wer-den (KELLE, KLUGE 2010, S. 50). Um den Ansprüchen an ein qualitatives Sampling und der Forschungsfrage nach Unterschieden zwischen den Schülervorstellungen verschiedener Jahrgangsstufen gerecht zu werden, umfasst das Sampling in der Hauptstudie zehn Probandinnen und Probanden aus der vierten Jahrgangsstufe mit gymnasialer Eignung und acht aus der elften Jahrgangsstufe in der gymnasia-len Oberstufe. Der Fokus auf Gymnasien resultiert aus pragmatischen Gründen: Einerseits war der Zugang zu Interviewpartnerinnen und -partnern nach der Se-kundarstufe 1 einfacher über die Schulen, in diesem Fall Gymnasien, herzustellen. Andererseits konnte die Größe des Samplings in einem mittleren Umfang für qua-litative Interviews von nicht mehr als 30 gehalten werden (HELFFERICH 2011, S. 173; KELLE, KLUGE 2010, S. 53). Eine Ausweitung auf andere Schularten hätte eine signi-fikant höhere Zahl an Interviews zur Folge gehabt, um ein aussagekräftiges Ergeb-nis für alle Gruppen zu erzeugen.

Die Erhebung mit den Probandinnen und Probanden aus der vierten Jahrgangs-stufe findet vor einer vertieften Einführung ins Kartenverständnis statt, die laut den gültigen Lehrplänen des bayerischen Gymnasiums in der fünften Jahrgangs-stufe vorgesehen ist (LEHRPLAN FÜR DAS GYMNASIUM IN BAYERN 2004; LEHRPLANPLUS GYM-NASIUM 2021). Jedoch muss berücksichtigt werden, dass bereits im Lehrplan für die Grundschule in den Jahrgangsstufen eins und zwei Pläne als Abbildungen von Re-alität, zum Beispiel bei Grundrissen, in den Jahrgangsstufen drei und vier das Lesen von Karten und die Berücksichtigung zentraler Kartenmerkmale vorgegeben sind (LEHRPLANPLUS GRUNDSCHULE 2021). Daher muss auch bei den Probandinnen und Pro-banden der vierten Jahrgangsstufe von Postkonzepten, d. h. Vorstellungen nach einer unterrichtlichen Intervention, Hybridvorstellungen, d. h. Verknüpfung fach-wissenschaftlicher Vorstellungen aus der unterrichtlichen Vermittlung und alltags-weltlichen Vorstellungen, und Zwischenvorstellungen, die zwischen Alltags- und wissenschaftlicher Vorstellung als Lernfortschritt stehen können, ausgegangen werden (MÖLLER 1999, S. 140, 143; NIEDDERER 1996, S. 127, 140; NIEDDERER, GOLDBERG 1995, S. 75; SCHUBERT 2015, S. 5; WOLBERG, WRENGER 2015, S. 209; siehe Kapitel 2.1.3.1). Die Festlegung auf die vierte Jahrgangsstufe ermöglicht einen vergleichba-ren Interviewleitfaden zur anderen Altersgruppe der elften Jahrgangsstufe. Bei jüngeren Probandinnen und Probanden als aus der vierten Jahrgangsstufe wäre nur bedingt ein vergleichbarer Interviewleitfaden möglich gewesen. Die Schülerin-nen und Schüler im Alter von neun bis zehn Jahren verfügen über eine fortgeschrit-tene kommunikative Kompetenz (ab zehn Jahren vergleichbar mit einem Erwach-senen), Fähigkeiten zum abstrakten und hypothetischen Denken und die Kapazität, eine Interviewdauer von etwa einer Stunde zu bestreiten, wobei eine abwechslungsreiche Gestaltung mit verschiedenen Aufgabenformaten (durch die Anfertigung der Kartenskizze und das Sortieren der Kartenbeispiele) auch längere Interviews ermöglicht (VOGL 2015, S. 25, 44-45, 97; siehe Kapitel 5.2.2). Die Erhebung mit dieser Altersgruppe findet in einer fortgeschrittenen Phase der Entwicklung des räumlichen Denkens statt, die aber zu diesem Zeitpunkt noch nicht abgeschlossen ist (siehe Kapitel 2.2.1). Dadurch kommt dem Unterricht eine besondere Bedeutung zu, an diesem Entwicklungsstand anzusetzen und die weitere Entwicklung des räumlichen Denkens zu fördern.

Das Vorgehen beim Sampling umfasst ebenfalls Elemente des Theoretical Sampling, das für qualitative Forschung eine angemessene Samplingstrategie ist, wenn wie in der vorliegenden Forschung keine Untersuchungshypothesen vorhanden sind (FLICK 2019c, S. 164; KELLE, KLUGE 2010, S. 50). Es wurden mit den Schülerinnen und Schülern der vierten und der elften Jahrgangsstufe Vergleichsgruppen mit jeweils mehreren Fällen gebildet bzw. anhand des Merkmals des Alters und damit einhergehend dem erteilten Unterricht über und mit Karten relevante Unterschiede gegenübergestellt. Des Weiteren wurde in Anlehnung an das Prinzip der theoretischen Sättigung oder das Saturierungsprinzip das Sampling zu dem Zeitpunkt als groß genug eingestuft, als keine theoretisch relevanten Ähnlichkeiten und Unterschiede sowie keine neuen Informationen im Datenmaterial mehr gewonnen wurden (FLICK 2019a, S. 262; HELFFERICH 2011, S. 174; KELLE, KLUGE 2010, S. 48-49; KRÜGER, RIEMEIER 2014, S. 134; KVALE 1996, S. 102; MERKENS 2019, S. 294).

Da bereits Kenntnisse über Personen vorlagen, die für die Forschungsfrage relevante Informationen geben können, wurde im Sinne eines deduktiven Samplings eine gezielte Auswahl der Probandinnen und Probanden getroffen, die die Kriterien einer facettenreichen Erhebung erfüllen (REINDERS 2016, S. 119-120). Im Sinne der Varianzmaximierung wurden Interviewpartnerinnen und -partner von verschiedenen Schulen, je drei Grundschulen und je drei Gymnasien, gewonnen, um zu vermeiden, dass der Einfluss einer Lehrkraft, einer Fachschaft oder einer Schule die Generalisierbarkeit der Ergebnisse beeinflusst (DRIELING 2015, S. 73). Ebenso wurde darauf geachtet, ein möglichst ausgeglichenes Geschlechterverhältnis sowie unterschiedliche sozioökonomische Hintergründe im Sampling abzubilden. Letzteres erfolgte über die Auswahl von Schulen sowohl in Kleinstädten mit Schülerinnen und Schülern aus dem umgebenden ländlichen Raum (Stadt und Landkreis Eichstätt) als auch Großstädten (Nürnberg und Ingolstadt). Im Rahmen der Hauptstudie wurden achtzehn Interviews, davon zehn mit Grundschülerinnen und -schülern sowie acht mit Oberstufenschülerinnen und -schülern durchgeführt. In die Auswertung flossen je acht Interviews aus beiden Altersgruppen ein.

5.2.4 Erprobung des Interviewleitfadens in Vorstudien und Überarbeitung

Zur Überprüfung der Durchführbarkeit wurden zunächst Probeinterviews geführt, wodurch Rückschlüsse auf notwendige Modifizierungen gezogen wurden (MAYRING 2016, S. 69; REINDERS 2016, S. 104). Der Interviewleitfaden kam in Vorstudien im Juli 2017 erstmalig zum Einsatz. Die Vorstudien und die Hauptstudie wurden vom Verfasser der Arbeit selbst durchgeführt, da eine umfassende Einführung und Schulung anderer Interviewerinnen oder Interviewer sehr zeitaufwändig gewesen wäre, um diese auf einen vergleichbaren Stand bei der Vertrautheit mit dem theoretischen Ansatz, den Fragestellungen und dem Forschungsstand zu bringen, um beispielsweise Flexibilität bezüglich Abweichungen vom Leitfaden richtig einschätzen zu können (NIEBERT, GROPENGIEßER 2014, S. 125; WITZEL 2000, S. 6). Zusätzlich wurde je eine Beisitzerin zum Interview hinzugezogen, um die Datenerhebung zu unterstützen. In drei Interviews mit Schülerinnen und Schülern aus der vierten Jahrgangsstufe wurde der Leitfaden insbesondere auf Länge, Verständlichkeit der Impulse und Aufgaben, Angemessenheit des Materials sowie zur Schulung des Interviewers und der Beisitzerinnen getestet. Der Verlauf der Vorstudien kann als überwiegend positiv bezeichnet werden: Die Länge der Interviews bewegte sich bei ungefähr 55 Minuten, so dass eine Balance zwischen Konzentrationsfähigkeit der Probandinnen und Probanden unter Einbeziehung von abwechslungsreichen sowie umfassenden Impulsen und tiefgehender Befragung zum Forschungsgegenstand gefunden wurde. Fast durchgehend wurden alle Impulse und Aufgaben verstanden. Eine Ausnahme bildete unter anderem die Frage zu Kartenarten im zweiten Block des Interviews anhand der von den Probandinnen und Probanden angefertigten Kartenskizze, weshalb diese Frage aus dem Leitfaden entfernt wurde. Als günstig erwiesen sich optionalen Aufgaben und Impulse im Leitfaden, die eine flexible Handhabung bezüglich der Länge der Interviews, eventuell bereits getätigter Aussagen zu diesen Bereichen sowie Fähigkeiten der Probandinnen und Probanden ermöglichte. Des Weiteren stellte sich das ausgewählte Material als geeignet heraus, da es die Schülerinnen und Schüler zu relevanten Ausführungen anregte. Lediglich M4, die topographische Karte, wurde verändert, so dass nur noch ein Ausschnitt, dieser aber vergrößert, gezeigt wurde. Die Probandinnen und Probanden monierten die zu kleine Schrift der Karte in M4, so dass zu befürchten war, dass dies die Aussagen einschränken könnte. In Bezug auf die Schulung des Interviewers kann festgehalten werden, dass durch die Vorstudien Erfahrungen gewonnen wurden, die in einer größeren Vertrautheit mit dem Leitfaden und dadurch flexibleren Handhabung sowie routinierteren Durchführung der Interviews mündeten (MAYRING 2016, S. 69; REINDERS 2016, S. 104; VOGL 2015, S. 119). Beisitzerinnen fanden sich ohne Umstände in ihre Aufgaben ein und unterstützen die Durchführung und im Nachgang die Auswertung in erheblichem Maße.

Für die elfte Jahrgangsstufe erfolgten anhand eines für die Altersstufe leicht modifizierten Leitfadens (siehe Kapitel 5.2.2) zwei Interviews in der Vorstudie. Auf ein drittes Interview in der Vorstudie, wie bei der vierten Jahrgangsstufe, konnte aufgrund der bereits vorhandenen Vertrautheit mit dem Leitfaden verzichtet werden. Die beiden Interviews der Vorstudie erfüllten die Erwartungen, da wie erhofft die Probandinnen und Probanden auf die Impulse umfassender und tiefergehend im Vergleich zu den Interviews mit den Grundschülerinnen und -schülern antworteten. Dies bewirkte deutlich längere Interviews, die 75 bis 80 Minuten dauerten. Jedoch stellten sich bei den Interviewpartnerinnen und -partnern keine Ermüdungserscheinungen ein. So konnte der Leitfaden ähnlich und vergleichbar zu dem für die vierte Jahrgangsstufe gehalten werden. Am Leitfaden wurden ansonsten keine weiteren Veränderungen vorgenommen.

5.2.5 Durchführung der Datenerhebung

Der Zugang zu den Schülerinnen und Schülern erfolgte über Gatekeeper, was die Gewinnung von Interviewpartnerinnen und -partnern erleichterte, aus rechtlicher Sicht geboten und wodurch ein gewisser Vertrauensvorschuss gegeben war (HELFFERICH 2011, S. 175; REINDERS 2016, S. 133; VOGL 2015, S. 91). Eine erste Anfrage erfolgte über Schulleitungen. Im Anschluss wurde das Forschungsprojekt bei Schulleiterinnen und Schulleitern erläutert. Nach der Genehmigung durch die Schulleitungen, in bestimmten Fällen auch Schulämtern, unterstützten Lehrkräfte das Vorhaben und ermöglichten die Vorstellung des Projektes in Klassen bzw. Oberstufenkursen oder wählten in bestimmten Fällen geeignete Probandinnen und Probanden aus. In Absprache mit den Lehrkräften wurde vermieden, dass die Interviewpartnerinnen und -partner Sonderfälle bezüglich der Schulleistungen darstellen und somit die Generalisierbarkeit der Ergebnisse nicht beeinträchtigt wird.

Im nächsten Schritt wurden Genehmigungsanschreiben und Rücklaufzettel mit Einverständniserklärungen an Eltern, Schülerinnen und Schüler verteilt (siehe Anhang C). Das Thema des Interviews wurde bewusst nicht genannt, sondern nur als wichtiges Thema des Geographieunterrichts umschrieben. Dadurch sollte vermieden werden, dass Schülerinnen und Schüler sich auf das Thema vorbereiten und anstatt individueller Vorstellungen Schulbuchwissen wiedergeben (SCHUBERT 2012, S. 48-49, 65; SCHULER 2011, S. 138). Es wurde ebenfalls darauf hingewiesen, dass es sich um keine Prüfung handelt, um somit Leistungsdruck und sozialer Erwünschtheit entgegenzuwirken (NIEBERT, GROPENGIEßER 2014, S. 124; SCHULER 2011, S. 138). Im Regelfall wurden anhand der Rücklaufzettel per Telefon oder E-Mail individuelle Interviewtermine in der jeweiligen Schule vereinbart. Die Schulen wurden als Interviewort gewählt. Zwar besteht das Risiko, dass die Schule als Ort des Interviews Assoziationen zu beispielsweise Prüfungssituationen und einem damit verbundenen Erwartungsdruck, die Teilnahme als verpflichtend anzusehen, hervorruft oder der Forscher mit einer Lehrkraft gleichgesetzt wird (Vogl 2015, S. 50, 91, 96). Diesen Risiken wurde jedoch durch umfassende Aufklärung bei der Vorstellung des Forschungsprojektes, im Informationsschreiben sowie zu Beginn der Interviews entgegengewirkt. Zusätzlich erwiesen sich der vereinfachte Zugang, die Vertrautheit der Schule für die Probandinnen und Probanden und der geringere organisatorische Aufwand bei den Interviews außerhalb des Universitätsstandorts als ausschlaggebende Gründe, die Interviews in den Schulen durchzuführen.

Die Interviews wurden vom Verfasser der Arbeit und jeweils einer Beisitzerin durchgeführt. Einerseits wurde bewusst auf ein verschieden geschlechtliches Interviewerteam gesetzt, um sowohl bei Kindern auch als Heranwachsenden Vertrauen aufzubauen und gegebenenfalls Hemmnissen und Vorbehalten vorzubeugen. Andererseits erleichterte die Unterstützung durch eine zweite Person die Vorbereitung des Interviewraums und unterstütze die Dokumentation des Interviews durch weitere Beobachtungsnotizen. Außerdem ergaben sich weitere Vorteile unter anderem bei der Aufgabe der Sortierung der Materialien im dritten Interviewblock. Zu den Interviews wurden neben Ausdrucken des technischen Interviewleitfadens und den Materialien ein Tonaufnahmegerät zur Aufzeichnung des Interviews mitgebracht. Audiomitschnitte wurden als ausreichend erachtet und anhand der Mitschriften des Interviewers und der Beisitzerin um Auffälligkeiten bezüglich Mimik und Gestik angereichert. Es wurde ein digitales Aufnahmegerät ausgewählt, um den Transfer auf Computer zur Aufbereitung der Daten zu erleichtern (Kuckartz 2018, S. 165-166; Reinders 2016, S. 170-174). Zusätzlich wurde unter anderem zur Reduktion des Autoritätsgefälles den Interviewpartnerinnen und -partnern aus der vierten Jahrgangsstufe ein Sitzkissen angeboten, was die meisten aber nicht nutzen wollten (Vogl 2015, S. 99). Bei den Interviews von S22 und S23 wurde aufgrund weiterer terminlicher Verpflichtungen auf die Fragen zum biographischen Hintergrund im Interview verzichtet und stattdessen im Nachgang in einem offenen Fragebogen beantwortet[5]. Zum Abschluss des Interviews wurde den Probandinnen und Probanden eine Belohnung für ihre Mühen übergeben: Schülerinnen und Schüler der vierten Jahrgangsstufe durften zwischen einer Weltkugel in Form eines Wasserballs oder einem Atlas wählen, wohingegen den Probandinnen und Probanden der elften Jahrgangsstufe ein Buchgutschein angeboten wurde.

Im Nachgang der Interviews wurden die Notizen des Interviewers und der Beisitzerin zusammengefasst und digitalisiert, Kartenskizzen eingescannt und die festgehaltenen Reihenfolgen bei der Strukturlegetechnik zum Herstellungsprozess der Karte sowie der Sortierung der Materialien dokumentiert. Die Aufnahmen der

---

[5] In Kapitel 6 und in den Anhängen F, H und J wird anstelle von Absatznummern „biographischer Hintergrund" als Verweis angegeben.

Tonbandgeräte wurden auf den Computer überführt, um die Aufbereitung der Daten fortzuführen.

5.3 Datenaufbereitung

5.3.1 Transkription des Interviewmaterials

Die Transkription stellt einen wichtigen Schritt im Forschungsprozess dar, da das Interviewmaterial für die Auswertung aufbereitet wird. Es handelt sich um ein gängiges Verfahren in der Schülervorstellungsforschung (GROPENGIEßER 2008a, S. 175-176). Neben der Zugänglichkeit für die qualitative Inhaltsanalyse ergänzen Tonaufnahme und Transkription Erinnerungen an das Interview, die bestenfalls lückenhaft sind, und gewährleisten eine detailgetreue Wiedergabe (DRESING, PEHL 2017, S. 16).

Da bei der Transkription im vorliegenden Forschungsprojekt die Priorität auf den semantischen Inhalten der Interviews liegt, ist die Anfertigung von Grobtranskripten angemessen, welche sich durch ein elementares Inventar, leichte Lesbarkeit und Überschaubarkeit auszeichnen (DITTMAR 2004, S. 83; DRESING, PEHL 2017, S. 17; KUCKARTZ 2010, S. 43). Es sind weder eine wörtliche Transkription nach phonetischem Alphabet noch eine literarische Umschrift mit Dialektfärbungen erforderlich, sondern die Übertragung in normales Schriftdeutsch eignet sich für die Auswertung der Daten, da diese ein vernünftiges Ausmaß des Aufwands nach sich zieht (KUCKARTZ 2010, S. 43). Auf eine automatische Transkription wurde wegen der noch mangelnden Zuverlässigkeit verzichtet (KUCKARTZ 2010, S. 43; KUCKARTZ 2018, S. 165-166).

Der Ablauf bei der Transkription orientiert sich an dem von KUCKARTZ (2010, S. 52; 2018, S. 164) vorgeschlagenen Vorgehen. Nach der Festlegung auf die Erstellung von Grobtranskripten wurden Regeln erarbeitet und ein Probetranskript anhand eines Interviews der Vorstudie erstellt. Dieses und das Regelwerk wurden überarbeitet und beides diente als Vorlage für die weiteren Transkripte. Ins Regelwerk flossen Vorschläge von GROPENGIEßER (2008a, S. 176-178) ein:

- Selegieren relevanter Äußerungen: Nur inhaltstragende Passagen mit Relevanz für die Fragestellung der Forschung werden transkribiert.

- Wortprotokollierung: Es wird ins Schriftdeutsch mit genauem Wortlaut sowie originaler Ausdrucksweise und ohne Behebung von Satzbaufehlern transkribiert, wobei der Dialekt bereinigt wird.

- Über das Wortprotokoll hinaus werden Stellen kommentiert, die ein Gewinn für die Auswertung darstellen. Dazu zählen unter anderem Pausen, Betonungen oder Laute des Zögerns (wie „Mmm").

Darüber hinaus wurden Transkriptionsregeln festgelegt, die zusätzlich auf den Vorschlägen von KUCKARTZ (2010, S. 43-44), KUCKARTZ et al. (2008, S. 27-28) sowie DRESING, PEHL (2017, S. 20-25) beruhen (siehe Anhang D). Die Transkription wurde mit der Software f4 durchgeführt. Die Transkripte wurden im Sinne des Datenschutzes anonymisiert (KUCKARTZ 2010, S. 47, 52; KUCKARTZ 2018, S. 164). Nach der Erstellung erfolgten eine Prüfung und Korrektur der Transkripte bei gleichzeitigem Anhören, was mit der Ausnahme des Transkriptes der ersten Interviews in der Vorstudie von einer anderen Person als der Erstellerin bzw. dem Ersteller des Transkriptes durchgeführt wurde. Somit werden Selektivität und Reduktion der Primärdaten kontrolliert, Unzuverlässigkeiten in der Transkription minimiert und ein Beitrag zur Reliabilität und Validität der Transkription geleistet (DITTMAR 2004, S. 181, 236; DRESING, PEHL 2017, S. 30; KOWAL, O'CONNELL 2019, S. 440, 444-445; KUCKARTZ 2010, S. 52; KUCKARTZ 2018, S. 164). Die Transkriptionssoftware f4 erzeugte Textdateien im Rich-Text-Format, welche dann im nächsten Schritt, dem Redigieren, mit Word weiterverarbeitet wurden.

5.3.2 Redigieren der Transkripte

Im nächsten Schritt der Aufbereitung des Datenmaterials wurden die Transkripte in redigierte Aussagen überführt. Dieses Verfahren strebt an, die Transkripte in pointiert lesbare Fassungen umzuwandeln, um an Klarheit und Deutlichkeit zu gewinnen, auch wenn die Transkripte an Lebendigkeit und Unmittelbarkeit der Argumentation einbüßen und ein nicht unerhebliches Maß an Interpretation vorliegt (GROPENGIEßER 2008a, S. 178-179). Es handelt sich dabei um ein übliches Verfahren in der Schülervorstellungsforschung, das in Arbeiten der Geographiedidaktik angewendet wurde (BELLING 2017, S. 140; DRIELING 2015, S. 76-77; SCHUBERT 2012, S. 52-53). In der vorliegenden Forschung wurde sich an den von GROPENGIEßER (2007a, S. 144-145; 2008a, S. 178-179) vorgeschlagenen Operationen orientiert:

- Selegieren Bedeutung tragender Aussagen: Nachdem bereits durch die Transkription ein Fokus auf relevante Abschnitte und Äußerungen gelegt wurde, wird das Interviewmaterial noch weiter auf für die Auswertung gewinnbringende Aussagen verdichtet und nebensächliche Aspekte ausgelassen.
- Auslassen von Redundanzen und Füllseln: Unmittelbare Wiederholungen und bedeutungsgleiche Äußerungen werden gekürzt sowie Füllwörter und Pausen ausgemerzt. Jedoch werden Variationen, Selbstkorrekturen oder Präzisierungen bei Bedarf in Klammern gesetzt.
- Transformieren in eigenständige Aussagen des Interviewpartners: Häufig trat in den Interviews die Situation auf, dass die Interviewpartnerinnen und -partner den Formulierungen des Interviewers mit einem „Ja" zustimmten. Um unter anderem diese Fälle für die Auswertung angemessen aufzubereiten, werden solche Dialogausschnitte in eigenständige, unabhängige Aussagen der Probanden umgewandelt. Falls dabei Fachbegriffe oder besondere Formulierungen auftreten, die durch den Interviewer vorgegeben wurden, wurde dies in Klammen vermerkt.

- Paraphrasieren: Wie üblich in gesprochener Sprache, kam es häufig zu grammatisch inkorrekten oder unvollständigen Sätzen. Daher werden beim Redigieren grammatisch geglättete, ganze Sätze formuliert, jedoch ohne die Sprache der Probandinnen und Probanden zu stark abzuändern.

Zusätzlich treten in der redigierten Fassung keine Sprecherwechsel sowie Rezeptionssignale auf, was die Lesbarkeit erhöht. Ergebnis ist eine Textdatei, die tabellarisch angelegt wird: In der linken Spalte findet sich das Transkript, um einen schnellen Zugriff auf die Interviewsituation zu ermöglichen, und in der rechten Spalte die redigierte Fassung. Beide Spalten werden nummeriert, um die Nachvollziehbarkeit zu gewährleisten (SCHUBERT 2012, S. 52-53). Der Prozess des Redigierens erfüllt darüber hinaus die Empfehlung für Anfänger in der qualitativen Inhaltsanalyse, in einem mehrstufigen Prozess inhaltstragende Textstellen zu paraphrasieren und zusammenzufassen. Damit soll die Formulierung von Kategorien erleichtert werden (KUCKARTZ 2018, S. 179). Zur Festigung der Objektivität wurden die redigierten Fassungen von einer zweiten Person auf die Erfüllung der oben genannten Operationen durchgesehen.

5.4 Datenauswertung

Im Folgenden werden nun die Schritte der Datenauswertung beschrieben und begründet (siehe Tabelle 9). Die Auswertung fokussiert sich auf die aus den Interviews aufbereiteten Texte. Auf eine Analyse der Kartenskizzen wird vorerst verzichtet. Die Auswertung von Zeichnungen wird als problematisch angesehen, da sie für Fehlinterpretationen anfällig ist und stark von der Zeichenkompetenz beeinflusst wird (SAARINEN 1988, S. 113-114; VOGL 2015, S. 69-71, 113).

Als adäquate Methode zur Datenauswertung wird die qualitative Inhaltsanalyse ausgewählt. Diese eignet sich für die Forschungsfragen der vorliegenden Arbeit durch ihr systematisches, zusammenfassendes, regel- und theoriegeleitetes Vorgehen, das schrittweise erfolgt und in dessen Zentrum die Zuordnung von relevanten Dateneinheiten zu Kategorien steht (DRESING, PEHL 2017, S. 35; KUCKARTZ 2018, S. 26; MAYRING 2015, S. 12-13; MAYRING 2019, S. 471; SCHREIER 2014, S. 3). Diese Prinzipien sollen umgesetzt werden, indem die Forschungsfragen sowie die Ergebnisse der fachlichen Grundlegung mit der Erstellung von Kategorien verknüpft werden, anhand welcher die Schülervorstellungen zu Karten analysiert werden. Dabei muss berücksichtigt werden, dass im Rahmen einer für problemzentrierte bzw. Leitfadeninterviews angemessenen Auswertung das Material nicht allein mit Kategorien interpretiert werden kann, die vor der Erhebung entworfen werden, sondern auch Offenheit für im Material neu entstehende Kategorien gelassen werden muss. Daher werden in den folgenden Auswertungsschritten sowohl induktive als auch deduktive Verfahren eingebunden, wobei zunächst ein weniger umfangreiches deduktives Kategoriensystem etabliert wird, das sich aus den Forschungsfragen, der fachlichen Grundlegung und der Struktur des Leitfadens herleitet. Im

Anschluss werden innerhalb dieser Hauptkategorien auch induktiv Subkategorien, deren Ausgangspunkt das Interviewmaterial ist, gebildet (KUCKARTZ 2010, S. 201-204; KUCKARTZ 2018, S. 95-96; SCHMIDT 2019, S. 447). Daraus lässt sich ein mehrstufiger Prozess der Bildung von Kategorien und Auswertung des Interviewmaterials ableiten, der besonders für wenig erfahrene Forschende empfehlenswert ist (KUCKARTZ 2018, S. 179). Somit werden in der Folge die Auswertungsschritte der qualitativen Inhaltsanalyse in zwei Abschnitte, „Qualitative Inhaltsanalyse 1" (siehe Kapitel 5.4.1) und „Qualitative Inhaltsanalyse 2" (siehe Kapitel 5.4.2) unterteilt.

Tab. 9 | Übersicht über Schritte der Auswertung (Eigener Entwurf)

Qualitative Inhaltsanalyse 1	<ul><li>Initiierende Textarbeit</li><li>Erstellung von Fallzusammenfassungen</li><li>Inhaltlich strukturierende Inhaltsanalyse: Codierung der redigierten Interviewfassungen in Hauptkategorien</li></ul>
Qualitative Inhaltsanalyse 2	<ul><li>Inhaltlich strukturierende Inhaltsanalyse: Codierung der in der qualitativen Inhaltsanalyse 1 codierten Textabschnitte in Subkategorien</li><li>Zusammenfassende Inhaltsanalyse: Zusammenfassung bedeutungsgleicher Aussagen, Entfernung irrelevanter Passagen, Bildung von Kernaussagen</li><li>Explikation: Charakteristika des Verständnisses, sprachliche Aspekte, Quellen der Vorstellungen, Brüche und bestehende Probleme</li></ul>
Verallgemeinerung der Schülervorstellungen	<ul><li>Bündelung verschiedener Kernaussagen zu Konzepten</li><li>Vergleich der Kernaussagen zwischen beiden Altersgruppen</li><li>Kurzinterpretationen zu Kernaussagen beider Altersgruppen</li><li>Interpretation zu Konzepten</li><li>Zusammenfassende Interpretation und Diskussion der Konzepte einer Hauptkategorie</li></ul>

5.4.1 Qualitative Inhaltsanalyse 1

In einem ersten Schritt wird eine inhaltliche Strukturierung, der Einteilung MAYRINGS (2015, S. 97, 103-105) folgend, durchgeführt, bei welcher Aussagen zu bestimmten Inhaltsbereichen aus dem Material herausgefiltert werden. KUCKARTZ (2018, S. 77-78) spricht ähnlich von einer inhaltlich strukturierenden Inhaltsanalyse: Zuerst wird das Ausgangsmaterial anhand von ungefähr zehn bis zwanzig Hauptkategorien ausgewertet, die dann in der Folge weiter ausdifferenziert werden. In dieser Forschungsarbeit handelt es sich um die dreizehn Grundelemente einer Karte, die aus der fachlichen Grundlegung übernommen wurden und auf deren Basis der Interviewleitfaden (siehe Kapitel 5.2.2) entwickelt wurde. Dementsprechend handelt es sich um ein deduktives Vorgehen bei der Kategorienbildung, da die Ableitung der Kategorien theoriegeleitet vor der Analyse erfolgt (KUCKARTZ 2010, S. 202; MAYRING 2008, S. 11; MAYRING 2015, S. 97).

Aus diesen Überlegungen heraus wurde zunächst ein Codierleitfaden erstellt, der sich unter anderem am Vorschlag MAYRINGS (2015, S. 112-113) orientiert. Zu den dreizehn Grundelementen einer Karte werden zunächst Definitionen, genauer die Umschreibung des Inhalts und die Angabe von Indikatoren erstellt. Hinzu kommen Ankerbeispiele, die zuerst bei der Erprobung des Codierleitfadens aus dem Interviewmaterial entnommen werden. Des Weiteren werden zusätzliche Codierregeln hinzugefügt, die bei Problemen der Abgrenzung zu anderen Kategorien, aber auch bei der Codierung eines Textsegments unter zwei Kategorien Hilfestellung bieten (KUCKARTZ 2018, S. 37-38; MAYRING 2015, S. 97). Der Codierleitfaden wurde zur Schulung einer Zweitcodiererin eingesetzt, um sie in das Kategoriensystem einzuführen. Neben der Überprüfung der Intercoderreliabilität (siehe Kapitel 5.5.2) konnte anhand der Rückmeldungen der Zweitcodiererin und dem Austausch im Rahmen des konsensuellen Codierens (siehe Kapitel 5.5.2) der Leitfaden modifiziert und präzisiert werden. Der Codierleitfaden zur qualitativen Inhaltsanalyse 1 liegt in seiner finalen Fassung in Anhang G vor.

Nach der Erstellung des Codierleitfadens erfolgte der Ablauf der qualitativen Inhaltsanalyse 1 nach dem folgenden, von KUCKARTZ (2018, S. 56, 58-62, 100, 143) vorgeschlagenen Vorgehen:

- Initiierende Textarbeit: Sorgfältige Lektüre des Interviews mit Markierungen und Kommentierungen zu zentralen Begriffen und Abschnitten
- Erstellung von Fallzusammenfassungen: Festhalten zentraler Charakterisierungen des Einzelfalls vor dem Hintergrund der Forschungsfragen zur Schärfung des analytischen Blickes für die Unterschiedlichkeit der einzelnen Fälle (siehe Anhang F)
- Codieren des Materials anhand der Hauptkategorien

Für die Auswertung des Interviewmaterials anhand der Hauptkategorien wurden im nächsten Schritt die Analyseeinheiten festgelegt (KUCKARTZ et al. 2008, S. 39; KUCKARTZ 2018, S. 43-44; MAYRING 2015, S. 61; SCHUBERT 2012, S. 57):

- Codiereinheit (entspricht dem minimalen Bestandteil, der unter eine Kategorie fallen darf): ein Satz
- Kontexteinheit (entspricht dem größten Bestandteil, der unter eine Kategorie fallen darf): ein Absatz
- Absatznummern soweit möglich mitcodieren; ansonsten werden Absatznummern in den nächsten Analyseschritten ergänzt
- Mehrfachcodierung eines Textsegments ist möglich
- Pro Absatz nur eine Codierung pro Code möglich (bei zwei getrennten Aussagen innerhalb eines Absatzes wird irrelevanter Zwischenteil mit codiert)

- ggf. Textsegmente codieren, die erst durch den Kontext der umgebenden Sätze unter einen Code fallen

Bei der Größe der Textsegmente, die einem Code zugeordnet werden, wird darauf geachtet, dass die Äußerung auch noch außerhalb ihres Kontextes gut verständlich ist (KUCKARTZ 2010, S. 66). Die qualitative Inhaltsanalyse wird mithilfe von MAXQDA durchgeführt, da sich eine Vielzahl an Leistungen dieser Software für diesen Analyseschritt als günstig erweisen, wie zum Beispiel der schnelle Zugriff auf alle redigierten Fassungen der Interviews, die Erstellung von Anmerkungen in Form von Memos im Rahmen der initiierenden Textarbeit oder die zügige Zuordnung von Textsegmenten zu den passenden Hauptkategorien (KUCKARTZ 2018, S. 175; MAYRING 2015, S. 118).

5.4.2 Qualitative Inhaltsanalyse 2

Die qualitative Inhaltsanalyse 2 bündelt verschiedene Techniken. Zunächst erfolgt erneut eine inhaltlich strukturierende Inhaltsanalyse bzw. eine inhaltliche Strukturierung (KUCKARTZ 2018, S. 97-98; MAYRING 2015, S. 103). Allerdings wird hier nun der nächste Schritt im mehrstufigen Prozess der Kategorienbildung vollzogen: Die Hauptkategorien, unter welchen das Interviewmaterial in der qualitativen Inhaltsanalyse 1 ausgewertet wurde, werden nun weiter ausdifferenziert. Während bei der qualitativen Inhaltsanalyse 1 die deduktive Kategorienentwicklung aus der fachlichen Grundlegung, den Forschungsfragen und dem Interviewleitfaden sinnvoll war, um die Datenmenge und Codierleitfaden beherrschbar zu halten, soll nun bei der Bildung der Subkategorien vermehrt auch induktiv vorgegangen werden, um zu vermeiden, dass die Konzepte zu stark aus der fachlichen Perspektive aufgezwungen werden. Beispielsweise ergab sich dadurch im Rahmen der Hauptkategorie Definition die Subkategorie „räumliche, georeferenzierte Inhalte", die in den Schülervorstellungen zur Definition von Karten eine wichtige Rolle spielt, jedoch in der fachlichen Perspektive nicht berücksichtigt wird (siehe Kapitel 6.2.1, Anhang G). Dabei wird in der Analyse nur das einer Hauptkategorie zugeordnete Material ausgewertet und Subkategorien zugeordnet (KELLE, KLUGE 2010, S. 69; KUCKARTZ 2018, S. 95-98). Hierzu wird ein weiterer, ausdifferenzierter Codierleitfaden erstellt, in welchem die Subkategorien, geordnet nach den zugehörigen Hauptkategorien, festgehalten werden. Hinzu kommt eine Definition der vorgefundenen Subkategorien sowie die Ergänzung von Ankerbeispielen (KUCKARTZ 2018, S. 37-38, 106; MAYRING 2015, S. 97, 112-113). Folgende Regeln wurden für die Subkategorisierung festgelegt (KUCKARTZ et al. 2008, S. 39; KUCKARTZ 2018, S. 43-44; MAYRING 2015, S. 61; SCHUBERT 2012, S. 57):

- Codiereinheit entspricht Kontexteinheit: ein Absatz
- Absatznummern bleiben erhalten bzw. werden ergänzt, falls diese in der qualitativen Inhaltsanalyse 1 weggefallen sind.

- Alle Zuordnungen zu einer Hauptkategorie werden auch einer Subkategorie zugeordnet.
- Mehrfachcodierung eines Absatzes zu mehreren Subkategorien ist möglich.

Der Leitfaden der inhaltlich strukturierenden Inhaltsanalyse wurde regelmäßig auf der Basis weiterer ausgewerteter Textsegmente überarbeitet und angepasst. Die finale Version ist in Anhang G aufgeführt.

Des Weiteren umfasst die qualitative Inhaltsanalyse 2 Elemente der qualitativen Technik der Zusammenfassung, deren Ziel die Reduktion des Materials auf wesentliche Inhalte ist. Die Zusammenfassung leistet neben dem besseren Überblick über die codierten Textsegmente einen erheblichen Beitrag zur induktiven Kategorienbildung für Novizen, da es einem willkürlichen und wenig fundierten Vorgehen entgegenwirkt (Mayring 2015, S. 67, 72; Kuckartz 2018, S. 86-88). Die zusammenfassende Inhaltsanalyse gliedert sich in zwei aufeinanderfolgende Schritte. Bei der zusammenfassenden Inhaltsanalyse 1 werden zunächst folgende Schritte in Anlehnung an Mayring (2015, S. 69, 72), Kuckartz (2018, S. 74) und Schubert (2012, S. 60) durchgeführt:

- Zusammenfassung bedeutungsgleicher Aussagen bezüglich der zugeordneten Subkategorie
- Entfernung irrelevanter Passagen bezüglich der zugeordneten Subkategorie; Auslassungen werden mit „[...]" gekennzeichnet
- Hinzufügen von Ergänzungen, die das Verständnis einer Aussage erleichtern; diese werden in eckige Klammern gesetzt.

Im folgenden Schritt, der zusammenfassenden Inhaltsanalyse 2, wird nun angestrebt, die Aussagen der Schülerinnen und Schüler weiter zu komprimieren, indem Kernaussagen ermittelt werden. Diese werden in Abhängigkeit von der zugeordneten Subkategorie aufgestellt. Bei dieser Reduktion auf den wesentlichen, inhaltstragenden Kern wird darauf geachtet, die Kernaussage möglichst nah am sprachlichen Ausdruck der Originalaussage auszurichten und dadurch ein zu hohes Maß an Interpretation in diesem Schritt zu vermeiden (Kuckartz 2018, S. 74; Schubert 2012, S. 60). Die ermittelten Kernaussagen werden überwiegend in der Form und Länge eines Satzes formuliert. Dadurch soll gewährleistet werden, dass die Schülervorstellungen auf der Komplexitätsebene der Konzepte erfasst werden, die im sprachlichen Bereich durch einen Satz ausgedrückt werden (Gropengießer 2007a, S. 31; Lange 2010, S.60; siehe Kapitel 2.1.3.3). Bei umfangreichen Aussagen können auch mehrere Kernaussagen gebildet werden, wenn sich mehrere Konzepte in der Aussage andeuten.

Im Rahmen der qualitativen Inhaltsanalyse 2 folgt nun eine Explikation der Schülervorstellungen. Dieses Vorgehen stellt nach Mayring (2015, S. 67, 90; 2016, S. 115) eine Grundtechnik der qualitativen Inhaltsanalyse dar, bei der unter Herantragung von zusätzlichem Material Textstellen erläutert werden. Dabei wird auf eine weite Kontextanalyse zurückgegriffen, indem Material aufgegriffen wird, das teils über das Textmaterial hinausgeht (MAYRING 2015, S. 90-92). Anhand der folgenden Struktur wird die Explikation der Schülervorstellungen zu Karten vorgenommen (GROPENGIEßER 2008a, S.181-182; KRÜGER, RIEMEIER 2014, S. 141):

- Charakteristika des Verständnisses
- sprachliche Aspekte (u. a. die Verwendung von Fachsprache und -begriffen; auffällige, mehrfach verwendete Formulierungen der Schülerinnen und Schüler)
- Quellen der Vorstellungen (Benennung und Beschreibung von Quellen explizit durch die Schülerinnen oder Schüler sowie Rückschlüsse auf mögliche Quellen anhand der Aussagen)
- Brüche und bestehende Probleme (einerseits innerhalb des Verständnisses und der Aussagen der Schülerinnen und Schülern; andererseits klare Brüche und bestehende Probleme zur fachlichen Perspektive)

Die Explikation der Vorstellungen erfolgt bezogen auf die Hauptkategorien und auf die individuelle Ebene der einzelnen Schülerinnen und Schüler. Bei der Explikation werden ebenfalls Vergleiche zur fachlichen Perspektive gezogen.

Im Rahmen der qualitativen Inhaltsanalyse 2 wurde ohne die Software MAXQDA vorgegangen, da sich diese Auswertungsschritte der Vorstellungen auf der individuellen Ebene der Schülerinnen und Schüler befinden. Somit war ein schneller Zugriff auf eine Vielzahl der redigierten Fassungen der Interviews nicht von Nöten. Die auszuwertenden Textsegmente waren bereits durch die qualitative Inhaltsanalyse 1 festgelegt.

Auf eine Berechnung der Intercoderreliabilität der zweiten inhaltlich strukturierenden Inhaltsanalyse im Rahmen der qualitativen Inhaltsanalyse 2 wurde verzichtet. Ein solches Vorhaben wäre gravierend zeitintensiver geworden, da eine zweite Inhaltsanalytikerin oder ein zweiter Inhaltsanalytiker im Umgang mit einem deutlich umfangreicheren Codierleitfaden hätte geschult werden müssen. Somit ist aus forschungsökonomischen Gründen und im Einklang mit anderen Studien nur ein Teil der Daten in die Bestimmung der Intercoderreliabilität eingeflossen (GÖHNER, KRELL 2020, S. 216) Des Weiteren hat die Zuordnung zu bestimmten Subkategorien geringfügige Auswirkungen, da die Entscheidung, ob ein Textsegment der einen oder der anderen Subkategorie zugeordnet wird, nicht dazu geführt hätte, dass dieses nicht berücksichtigt wird. Dies wäre die Folge bei der qualitativen Inhaltsanalyse 1 gewesen, weshalb hier die Einbindung einer Zweitcodierung angemessener war. Dagegen dient die inhaltlich strukturierende Zuordnung zu Subkategorien dazu, einen Überblick über eine Vielzahl an Aussagen zu erhalten, die Erstellung der Explikation zu unterstützen und die Verallgemeinerung der Schülervorstellungen vorzubereiten. Somit wurde im Rahmen dieser Qualifikationsarbeit der Nachteil in Kauf genommen, in diesem Schritt nicht den Aufwand zu betreiben, zu zweit zu codieren. Es wurde stattdessen darauf geachtet, aus schwierigen Fällen der Codierung die Definition der Subkategorien zu schärfen und Ankerbeispiele entsprechend auszuwählen (KUCKARTZ 2018, S. 105). Aufgrund der umfangreichen

Datenmenge wurde auf eine vertiefte Auswertung der Kategorien Kartenherstellung und „Zwischen Bild und Text" im weiteren Verlauf der vorliegenden Arbeit verzichtet.
Die Ergebnisse der qualitativen Inhaltsanalyse 2 sind in Anhang H festgehalten.

5.4.3 Verallgemeinerung der Schülervorstellungen

An die Datenauswertung mithilfe der qualitativen Inhaltsanalyse schließt sich die Verallgemeinerung der Schülervorstellungen an. Hierbei wird nun die Ebene der individuellen Vorstellungen verlassen und angestrebt, schülerinnen- und schüler-übergreifende Konzepte zu ermitteln.
Dieser Schritt erfüllt den Ansatz qualitativer Forschung, eine theoretische Generalisierbarkeit zu erreichen. Durch eine entsprechende Ausrichtung des Samplings (siehe Kapitel 5.2.3) ist es möglich, generalisierbare Aussagen anhand der verallgemeinerten Schülervorstellungen zu treffen und somit typische Muster zu rekonstruieren (FLICK 2019a, S. 260; HELFERRICH 2011, S. 173; LAMNEK, KRELL 2016, S. 177). Selbst wenn sich Besonderheiten im Denken der Schülerinnen und Schüler zeigen, ist die interpretative Erschließung des Allgemeinen aus dem Besonderen zulässig (GROPENGIEßER 2007a, S. 148; GROPENGIEßER 2008a, S. 182).
Die Verallgemeinerung der Schülervorstellungen wird durch ein Verfahren des internen Vergleichs vorgenommen. In den Aussagen verschiedener Schülerinnen und Schüler sind gemeinsame Aspekte festzustellen, die bezogen auf die Forschungsfragen wesentlich sind. Selbst bei Unterscheidungen im Detail sind solche Verallgemeinerungen ersichtlich, die in der Formulierung eines Konzeptes münden (JANßEN-BARTELS, SANDER 2004, S. 114). Dabei wird hinsichtlich der Komplexitätsebene von Vorstellungen (siehe Kapitel 2.1.1.3) angestrebt, Konzepte, d. h. eine mittlere Ebene der gedanklichen Konstrukte, zu ermitteln und diese in Form eines Satzes auszudrücken (GROPENGIEßER 2008a, S. 182).
In der vorliegenden Forschung wurden nun zunächst Aussagen der verschiedenen Schülerinnen und Schüler gesammelt, aus denen sich ein verallgemeinertes Konzept ableiten lässt. Dabei wurden die Kernaussagen, das Ergebnis der zusammenfassenden Inhaltsanalyse 2 im Rahmen der qualitativen Inhaltsanalyse 2, den Konzepten zugeordnet. Dem Verständnis dienliche Ergänzungen wurden den Kernaussagen in eckigen Klammern hinzugefügt. Die Formulierung der Konzepte wurde im Gegensatz zu den Kernaussagen stärker interpretativ durchgeführt, indem auch der Ausdruck der fachlichen Perspektive eingebunden wurde, um eine gemeinsame Klammer für die verschiedenen Kernaussagen zu ermöglichen. Die Zuordnung der Kernaussagen zu einem Konzept erfolgt getrennt nach den Altersgruppen der Probandinnen und Probanden, so dass zwischen Grundschülerinnen und -schülern sowie Oberstufenschülerinnen und -schülern unterschieden werden kann. Es folgt eine Kurzinterpretation der Kernaussagen, zunächst getrennt nach

Altersgruppen. Dabei wird unter anderem auf sprachliche Besonderheiten eingegangen, die durch die allgemeinere Formulierung des Konzeptes nicht mehr direkt
erkennbar sind, sowie auf Rückschlüsse auf die Quellen der Konzepte geachtet.
Gegebenenfalls werden auch Brüche und bestehende Probleme, auch hinsichtlich
der fachlichen Perspektive, aufgezeigt. Eine solche Kurzinterpretation erfolgt nur,
wenn das Konzept bei mehr als einer Schülerin oder einem Schüler in einer Altersgruppe auftritt. Zuletzt schließt sich eine Interpretation des Vergleiches der Kernaussagen der Grundschülerinnen und -schüler auf der einen und der Oberstufenschülerinnen und -schüler auf der anderen Seite an, in welcher Gemeinsamkeiten
und Unterschiede herausgearbeitet werden. Dabei werden auch Aussagen über
die Häufigkeit des Auftretens der Konzepte getroffen, die keinen Anspruch auf Repräsentativität erheben. In diesen Interpretationen wird noch kein Bezug zu theoretischen Aspekten oder anderen Forschungsergebnissen hergestellt.
Die Darstellung der Konzepte erfolgt in Kapitel 6.2 und umfasst Kurzinterpretationen für jede Altersstufe sowie einen Vergleich der beiden Altersstufen bezüglich
des Konzeptes. Eine ausführliche Form der Aufstellung mit allen einem Konzept
zugeordneten Kernaussagen ist Anhang J zu entnehmen. An die Darstellung aller
Konzepte einer Hauptkategorie schließt sich eine Zusammenfassung der verallgemeinerten Schülervorstellungen zu dieser Hauptkategorie an, in deren Rahmen
die Befunde auch im Zusammenhang mit theoretischen Grundlagen (siehe Kapitel
2) und dem Stand der Forschung (siehe Kapitel 3) interpretiert und diskutiert werden.

5.5 Gütesicherung

Zunächst wird auf die Gewährleistung der Gütekriterien und Qualitätssicherung
eingegangen (siehe Kapitel 5.5.1), bevor im Anschluss genauer die Berechnung der
Intercoderreliabilität als ein Gütekriterium der Datenauswertung im Rahmen der
qualitativen Inhaltsanalyse beschrieben wird (siehe Kapitel 5.5.2).

5.5.1 Gewährleistung der Gütekriterien und Qualitätssicherung

Im Rahmen der vorliegenden Studie wurden Maßnahmen ergriffen, um die Güte
der Studie zu gewährleisten. Dabei haben sich in der qualitativen Forschung Gütekriterien etabliert, die sich nicht an den Gütekriterien quantitativer Forschung orientieren, sondern sich auf eigene Standards berufen. Es ist eine Vielzahl an Krite-
rienkatalogen festzustellen, wodurch eine gewisse Unübersichtlichkeit herrscht
(DÖRING, BORTZ 2016, S. 107). Daher empfehlen DÖRING und BORTZ (2016, S. 108) die
Auswahl bestimmter Kriterien oder eines Kriterienkatalogs einschließlich einer Begründung für den gewählten Ansatz.
Für diese Studie wird sich an den sieben Kernkriterien zur Bewertung qualitativer
Forschung nach STEINKE (1999, S. 205-252; 2019, S. 324-331) orientiert. Dieser

Ansatz eignet sich einerseits, da er neben Kriterien der methodischen Strenge auch die Frage der Relevanz und Repräsentationsqualität anspricht. Zum anderen ist STEINKES (2019, S. 323-324) Ansatz so zu verstehen, dass die sieben Kernkriterien nicht mechanisch abgearbeitet werden, sondern dass sie in Abstimmung auf die vorliegende Untersuchung auszuwählen und zu modifizieren sind (DÖRING, BORTZ 2016, S. 111; STEINKE 1999, S. 251-252).

Tabelle 10 ist eine detaillierte Darstellung der Einhaltung der Gütekriterien zu entnehmen. Dabei wurden alle Kernkriterien berücksichtigt, aber bei den Unterkriterien Anpassungen vorgenommen. Bei den Kernkriterien der empirischen Verankerung, der Kohärenz und Relevanz sind die Begriffe der Theorie und Hypothese zu Ergebnissen abgewandelt, da die Studie Beiträge zur Theorien- und Hypothesengenerierung anstrebt, jedoch nicht solche explizit aufstellt. Bezüglich des Unterkriteriums „Umgang mit Widersprüchen in den Daten und bei Interpretationen" im Rahmen des Kernkriteriums der Kohärenz muss ergänzt werden, dass Schülervorstellungen an sich Widersprüche aufweisen können, da dies in der Eigenschaft des Forschungsgegenstandes liegt, und dass Widersprüche zwischen Schüler- und fachlichen Vorstellungen ein Anliegen dieser Forschungsrichtung sind (ARTELT, WIRTH 2014, S. 185; LANGE 2010, S. 60). Dies lässt sich in den Daten erkennen und wird im Ergebnisteil dieser Arbeit berücksichtigt.

Tab. 10 | Kernkriterien zur Bewertung qualitativer Forschung und Maßnahmen zur Umsetzung (aus: DÖRING, BORTZ 2016, S. 111-113; STEINKE 1999, S. 252-254; STEINKE 2019, S. 324-331; verändert)

Kernkriterium	Unterkriterium	Maßnahmen zur Umsetzung
Intersubjektive Nachvollziehbarkeit	Dokumentation des Forschungsprozesses	• Dokumentation der Erhebungsmethode: Angabe des Interviewleitfadens (siehe Anhang B); Entwicklung des Interviewleitfadens (siehe Kapitel 5.2.2) • Dokumentation des Erhebungskontextes (siehe Kapitel 5.2.5) • Dokumentation der Transkriptionsregeln (siehe Kapitel 5.3.1) • Dokumentation der Auswertungsmethoden (siehe Kapitel 5.4) • Dokumentation der Entscheidung zum Sampling (siehe Kapitel 5.2.3) • Dokumentation der Entscheidung zur Methodenwahl (siehe Kapitel 5 gesamt, im Detail in 5.1, 5.2.1, 5.4.1, 5.4.2)

Kernkriterium	Unterkriterium	Maßnahmen zur Umsetzung
		• Dokumentation der Gütekriterien (siehe Kapitel 5.5.1)
	Interpretationen in Gruppen	• Vorstellung des Forschungsvorhabens und Ergebnissen u. a. in der Arbeitsgruppe Geographiedidaktik und BNE der Katholischen Universität Eichstätt-Ingolstadt, auf verschiedenen Tagungen innerhalb der Geographiedidaktik und disziplinübergreifend (siehe Anhang I) • Zusammenarbeit mit Zweitcodiererin bei qualitativer Inhaltsanalyse 1 (siehe Kapitel 5.4.1), Bestimmung Intercoderreliabilität (siehe Kapitel 5.5.2) und konsensuelles Codieren (siehe Kapitel 5.4.1, 5.5.2)
	Anwendung codifizierter Verfahren	• regelgeleitetes Vorgehen bei Datenerhebung: Problemzentriertes bzw. leitfadengestütztes Interview (siehe Kapitel 5.2.1) • regelgeleitetes Vorgehen bei der Datenaufbereitung: Transkription und Redigieren (siehe Kapitel 5.3) • regelgeleitetes Vorgehen bei der Datenauswertung: inhaltlich strukturierende Inhaltsanalyse anhand von Codierleitfäden (siehe Kapitel 5.4.1, 5.4.2) und der Verallgemeinerung (siehe Kapitel 5.4.3)
Indikation des Forschungsprozesses	Indikation des qualitativen Vorgehens angesichts der Fragestellung	Begründung der Angemessenheit des qualitativen Ansatzes für die Forschungsfrage (siehe Kapitel 5.1)
	Indikation der Methodenwahl	Begründung • der Angemessenheit der Erhebungsmethode des problemzentrierten bzw. leitfadengestützten Interviews (siehe Kapitel 5.2.1)

Kernkriterium	Unterkriterium	Maßnahmen zur Umsetzung
		• der Angemessenheit der Auswertungsmethode der qualitativen Inhaltsanalyse (siehe Kapitel 5.4) • des sinnvollen Zusammenhangs von Erhebungsmethode problemzentriertes bzw. leitfadengestütztes Interview und Auswertungsmethode der qualitativen Inhaltsanalyse (siehe Kapitel 5.2.1 und 5.4)
	Indikation der Transkriptionsregeln	Begründung der Angemessenheit der Erstellung von Grobtranskripten mit einfachem Inventar (siehe Kapitel 5.3.1)
	Indikation der Samplingstrategien	Begründung der Angemessenheit eines qualitativen Samplings, einer kriteriengeleiteten Fallauswahl, eines deduktiven Samplings (siehe Kapitel 5.2.3)
	Indikation der Bewertungskriterien	Begründung der Angemessenheit der sieben Kernkriterien zur Beurteilung qualitativer Studien (siehe Kapitel 5.5.1)
Empirische Verankerung	Verwendung codifizierter Methoden	• regelgeleitetes Vorgehen bei Datenerhebung: Problemzentriertes bzw. leitfadengestütztes Interview (siehe Kapitel 5.2.1) • regelgeleitetes Vorgehen bei der Datenaufbereitung: Transkription und Redigieren (siehe Kapitel 5.3) • regelgeleitetes Vorgehen bei der Datenauswertung: inhaltlich strukturierende Inhaltsanalyse anhand von Codierleitfäden (siehe Kapitel 5.4.1, 5.4.2) und der Verallgemeinerung (siehe Kapitel 5.4.3)
	hinreichende Textbelege für Ergebnisse	Einbindung von Absatznummern aus den redigierten Transkripten in qualitativer Inhaltsanalyse 1, 2 und Verallgemeinerung der Schülervorstellungen
Limitation	Verallgemeinerbarkeit	Grenzen des Geltungsbereichs bezüglich Alter (Schülerinnen und Schüler) und Schulart (siehe Sampling, Kapitel 5.2.3; siehe Reflexion, Kapitel 7.3)

Kernkriterium	Unterkriterium	Maßnahmen zur Umsetzung
	Fallkontrastierung	facettenreiches und varianzmaximierendes Sampling (siehe Kapitel 5.2.3)
Reflektierte Subjektivität	begleitende Selbstbeobachtung im Forschungsprozess	siehe Reflexion, Kapitel 7.3
	Vertrauensbeziehung	Maßnahmen zur Reduktion Autoritätsgefälle und sozialer Erwünschtheit (siehe Kapitel 5.2.5)
Kohärenz	Kohärenz der Ergebnisse	Verallgemeinerte Konzepte einer Hauptkategorie weisen Zusammenhänge zu Konzepten anderer Hauptkategorien auf (siehe Kapitel 6.2), z. B.: • Konzepte zur Definition basieren teils auf anderen Hauptkategorien (siehe Kapitel 6.2.1) • Konzepte zu Maßstäblichkeit und Verkleinerung beeinflussen Konzepte zur Generalisierung und umgekehrt (siehe Kapitel 6.2.4 und 6.2.7) • Konzepte der Perspektivität von Karten basieren auf Konventionen zu anderen Hauptkategorien wie Orientiertheit (siehe Kapitel 6.2.8 und 6.2.11)
	Umgang mit Widersprüchen in den Daten und bei Interpretationen	• Darstellung von Widersprüchen in der Explikation der Schülervorstellungen auf Ebene der Hauptkategorie und der einzelnen Schülerinnen und Schüler unter Brüche und bestehende Probleme (siehe Kapitel 5.4.2, Anhang H) • Auftreten von Widersprüchen in Schülervorstellungen üblich, aber nicht häufig
Relevanz	Relevanz der Fragestellung	• siehe Einleitung, Kapitel 1 • siehe Beitrag der vorliegenden Arbeit zum Stand der Forschung, Kapitel 3.3
	Relevanz der Ergebnisse	Relevanz im Sinne didaktischer Leitlinien für den Unterricht mit und über Karten (siehe Kapitel 7.2)

5.5.2   Intercoderreliabilität

Für die Gewährleistung der Güte einer qualitativen Forschung wird der Intercoder-reliabilität (auch Intercoder-Übereinstimmung) eine hohe Bedeutung zugemessen (MAYRING 2015, S. 53). Jedoch besteht kein Konsens darüber, ob eine Berechnung der Intercoderreliabilität für qualitative Forschungsprojekte angemessen ist und welche Aussagekraft die Werte für die Güte der Forschung haben. GÖHNER, KRELL (2020, S. 213) stellen exemplarisch für Publikationen in der Zeitschrift für Didaktik der Naturwissenschaften fest, dass 42 % der untersuchten Artikel, die die qualitative Inhaltsanalyse in der Methodik anwendeten, eine Prüfung der Interrater-Übereinstimmung vornahmen. Auf der einen Seite wird die Ermittlung der Inter-coderreliabilität als unverzichtbar bezeichnet (FRÜH, W. 2017, S. 179). Dagegen wird andererseits argumentiert, dass es fraglich ist, ob ein solches Gütekriterium der quantitativen Forschung auf qualitative Ansätze anwendbar ist. Zum einen wi-dersprechen die gängigen Berechnungsansätze wie die Holsti-Formel und Cohens Kappa dem Vorgehen der qualitativen Inhaltsanalyse, bei welchem Segmentieren und Codieren eine Einheit bilden und nicht vorab eine Segmentierung stattfindet. Des Weiteren ist Intercoderreliabilität zwischen verschiedenen Codiererinnen und Codierern nur bei sehr einfachen Analysen zu erreichen. Interpretationsunter-schiede stellen bei umfangreichen Kategoriensysteme die Regel dar. Außerdem treten Ungleichgewichte zwischen Codiererinnen und Codierern auf, da die Erst-codiererin oder der Erstcodierer häufig besser mit der Studie vertraut ist (KUCKARTZ 2018, S. 210-211; MAYRING 2008, S. 13; MAYRING 2015, S. 124). Trotz dieser Ein-wände wurde für die vorliegende Arbeit beschlossen, dass für die inhaltlich struk-turierende Inhaltsanalyse im Rahmen der qualitativen Inhaltsanalyse 1 eine wei-tere Inhaltsanalytikerin das Interviewmaterial untersucht, auch um die Intercoder-reliabilität zu ermitteln. Damit wird angestrebt, Anhaltspunkte zur Einschätzung der intersubjektiven Nachvollziehbarkeit zu erhalten, den Codierleitfaden zu über-arbeiten, indem Unklarheiten und Ungenauigkeiten ausgemerzt werden, und für die Interpretation problematische Interviewpassagen konsensuell zu codieren.
Zur Berechnung der Intercoderreliabilität stehen verschiedene Formeln zur Verfü-gung, von welchen an dieser Stelle der Übersichtlichkeit wegen nur auf zwei, der Holsti-Formel und der Bestimmung von Cohens Kappa, eingegangen wird. Bei der Holsti-Formel handelt es sich um die Ermittlung des prozentualen Anteils überein-stimmender Codierungsentscheidungen an allen Codierungsentscheidungen. Der Vorteil dieses Verfahrens liegt in der leichten Berechnung, dem intuitiven Verste-hen sowie einem angemessenen Verhältnis von Aufwand zu Ertrag für kleinere bis mittelgroße Inhaltsanalysen (FRÜH, W. 2017, S. 187; DÖRING, BORTZ 2016, S. 346, 567). Dagegen wird an der Holsti-Formel kritisiert, dass das Maß an Übereinstim-mung überschätzt wird, da Zufallsübereinstimmungen nicht berücksichtigt wer-den und Nichtkategorisierungen bei einer Bewerterin oder einem Bewerter häufig vorkommen (DÖRING, BORTZ 2016, S. 346, 567; HOLSTI 1969, S. 140; WIRTZ, CASPAR

2002, S. 50). Cohens Kappa dagegen wird als genaueres Maß anerkannt, da Zufallsübereinstimmungen berücksichtigt sind. Jedoch sollte der Faktor der Zufallsübereinstimmung nicht überschätzt werden, da bei einer hohen Anzahl von Kategorien und der Tatsache, dass nicht jede Textstelle einer Kategorie zugeordnet wird, davon auszugehen ist, dass zufällige Übereinstimmungen nur selten vorkommen, weswegen sich dieser Koeffizient mehr für kleinere Kategoriensysteme eignet (DÖRING, BORTZ 2016, S. 346, 567; FRÜH, W. 2017, S. 186; SCHUBERT 2012, S. 58; WIRTZ, CASPAR 2002, S. 50, 55-56). Auch wenn bei der vorliegenden Inhaltsanalyse bei dreizehn Kategorien ein Fokus auf die Berechnung prozentualer Einstimmung nach der Holsti-Formel vertretbar wäre, werden in der Folge beide Koeffizienten angegeben, um den Einfluss von Zufallsübereinstimmungen im Blick behalten zu können.

Tab. 11 | Ergebnisse der Prüfung der Koeffizienten zur Intercoderreliabilität nach Interviews (Eigener Entwurf)

Interview	Codierungen Erstcodierer	Codierungen Zweitcodiererin	übereinstimmende Codierungen	prozentuale Übereinstimmung	Übereinstimmungskoeffizient Cohens Kappa
Hauptstudie 1	93	89	148	0.81	0.80
Hauptstudie 2	74	63	104	0.76	0.74
Hauptstudie 3	71	69	106	0.76	0.74
Hauptstudie 4	84	66	118	0.79	0.77
Hauptstudie 12	105	79	144	0.78	0.77
Hauptstudie 13	80	81	130	0.81	0.79
Hauptstudie 14	104	98	160	0.79	0.78
Hauptstudie 17	90	88	134	0.75	0.74
Gesamt	701	633	1044	0.78	0.77

Nachdem der Erstcodierer zunächst das Interviewmaterial anhand des Leifadens codiert hatte, wurde der Zweitcodiererin die Anlage der Untersuchung sowie der Leitfaden, der das Kategoriensystem begründet und Auswertungsregeln aufstellt, expliziert. Zunächst wurde das Codieren anhand der Vorstudien getestet und geübt sowie erste Verständnisfragen aufgegriffen. Ebenfalls wurde auf dieser Grund-

lage das konsensuelle Codieren erprobt und der Leitfaden entsprechend an ausgewählten Stellen modifiziert. Im Anschluss wertete die Zweitcodiererin acht der
achtzehn redigierten Fassungen der Interviews aus. Die acht Interviews wurden
per Losverfahren ausgewählt, wobei auf eine gleichmäßige Verteilung auf beide
Altersgruppen geachtet wurde. Dieser Ausschnitt des gesamten Datenmaterials
erfüllt bzw. übertrifft die Forderungen aus der Fachliteratur, dass zehn bis zwanzig
Prozent des Datenmaterials bzw. 30 bis 50 Nennungen pro Variable als Mindest-
größe in die Bestimmung der Intercoderreliabilität einfließen sollen (DÖRING, BORTZ
2016, S. 566; FRÜH, W. 2017, S. 180). Auf Grundlage der Ergebnisse der beiden Co-
dierenden wurden die prozentualen Übereinstimmungen bzw. Koeffizienten für
Cohens Kappa mithilfe von MAXQDA ermittelt (siehe Tabelle 11 und 12). Es wurden als Nichtübereinstimmungen solche Fälle gewertet, die nicht auf mangelnde
Einsicht in das Material oder in Regeln zustande kamen, und in denen die Zweitcodiererin den Erstcodierer überzeugen konnte, dass eine Auswertung nicht dem
Material entsprechend vorgenommen wurde oder größere Interpretationsspiel-
räume vorhanden waren (MAYRING 2008, S. 13).
Auf der Ebene der Interviews (siehe Tabelle 11) bewegen sich die prozentualen
Übereinstimmungen zwischen 0.75 und 0.81 bzw. die Übereinstimmungskoeffi-
zienten Cohens Kappa zwischen 0.80 und 0.74. Nach ZIERER et al. (2013, S. 129)
können die Koeffizienten der prozentualen Übereinstimmung der Hauptstudien 1
und 13 als sehr gute (über 0.8), der weiteren Interviews als gute Reliabilität (über
0.6) bezeichnet werden. Die Werte von Cohens Kappa können nach Angaben von
DÖRING und BORTZ (2016, S. 346) als sehr gut (über 0.75) bis gut (zwischen 0.60 und
0.75) eingestuft werden. Die geringfügigen Schwankungen in diesem Bereich belegen, dass über die Interviews hinweg Erstcodierer und Zweitcodiererin auf Basis
des Codierleitfaden ein konstantes Bild bezüglich der Übereinstimmung der Co-
dierentscheidungen aufweisen.
Auf der Ebene der Kategorien (siehe Tabelle 12) zeigt sich ein heterogeneres Bild
der Übereinstimmung. Die Mehrheit der Kategorien bewegt sich in einem Bereich
guter Reliabilität mit Werten zwischen 0.60 bis 0.80 (ZIERER et al. 2013, S. 129).
Ausnahmen bilden die Kategorien Generalisierung sowie Perspektivität von Karten. Gemäß den Richtwerten von DÖRING und BORTZ (2016, S. 346) können die Über-
einstimmungskoeffizienten für Cohens Kappa für die Kategorien Definition, Äußere Kartenelemente, Maßstäblichkeit und Verkleinerung, Verebnung, Kartenarten 2 und Kartenherstellung als sehr gut bezeichnet werden. Jedoch erreichen
auch in diesem Fall die Werte der Kategorien der Generalisierung und Perspektivität von Karten mittelmäßige bzw. ausreichende Werte. Für die Kategorie der Generalisierung wurde im Zuge der Besprechung der Ergebnisse zwischen den Codie-
renden festgestellt, dass die Kategorie klarer eingeschränkt werden muss auf solche räumlichen, georeferenzierten Inhalte, die üblicherweise auf Karten wiedergegeben wurden. Entsprechende Anpassungen erfolgten im Codierleitfaden. Für

die Kategorie der Perspektivität von Karten war ein geringer Wert bei der Intercodorreliabilität zu erwarten, da es sich dabei um einen abstrakteren Bereich als bei den anderen Kategorien handelt, der komplexere Aspekte der Schülervorstellungen zum subjektiven und konstruktiven Charakter einer Karte zu erfassen versucht. Dies zeigte sich auch in den Besprechungen zwischen Erstcodierer und Zweitcodiererin, was in mehrere Überarbeitungen des Codierleitfadens mündete. Nicht übereinstimmende Codierungen wurden im Sinne des konsensuellen Codierens zwischen Erstcodierer und Zweitcodiererin intensiv besprochen und Begründungen für die jeweilige Codierung oder Nichtcodierung erörtert, bis ein Konsens für die Entscheidung bezüglich der vorliegenden Textstelle gefunden wurde (KUCKARTZ 2010, S. 91; KUCKARTZ 2018, S. 211-212; SCHMIDT 2019, S. 453-454). In einigen Fällen wurde der Codierleitfaden auf Basis des konsensuellen Codierens überarbeitet. Anschließend wurden die unterschiedlich codierten Interviews in konsolidierte Fassungen überführt, die als Ausgangspunkt für die nächsten Schritte der Datenauswertung dienten.

Auf die Berechnung der Intracodereliabilität wird in dieser Studie verzichtet, da diese nur bei Bedarf zu ermitteln ist und eine Vielzahl an Studien auf solche Erhebungen aus forschungsökonomischen Gründen verzichtet (FRÜH, W. 2017, S. 179; GÖHNER, KRELL 2020, S. 216). Ein solcher Bedarf, der den Aufwand einer erneuten Codierung im Verhältnis zu den zu erwartenden Erträgen stellt, ist im Prozess der Datenauswertung nicht aufgetreten.

Tab. 12 | Ergebnisse der Prüfung der Koeffizienten zur Intercoderreliabilität nach Kategorien (Eigener Entwurf)

Kategorie	Codierungen Erstcodierer	Codierungen Zweitcodiererin	übereinstimmende Codierungen	prozentuale Übereinstimmung	Übereinstimmungskoeffizient Cohens Kappa
Definition	67	54	102	0.84	0.79
Äußere Kartenelemente	50	44	80	0.85	0.80
Kartenzeichen	117	90	160	0.77	0.70
Maßstäblichkeit und Verkleinerung	65	64	108	0.84	0.78
Verebnung	63	51	96	0.84	0.79
Grundriss	29	25	38	0.70	0.60
Generalisierung	44	51	64	0.67	0.56
Orientiertheit	46	51	76	0.78	0.71
Kartenarten 1	49	55	84	0.81	0.74
Kartenarten 2	44	36	66	0.83	0.77
Perspektivität von Karten	61	65	80	0.64	0.51
Kartenherstellung	46	33	79	0.84	0.78
Zwischen Bild und Text	20	14	24	0.71	0.61
Gesamt	701	633	1044	0.78	0.77

6 Ergebnisse

Zunächst erfolgt ein Verweis auf die Darstellung der Ergebnisse auf der individuellen Ebene (siehe Kapitel 6.1). Im Anschluss werden wiederkehrende Konzepte der Schülerinnen und Schüler verallgemeinert (siehe Kapitel 6.2). Abschließend werden zentrale Ergebnisse aus den verallgemeinerten Vorstellungen der Schülerinnen und Schüler zusammengefasst (siehe Kapitel 6.3).

6.1 Ergebnisse auf der Ebene der einzelnen Schülerinnen und Schüler

Bevor eine Verallgemeinerung von Schülervorstellungen vorgenommen werden kann, ist eine Analyse der individuellen Vorstellungen der Schülerinnen und Schüler vorzunehmen. Es wurden sechzehn Interviews der Hauptstudie mithilfe qualitativer Inhaltsanalyse ausgewertet (siehe Kapitel 5.4). Aufgrund der umfangreichen Auswertung wird im Sinne der Lesbarkeit auf eine Darstellung der individuellen Vorstellungen an dieser Stelle verzichtet und auf die ausführliche Aufstellung im Anhang verwiesen (siehe Anhang H). Dabei erfolgt die Darstellung aller Interviews geordnet nach den Kategorien Definition, äußere Kartenelemente, Kartenzeichen, Maßstäblichkeit und Verkleinerung, Verebnung, Grundriss, Generalisierung, Orientiertheit, Kartenarten 1, Kartenarten 2 und Perspektivität von Karten. Zunächst werden gemäß dem skizzierten Vorgehen der qualitativen Inhaltsanalyse 2 die Aussagen der Schülerin bzw. des Schülers Subkategorien zugeordnet und in zwei weiteren Schritten zusammengefasst, so dass am Ende Kernaussagen formuliert werden (siehe Kapitel 5.4.2) Es folgt die Explikation der Vorstellungen gegliedert nach den Charakteristika des Verständnisses, sprachlichen Aspekten, Quellen der Vorstellungen sowie Brüchen und bestehenden Problemen. Dabei werden für die vorliegende Kategorie relevante Passagen aus der Explikation anderer Passagen in eckigen Klammern angegeben. Falls in der jeweiligen Kategorie keine besonderen sprachlichen Aspekte, Quellen der Vorstellungen oder Brüche und bestehende Probleme vorhanden sind, wird dies mit einem „-“ vermerkt. Die Schülerinnen und Schüler sind anonymisiert und werden beispielsweise mit „S4“ bezeichnet.

6.2 Verallgemeinerte Vorstellungen der Schülerinnen und Schüler

In der Folge werden die verallgemeinerten Vorstellungen der Schülerinnen und Schüler zu Karten dargestellt. Dies erfolgt auf der Ebene der Konzepte (siehe Kapitel 2.1.3.3), welche mit dem Namen der Kategorie sowie einer Nummer versehen werden. Die Konzepte werden nach den Kategorien geordnet aufgelistet: Definition, äußere Kartenelemente, Kartenzeichen, Maßstäblichkeit und Verkleinerung, Verebnung, Grundrissdarstellung, Generalisierung, Orientiertheit, Kartenarten 1, Kartenarten 2 und Perspektivität von Karten. Eingang finden solche Konzepte, die bei mindestens zwei Schülerinnen und Schülern ermittelt wurden und hinreichend relevant für die Forschungsfrage sind.
Die Darstellung der verallgemeinerten Konzepte beginnt zunächst mit dem Titel des Konzeptes. Es folgen je eine Kurzinterpretation für die vierte Jahrgangsstufe (Prä-Sekundarstufe 1) und die elfte Jahrgangsstufe (Post-Sekundarstufe 1), sofern das Konzept bei mindestens zwei Probandinnen oder Probanden in der Altersgruppe vorhanden ist. Es schließen sich ein Vergleich der beiden Altersgruppen

und eine Gesamtinterpretation zum Konzept an. In Anhang J sind die Kurzinterpretationen, Vergleich und Gesamtinterpretation um die jeweiligen Subkategorien aus der inhaltlich-strukturierenden Inhaltsanalyse im Rahmen der qualitativen Inhaltsanalyse 2 (siehe Kapitel 5.4.2 und Anhang G), Fundstellen und Kernaussagen aus den Interviews ergänzt und in tabellarischer Form aufgeführt. Am Ende der Aufstellung aller verallgemeinerten Konzepte einer Hauptkategorie erfolgt eine Zusammenfassung. Präzisere Ausführungen zum Vorgehen bei der Verallgemeinerung sind Kapitel 5.4.3 zu entnehmen.

6.2.1 Verallgemeinerte Vorstellungen zur Definition von Karten

6.2.1.1 Verallgemeinerte Konzepte

Definition1: Auf einer Karte sind Städte und Siedlungen.

Prä-Sekundarstufe 1

In der Gruppe der Grundschülerinnen und -schüler weisen S4, S13 und S14 das Konzept auf, dass auf einer Karte Städte abgebildet sind. Alle drei formulieren dieses Konzept bereits früh im Interview (S4 30-31, 32-33, 38-39; S13 13-14; S14 22-23, 28-31). S4 und S13 gehen aber darauf auch im dritten Interviewblock anhand von Materialien ein, indem die Lage von Städten allgemein (S4 187-188) oder ein konkretes Beispiel angesprochen wird (S13 177-180). S14 (22-23) geht spezifischer auf Hauptstädte in Verbindung mit Ländern ein.

Post-Sekundarstufe 1

S16, S17, S18, S19, S20, S21 und S23 weisen das Konzept auf, dass die Wiedergabe von Städten ein wichtiger Bestandteil von Karten ist. S16 (100-101), S17 (12-13), S21 (13-14) und S23 (15-18) erwähnen dabei Städte zusammen mit der Angabe ihres Namens bzw. einer Beschriftung. S19 (22-25) konzentriert sich auf Hauptstädte aufgrund der Festlegung auf eine Weltkarte, wohingegen S18 (12-15, 18-21) die Wiedergabe von Städten mit Kartenzeichen bzw. einer Farbe verknüpft. Auch die Größe einer Stadt (S16 22-25; S20 23-26) und deren Betonung (S21 17-18) in einer Karte werden angesprochen. S23 (15-18) stellt sich idealerweise eine sehr große Karte vor, auf der auch kleinere Städte verzeichnet sind. S16 (146-147), S17 (12-13) und S23 (15-18) nennen auch Ortschaften, Siedlungen und Dörfer. Das Konzept kommt bei allen Schüle-rinnen und Schülern schon zu Beginn des Interviews ohne den Einfluss von Kartenmaterialien zum Vorschein.

Vergleich und Gesamtinterpretation

Das Konzept ist bei einigen Schülerinnen und Schülern vorhanden, wobei sich ein größerer Anteil bei den Schülerinnen und Schülern aus der Sekundarstufe 2 zeigt. Das Konzept wird von allen Schülerinnen und Schülern, die es aufweisen, bereits zu einem frühen Zeitpunkt im Interview ohne Kartenmaterial beschrieben.

Definition2: Auf einer Karte sind Straßen.

Prä-Sekundarstufe 1

Die Schülerinnen und Schüler S4, S5, S6, S7 und S8 der Primarstufe drücken aus, dass sich in ihren Vorstellungen Straßen auf einer Karte befinden. Dies wird einerseits bereits ohne die Vorlage von Kartenbeispielen im Interview gesagt. Bei bestimmten Materialien wird die Darstellung einer Straße als Kriterium herangezogen, um das Material als gutes oder schlechtes Beispiel einer Karte zu beschreiben (S5 142-145, 146-149, 196-199; S6 129-130, 168-169; S8 280-284, 287). Bemerkenswert ist S5s Aussage in 196-199, die andeutet, dass in S5s Vorstellung eine Straße allein nicht ausreicht, sondern in einen Zusammenhang mit anderen räumlichen, georeferenzierten Inhalten eingebunden sein muss.

Post-Sekundarstufe 1

S18 und S21 formulieren das Konzept, dass auf Karten Straßen wiedergegeben werden. In allen Fällen erfolgt dies unabhängig von Materialien. S21 (13-14) spricht spezifischer von Transitstraßen und zieht sie als Beispiel für real existierende räumliche, georeferenzierte Inhalte im Gegensatz zu einer Grenze heran (17-18). S18 (12-15) bezieht sich auf Autokarten, in deren Zentrum die Wiedergabe von Straßen steht.

Vergleich und Gesamtinterpretation

Dass auf einer Karte Straßen vertreten sind, ist ein Konzept, das vermehrt bei den Schülerinnen und Schülern der Grundschule anzutreffen ist. Dies kann darin begründet sein, dass im Unterricht als auch bei der privaten Nutzung vermehrt Karten größeren Maßstabes verwendet werden, die Straßen darstellen. Bei den Schülerinnen und Schülern der Oberstufe dagegen kommen vermutlich mehr Karten zum Einsatz, die keinen Fokus auf Straßen legen.

Definition3: Auf einer Karte sind (Bundes-) Länder und (Landes-) Grenzen.

Prä-Sekundarstufe 1

Das Konzept, dass eine Karte sich durch die Darstellung von Ländern und Grenzen auszeichnet, ist bei S4, S6, S11, S13 und S14 vertreten. S6 (115-118) und S13 (177-180) gehen darauf erst im Umgang mit den Materialien M1 bzw. M7 ein, wohingegen S4 (30-31, 38-39), S11 (23-24, 29-32) und S14 (22-23, 28-31) dies schon früher und ohne den Einfluss von Material formulieren.

Post-Sekundarstufe 1

Das Konzept, dass Karten Länder und Grenzen zeigen, ist bei allen Schülerinnen und Schülern der Sekundarstufe 2 vertreten. Es tritt bei allen bereits vor der Analyse von Kartenmaterialien auf, wird aber auch nochmal von S16 (94-97, 100-101), S17 (84-85), S18 (154-155), S20 (156-157, 166-167), S21 (179-180, 183-184), S22 (177-180) und S23 (136-137) anhand von Kartenbeispielen erwähnt.

Vergleich und Gesamtinterpretation

Dieses Konzept wird häufiger in der Gruppe der Schülerinnen und Schüler der Sekundarstufe 2 formuliert. Dieser deutliche Unterschied könnte vom Unterricht abhängen: Der Geographieunterricht der Mittel- und Oberstufe an weiterführenden Schulen umfasst mehr Themen und damit verbunden auch Karten auf kontinentaler, internationaler und globaler Ebene. Diese Karten prägen vermutlich die Vorstellungen der Schülerinnen und Schüler, so dass Länder und Grenzen eine wichtige Rolle spielen.

Definition4: Auf einer Karte sind Flüsse, Meere, Ozeane und weitere Gewässer.

Prä-Sekundarstufe 1

S4, S6, S13 und S14 aus der Grundschule weisen das Konzept auf, dass sich eine Karte dadurch definiert, dass Flüsse, Meere, Ozeane und weitere Gewässer darauf enthalten sind, wobei Flüsse am häufigsten als Gewässerform auftreten. S4 (30-31, 32-33, 38-39), S6 (16-17, 20-23), S13 (13-14) und S14 (22-23, 28-31) drücken dieses Konzept sowohl zu Beginn des Interviews als auch später (S4 187-188; S6 129-130; S13 163-166; S14 201-206) bei der Betrachtung der Materialien aus.

Post-Sekundarstufe 1

Das Konzept, dass die Darstellung von Flüssen und weiteren Gewässern ein elementarer Bestandteil einer Karte ist, lässt sich in der Gruppe der Sekundarstufe 2

bei S16, S17, S18, S20, S21 und S22 sehen. Mit Ausnahme von S20 (156-157) erwähnen die Schülerinnen und Schüler das Konzept ohne den Einfluss von Kartenmaterial bereits in früheren Phasen des Interviews.

Vergleich und Gesamtinterpretation

Zwischen den beiden Gruppen sind lediglich geringfügige Unterschiede bezüglich
dieses Konzepts festzustellen: Es tritt bei vielen, aber nicht bei allen Probandinnen
und Probanden auf. Fast alle Schülerinnen und Schüler, die über dieses Konzept
verfügen, bringen es bereits zu Beginn des Interviews ohne den Einfluss von Kartenbeispielen ein.

Definition5: Auf einer Karte sind Häuser und Gebäude.

Prä-Sekundarstufe 1

Die Darstellung von Häusern als ein elementarer Bestandteil von Karten ist bei S4,
S5, S6, S7 und S8 als Konzept vertreten. Dabei werden Häuser einerseits im ersten
Interviewblock als wichtige räumliche, georeferenzierte Inhalte benannt (S6 16-
17, 20-23; S7 12-13; S8 25-30, 39-40), andererseits aber auch bei der Besprechung
der Materialien in Überlegungen einbezogen. Dies führt bei S5 (178-179) so weit,
dass Kartenzeichen, die für etwas anderes stehen, als Häuser interpretiert werden.
S4 (32-33) sieht als Nachteil einer Karte, dass man keine Häuser sieht, außer es ist
eine ganz genaue Karte.

Post-Sekundarstufe 1

-

Vergleich und Gesamtinterpretation

Das Konzept kommt ausschließlich in der Gruppe der Grundschülerinnen und -
schüler vor. Ein möglicher Grund können die im Unterricht verwendeten Karten
sein. Im HSU der Grundschule werden bei der Einführung vermehrt großmaßstäbige Karten und Pläne eingesetzt, auf denen zum Teil Häuser wiedergegeben werden. Schülerinnen und Schüler der Sekundarstufe 2 arbeiten mehr mit kleinmaßstäbigen Karten, auf denen einzelne Häuser nicht gesondert, sondern, wenn überhaupt, in generalisierter Form dargestellt werden.

Definition6: Auf einer Karte sind Wälder und Bäume.

Prä-Sekundarstufe 1

Das Konzept, dass Wälder bzw. Bäume auf einer Karte dargestellt sind, ist bei S5, S6 und S13 zu finden. S6 (16-17, 20-23) und S13 (13-14) drücken dieses Konzept bereits zu Beginn des Interviews aus, wohingegen S5 (142-145, 146-149) Nadel- und Laubbäume als Kriterium verwendet, um M4, M2 und M3 als gute Beispiele für Karten einzustufen (wobei M2 keine Wälder darstellt).

Post-Sekundarstufe 1

-

Vergleich und Gesamtinterpretation

Dieses Konzept ist überwiegend bei den Schülerinnen und Schülern der Primarstufe vorzufinden. Ein Grund kann in der häufigen Einbindung von Waldflächen als Beispiele für Kartenzeichen im HSU gesehen werden.

Definition7: Auf einer Karte sind Berge und Gebirge.

Prä-Sekundarstufe 1

Für S6 und S13 ist die Darstellung von Gebirgen und Bergen in Karten ein wichtiges Element. S6 (18-19) ergänzt, dass auch die Höhe von Bergen angegeben sein sollte. S13 (163-166) zieht die Wiedergabe von Bergen als Grund heran, um M2 als bestes Beispiel einer Karte zu benennen.

Post-Sekundarstufe 1

Die Darstellung von Gebirgen und Bergen als ein definitorisches Element einer Karte beschreiben S16, S17, S18, S20, S21 und S23. S17 (78-79) geht darauf erst ein, als M2, eine physische Karte, als bestes Beispiel einer Karte beschrieben wird und spricht von Relief. S18 (12-15, 18-21, 22-25) drückt dieses Konzept mehrfach bei den ersten Impulsen des Interviews zum Wesen einer Karte aus, S20 (19-20), S21 (11-12) und S23 (15-18) je einmal. S17 (78-79), S18 (12-15) und S21 (179-180) verwenden den Fachbegriff Relief. S20 (19-20) äußert sich kritisch bezüglich der Art der Darstellung von Bergen in Karten.

Vergleich und Gesamtinterpretation

Das Konzept ist häufig in der Gruppe der Sekundarstufe 2 vertreten, wohingegen es weniger in der Gruppe der Primarstufe vorkommt. In einigen Fällen beschreiben die Schülerinnen und Schüler das Konzept bereits im ersten Block zur Definition von Karte (S6 18-19; S18 12-15, 18-21, 22-25; S20 19-20; S21 11-12; S23 15-18), wird aber in einigen Fällen auch erst durch die Besprechung von M2, dem Beispiel einer physischen Karte, aktiviert (S13 163-166; S16 94-97; S17 78-79; S21 179-180). S6 aus der Gruppe der Grundschülerinnen und Grundschüler erweitert das Konzept noch, indem die Höhen von Bergen angesprochen werden.

Definition8: Auf einer Karte ist die Welt zu sehen.

Prä-Sekundarstufe 1

-

Post-Sekundarstufe 1

Dass auf einer Karte die Welt zu sehen ist, ist als Konzept bei S16, S19, S20, S21 und S22 ausgeprägt. Es ist zwar zu vermuten, dass alle fünf Schülerinnen und Schüler auch andere Karten, die nicht die Welt darstellen, als eine solche anerkennen, aber es lässt sich eine gewisse Tendenz erkennen, dass eine Weltkarte als ein Prototyp fungiert.

Vergleich und Gesamtinterpretation

Das Konzept ist häufiger bei den Schülerinnen und Schülern der Sekundarstufe 2 vorhanden. Das Konzept ist nicht so zu verstehen, dass eine Karte zwingend die ganze Welt darstellen muss, um als solche zu gelten. Jedoch deuten S4, S16, S19, S20, S21 und S22 an, dass es für sie der typische Ausschnitt einer Karte ist. S4 (155-158) gibt dies jedoch erst bei der Betrachtung der verschiedenen Materialien an, wohingegen S16 (22-25), S19 (18-19), S20 (23-26), S21 (11-12, 19-20) und S22 (23-24) dieses Konzept schon zu Beginn des Interviews unabhängig vom Material formulieren. S6 (115-118, 119-122)[6] bezeichnet das Material M7, eine nicht eurozentrierte und nicht eingenordete Karte der Welt, als bestes Beispiel einer Karte aus den Materialien und begründet dies mit dem größten Überblick, den M7 bietet. Jedoch spricht S6 nicht davon, dass auf M7 die Welt dargestellt ist. S5 (142-145) lehnt aufgrund der Darstellung der Welt M7 als Karte ab bzw. bezeichnet dieses Material als am wenigsten einer Karte entsprechend.

---

[6]Diese Aussagen und die folgende von S5 (142-145) sind nicht in der Aufstellung der Kernaussagen zu Definition8 erfasst, sondern an dieser Stelle zur besseren Einordnung des Konzeptes erwähnt.

Definition9: Mit einer Karte kann man sich orientieren.

Prä-Sekundarstufe 1

S4, S6 und S7 sehen die Funktion, sich zu orientieren, als ein definitorisches Element einer Karte an. S6 (115-118, 119-122) formuliert dieses Konzept bei der Bewertung verschiedener Materialien. S7 (145-150) tut dies ebenfalls, spricht aber auch schon im ersten Block des Interviews von der Orientierung mithilfe von Karten (20-21). S4 (30-31, 38-39) und S6 (20-23) verwenden die Formulierung „sich zurechtfinden".

Post-Sekundarstufe 1

S17, S20, S21, S22 und S23 weisen das Konzept auf, dass eine Karte sich auch dadurch definiert, indem sie der Orientierung dient. Alle fünf Schülerinnen bzw. Schüler formulieren das Konzept ohne Einfluss des Kartenmaterials im ersten Block des Interviews, wobei S21 (179-180) das Konzept auch nochmal in Bezug auf M2 verwendet. S23 (27-28) spricht von „sich zurechtfinden".

Vergleich und Gesamtinterpretation

Das Konzept ist in beiden Altersgruppen, jedoch häufiger bei den Oberstufenschülerinnen und -schülern vertreten. Es unterscheidet sich von Definition10 und Definition11 darin, dass die Probandinnen und Probanden explizit von „Orientierung", „sich orientieren" oder „sich zurechtfinden" sprechen. Es tritt in beiden Altersgruppen bereits im ersten Interviewblock auf, wird aber auch dazu eingesetzt, um Materialien zu beurteilen (S6 115-118, 119-122; S21 179-180).

Definition10: Mit einer Karte kann man einen Weg finden, den man gehen möchte.

Prä-Sekundarstufe 1

S4, S5, S7 und S8 sehen es als wichtige Eigenschaft einer Karte an, dass man damit einen Weg finden kann, denn man zurücklegen möchte. Alle vier Schülerinnen und Schüler beschreiben dieses Konzept bereits im ersten Block des Interviews.

Post-Sekundarstufe 1

-

Vergleich und Gesamtinterpretation

Dieses Konzept tritt häufiger bei Schülerinnen und Schülern aus der Grundschule auf. Dabei muss jedoch beachtet werden, dass sich das Konzept auf die Definition von Karte bezieht. Das heißt, dass die Probandinnen und Probanden aus der Sekundarstufe 2 durchaus davon berichteten, Karten zum Finden eines Weges zu verwenden, aber dies nicht als eine elementare Eigenschaft einer Karte benannten. Dieses Konzept kann eventuell durch den Unterricht beeinflusst sein: Es ist zu vermuten, dass im HSU bei der Einführung ins Kartenverständnis der Zweck der Wegfindung betont wird, wohingegen im Geographieunterricht der Sekundarstufe die Entnahme von Informationen und die Karteninterpretation in den Vordergrund rückt. Mit Ausnahme von S20 (158-165) wird nicht der Begriff der Orientierung wie in Definition9 benutzt.

Definition11: Mit einer Karte kann man den eigenen Standort oder andere Standorte bestimmen.

Prä-Sekundarstufe 1

S4, S6, S7 und S8 nennen die Möglichkeit, den eigenen oder den Standort bestimmter räumlicher, georeferenzierter Inhalte zu bestimmen, als eine elementare Eigenschaft einer Karte. Dies wird bereits im ersten Block des Interviews zur Definition einer Karte beschrieben. S4 (187-188) wiederholt dieses Konzept bei der Besprechung des Navigationsgerätes in M5, S6 (115-118) bei der Einschätzung von M4 als ein gutes Beispiel einer Karte.

Post-Sekundarstufe 1

S19, S20 und S23 weisen das Konzept auf, dass mit einer Karte Standorte bestimmt werden können. Jedoch beziehen sich S19 und S20 nicht auf den eigenen Standort, sondern allgemeiner auf „Orte" (S19 26-27) oder ein Land bzw. eine Stadt (S20 23-26). S23 (27-28) dagegen beschreibt auch die Bestimmung des eigenen Standortes.

Vergleich und Gesamtinterpretation

Das Konzept ist etwas häufiger bei Schülerinnen und Schülern der Primarstufe vorhanden. Es muss berücksichtigt werden, dass die Standortbestimmung mehrfach in Schülervorstellungen vorhanden ist, aber es häufiger bei den Grundschülerinnen und -schülern als definitorisches Element gesehen wird. Alle Schülerinnen und Schüler, die das Konzept aufweisen, zeigen dies bereits im ersten Block des Interviews unabhängig von der eigenen gezeichneten Kartenskizze oder den Materialien. Es ist zu vermuten, dass eine solche Funktion der Karte im Unterricht besprochen wird.

Definition12: Mit einer Karte kann man sich Orte ansehen.

Prä-Sekundarstufe 1

S5, S8 und S11 demonstrieren das Konzept, dass sich bestimmte Orte anhand einer Karte angesehen werden können. S8 (39-40) spricht dabei konkret von der Landschaft, die man anschauen kann. Alle drei Schülerinnen und Schüler drücken das Konzept bereits im ersten Block des Interviews aus.

Post-Sekundarstufe 1

S16, S18 und S20 beschreiben das Konzept, dass man anhand einer Karte einen Ort ansehen kann. S20 (23-26) geht dabei konkret auf die Welt ein. S16 (100-101) spricht speziell von Landesgrenzen. S18 (22-25) und S20 (23-26) formulieren das Konzept im ersten Interviewblock, der sich mit der Definition von Karten beschäftigt.

Vergleich und Gesamtinterpretation

Das Konzept ist bei je drei Schülerinnen bzw. Schülern aus der Grundschule und aus der Sekundarstufe 2 anzutreffen. Es drückt aus, dass eine Karte die Möglichkeit bietet, sich bestimmte Orte aus der Perspektive der Karte anzusehen. Hinzu kommt, dass die Schülerinnen und Schüler dies als ein definitorisches Element einer Karte ansehen.

Definition13: Eine Karte hat einen Maßstab.

Prä-Sekundarstufe 1

Bei S4, S6 und S13 ist das Konzept anzutreffen, dass der Maßstab ein wesentlicher Bestandteil einer Karte ist. S4, S6 und S13 drücken dies bereits in der Anfangsphase des Interviews aus. Bei S6 (16-17) und S13 (167-174) ist das Konzept zu erkennen, auch wenn es fehlerhaft mit dem Fachbegriff der Legende verknüpft oder als Übersicht bezeichnet wird.

Post-Sekundarstufe 1

S16, S17, S21 und S23 formulieren das Konzept, dass der Maßstab ein definitorisches Element einer Karte ist. Bei allen vier Schülerinnen und Schülern tritt es bereits im ersten Block des Interviews auf, wird aber von S21 (183-184) bei der Besprechung von M1 wiederholt.

Vergleich und Gesamtinterpretation

Das Konzept ist bei etwas weniger als der Hälfte der Schülerinnen und Schüler anzutreffen, wenn sie erklären, was wesentliche Elemente einer Karte sind. Es tritt häufiger bei den Schülerinnen und Schülern der Sekundarstufe 2 auf. Alle Schülerinnen und Schüler, die das Konzept aufweisen, bringen dies bereits im ersten Block des Interviews ein. S4 (36-37) und S21 (183-184) beziehen sich auch auf eine konkrete Angabe der Maßstabszahl als äußeres Kartenelement.

Definition14: Eine Karte ist verkleinert bzw. die Inhalte sind verkleinert.

Prä-Sekundarstufe 1

S4, S5, S6, S7, S8, S13 und S14 weisen das Konzept auf, dass eine Karte oder ihre räumlichen, georeferenzierten Inhalte verkleinert sind. Bis auf S5 (146-149; in diesem Fall liegt der Fokus dessen, was eine Karte ausmacht, auch auf den räumlichen, georeferenzierten Inhalten selbst) und S13 (177-180) wird es bereits im ersten Block des Interviews beschrieben, unabhängig von der eigenen Kartenskizze oder den Materialien.

Post-Sekundarstufe 1

S16, S17, S19, S21, S22 und S23 weisen das Konzept auf, dass eine Karte oder ihre räumlichen, georeferenzierten Inhalte verkleinert sind. S16 (18-22), S17 (14-15, 20-21), S19 (22-25), S21 (17-18, 21-22) und S23 (27-28) drücken dies bereits im ersten Block des Interviews aus. S22 (247-248) formuliert dieses Konzept im Umgang mit dem Kartenmaterial, indem argumentiert wird, dass die Darstellung eines kleinen Gebietes weniger typisch für eine Karte ist.

Vergleich und Gesamtinterpretation

Das Konzept ist bei vielen Schülerinnen und Schüler aus beiden Altersgruppen vertreten. Das Konzept tritt in vielen Fällen unabhängig von der eigenen Kartenskizze und den Interviewmaterialien auf (S4 32-33, 36-37, 38-39; S6 18-19, 20-23; S7 14-17; S16 18-22; S17 14-15, 20-21; S19 22-25; S21 17-18, 21-22; S23 27-28), wird aber auch bei der Besprechung der Materialien ersichtlich (S5 146-149; S22 247-248).

Definition15: Eine Karte ist auf Papier.

Prä-Sekundarstufe 1

Bei S4, S5, S6, S11 und S13 ist das Konzept vorzufinden, dass Karten auf Papier gedruckt sind. Alle fünf Grundschülerinnen und -schüler formulieren dieses Konzept, bevor die Materialien ins Interview eingebracht werden. S6 (20-23) verwendet den Begriff „Formular", welcher als alternative Formulierung für Papier interpretiert wird.

Post-Sekundarstufe 1

S20 und S23 drücken das Konzept aus, dass Karten auf Papier vorzufinden sind. S20 (15-18) geht dabei auf das Beispiel von Wandkarten ein. S23 (21-22) verbindet das Konzept mit der Kritik, dass gedruckte Karten veraltet sind, und zieht einen Vergleich zu Karten im Internet.

Vergleich und Gesamtinterpretation

Das Konzept, dass es ein wesentliches Element einer Karte ist, dass sie auf Papier gedruckt ist, ist deutlich häufiger in der Gruppe der Grundschülerinnen und -schüler vorzufinden. S20 (15-18) aus der Oberstufe bezieht sich dabei auf Wandkarten. Als mögliche Quelle für das Konzept kann der Unterricht gesehen werden, indem überwiegend gedruckte Karten zum Einsatz kommen. Gleichzeitig haben die Grundschülerinnen und -schüler noch nicht so häufig selbstständig digitale Karten verwendet, weswegen die Vorstellung einer Karte noch nicht diesen Aspekt umfasst. Es gilt jedoch zu beachten, dass S4 (187-188), S6 (168-169, 170-171) und S13 (233-236)[7] bei der Betrachtung von M6, einem Bild eines Navigationsgerätes, ihre Vorstellung erweitern und auch digitale Karten als Karten bezeichnen. S5 hält an dem Konzept fest und lehnt das Navigationsgerät als Karte ab (S5 196-199).

Definition16: Ein Navigationsgerät ist (auch) eine Karte.

Prä-Sekundarstufe 1

S4, S6 und S8 zeigen das Konzept, dass ein Navigationsgerät als eine Karte angesehen wird. Das Konzept tritt bei der Besprechung der Materialien auf. S4 (187-188) und S6 (168-169, 170-171) erweitern damit das zuvor im Interview formulierte Konzept, dass eine Karte auf Papier gedruckt ist. S8 (362-367) äußert gleichzeitig auch Gründe, warum ein Navigationsgerät keine Karte ist.

---

[7] Diese Aussagen sind nicht in der Aufstellung der Kernaussagen zu Definition15 erfasst, sondern an dieser Stelle zur besseren Einordnung des Konzeptes erwähnt.

Post-Sekundarstufe 1

-

Vergleich und Gesamtinterpretation

Das Konzept ist nicht für sich allein als definitorisches Element einer Karte anzusehen, sondern ist eine Ergänzung zu Konzept Definition16, das beschreibt, dass eine Karte auf Papier gedruckt ist. Es tritt daher nur in der Gruppe der Grundschülerinnen und -schüler auf. S4 (187-188), S6 (168-169, 170-171) und S8 (362-367) erweitern ihre Vorstellungen, die sich zuvor auf analoge Karten konzentrierten, um digitale Karten, in diesem Fall stellvertretend ein Navigationsgerät. Diese Erweiterung wird durch die Materialien und Impulse im Interview ausgelöst. Es ist zu vermuten, dass auch andere Formen von digitalen Karten diese Erweiterung bewirkt hätten. Es gilt zu beachten, dass andere Schülerinnen und Schüler, auch aus der Sekundarstufe 2, auch Vorstellungen zu digitalen Karten aufweisen, diese für sie aber keine Eigenschaft einer Karte sind, die diese auszeichnet. Die Nutzung digitaler Karten im Alltag, von welcher einige Schülerinnen und Schüler (S5 246-247; S6 207-208, 211-212; S7 278-285, 286-287; S17 144-147; S18 230-231, 232-235; S19 248-249; S20 21-22[8]) berichten, kann ein Grund dafür sein, dass dies nicht als definitorisches Element angesehen wird.

Definition17: Auf einer Karte sind Farben.

Prä-Sekundarstufe 1

In der Gruppe der Grundschülerinnen und -schüler drücken S4, S6, S7, S11 und S14 aus, dass Farben eine wichtige Eigenschaft einer Karte sind. S4 (30-31), S11 (23-24) und S14 (201-206) sprechen dabei allgemein von Farben. S6 (16-17), S7 (12-13) und S14 (201-206) erwähnen Farben in Kombination mit räumlichen, georeferenzierten Inhalten. In allen Fällen wird das Konzept im ersten Block des Interviews eingebracht.

Post-Sekundarstufe 1

S16, S18, S19, S20, S22 und S23 weisen das Konzept auf, dass Farben ein definitorisches Element einer Karte sind. Die Verwendung von Farben wird häufig mit räumlichen, georeferenzierten Inhalten oder Kartenzeichen verknüpft. Alle Schülerinnen und Schüler beschreiben dies bereits im ersten Interviewblock. S16 (94-97, 100-101) und S22 (177-180, 186-196) wenden das Konzept zur Einschätzung

---

[8] Diese Aussagen sind nicht in der Aufstellung der Kernaussagen zu Definition16 erfasst, sondern an dieser Stelle zur besseren Einordnung des Konzeptes erwähnt.

der Güte verschiedener Materialien als Karten an. S21 (21-22) äußert sich kritisch bezüglich der Farben in physischen Karten und dem Aussehen in der Realität.

Vergleich und Gesamtinterpretation

Das Konzept ist bei vielen Schülerinnen und Schülern sowohl aus der Primastufe als auch aus der Sekundarstufe 2 vorhanden. Es sind jedoch keine gravierenden Unterschiede zwischen den beiden Gruppen festzustellen. Das Konzept wird häufig schon ohne den Einfluss der eigenen Kartenskizze oder Materialien formuliert. In vielen Fällen werden Farben in Verbindung mit räumlichen, georeferenzierten Inhalten gebracht. Das Konzept wird auch zur Beurteilung der Materialien herangezogen (S14 201-206; S16 94-97, 100-101; S22 177-180, 186-196).

Definition18: Auf einer Karte sind Schriften und Namen.

Prä-Sekundarstufe 1

S4 und S5 beschreiben, dass Schriften und Namen ein wichtiges Element einer Karte sind. Dies wird von S4 (159-160) bei der Betrachtung von M1 formuliert, wohingegen S5 (25-31, 116-121) dies im ersten Interviewblock und beim Prozess der Kartenherstellung ausdrückt.

Post-Sekundarstufe 1

S16, S17, S21 und S23 drücken aus, dass Schriften und Namen ein wichtiger Bestandteil einer Karte sind. S21 (11-12, 13-14, 17-18) geht darauf intensiv im ersten Block des Interviews, S16 (94-97, 100-101) bei der Besprechung der Materialien ein. S16 (94-97, 100-101) und S17 (78-79) ziehen das Vorhandensein und die Lesbarkeit der Schrift als Kriterium zur Bewertung von Materialien heran.

Vergleich und Gesamtinterpretation

Das Konzept ist nicht häufig anzutreffen und kommt bei den Oberstufenschülerinnen und -schülern öfter vor. Das Konzept tritt meist in Kombination mit räumlichen, georeferenzierten Inhalten auf, die benannt werden. Es ist zu vermuten, dass Schriften und Namen auf einer Karte zumindest implizit in den Vorstellungen aller Schülerinnen und Schüler enthalten sind, aber nicht bei allen als Konzept aktiviert wurden und nicht als wichtiger Bestandteil einer Karte gesehen werden.

Definition19: Auf einer Karte sind Kartenzeichen.

Prä-Sekundarstufe 1

S4, S5, S6, S7, S11 und S14 weisen das Konzept auf, dass das Vorhandensein von Kartenzeichen eine wichtige Eigenschaft von Karten ist. Dabei wird aber nicht der Begriff Kartenzeichen verwendet (bzw. S4 (187-188), S5 (116-121) und S14 (201-206) sprechen von Zeichen). Stattdessen benutzt S7 (12-13, 14-17) den Ausdruck „Symbol" oder es werden konkrete Beispiele für Kartenzeichen in Verbindung mit dem repräsentierten räumlichen, georeferenzierten Inhalt wie schwarze Linien für Landesgrenzen (S4 30-31), ein „P" für Parkplätze (S5 116-121) oder Höhenlinien (S6 18-19) angesprochen. S4 (30-31), S5 (25-32), S6 (18-19) und S7 (12-13, 14-17) binden Kartenzeichen bereits in der ersten Phase des Interviews ein, in der es um die Definition der Karte geht, wohingegen S11 (173-174) und S14 (201-206, 213-216) das Konzept erst bei der Besprechung der Materialien ausdrücken.

Post-Sekundarstufe 1

S16, S17, S18, S20, S21 und S22 beschreiben, dass Kartenzeichen ein elementarer Bestandteil einer Karte sind. Bei S16 (14-17), S17 (12-13) und S18 (12-15) wird dies bereits im ersten Block des Interviews ersichtlich, wohingegen S20 (166-167), S21 (183-184) und S22 (177-180, 201-206) erst bei der Auseinandersetzung mit den Materialien dieses Konzept demonstrieren. S17 (12-13) und S22 (177-180) sprechen von Zeichen. In den anderen Fällen tritt das Konzept exemplarisch anhand von verschiedenen räumlichen, georeferenzierten Inhalten wie roten Punkten für Städte (S18 12-15), einem Kreuz für einen Schatz (S18 152-153) oder roten Markierungen (S22 201-206) auf.

Vergleich und Gesamtinterpretation

Das Konzept ist sowohl bei vielen Schülerinnen und Schülern der Primarstufe als auch der Sekundarstufe 2 anzutreffen. Die Grundschülerinnen und -schüler sprechen häufiger von Zeichen (S4 187-188; S5 116-121; S14 201-206; S17 12-13; S22 177-180), in einem Fall von Symbolen (S7 12-13, 14-17). Das Konzept wird häufig indirekt über Beispiele von Kartenzeichen ausgedrückt und bereits im ersten Block des Interviews zur Definition einer Karte mit Ausnahme von S20 (166-167) und S21 (183-184) formuliert.

Definition20: Auf einer Karte wird alles flach dargestellt.

Prä-Sekundarstufe 1

S4, S7, S8 und S11 äußern das Konzept, dass es ein definitorisches Element einer Karte ist, dass auf dieser die Inhalte flach wiedergegeben werden. S4 (30-31) und S11 (23-24) beziehen sich dabei auf die Erdkugel, wohingegen S7 (14-17), S8 (31-34) und S11 (25-26) allgemeiner von Dingen sprechen. Das Konzept zeigt sich im Block zur Definition von Karte am Anfang des Interviews.

Post-Sekundarstufe 1

S16, S18, S21 und S22 weisen das Konzept auf, dass Inhalte auf einer Karte flach dargestellt werden und dies ein wichtiges Element einer Karte ist. S22 (23-24) zeigt dieses Konzept anhand der Kugelgestalt der Erde auf. Dagegen formulieren S16 (18-22), S18 (18-21, 22-25) und S21 (17-18) das Konzept im Allgemeinen. Das Konzept tritt bei allen Schülerinnen bzw. Schülern im ersten Block des Interviews ohne den Einfluss von Kartenmaterial auf.

Vergleich und Gesamtinterpretation

Das Konzept ist bei einigen Schülerinnen und Schülern aus der Grundschule und aus dem Gymnasium anzutreffen. Es zeigen sich aber kaum Unterschiede: In beiden Gruppen wird das Konzept allgemein (S7 14-17; S8 31-34; S18 18-21, 22-25; S21 17-18) und anhand der Kugelgestalt der Erde (S4 30-31; S11 23-24; S22 23-24) aufgezeigt. Bei allen Probandinnen und Probanden über beide Altersgruppen hinweg tritt das Konzept in der Anfangsphase des Interviews unabhängig von der eigenen Kartenskizze oder Unterrichtsmaterialien auf. Sprachlich wird das Konzept mit dem Adjektiv „flach" ausgedrückt (bei allen Schülerinnen und Schülern aus der Grundschule; S18 18-21, 22-25; S22 23-24). Ergänzend oder zusätzlich wird auch von zweidimensional und dreidimensional gesprochen (S7 14-17; S11 25-26; S16 18-22; S18 18-21, 22-25; S21 17-18). Das Konzept ist in ähnlicher Weise unter Verebnung7, Grundriss6 und Generalisierung5 zu finden.

Definition21: Auf einer Karte werden Höhenunterschiede dargestellt.

Prä-Sekundarstufe 1

S6 und S13 benennen die Wiedergabe von Höhenunterschieden als eine wichtige Eigenschaft von Karten. Es zeigen sich aber Unterschiede: S6 (18-19) erwähnt das Konzept im ersten Block des Interviews und spricht von Höhenlinien. S13 (163-166) dagegen beschreibt das Konzept anhand von M2 und geht auf die Wiedergabe von Höhenunterschieden durch Farben ein.

Post-Sekundarstufe 1

In S16s, S17s, S18s, S19s, S20s, S21s und S23s Vorstellungen zur Definition einer Karte ist das Konzept festzustellen, dass Höhenunterschiede dargestellt werden. Dies wird mit Ausnahme von S21 (179-180) schon im ersten Block des Interviews formuliert. S16 (22-25, 56-57), S18 (12-15, 22-25) und S23 (15-18) verknüpfen die Darstellung von Höhenunterschieden mit dem Einsatz von Farben. S20 (19-20) beurteilt das Konzept kritisch, da man sich die Höhe nur schlecht vorstellen kann. S18 (12-15) und S21 (179-180) verwenden bei diesem Konzept den Fachausdruck „Relief".

Vergleich und Gesamtinterpretation

Das Konzept, dass die Darstellung von Höhenunterschieden eine bedeutende Eigenschaft einer Karte ist, tritt deutlich häufiger in der Gruppe der Schülerinnen und Schüler der Sekundarstufe 2 auf. Bemerkenswert dabei ist, dass nur in der Gruppe der Primarstufe Höhenlinien als Gestaltungsmittel angesprochen werden (S6 18-19), wohingegen die älteren Schülerinnen und Schüler dies allgemeiner formulieren oder in drei Fällen (S16 22-25, 56-57; S18 12-15, 22-25; S23 15-18) Farben als Gestaltungsmittel genannt werden. Die Verbindung zur Darstellung über Höhenlinien könnte durch den HSU beeinflusst sein, der dies in der Regel in einer Unterrichtseinheit behandelt.

Definition22: Eine Karte ist aus der Vogelperspektive oder aus der Ansicht von oben gemacht.

Prä-Sekundarstufe 1

In der Gruppe der Grundschülerinnen und -schüler zeigen S4, S5 und S6 ein Konzept, das die Vogelperspektive oder die Ansicht von oben als einen elementaren Bestandteil einer Karte ansieht. Bemerkenswert ist, dass das Konzept in verschiedenen Kontexten auftritt: S4 (86-87) ergänzt es bei der Besprechung der Darstellung von Bergen in der eigenen Karte, S5 (196-199) zieht es heran, um das Navigationsgerät M5 nicht als Karte zu klassifizieren und S6 (20-23) formuliert es im ersten Block des Interviews.

Post-Sekundarstufe 1

S16, S21 und S23 demonstrieren das Konzept, dass eine Karte aus der Ansicht von oben dargestellt ist. Auffällig ist, dass alle drei Schülerinnen und Schüler von einer „Draufsicht" sprechen. S16 (146-147) umschreibt das Konzept ebenfalls mit dem Begriff des Luftbildes.

Vergleich und Gesamtinterpretation

Das Konzept, dass die Darstellung aus der Vogelperspektive oder der Ansicht von oben ein definitorisches Element einer Karte ist, tritt gleichmäßig in beiden Altersgruppen auf. Auffällig ist, dass viele Schülerinnen und Schüler von einer „Draufsicht" sprechen (S6 20-23; S16 146-147; S21 19-20; S23 27-28).

Definition23: Auf einer Karte ist eine Legende.

Prä-Sekundarstufe 1

S4 (30-31), S5 (25-32) und S6 (16-17) beschreiben im ersten Block des Interviews ohne Einfluss von Materialien, dass eine Legende ein wichtiger Bestandteil einer Karte ist. S13 (163-166, 167-174) und S14 (201-206) gehen darauf erst bei der Besprechung der Materialien ein. Dabei verwenden jedoch nur S4 (30-31) und S13 (163-166, 167-174) fachwissenschaftlich angemessen den Fachbegriff der Legende. S5 (25-32) und S14 (201-206) dagegen beschreiben lediglich das Konzept ohne den Fachausdruck. S6 (16-17) vermischt den Fachbegriff mit dem Maßstab und beschreibt eine Legende mit Unsicherheiten.

Post-Sekundarstufe 1

S16, S17, S19, S20, S21, S22 und S23 weisen das Konzept auf, dass eine Legende ein wichtiger Bestandteil von Karten ist. Das Konzept tritt dabei in unterschiedlichen Kontexten auf: Einerseits kommt es schon im ersten Interviewblock unabhängig von den Materialen zur Sprache (S17 12-13; S21 11-12; S22 23-24; S23 15-18). Andererseits führt die Besprechung von M1 dazu, dass S17 (84-85), S19 (172-173), S20 (166-167), S22 (201-206) und S23 (138-139) dieses als kein gutes Beispiel einer Karte einordnen, da eine Legende fehlt. Bei S19 (172-173) und S20 (166-167) wird durch M1 dieses Konzept erstmalig im Interview aktiviert. Es wird nicht durchgehend der Fachbegriff der Legende verwendet: S22 (23-24) sucht ihn mehrfach im Interview und verwendet ihn dann nach der Vorgabe durch den Interviewer. S19 (172-173) benutzt „Erklärung" als Ersatz (S19 verwendet den Fachbegriff Legende in anderen Situationen des Interviews, u. a. 135-137, 174-177[9]) und S16 (94-97) umschreibt ihn als „unten gut beschriftet".

Vergleich und Gesamtinterpretation

Bei vielen Schülerinnen und Schülern aus beiden Altersgruppen tritt das Konzept auf, dass eine Legende ein essentieller Bestandteil einer Karte ist, wobei es etwas häufiger in der Sekundarstufe 2 anzutreffen ist. In beiden Gruppen wird nicht von

---

[9] Diese Aussagen sind nicht in der Aufstellung der Kernaussagen zu Definition23 erfasst, sondern an dieser Stelle zur besseren Einordnung des Konzeptes erwähnt.

allen Schülerinnen und Schülern der Fachbegriff der Legende sicher verwendet
(u. a. S6 16-17; S22 23-24).

**Definition24: Eine Karte hat einen bestimmten Zweck oder ein bestimmtes
Thema.**

Prä-Sekundarstufe 1

-

Post-Sekundarstufe 1

S16, S17, S18, S21, S22 und S23 weisen ein Konzept auf, dass es ein wichtiger Bestandteil einer Karte ist, dass diese einem Zweck dient oder ein Thema aufweist.
Jedoch tritt das Konzept in unterschiedlichen Kontexten auf: S17 (12-13) spricht es
allgemein an und verbindet dies mit der Auswahl und Darstellung von räumlichen,
georeferenzierten Inhalten. S21 (15-18, 21-22) fokussiert sich auf physische Karten
(hier als „physikalisch" bezeichnet), S16 (22-25) spricht von einer Höhenkarte. S16
(106-109), S18 (152-153, 154-155, 216-219), S21 (166-167) und S23 (128-133) deuten das Konzept bei der Besprechung verschiedener Materialien an. S16 (22-25)
und S22 (181-184) erläutern die Abhängigkeit der Einschätzung einer guten Karte
davon, welches Thema oder welchen Zweck der Karte man sich vorstellt.

Vergleich und Gesamtinterpretation

Das Konzept ist mit einer Ausnahme nur bei den Schülerinnen und Schülern der
Sekundarstufe 2 als definitorisches Element einer Karte vorzufinden. Dies kann damit zusammenhängen, dass die älteren Schülerinnen und Schüler differenziertere
Vorstellungen zu Karten aufweisen und somit auch unterschiedliche Zwecke oder
Themen als ein wichtiges Merkmal einer Karte aufzeigen. Auffällig ist, dass nur
wenige Probandinnen und Probanden, die dieses Konzept beschreiben, in diesen
Gesprächssituationen auf verschiedene Kartenarten nach dem Inhalt, so wie sie
fachlich unterschieden werden, eingehen. S21 (15-18, 21-22) erwähnt physische
(als „physikalische" bezeichnet) Karten und S13 (163-166) erkennt in M2 eine physische Karte, vermutlich auch aufgrund des Titels. Der Ausdruck der thematischen
Karte wäre in vielen Fällen naheliegend gewesen. Stattdessen spricht unter anderem S16 von Höhenkarten (22-25), S18 von Geographiekarten, Autokarten (12-15)
und Schatzkarten (152-153, 216-219) sowie S22 (181-184) von Karten für Touris-
ten.

Definition25: Karte ist etwas Bildliches (und nicht etwas Textliches).

Prä-Sekundarstufe 1

-

Post-Sekundarstufe 1

S17, S18 und S19 weisen ein Konzept auf, dass Karten mehr Eigenschaften eines Bildes und weniger eines Textes haben. Dieses Konzept wird nicht spontan geäußert, sondern erst durch die Materialien M8 und M9 sowie entsprechende Impulse des Interviewers aktiviert.

Vergleich und Gesamtinterpretation

Das Konzept ist eher bei Schülerinnen und Schülern der Sekundarstufe 2 anzutreffen. Ein Vergleich der beiden Altersgruppen ist jedoch nur wenig aussagekräftig, da aufgrund der Länge der Interviews in einigen Fällen auf Impulse zu den Materialien M8 und M9, die zur Besprechung dieser Aspekte konzipiert wurden, verzichtet wurde. Es lässt sich aber festhalten, dass Schülerinnen und Schüler dieses Konzept bei entsprechenden Impulsen zeigen. Jedoch ist zu vermuten, dass die Schülerinnen und Schüler eine Karte noch nicht aus dieser Perspektive betrachtet haben. Daher kann in diesen Fällen von Ad-Hoc-Vorstellungen (siehe Kapitel 2.1.3.1 und 2.1.3.3) ausgegangen werden.

Definition26: Karten sind nicht aktuell bzw. müssen aktualisiert werden.

Prä-Sekundarstufe 1

-

Post-Sekundarstufe 1

In der Gruppe der Sekundarstufe 2 drücken S17, S18 und S23 ein Konzept aus, das Karten nicht als aktuell ansieht. S17 (14-15, 20-21) formuliert dies als einen Anspruch an eine Karte, damit diese eine Aussagekraft hat, wohingegen S18 (18-21) zwei Beispiele anführt, was eine Karte nicht leisten kann. S23 (15-18) bezeichnet eine Karte als „von früher" Alle drei Schülerinnen bzw. Schüler beschreiben dieses Konzept im ersten Block des Interviews auf den Impuls hin, welche Unterschiede zwischen der Darstellung auf der Karte und in der Realität bestehen.

Vergleich und Gesamtinterpretation

Das Konzept ist insgesamt bei wenigen Schülerinnen und Schülern anzutreffen, wobei es häufiger in der Gruppe der Sekundarstufe 2 vorzufinden ist. S4 (36-37) und S18 (18-21) drücken dieses Konzept als einen Nachteil einer Karte aus. Dagegen verbindet es S17 (14-15, 20-21) mit einem Qualitätsmerkmal einer Karte. In allen Fällen kann es sich um eine Ad-Hoc-Vorstellung (siehe Kapitel 2.1.3.1 und 2.1.3.3) handeln, die durch den Impuls des Interviewers, welche Unterschiede zwischen einer Karte und der Realität bestehen, entstanden ist. Es ist zu vermuten, dass dieses Konzept eng mit der Idee verbunden ist, dass eine Karte gedruckt ist, und nicht die Vorstellungen der Schülerinnen und Schülern zu digitalen Karten einbindet.

Definition27: Eine Karte ist nicht real, sondern ein Modell.

Prä-Sekundarstufe 1

-

Post-Sekundarstufe 1

Bei S16, S17, S19, S22 und S23 ist das Konzept anzutreffen, dass Karten nicht der Realität entsprechen, sondern ein Modell sind. Der Ausdruck Modell wird von S17 (14-15, 20-21) benutzt. S22 (21-22) spricht von einer Karte als „Versuch", S16 (18-22) von „verallgemeinert", S19 (22-25) von „oberflächlich" und S22 (21-22, 81-82, 90-91) von einer Abbildung, einem Versuch und einer Vereinfachung. Das Konzept wird häufig bereits im ersten Block des Interviews zur Definition von Karte formuliert.

Vergleich und Gesamtinterpretation

Das Konzept ist nur bei Schülerinnen und Schülern der Sekundarstufe 2 anzutreffen. In einigen Fällen (S16 18-22; S17 14-15, 20-21; S19 22-25; S22 21-22; S23 19-20) besteht die Möglichkeit, dass von einer Ad-Hoc-Vorstellung (siehe Kapitel 2.1.3.1 und 2.1.3.3) auszugehen ist, da es sich um Antworten auf die Frage des Interviewers handelt, wie sich die Darstellung in einer Karte von der Realität unterscheidet. Das ausschließliche Auftreten des Konzeptes in der Sekundarstufe 2 kann daran liegen, dass bei diesem Impuls in den Interviews mit den Grundschülerinnen und Grundschülern auf den Ausdruck „Realität" verzichtet wurde. Jedoch handelt es sich hierbei auch um ein komplexeres und abstrakteres Konzept, das für Grundschülerinnen und Grundschüler aufgrund der kognitiven Entwicklung womöglich schwerer zu bilden ist.

Definition28: Karten sind groß.

Prä-Sekundarstufe 1

S4, S5, S8 und S11 weisen das Konzept auf, dass eine Karte groß ist. S5 (17-22) ergänzt noch das Attribut „länglich". S8 (362-367) beschreibt, dass eine Karte ohne Brille lesbar sein sollte.

Post-Sekundarstufe 1

Bei S20 und S23 ist das Konzept anzutreffen, dass eine Karte groß ist. S20 (15-18) bezieht sich dabei auf Wandkarten. S23 (15-18) stellt sich eine große Karte vor, damit die Ortschaften gut erkennbar sind.

Vergleich und Gesamtinterpretation

Das Konzept ist häufiger bei Schülerinnen und Schülern der Grundschule anzutreffen. S5 (17-22) ergänzt zu diesem Konzept, dass es auf den im Unterricht und im Urlaub verwendeten Karten beruht. S20 (15-18) geht auf Wandkarten ein, ohne diese so zu nennen, und für S23 (15-18) dient die Größe der Karte dem Zweck, dass Ortschaften erkennbar sind.

Definition29: Eine Karte ist viereckig.

Prä-Sekundarstufe 1

S7 und S8 drücken ein Konzept aus, dass es ein wichtiges Merkmal einer Karte ist, dass diese viereckig ist. Es wird ausschließlich im ersten Block des Interviews formuliert.

Post-Sekundarstufe 1

-

Vergleich und Gesamtinterpretation

Das Konzept, dass eine Karte viereckig ist, tritt insgesamt wenig und ausschließlich bei Grundschülerinnen und -schülern auf.

Definition30: Eine Karte ist gemalt oder gezeichnet.

Prä-Sekundarstufe 1

S7, S8, S11 und S13 sehen es als wichtiges Merkmal einer Karte an, dass diese ge-zeichnet oder gemalt ist. S7 (233-236) und S8 (280-284, 287) formulieren das Kon-zept bei der Besprechung von Materialien, wohingegen S11 (15-16, 27-28) und S13 (15-16, 25-28) es bereits im ersten Block des Interviews ausdrücken.

Post-Sekundarstufe 1

-

Vergleich und Gesamtinterpretation

Das Konzept ist fast ausschließlich in der Gruppe der Grundschülerinnen und -schüler anzutreffen (S23 (84-85) spricht davon, dass viele Karten gemalt sind, was aber aufgrund der vagen Aussage nicht unter Definition codiert wurde). S7 (233-236) drückt das Konzept aus, um M6, das Luftbild, von einer Karte zu unterschei-den, und S8 (280-284, 287) grenzt damit M1 von anderen Karten ab. S11 (15-16, 27-28) sieht eine große Ähnlichkeit zu Bildern, die gezeichnet bzw. gemalt wurden.

Definition31: Eine Karte gibt eine Übersicht oder einen Überblick.

Prä-Sekundarstufe 1

S6 und S8 demonstrieren das Konzept, dass eine Karte einen Überblick oder eine Übersicht vermittelt. Dieses Konzept wird verwendet, um Materialien zu bewer-ten: S6 (119-122, 129-130) rechnet M7 zu, einen „gescheiten" Überblick, und M1 zu, einen guten Überblick über Europa zu geben. M6, das Luftbild, beschreibt in S8s Vorstellungen (262, 264-267) die ganze Landschaft.

Post-Sekundarstufe 1

S17, S20, S21, S22 und S23 demonstrieren das Konzept, dass eine Karte einen Überblick gibt. S20 (23-26) und S23 (27-28, 44-45) formulieren das Konzept allge-mein. Dagegen wird das Konzept von S17 (12-13), S21 (183-184), S22 (177-180) und S23 (15-18, 128-133) auch anhand von Beispielen aufgezeigt.

Vergleich und Gesamtinterpretation

Das Konzept ist häufiger bei Schülerinnen und Schülern der Sekundarstufe 2 fest-zustellen. Außerdem zeigt sich ein Unterschied zwischen den beiden Altersgrup-pen darin, dass die Grundschülerinnen und -schüler das Konzept nur im Umgang mit den Materialien erwähnen, wohingegen S20 (23-26) und S23 (27-28, 44-45) es auch allgemein auf Karten bezogen formulieren.

Definition32: Auf einer Karte sind Kontinente.

Prä-Sekundarstufe 1

Bei S4 und S6 ist das Konzept anzutreffen, dass auf einer Karte Kontinente abgebildet sind. S4 (30-31, 32-33, 38-39) spricht allgemein von Kontinenten im ersten Block des Interviews, wohingegen S6 (129-130) bezüglich M1 den guten Überblick über Europa hervorhebt.

Post-Sekundarstufe 1

S16, S19, S21 und S23 weisen das Konzept auf, dass auf Karten Kontinente abgebildet sind. S21 (13-14) beschreibt Kontinente im Allgemeinen. S19 (22-25) beschreibt die Darstellung von Europa in der Mitte und S21 (183-184) sowie S23 (136-137) bezeichnen M1 als gutes Beispiel aufgrund des Überblickes über Europa. S16 (22-25) bindet Nordamerika als Beispiel für einen Vergleich mit Deutschland ein.

Vergleich und Gesamtinterpretation

Das Konzept, dass Kontinente auf Karten zu sehen sind, ist häufiger unter den Oberstufenschülerinnen und -schülern anzutreffen. Es wird allgemein anhand des Begriffes des Kontinentes ausgedrückt (S4 30-31, 32-33, 38-39; S21 13-14), aber auch mithilfe konkreter Beispiele wie Europa aufgezeigt (S6 129-130; S19 22-25; S21 183-184; S23 136-137), wobei dieses Beispiel durch die Herkunft der Schülerinnen und Schüler sowie das Kartenmaterial M1, das Europa zeigt, beeinflusst ist. Das häufigere Vorkommen bei den Schülerinnen und Schülern der Sekundarstufe 2 kann durch die häufigere Arbeit mit kleinmaßstäbigen Karten im Unterricht begründet sein. Grundschülerinnen und -schüler sind womöglich mehr an die Arbeit mit großmaßstäbigeren Karten gewöhnt, was sich darin zeigt, dass S5 (142-145)[10] M7, eine Weltkarte, als am wenigsten einer Karte entsprechend unter den Materialien beschreibt, da Kontinente gezeigt werden.

---

[10] Diese Aussage ist nicht in der Aufstellung der Kernaussagen zu Definition32 erfasst, sondern an dieser Stelle zur besseren Einordnung des Konzeptes erwähnt.

Definition33: Karten und ihre Inhalte sind nicht so genau und vereinfacht dargestellt.

Prä-Sekundarstufe 1

S4, S8 und S14 weisen das Konzept auf, dass Karten und ihre räumlichen, georeferenzierten Inhalte nicht so genau und vereinfacht dargestellt sind. Auffällig ist, dass S8 (262, 264-267) das Konzept verwendet, um M6, das Luftbild, als bestes Beispiel einer Karte zu bezeichnen. S14 (26-27) geht neben der vereinfachten Darstellung auch darauf ein, dass Städte und Dörfer auf einer Karte nicht abgebildet sind.

Post-Sekundarstufe 1

S16, S19, S21, S22 und S23 demonstrieren das Konzept, dass Karten und ihre räumlichen, georeferenzierten Inhalte nicht so genau und vereinfacht dargestellt sind. Dabei werden unterschiedliche Formulierungen verwendet: S19 (22-25) beschreibt dies mit „oberflächlich", S16 (18-22) mit „verallgemeinert" und S21 (183-184) mit „nicht präzise". S16 (18-22) und S23 (15-18) gehen auch darauf ein, dass bestimmte Inhalte weggelassen werden.

Vergleich und Gesamtinterpretation

Das Konzept ist häufiger bei den Schülerinnen und Schülern der Sekundarstufe 2 anzutreffen. Es weist Überschneidungen zum fachwissenschaftlichen Konzept der Generalisierung von Karten und deren räumlichen, georeferenzierten Inhalten, genauer zu den elementaren Vorgängen des Vereinfachens und Weglassens, auf. Der Unterschied zu Definition28 liegt darin, dass es sich weniger auf das Verhältnis zur Realität bezieht. Dies wird durch eine Bandbreite von Beschreibungen wie „nicht genau" (S4 38-39; S14 26-27), „grob hingeschrieben" (S8 262, 264-267), „oberflächlich" (S19 22-25), „verallgemeinert" (S16 18-22) und „nicht präzise" (S21 183-184) ausgedrückt.

Definition34: Auf einer Karte sind Land und Landschaften.

Prä-Sekundarstufe 1

S8 und S13 drücken das Konzept aus, dass auf einer Karte Land und Landschaften dargestellt sind. S8 (25-30, 39-40, 262, 264-267) spricht dabei von Landschaft und erwähnt das Konzept bereits im ersten Block zur Definition von Karte sowie um M6 als bestes Beispiel einer Karte zu benennen. S13 (167-174) hebt M6 gegenüber M8 deswegen hervor, da es „mehr nach Land aussieht".

Post-Sekundarstufe 1

S16, S17 und S22 weisen das Konzept auf, dass Land und Landschaften auf Karten wiedergegeben werden. Unter anderem wird der Begriff Land als Abgrenzung zu großen Gewässern verwendet (S16 22-25, 100-101; S17 84-85; S22 15-18). S16 (56-57) verwendet ihn auch im Sinne von „Flachland" als Abgrenzung von Gebirgen.

Vergleich und Gesamtinterpretation

Das Konzept ist in beiden Altersgruppen bei ein paar Schülerinnen und Schülern anzutreffen. Es ist darin von Definition2 abzugrenzen, dass Land hier nicht im Sinne eines Nationalstaates aufgefasst wird, sondern als Landschaft (S8 25-30, 39-40, 262, 264-267) und als Abgrenzung zu Wasserflächen (S16 22-25, 100-101; S17 84-85; S22 15-18) oder Hochgebirgen (S16 56-57) verstanden wird.

Definition35: Eine Karte kann man lesen, auswerten und interpretieren.

Prä-Sekundarstufe 1

-

Post-Sekundarstufe 1

S16, S17 und S19 weisen das Konzept auf, dass Karten gelesen, ausgewertet und interpretiert werden können. Das Interpretieren wird von S16 (94-97) bezüglich M2 angesprochen. Das Auswerten einer Karte beschreibt S16 (22-25) im ersten Block des Interviews. S17 (12-13) geht darauf ein, dass etwas aus einer Karte herausgelesen werden kann. S19 (26-27) erklärt, dass durch die Lage eines Ortes Schlüsse auf das Klima gezogen werden können.

Vergleich und Gesamtinterpretation

Das Konzept ist insgesamt wenig und häufiger bei den Schülerinnen und Schülern der Sekundarstufe 2 anzutreffen. Lediglich S5 (33-38) aus der Grundschule erwähnt, dass eine Karte gelesen werden kann. Das vermehrte Auftreten bei den Oberstufenschülerinnen und -schülern kann damit zusammenhängen, dass ihnen häufiger Aufgabenstellungen zu Karten vorgelegt wurden, die Operatoren wie Auswerten und Interpretieren einbinden.

Definition36: Weltkarte als besondere Karte.

Prä-Sekundarstufe 1

S13 und S14 weisen das Konzept auf, dass eine Weltkarte eine besondere Karte
ist. S13 (13-14, 22) denkt zuerst an eine Weltkarte, was auch durch den HSU beeinflusst ist. S14 (22-23, 28-31) erwähnt mehrfach eine Weltkarte im ersten Block
des Interviews.

Post-Sekundarstufe 1

S19, S20, S22 und S23 erwähnen Weltkarten als besondere Kartenart. S19 (18-19)
und S20 (15-18, 158-165) kommt bei dem Gedanken an eine Karte zuerst die Weltkarte in den Kopf. S20 (154-155) bewertet M7 als bestes Beispiel einer Karte, weil
die Welt darauf abgebildet ist und S22 (177-180) sieht M1 als gutes Beispiel einer
Karte, weil es wie ein Stück Weltkarte aussieht.

Vergleich und Gesamtinterpretation

Das Konzept tritt etwas häufiger bei den Schülerinnen und Schülern der Sekundarstufe 2 auf. Dies kann mit den Erfahrungen der älteren Schülerinnen und Schüler
mit Karten zusammenhängen, da sie sich vermutlich bereits häufiger mit Weltkarten, auch im Unterricht, beschäftigt haben. Jedoch beschreibt S13 (13-14, 22), dass
auch im HSU Weltkarten behandelt wurden.

Definition37: Stadtkarte als besondere Karte.

Prä-Sekundarstufe 1

-

Post-Sekundarstufe 1

S19 (20-21) und S20 (19-20) weisen das Konzept auf, dass eine Stadtkarte eine
besondere Karte ist. S19 (20-21) überlegt, ob eine Weltkarte oder eine bestimmte
Stadtkarte zuerst in den Kopf kommt. S20 (19-20) kritisiert an einem Stadtplan und
allgemein an Karten, dass man sich damit nicht alles so genau oder ziemlich
schlecht vorstellen kann.

Vergleich und Gesamtinterpretation

Das Konzept ist nur bei wenigen Schülerinnen und Schüler der Sekundarstufe 2
anzutreffen.

6.2.1.2 Zusammenfassung zu verallgemeinerten Schülervorstellungen zur Definition von Karten

Schülerinnen und Schüler verfügen über eine große Bandbreite an Vorstellungen, wie eine Karte definiert werden kann. Häufig vertreten ist in den Schülervorstellungen, dass Karten sich durch die Darstellung bestimmter räumlicher, georeferenzierter Inhalte auszeichnen (Definition1-Definition8, Definition32, Definition34). Jedoch gibt es innerhalb der räumlichen, georeferenzierten Inhalte, die in einer Karte typischerweise vorhanden sind, Unterschiede, auch zwischen den beiden Altersgruppen. Grundschülerinnen und -schüler zählen verstärkt Straßen (Definition2), Häuser (Definition5) und Wälder (Definition6) auf. Diese Beispiele räumlicher, georeferenzierter Inhalte kommen in den Vorstellungen der Gruppe aus der Sekundarstufe 2 teils überhaupt nicht vor. Dafür nennt diese Gruppe häufiger die Darstellung von Städten (Definition1), Ländern und deren Grenzen (Definition3), Gebirgen, Bergen (Definition7), Höhenunterschieden (Definition21), Kontinenten (Definition32) oder der ganzen Welt (Definition8). Diese Konzepte sind in geringerer Anzahl auch bei manchen Grundschülerinnen und Grundschülern zu finden. Ein Erklärungsansatz für diese unterschiedlichen räumlichen, georeferenzierten Inhalte kann im Unterricht als eine Quelle der Vorstellungen vermutet werden: Im HSU der Grundschule erfolgt die Einführung ins Kartenverständnis mit großmaßstäbigen Karten, auf denen Häuser, Wälder und Straßen erkennbar wiedergegeben werden. Dagegen sind Schülerinnen und Schüler der Sekundarstufe 2 mehr an die Arbeit mit kleinmaßstäbigen Karten gewöhnt, die eher Städte, Länder oder Gebirge darstellen. Ausgeglichen vorhanden in beiden Gruppen ist, dass die Wiedergabe von Flüssen und Gewässern ein elementarer Bestandteil einer Karte ist (Definition4).

In beiden Gruppen stark vertreten ist die Vorstellung, dass Kartenzeichen (Definition19) ein Merkmal einer Karte sind. Eine Legende wird deutlich häufiger von den Schülerinnen und Schüler der Sekundarstufe 2 als wichtiger Bestandteil benannt, wobei dabei zu bedenken ist, dass in beiden Altersgruppen nicht durchgehend der Fachbegriff verwendet wird (Definition23). Jedoch sehen viele es als notwendiges Element einer Karte an, dass deren Kartenzeichen erklärt werden. Nicht häufig, aber gleichmäßig in beiden Altersgruppen, wurde das Konzept geäußert, dass auf einer Karte alles in flach dargestellt wird (Definition20), was als eine vereinfachte Umschreibung der Grundrissdarstellung angesehen werden kann. Ebenfalls ausgeglichen tritt das Konzept auf, dass eine Karte aus der Vogelperspektive oder der Ansicht von oben erstellt ist (Definition22).

Neben den oben bereits aufgezeigten räumlichen, georeferenzierten Inhalten gibt es weitere Konzepte, die auffällig häufiger bei den Schülerinnen und Schülern der Primarstufe auftreten. Es werden häufiger Handlungen mit der Karte angesprochen, die sich auf die räumliche Orientierung beziehen. Dazu zählen Konzepte wie das Planen und Finden einer Wegstrecke (Definition10) oder die Bestimmung des eigenen Standortes oder anderer Standorte (Definition11). Diese Zwecke sind zwar seltener, aber auch in den Vorstellungen der Sekundarstufe 2 zu finden. Diese Gruppe spricht aber häufiger davon, dass Karten der Orientierung dienen (Definition9). Die höhere Gewichtung dieser Konzepte mit Ausnahme von Definition9 unter den Grundschülerinnen und -schülern kann im Unterricht begründet sein. Während in der Sekundarstufe Kartenauswertung stärker im Vordergrund steht, wird im HSU beispielsweise die Orientierung im Realraum mehr fokussiert. Dieser Eindruck wird durch Definition35 bestätigt: Schülerinnen und Schüler der Sekundarstufe 2 sprechen bei der Definition von Karten häufiger davon, Karten zu lesen, auszuwerten und zu interpretieren. Jedoch sprechen die Schülerinnen und Schüler kaum und nur indirekt davon, Karten als Informationsträger zu nutzen.

Vermehrt ist in der Gruppe der Grundschülerinnen und -schüler das Konzept vorhanden, dass eine Karte auf Papier gedruckt ist (Definition15). In den meisten Fällen erweitern die Grundschülerinnen und -schüler dieses Konzept jedoch, wenn Sie das Beispiel einer digitalen Karte bei den Materialien sehen (Definition16). Die älteren Schülerinnen und Schüler sehen digitale Karten vielleicht eher deshalb von Anfang an auch als Karten an, dass sie sie häufiger für verschiedene Zwecke im Alltag einsetzen. Zusätzlich weisen Grundschülerinnen und -schüler deutlich häufiger die Konzepte auf, dass Karten groß (Definition28), viereckig (Definition29) und gemalt oder gezeichnet sind (Definition30). Definition30 scheint für die Grundschülerinnen und -schüler ein Ausdruck dafür zu sein, Karten von Fotographien, Luft- und Satellitenbildern zu unterscheiden.

Ebenfalls beschreiben Grundschülerinnen und -schüler die Ansicht von oben bzw. die Vogelperspektive als eine grundlegende Eigenschaft einer Karte (Definition22), was bei den Probandinnen und Probanden aus der Sekundarstufe 2 seltener vorkam. Hier kann ebenfalls angenommen werden, dass die Thematisierung der Grundrissdarstellung im vorangegangenen Unterricht eine mögliche Quelle ist. Der Ausdruck Vogelperspektive ist in Unterrichtsmaterialen anzutreffen, der Begriff der Draufsicht wird beispielsweise in einem Grundschulatlas und in Schulbüchern verwendet (ERLEBNIS WELT 3/4 2015, S. 151; HAACK GRUNDSCHULATLAS 2009, S. 5; MOBILE 4 2016, S. 96; PIRI 2 2014, S. 87, 89).

Bei den Schülerinnen und Schülern der Sekundarstufe 2 treten dafür andere Konzepte häufiger auf: Sie bringen bei ihren Aussagen zur Definition einer Karte das Konzept ein, dass eine Karte ein bestimmtes Thema oder einen bestimmten Zweck hat (Definition24). Dieses Konzept wird jedoch nur selten mit einer thematischen Karte oder anderen Kartenarten aus der fachwissenschaftlichen Perspektive verknüpft. Außerdem erwähnen vor allem die Schülerinnen und Schüler der Sekundarstufe 2 eine Weltkarte (Definition36) und in wenigen Fällen eine Stadtkarte (Definition37) als besondere Karten.

Die Oberstufenschülerinnen und -schüler deuten häufiger elementare Vorgänge der Generalisierung von Karten, genauer die Vereinfachung der wiedergegebenen

Inhalte, im Rahmen der Definition von Karten an (Definition33). Des Weiteren drücken die Schülerinnen und Schüler der Sekundarstufe 2 aus, dass eine Karte für sie bildhafte anstatt texthafte Elemente hat (Definition25). Dieses Konzept scheint eine Ad-Hoc-Vorstellung (siehe Kapitel 2.1.3.1 und 2.1.3.3) zu sein, da es durch entsprechende Materialien und Impulse hervorgerufen wurde. Ähnliches gilt für einige Aussagen der Schülerinnen und Schüler, dass eine Karte ein Modell und nicht real ist (Definition27). Dieses Konzept wurde womöglich durch die Fragestellung im Interview erzeugt. Jedoch demonstriert dies die größere Fähigkeit der älteren Schülerinnen und Schüler, sich reflexiv mit dem Medium Karte auseinanderzusetzen. Bemerkenswert in diesem Kontext ist das Konzept, dass Karten aktualisiert werden müssen oder nicht aktuell sein können (Definition26). Es ist zwar nur bei wenigen Schülerinnen und Schülern und fast ausschließlich in der Sekundarstufe 2 vorhanden, aber in beiden Altersklassen anzutreffen. Die älteren Schülerinnen und Schüler drücken auch häufiger aus, dass eine Karte einen Überblick oder eine Übersicht gibt (Definition31).

Sowohl unter den Schülerinnen und Schülern der Primarstufe als auch der Sekundarstufe 2 lässt sich das Konzept feststellen, dass Karten an sich oder ihre räumlichen, georeferenzierten Inhalte verkleinert sind und dies ein definitorisches Element einer Karte darstellt (Definition14). Jedoch sprechen die Schülerinnen und Schüler seltener den Maßstab als einen wichtigen Bestandteil einer Karte an, wobei dies noch häufiger in der Gruppe der Oberstufenschülerinnen und -schüler der Fall ist (Definition13). Eine konkrete Maßstabzahl benennt nur S4 (36-37).

Zusätzlich erwähnenswert ist, dass S5 (15-16) und S18 (12-15) unter dem Begriff „Karte" auch Gedanken ausdrücken, die sich nicht dem geographischen Medium, sondern Spiel- und Sammelkarten zuordnen lassen.

Neben den unterschiedlichen Konzepten ist festzustellen, dass eine Vielzahl der Schülervorstellungen zur Definition von Karten bereits in einer frühen Phase des Interviews ohne den Einfluss von Material formuliert wurden. Die teils unterschiedlichen Schwerpunkte in den Vorstellungen zwischen den beiden Altersgruppen können womöglich auf unterschiedliche Schwerpunktsetzungen im Unterricht zurückgeführt werden, was als ein Anzeichen gedeutet werden kann, dass der Unterricht eine wichtige Quelle für Schülervorstellungen von Karten ist. Im Vergleich mit einer Definition aus fachwissenschaftlicher Perspektive (z. B. mit der Definition von HÜTTERMANN 2013b, S. 128; siehe Tabelle 5 in Kapitel 2.2.2.2) zeigen sich Gemeinsamkeiten darin, dass Schülerinnen und Schüler die Verkleinerung, Verebnung (wobei sich diese in den Schülervorstellungen sehr auf die Verebnung von Höhenunterschieden und nicht auf die der Kugelgestalt der Erde konzentriert), raumbezogene Daten (wenn man dies als Entsprechung zu räumlichen, georeferenzierten Inhalten sieht) und die Begrenzung auf einen bestimmten Zeitpunkt in unterschiedlichem Ausmaß in ihren Vorstellungen aufzeigen. Seltener und weniger ausgereift sind jedoch Schülervorstellungen zur Definition einer Karte bezüglich Maßstäblichkeit und Generalisierung. Der Status eines „inhaltlich begrenzten

Modells" (HÜTTERMANN 2013b, S. 128) wird von den Schülerinnen und Schülern (mehr in der Sekundarstufe 2) in einigen Konzepten, zum Beispiel jenen zur Vereinfachung der Realität und zur Aktualität (Definition26 und Definition27), angedeutet. Deutlich sichtbar ist, dass die Schülerinnen und Schüler ihre Vorstellungen in einer alltäglicheren Sprache ausdrücken, die sich weniger den Fachbegriffen der Fachwissenschaft bedient. Die Definitionen einer Karte in den Vorstellungen der Schülerinnen und Schüler setzt sich dagegen mehr aus bestimmten räumlichen, georeferenzierten Inhalten (Definition1-Definition8, Definition32, Definition34) sowie bestimmten Handlungen wie der Orientierung mit einer Karte (Definition9-Definition11) zusammen.

6.2.2 Verallgemeinerte Vorstellungen zu äußeren Kartenelementen

6.2.2.1 Verallgemeinerte Konzepte

Äußere Kartenelemente1: Die Legende erklärt die Bedeutung der Kartenzeichen.

Prä-Sekundarstufe 1

S4, S5, S7, S11, S13 und S14 weisen das Konzept auf, dass eine Legende die Bedeutung der Kartenzeichen erklärt. Es gilt dabei zu beachten, dass nur zum Teil der Fachausdruck „Legende" verwendet wird und bei manchen Schülerinnen und Schülern überhaupt nicht vorkommt (S5 25-32, 59-62; S7 161-166, 185-194; S11 177-180, 185-188, 197-198; S14 201-206, 221-231; S14 237-242). Das Konzept wird bei S7 (161-166), S11 (177-180, 185-188, 197-198) und S14 (201-206, 221-231, 237-242) erst durch Kartenmaterial aktiviert, wohingegen S4 (30-31), S5 (25-32) und S13 (88, 107-110) dies auch bereits zuvor im Interview formulieren. S4 (175-178), S7 (185-194), S11 (185-188, 197-198) und S13 (163-166) wenden das Konzept an, um in den Materialien Kartenzeichen zu decodieren.

Post-Sekundarstufe 1

Alle Schülerinnen und Schüler aus der Sekundarstufe 2 weisen das Konzept auf, dass eine Legende die Zeichen einer Karte erklärt. Es verwenden alle Probandinnen und Probanden mit Ausnahme von S16 (44-45, 94-97) und S22 (23-24) von Anfang an den passenden Fachbegriff dafür. Bei S19 (135-137, 174-177) wird dieses Konzept erst nach der Einbringung der Materialien verwendet. Nur S22 (209-212) und S23 (142-143) wenden das Konzept an, um in den Materialien Kartenzeichen zu decodieren.

Vergleich und Gesamtinterpretation

Das Konzept ist bei fast allen Schülerinnen und Schülern mit Ausnahme von S6 und S8 aus der Grundschule vorhanden. Dabei verwendet die Gruppe aus der Sekundarstufe 2 häufiger den Fachbegriff der Legende. In beiden Gruppen ist je eine Schülerin oder ein Schüler (S7 161-166; S19 135-137, 174-177) vertreten, die oder der das Konzept erst bei der Besprechung von Kartenmaterial ausdrückt. Es findet auch Anwendung zur Decodierung von Kartenzeichen in den Materialien (S4 175-178; S7 185-194; S11 185-188, 197-198; S13 163-166; S22 209-212; S23 142-143).

Äußere Kartenelemente2: Eine Legende ist am Rand, in der Ecke oder unter einer Karte.

Prä-Sekundarstufe 1

S4, S5, S7, S11, S13 und S14 drücken das Konzept aus, dass eine Legende sich am Rand, in der Ecke oder unten in der Karte befindet. Die Formulierungen werden zum Teil als Ersatz für den Fachausdruck „Legende" herangezogen, der von S5 (25-32), S7 (161-166, 185-194), S11 (177-180, 185-188, 197-198) und S14 (201-206, 221-231) nicht verwendet wird. S4 (30-31) und S13 (88, 247-252) benutzen dieses Konzept zusätzlich zur Erklärung des Fachbegriffes und des Konzeptes einer Legende.

Post-Sekundarstufe 1

In der Gruppe der Schülerinnen und Schüler der Sekundarstufe 2 tritt das Konzept explizit bei S16, S17, S18, S20, S21 und S23 auf. Nur S16 (44-45, 94-97, 150-151) verwendet es als Ersatz für den Fachbegriff der Legende. Die anderen Schülerinnen und Schüler erwähnen es in Verbindung mit dem Fachbegriff.

Vergleich und Gesamtinterpretation

Dieses Konzept wird vermutlich bei mehr Schülerinnen und Schülern anzutreffen sein, als aus den zitierten Kernaussagen ersichtlich ist, da diese nur die Fälle wiedergeben, in denen das Konzept explizit geäußert wird. Auffällig ist, dass es häufiger in der Gruppe der Schülerinnen und Schüler der Primarstufe (S5 25-32; S7 161-166, 185-194; S11 177-180, 185-188, 197-198; S14 201-206, 221-231; S16 44-45, 94-97, 150-151) als Ersatz für den Fachbegriff Legende formuliert wird. Bei den anderen Schülerinnen und Schülern wird es als zusätzliche Beschreibung einer Legende in Kombination mit dem Fachbegriff verwendet.

Äußere Kartenelemente3: Auf einer Karte ist eine Legende.

Prä-Sekundarstufe 1

S4, S6, S7, S13 und S14 drücken das Konzept aus, dass eine Karte eine Legende umfasst. S7 (161-166) und S14 (201-206, 237-242) beschreiben das Konzept erst anhand der Materialien und benutzen nicht den Fachausdruck der Legende.

Post-Sekundarstufe 1

Alle Schülerinnen und Schüler der Sekundarstufe 2 weisen dieses Konzept auf. S18 (156-157) und S19 (135-137) formulieren dieses Konzept erst bei der Betrachtung der Materialien. S16 (44-45, 94-97) und S22 (23-24) verwenden dabei zunächst nicht den Fachbegriff der Legende.

Vergleich und Gesamtinterpretation

Dieses Konzept ist bei allen Schülerinnen und Schülern der Sekundarstufe 2 vertreten, aber nicht bei allen Grundschülerinnen und -schülern. Da S5 und S11 auch das Konzept Äußere Kartenelemente2 (S11 auch Äußere Kartenelemente1) aufweisen, ist davon auszugehen, dass auch dieses Konzept vorhanden ist, aber nicht explizit im Interview geäußert wurde. Das Konzept wird bei vielen Schülerinnen und Schülern häufig schon vor der Beigabe der Materialien formuliert (S4 30-31; S6 16-17; S13 88; S17 12-13, 25-27, 30-31; S20 56-59; S21 11-12; S22 23-24; S23 15-18, 33), in manchen Fällen aber erst bei der Betrachtung von Kartenbeispielen (S7 161-166; S14 201-206, 237-242; S18 156-157; S19 135-137, 210-211). Insgesamt wirkt das Konzept in der Gruppe der Sekundarstufe 2 tiefer verankert, was an der Häufigkeit und der Anwendung in verschiedenen Gesprächssituationen abzulesen ist. Einige Schülerinnen und Schüler erklären ebenfalls, dass Karten nicht zwingend eine Legende aufweisen müssen (S13 88; S17 168-171; S23 138-139). Es wird nicht durchgehend der Fachbegriff Legende verwendet, sondern er wird in einigen Fällen umschrieben (S7 161-166; S14 201-206, 237-242; S16 44-45, 94-97; S22 23-24).

Äußere Kartenelemente4: Auf einer Karte ist eine Maßstabszahl angegeben.

Prä-Sekundarstufe 1

S4, S5, S6, S7, S11 S13 und S14 weisen das Konzept auf, dass eine Karte eine Maßstabszahl als ein äußeres Kartenelement umfasst. S4 (36-37) demonstriert dieses Konzept bereits in einer früheren Phase des Interviews, während das Konzept bei S5 (152-155), S6 (162-163, 164-165), S7 (211-218), S11 (203-204), S13 (137-141, 217-218) und S14 (261-264, 265-266) erst bei der Betrachtung von Kartenmaterial benannt wird. Einige Schülerinnen und Schüler verwenden dabei nicht den Fachbegriff des Maßstabes (S5 152-155; S6 162-163, 164-165; S7 211-218; S13 217-218; S14 261-264, 265-266).

Post-Sekundarstufe 1

Das Konzept ist bei S16, S17, S18, S19, S20, S21 und S22 vorzufinden. Jedoch formuliert nur S17 (28-29) das Konzept bevor Kartenbeispiele in das Interview eingebracht werden, wohingegen die anderen Schülerinnen und Schüler dieses Konzept erst anhand von Material äußern. Alle Schülerinnen und Schüler benutzen den Fachbegriff des Maßstabes.

Vergleich und Gesamtinterpretation

Zwischen den beiden Gruppen sind keine nennenswerten Unterschiede bezüglich dieses Konzepts festzustellen: Fast alle Probandinnen und Probanden drücken aus, dass eine Maßstabszahl auf einer Karte angegeben ist. In beiden Gruppen wird dieses Konzept mehrheitlich erst durch Karten aktiviert, was darauf schließen lässt, dass die Verbindung dieses Konzepts, ähnlich wie Konzepte im Zusammenhang mit der Kategorie Maßstäblichkeit und Verkleinerung, zu den Vorstellungen einer Karte schwächer ausgeprägt ist. Das Konzept ist auch unter Maßstäblichkeit und Verkleinerung gelistet (Maßstäblichkeit und Verkleinerung3).

Äußere Kartenelemente5: Auf einer Karte ist ein Titel angegeben.

Prä-Sekundarstufe 1

S4 und S14 weisen das Konzept auf, dass eine Karte über einen Titel verfügt. Es wird von S4 (203-212) und von S14 (215-220) bei der Besprechung der Materialien erwähnt.

Post-Sekundarstufe 1

S17 und S21 demonstrieren das Konzept, dass eine Karte einen Titel aufweist. S17 (28-29) geht darauf bereits bei der Anfertigung der Kartenskizze ein, wohingegen S21 (211-212) Kartentitel beim Vergleich von Materialien mit einbezieht.

Vergleich und Gesamtinterpretation

Nur wenige Schülerinnen und Schüler drücken das Konzept aus, dass auf einer Karte ein Titel angegeben ist. In einigen Fällen greifen die Schülerinnen und Schüler Teile oder den Titel von konkretem Kartenmaterial auf, jedoch gehen sie dabei nicht darauf ein, dass es sich um den Titel der Karte handelt. Es ist zu vermuten, dass das Konzept auch bei anderen Schülerinnen und Schülern vorhanden wäre, aber im Interview nicht zur Sprache kam. Dies lässt dennoch darauf schließen, dass der Titel einer Karte keine zentrale Rolle in den Schülervorstellungen einnimmt.

Äußere Kartenelemente6: Auf einer Karte sind Koordinaten und Koordinatenlinien angegeben.

Prä-Sekundarstufe 1

-

Post-Sekundarstufe 1

Drei Schülerinnen und Schüler aus der Sekundarstufe 2 weisen das Konzept auf, dass auf Karten Koordinaten und Koordinatenlinien angegeben sind. S17 (28-29) und S21 (43-44) ziehen in Erwägung, solche Angaben in die eigene Kartenskizze einzubinden. Trotz des Verzichts auf Koordinaten und Koordinatenlinien in der eigenen Kartenskizze weist S19 (31, 33) das Konzept auf. S21 (17-18) geht bereits im ersten Block des Interviews auf das Gradnetz ein.

Vergleich und Gesamtinterpretation

Dieses Konzept ist bei den Schülerinnen und Schülern der Primarstufe nicht vertreten, wohingegen S17 (28-29), S19 (31, 33) und S21 (17-18; 43-44) dieses aufweisen. Das Fehlen dieses Konzepts bei den Grundschülerinnen und Grundschülern lässt sich damit erklären, dass dieser Punkt im Unterricht zu Karten vermutlich nicht konkret angesprochen wird. Es werden unterschiedliche Fachbegriffe eingesetzt: Koordinaten und Gradnetz werden von S21 (17-18; 43-44) verwendet, wohingegen S17 (28-29) und S19 (31, 33) von Längen- und Breitengraden sprechen.

Äußere Kartenelemente7: Auf einer Karte sind am Rand Bilder.

Prä-Sekundarstufe 1

-

Post-Sekundarstufe 1

Das Konzept ist bei S17 und S23 anzutreffen. S17 (124-125) geht darauf bei der Besprechung von M10 ein. S23 (54-55) zieht Bilder am Rand der Karte in Erwägung, um damit die Oper von Sydney klarer darzustellen.

Vergleich und Gesamtinterpretation

Dieses Konzept ist nur bei wenigen Schülerinnen und Schülern vertreten. Es wird
u. a. durch eine Kinderkarte (M10) ausgelöst, die am Kartenrand mit Zeichnungen
ausgeschmückt ist (S5 222-225; S17 124-125). S5 (25-32) äußert das Konzept bereits im ersten Block des Interviews, da die Vorstellungen sich an dem Beispiel einer Karte eines Freizeitparks orientieren, und S23 (54-55) verwendet das Konzept
als Mittel der Verdeutlichung eines besonderen räumlichen, georeferenzierten Inhalts.

Äußere Kartenelemente8: Eine Legende erleichtert die Kartenerstellung.

Prä-Sekundarstufe 1

-

Post-Sekundarstufe 1

S17 und S21 weisen das Konzept auf, dass eine Legende die Darstellung für Kartenerstellende erleichtert. S17 (12-13, 25-27, 30-31) beschreibt dies noch stärker
aus der Perspektive der Kartenleserinnen und -leser, die damit die vereinfachte
Darstellung der Erstellenden verstehen. S21 (71-74) drückt dieses Konzept konkret
anhand des Beispiels von Bäumen und deren Wiedergabe auf einer Karte aus.

Vergleich und Gesamtinterpretation

Das Konzept ist nur bei zwei Schülerinnen und Schülern der Sekundarstufe 2 anzutreffen.

6.2.2.2 Zusammenfassung zu verallgemeinerten Schülervorstellungen zu äußeren Kartenelementen

In den Vorstellungen zu äußeren Kartenelementen sind am meisten Konzepte zur
Legende einer Karte vorhanden. Dass eine Karte eine Legende aufweist, zeigt sich
bei fast allen Schülerinnen und Schülern (Äußere Kartenelemente3). Ebenfalls verfügen sie über das Konzept, dass eine Legende die in einer Karte verwendeten Kartenzeichen erklärt, was auch von einigen Probandinnen und Probanden bei den
Materialien angewendet wird (Äußere Kartenelemente1). Der Fachbegriff der Legende ist jedoch nicht bei allen Schülerinnen und Schülern vorhanden (S5, S7, S8,
S11, S14; bei S6 (16-17) besteht eine Verwechslung mit dem Maßstab) oder wird
im Interview gesucht und vom Interviewer vorgegeben (S16 44-45, 102-105; S22
23-24, 201-206). Besonders die Grundschülerinnen und -schüler greifen auf Formulierungen zurück, die den Fachbegriff ersetzen, und die Position der Legende

am Rand, in der Ecke oder unter dem Kartenbild beschreiben. Die Oberstufenschülerinnen und -schüler verwenden auch solche Beschreibungen, aber häufiger in Verbindung mit dem Fachbegriff Legende (Äußere Kartenelemente2). Zwei Schülerinnen und Schüler der Oberstufe äußern das Konzept, dass eine Legende ebenfalls eine Erleichterung bei der Erstellung von Karten mit sich bringt, da einfachere Kartenzeichen verwendet und deren Bedeutung in der Legende encodiert werden können (Äußere Kartenelemente8).

Die Maßstabszahl als ein äußeres Element einer Karte ist in den Vorstellungen der Schülerinnen und Schüler überwiegend präsent (Äußere Kartenelemente4). In vielen Fällen wird sie von den Probandinnen und Probanden jedoch erst durch Kartenmaterial und den Hinweis des Interviewers eingebunden. Dies lässt den Schluss zu, dass es sich dabei um ein fragmentiertes Konzept handelt, das erst durch entsprechende Impulse aktiviert wird (siehe Kapitel 2.1.4). Auffällig ist, dass die Maßstabszahl bei vier Schülerinnen und Schülern (S4 36-37; S5 152-155; S6 162-163, 164-165; S18 182-183) Umrechnungen in andere Längeneinheiten auslöst, die nur teils gelingen. Weitere Punkte zu den Vorstellungen zum Maßstab sind der Verallgemeinerung der Vorstellungen zur Maßstäblichkeit und Verkleinerung zu entnehmen (siehe Kapitel 6.2.4).

Vorstellungen zum Titel einer Karte (Äußere Kartenelemente5) oder zu Koordinaten und Koordinatenlinien (Äußere Kartenelemente6) sind nur vereinzelt anzutreffen, wobei Koordinaten und Koordinatenlinien nur in den Interviews der Sekundarstufe 2 thematisiert wurden. Dabei kommen Fachbegriffe wie Koordinaten (S21 43-44), Gradnetz (S21 17-18), und Längen- sowie Breitengrade (S17 28-29; S19 31, 33) zum Einsatz. Wenige Schülerinnen und Schüler gehen auf Bilder, die außerhalb des Kartenbildes verzeichnet sind, ein (Äußere Kartenelemente7). Insgesamt sind keine verallgemeinerten Konzepte zu äußeren Kartenelementen festzustellen, die im Widerspruch zur fachlichen Perspektive stehen.

Zusammenfassend lässt sich festhalten, dass unter den äußeren Kartenelementen besonders die Legende eine wichtige Rolle in den Schülervorstellungen einnimmt und dort fest verankert ist, um die Bedeutung von Kartenzeichen zu decodieren. Jedoch wird nicht immer der Fachbegriff eingebunden. Titel, Maßstabszahl und weitere äußere Kartenelemente sind deutlich weniger präsent in den Schülervorstellungen, was im Fall der Maßstabszahl im Einklang mit den Ergebnissen der Kategorie Maßstäblichkeit und Verkleinerung steht. Es zeigen sich keine Konzepte, die der fachwissenschaftlichen Perspektive widersprechen, sondern es sind meist nur Einzelfälle, in denen größere Ungenauigkeiten im Umgang mit äußeren Kartenelementen auftreten.

6.2.3 Verallgemeinerte Vorstellungen zu Kartenzeichen

6.2.3.1 Verallgemeinerte Konzepte

Kartenzeichen1: Städte und Siedlungen werden in Karten mit punktuellen Kartenzeichen dargestellt.

Prä-Sekundarstufe 1

S5, S8, S11, S13 und S14 drücken das Konzept aus, dass Städte mit punktuellen Kartenzeichen wiedergegeben werden. S8 (288-289) und S11 (42-43) formulieren das Konzept sehr allgemein. S5 (152-155) spricht von schwarzen Punkten und S13 (177-180) geht von einem Buchstaben, zum Beispiel dem Anfangsbuchstaben der Stadt, als Kartenzeichen aus. S14 (76-81, 82-83, 88-89) zieht auch die Wiedergabe anhand von Dreiecken in Erwägung.

Post-Sekundarstufe 1

S16, S17, S18, S20, S22 und S23 zeigen das Konzept, dass Städte in Karten über punktuelle Kartenzeichen dargestellt werden können. Dabei variieren die Kartenzeichen von gelben (S17 34-35), roten (S18 12-15), grauen (S18 44-47) oder weißen Punkten (S18 172-175) über Vierecke (S20 78-79), Kreise (S22 81-82, 90-91) bis hin zu Kreuzen, die für eine Hauptstadt besonders hervorstehen sollen (S23 33). S16 (34-35, 36-37, 40-41, 42-43, 44-45) möchte einerseits die Größe der Städte nicht anhand der Größe der Punkte unterscheiden, setzt aber verschiedene Punktgrößen für Dörfer und Städte in der eigenen Kartenskizze ein. Dabei verwendet S16 den Ausdruck „Symbol" und „symbolisieren".

Vergleich und Gesamtinterpretation

Das Konzept ist etwas häufiger bei den Schülerinnen und Schüler in der Sekundarstufe 2 als in der Grundschule anzutreffen, was dem Konzept Definition1 ähnelt. Es tritt sowohl in den ersten Interviewphasen zur Definition einer Karte (S18 12-15), als auch in Bezug auf die eigene Kartenskizze (u. a. S17 34-35; S20 78-79) und bei der Besprechung der Materialien auf (u. a. S5 152-155, S18 172-175). Es ist eine große Bandbreite an verschiedenfarbigen und unterschiedlichen Formen von punktuellen Kartenzeichen für Städte festzustellen.

Kartenzeichen2: Häuser und Gebäude werden in Karten mit punktuellen Kartenzeichen dargestellt.

Prä-Sekundarstufe 1

Bei S5, S7 und S14 ist das Konzept anzutreffen, dass Häuser in Karten anhand punktueller Kartenzeichen dargestellt werden. Dies wird anhand der eigenen Kartenskizze (z. B. S7 32, 40-41) oder auch anhand der Materialien aufgezeigt, wobei es hierbei zu einigen unschlüssigen Interpretationen kommt (z. B. S5 135-141). S14 (120-125, 126-127, 128-129) spricht in diesem Zusammenhang von „Symbol" und „symbolisch", auch da das gewählte Kartenzeichen zunächst die Ansicht eines Hauses von der Seite imitieren soll.

Post-Sekundarstufe 1

S16, S18, S19 und S20 äußern das Konzept, dass Häuser in Karten über punktuelle Kartenzeichen dargestellt werden können. Das Konzept wird sowohl bei der Besprechung der Materialien (S18 156-157; S19 212-213), als auch bezüglich der eigenen Kartenskizze von S16 (60-61) und S20 (74-77, 78-79) formuliert.

Vergleich und Gesamtinterpretation

Das Konzept ist in beiden Altersstufen anzutreffen. Ein häufigeres Auftreten in der Gruppe der Grundschülerinnen und -schüler ist nicht zu verzeichnen, wie sich möglicherweise aus dem Fokus auf großmaßstäbigere Karten und damit einhergehend der Wiedergabe von Häusern und Gebäuden ergeben könnte (siehe Definition5), wobei auch die Darstellung anhand von flächenhaften Kartenzeichen (siehe Kartenzeichen15) dabei einzubeziehen ist. In einigen Kernaussagen ist eine Abgrenzung zu flächenhaften Kartenzeichen für Häuser und Gebäude nicht klar zu ziehen (S14 126-127, 128-129; S18 156-157; S19 212-213; S20 74-77, 78-79; siehe Kartenzeichen15). Besondere Gebäude, die mithilfe punktueller Kartenzeichen wiedergegeben werden, sind in anderen Konzepten aufgezeigt (siehe Kartenzeichen3, Kartenzeichen4, Kartenzeichen8).

Kartenzeichen3: Kirchen werden in Karten mit punktuellen Kartenzeichen dargestellt.

Prä-Sekundarstufe 1

S5, S6, S7 und S14 äußern das Konzept, dass auf einer Karte Kirchen mit punktuellen Kartenzeichen dargestellt werden. S6 (79-80, 225-228) und S7 (271-277) sprechen in diesem Zusammenhang von Symbolen. S6 (225-228) berichtet von der Besprechung des Symbols für eine Kirche im Unterricht. S14 (126-127, 128-129) berichtet von einem besonderen Kartenzeichen für Kirchen.

Post-Sekundarstufe 1

S17 und S21 drücken aus, dass eine Kirche bzw. ein Dom mit einem punktuellen Kartenzeichen wiedergegeben werden. Beide verwenden in diesem Zusammenhang den Begriff des Symbols (S17 25-27; S21 55-58, 59-60, 61-62). S21 (55-58, 59-60, 61-62) scheint aber das Kreuz nicht als Symbol für Kirche, sondern aufgrund der präzisen Angabe des Standortes verwenden zu wollen.

Vergleich und Gesamtinterpretation

Das Konzept ist bei mehr Schülerinnen und Schülern der Primarstufe anzutreffen. Dagegen beschäftigen sich S17 und S21 aus der Sekundarstufe 2 sehr intensiv mit der Darstellung von Kirchen durch Symbole, zum Beispiel mit der Repräsentation durch ein Kreuz (S17 25-27, 32-33; S21 55-58, 59-60, 61-62, 63-64) oder der Zusammenfassung verschiedener religiöser Einrichtungen (S17 32-33). Auffällig ist, dass S5 (78-79) die geometrische Repräsentation der Kirche, genauer den Grundriss (ähnlich zu Kartenzeichen2), und S21 (55-58, 59-60, 61-62) mit dem Kreuz einen präzise markierten Standort ansprechen, wohingegen in den anderen Fällen eine symbolische Repräsentation angedeutet wird. In der Kernaussage von S5 (78-79) ist eine Abgrenzung zu flächenhaften Kartenzeichen für Häuser und Gebäude nicht klar zu ziehen.

Kartenzeichen4: Burgen werden in Karten mit punktuellen Kartenzeichen dargestellt.

Prä-Sekundarstufe 1

-

Post-Sekundarstufe 1

-

Vergleich und Gesamtinterpretation

Das Konzept ist insgesamt nicht häufig, aber in beiden Altersgruppen festzustellen. Sowohl S7 (44-45, 50-51, 52-53) als auch S17 (25-27, 32-33, 138-144) beschreiben die Darstellung einer Burg anhand eines Symbols (wobei S7 in 50-51 auch von einer Fläche spricht). Beide gehen dabei auch auf die besondere Form der symbolischen Repräsentation ein.

**Kartenzeichen5: Bäume und Wälder werden in Karten mit punktuellen
Kartenzeichen dargestellt.**

Prä-Sekundarstufe 1

Bei S4, S5, S6, S7, S13 und S14 ist das Konzept anzutreffen, dass Bäume und/oder
Wälder mit punktuellen Kartenzeichen dargestellt werden. S5 (209-211, 212-215),
S7 (76-81, 82-83, 84-85, 245-248), S13 (105-106, 191-200) und S14 (257-260, 281-
284, 285-286) sprechen von Kartenzeichen unterschieden nach Laub- und Nadel-
bäumen.

Post-Sekundarstufe 1

S18 und S19 weisen das Konzept auf, dass Wälder bzw. Bäume mit punktuellen
Kartenzeichen dargestellt werden. Beide deuten das Konzept auf einen Impuls des
Interviewers zur Umsetzung von M6 als Karte an. S18 (196-197) verweist konkret
auf das Vorbild von M4, der topographischen Karte.

Vergleich und Gesamtinterpretation

Das Konzept ist in beiden Altersgruppen anzutreffen, ist aber häufiger unter den
Grundschülerinnen und -schülern vertreten. Dabei ist ein Einfluss des HSU zu vermuten, da üblicherweise konventionalisierte Kartenzeichen wie die für Nadel- und
Laubbäume in topographischen Karten thematisiert werden (siehe Definition6),
was von S14 (257-260) konkret angesprochen wird. Bei den beiden Schülerinnen
bzw. Schülern der Oberstufe, S18 (196-197) und S19 (214-215), ist ersichtlich, dass
durch M4 das Konzept aktiviert und dann auf die Aufgabe zu M6, einen Wald kartographisch darzustellen, angewandt wurde. In den Kernaussagen von S5 (209-
211, 212-215), S14 (281-284, 285-286), S18 (196-197) und S19 (214-215) ist eine
Abgrenzung zu flächenhaften Kartenzeichen für Wälder und Bäume nicht klar zu
ziehen (siehe Kartenzeichen13).

**Kartenzeichen6: Landwirtschaftliche Anbauprodukte und
Erzeugungsschwerpunkte werden in Karten mit punktuellen
Kartenzeichen dargestellt.**

Prä-Sekundarstufe 1

Das Konzept ist bei S4, S5, S6, S7, S8, S11 und S14 anzutreffen. S8 (332-337) unterscheidet sich darin, dass nicht konkrete Anbauprodukte benannt werden, sondern
schätzt Farbe als Aussage über die Qualität, wie gut Landwirtschaft betrieben werden kann, ein.

Post-Sekundarstufe 1

-

Vergleich und Gesamtinterpretation

Das Konzept, dass landwirtschaftliche Anbauprodukte und Erzeugungsschwerpunkte mit punktuellen Kartenzeichen wiedergegeben werden, ist deutlich häufiger bei den Grundschülerinnen und -schülern anzutreffen. Allerdings handelt es sich dabei um Ad-Hoc-Vorstellungen (siehe Kapitel 2.1.3.1 und 2.1.3.3), da sich M3 als Beispiel einer thematischen Karte mit Landwirtschaft beschäftigt. Daher wurden insbesondere die jüngeren Schülerinnen und Schüler auf die Kartenzeichen in M3 angesprochen. Im Fall von S18 (71-72, 78) wurde das Konzept im Gespräch über die eigene Kartenskizze geäußert.

Kartenzeichen7: Gebirge und Berge werden in Karten mit punktuellen Kartenzeichen dargestellt.

Prä-Sekundarstufe 1

S5, S7, S8, S13 und S14 weisen das Konzept auf, dass Berge oder Gebirge mit punktuellen Kartenzeichen dargestellt werden. S5 (158-173) missinterpretiert Punkte, S7 (185-194) rote Kreise in M3 als Gebirge. Bei S8 (135-136, 139-140, 490-493) und S13 (77-78) ist nicht eindeutig zwischen punktuellem und flächenhaftem Kartenzeichen zu unterscheiden. S14 (102-103, 106-109) deutet eine idealisierte Seitenansicht eines Berges an bzw. möchte einen Stern als Kartenzeichen verwenden.

Post-Sekundarstufe 1

S16 und S22 weisen das Konzept auf, dass Berge mit punktuellen Kartenzeichen dargestellt werden. S16 (58-59) bezieht sich auf den Gipfel eines Berges, der mit einem Punkt wiedergegeben werden soll. S22 (81-82, 90-91) möchte Berge mit Dreiecken darstellen, womit eine idealisierte Repräsentation der Ansicht von der Seite nachgeahmt werden könnte.

Vergleich und Gesamtinterpretation

Das Konzept, dass Gebirge und Berge über punktuelle Kartenzeichen dargestellt werden, ist insgesamt wenig in Schülervorstellungen vorhanden. In zwei Fällen (S5 158-173; S7 185-194) handelt es sich um fehlerhafte Interpretationen ohne Konsultation der Legende, nachdem der Interviewer fragte, in welchem Material Berge oder Gebirge dargestellt sind. S7 (94-97), S8 (135-136, 139-140), S13 (77-78) und S22 (81-82, 90-91) scheinen aber im zweiten Block ihrer Interviews bei der Darstellung von Gebirgen und Bergen zunächst an punktuelle Kartenzeichen zu denken. Dies weicht von der fachwissenschaftlichen Perspektive ab, in der üblicherweise Höhenunterschiede mit Höhenlinien, in physischen Karten zusätzlich mit Flächenfarben angegeben werden (siehe Kapitel 2.2.2.2 auch in Kartenzeichen10 und Kartenzeichen14). Quelle für die punktuelle Darstellung von Bergen und Gebirgen können Kinderkarten oder -atlanten sein, in welchen teils auf solche vereinfachten Repräsentationen zurückgegriffen wird. Weitere Konzepte zur Darstellung von Höhenunterschieden sind Kartenzeichen10, Kartenzeichen14 und den Verallgemeinerungen zur Verebnung (siehe Kapitel 6.2.5) zu entnehmen.

Kartenzeichen8: Gasthäuser und Restaurants werden in Karten mit punktuellen Kartenzeichen dargestellt.

Prä-Sekundarstufe 1

S4, S5 und S13 weisen das Konzept auf, dass Gasthäuser bzw. Restaurants auf einer Karte mit punktuellen Kartenzeichen dargestellt werden.

Post-Sekundarstufe 1

-

Vergleich und Gesamtinterpretation

Das Konzept ist ausschließlich bei Grundschülerinnen und Grundschülern anzutreffen. Als Quelle können Freizeiterfahrungen mit Karten angesehen werden: S4 (187-188) äußert das Konzept im Zusammenhang mit einem Navigationsgerät. S5 (67-68, 78-79, 108-115) orientiert sich stark an dem Vorbild der Karte eines Freizeitparks, auf welchem Restaurants verzeichnet sind. S13 (77-78) erwähnt das Konzept, da sich an eine Karte aus dem Unterricht erinnert wurde. Auffällig ist, dass die Kartenzeichen für ein Restaurant variieren: S4 (187-188) beschreibt es als „Messer und Gabel überkreuzt", wohingegen S5 (67-68) und S13 (77-78) von einem Buchstaben sowie S5 (78-79) zusätzlich von Vierecken bzw. Quadraten sprechen. In einer Kernaussage von S5 (78-79) ist eine Abgrenzung zu einem flächenhaften Kartenzeichen nicht klar zu ziehen.

Kartenzeichen9: Grenzen werden in Karten mit linearen Kartenzeichen dargestellt.

Prä-Sekundarstufe 1

Bei S4, S5 und S14 zeigt sich das Konzept, dass Grenzen in Karten anhand von linearen Kartenzeichen dargestellt werden. Dabei beziehen sich die Grundschülerinnen und -schüler auf Landesgrenzen (S4 30-31, 169-170; S5 133-134, 152-155; S14

64-67), Bundeslandgrenzen (S14 221-231) oder Grenzen städtischer Räume (S5 133-134).

Post-Sekundarstufe 1

S16, S17, S18, S21 und S23 zeigen das Konzept, dass Grenzen in Karten über lineare Kartenzeichen wiedergegeben werden. S16 (32-33) und S18 (12-15) beschreiben dabei Landesgrenzen, wohingegen S23 (41) auf Grenzen zwischen den australischen Bundesstaaten eingeht. S17 (110-113) bezieht sich auf Grenzen zwischen Wald- und Stadtgebiet. S21 spricht dagegen allgemeiner von Grenzen, einmal in Bezug auf die eigene Kartenskizze (69-70), das andere Mal in Bezug auf M1 (183-184).

Vergleich und Gesamtinterpretation

Das Konzept ist in beiden Altersgruppen vertreten, wobei es häufiger bei den Schülerinnen und Schülern der Sekundarstufe 2 anzutreffen ist. Dabei wird es mehrheitlich auf Landesgrenzen angewandt (z. B. S4 30-31, 169-170; S18 12-15), aber es treten auch andere Beispiele auf (S17 110-113).

Kartenzeichen10: Höhenunterschiede werden in Karten mit linearen Kartenzeichen dargestellt.

Prä-Sekundarstufe 1

Das Konzept, dass Höhenunterschiede über lineare Kartenzeichen dargestellt werden, ist bei S4, S5, S6, S7, S8 und S13 vorhanden. Mit Ausnahme von S5 (158-173) äußern alle dieses Konzept, bevor die Materialien in das Interview eingebracht werden. Einige Schülerinnen und Schüler erkennen das Konzept anhand von M4 (z. B. S4 179-182; S6 148-149). Bei S8 (135-136, 139-140, 141-144, 490-493) und S13 (86) ist das Konzept nicht klar von Darstellungsweisen über punktuelle und flächenhafte Kartenzeichen zu unterscheiden.

Post-Sekundarstufe 1

Alle Schülerinnen und Schüler der Sekundarstufe 2 weisen das Konzept auf, dass Höhenunterschiede über lineare Kartenzeichen wiedergegeben werden können. S18 (166-167), S20 (186-187), S21 (203-206) und S22 (213-214) äußern das Konzept erst bei der Besprechung von M4. S16 (56-57) weist eine vereinfachte Variante des Konzepts auf, indem eine gestrichelte Linie den Übergang zwischen Hochgebirge und „Land" ausdrücken soll.

Vergleich und Gesamtinterpretation

Das Konzept, dass Höhenunterschiede auf Karten mit Höhenlinien wiedergegeben werden können, ist bei allen Schülerinnen und Schülern der Sekundarstufe 2 und vielen der Primarstufe vorzufinden. Viele formulieren das Konzept in den ersten Blöcken des Interviews, wohingegen in weniger Fällen das Konzept erst durch M4 aktiviert zu werden scheint (S5 158-173; S18 166-167; S20 186-187; S21 203-206; S22 213-214). Manche Schülerinnen und Schüler verwenden den Begriff der Höhenlinie (z. B. S6 18-19; S13 73-74, 77-78, 86, 88; S17 25-27; S23 146-147), aber es fallen auch Begriffe wie Kreise (S5 158-173; S7 64-69; S8 135-136, 139-140, 141-145, 490-493; S16 58-59, 112-113; S17 138-144; S19 184-187; S20 186-187) oder Ringe (S17 138-144). Das Konzept dürfte im hohen Maße vom Unterricht beeinflusst sein, wie S6 (225-228), S8 (490-493) und S13 (88) ausdrücken. Weitere Konzepte zur Darstellung von Höhenunterschieden sind Kartenzeichen7, Kartenzeichen14 und den Verallgemeinerungen zur Verebnung zu entnehmen.

Kartenzeichen11: Straßen werden in Karten mit linearen Kartenzeichen dargestellt.

Prä-Sekundarstufe 1

S7 und S14 demonstrieren das Konzept, dass Straßen über lineare Kartenzeichen wiedergegeben werden. S7 (12-13) beschreibt gelbe Linien, die auch als Symbol bezeichnet werden. S14 (221-231) erkennt in M4 Straßen im Gegensatz zu M3.

Post-Sekundarstufe 1

-

Vergleich und Gesamtinterpretation

Das Konzept, dass Straßen anhand linearer Kartenzeichen wiedergegeben werden, ist insgesamt wenig, aber in beiden Altersgruppen vertreten. S7 (12-13) drückt dies bereits in den Anfängen des Interviews auf die Impulse zu einer Karte hin aus, wohingegen S14 (221-231) und S18 (194-195) das Konzept bei der Besprechung der Materialien formulieren.

Kartenzeichen12: Flüsse werden in Karten mit linearen Kartenzeichen dargestellt.

Prä-Sekundarstufe 1

-

Post-Sekundarstufe 1

Fast alle Schülerinnen und Schüler der Sekundarstufe 2 mit Ausnahme von S23 weisen das Konzept auf, dass Flüsse mit linearen Kartenzeichen dargestellt werden.

Vergleich und Gesamtinterpretation

Das Konzept ist nur bei den Schülerinnen und Schülern der Sekundarstufe 2 festzustellen. Es ist aber zu vermuten, dass das Konzept auch bei Grundschülerinnen und -schülern vorhanden gewesen wäre, jedoch nicht zum Vorschein trat, auch aufgrund verschiedener Impulse im Interview. Viele Kernaussagen weisen auch die Assoziation mit der Farbe Blau auf (S17 25-27; S18 54-55; S19 46-47; S21 81-82; S22 63-64, 67-68).

Kartenzeichen13: Wälder, Bäume, Wiesen, etc. werden in Karten mit flächenhaften Kartenzeichen dargestellt.

Prä-Sekundarstufe 1

Das Konzept ist bei S4, S5 und S7 anzutreffen. Es tritt häufig bei der Besprechung der eigenen Kartenskizze auf (S4 47-48; S5 78-79; S7 40-41).

Post-Sekundarstufe 1

S16, S17, S18, S20, S21 und S22 formulieren das Konzept, dass Wälder, Bäume und Wiesen mit einem flächenhaften Kartenzeichen wiedergegeben werden. Eine Vielzahl der Äußerungen entsteht beim Impuls, M6 in eine Karte umzusetzen (S16 132-133, 134-135; S18 194-195, 196-197; S22 253-254). S20 (60-63) und S21 (33-38, 69-70, 71-74, 75-76, 103-104) erwähnen das Konzept aufgrund der Anwendung in der eigenen Kartenskizze. S16 (18-22) geht auf das Konzept bereits beim Block zur Definition von Karten ein.

Vergleich und Gesamtinterpretation

Das Konzept tritt sowohl bei den Grundschülerinnen und -schülern als auch bei den Oberstufenschülerinnen und -schülern auf, wobei es in der Oberstufe häufiger vorhanden ist. Das Konzept findet sich vermehrt bei der Besprechung der eigenen Kartenskizze (S4 47-48; S5 78-79; S7 40-41; S20 60-63; S21 33-38, 69-70, 71-74, 75-76, 103-104; S22 100-103) oder der Umsetzung von M6 in eine Karte (S17 86-89; S18 194-195, 196-197; S22 253-254), genauer in Situationen, in denen naturnahe räumliche, georeferenzierte Inhalte auf einer Karte wiedergegeben werden sollen. Dies wird meist mit der Farbe Grün assoziiert. In den Kernaussagen von S5

(209-211, 212-215) und S18 (196-197) ist eine Abgrenzung zu punktuellen Kartenzeichen für Wälder und Bäume nicht klar zu ziehen (siehe Kartenzeichen6).

**Kartenzeichen14: Höhenunterschiede werden in Karten mit flächenhaften
Kartenzeichen dargestellt.**

Prä-Sekundarstufe 1

S4, S7, S8 und S13 formulieren das Konzept, dass Höhenunterschiede über flächenhafte Kartenzeichen dargestellt werden. Dabei wird meist von „Höhenschichten" (S4 169-170; S7 64-69, 171-172), in einem Fall auch von „Erdschichten" (S4
179-182) gesprochen. S8 (141-144) und S13 (77-78) beschreiben von der konventionellen Darstellung in physischen Karten abweichende Varianten.

Post-Sekundarstufe 1

Bei S16, S17, S19, S20, S21, S22 und S23 ist das Konzept anzutreffen, dass Höhenunterschiede in Karten über flächenhafte Kartenzeichen dargestellt werden.

Vergleich und Gesamtinterpretation

Das Konzept, dass Höhenunterschiede in Karten mit flächenhaften Kartenzeichen
wiedergegeben werden, ist deutlich häufiger und bei fast allen Schülerinnen und
Schülern der Sekundarstufe 2 vorzufinden. In einigen Aussagen wird dies mit dem
Konzept der Höhenlinie (siehe Verebnung1), also linearen Kartenzeichen (siehe
Kartenzeichen10), verknüpft (S4 179-182; S7 64-69; S8 141-144; S19 52-53; S21
203-206). Außerdem ergänzen die Schülerinnen und Schüler in einigen ihrer Aussagen den Einsatz von Farben (S13 56-60, 77-78; S16 110-111; S19 52-53; S20 48-
49, 180-183; S22 100-103, 209-212; S23 142-143). Das Konzept tritt in einigen Fällen bei der Erstellung der Kartenskizze (S17 25-27; S13 56-60; S20 48-49), in anderen Fällen bei der Besprechung der Materialien auf (z. B. S4 179-182; S17 86-89;
S20 180-183; S21 203-206). Eine nicht der gewohnten Wiedergabe in physischen
Karten entsprechende Darstellung beschreiben S8 (141-144) und S13 (77-78). Weitere Konzepte zur Darstellung von Höhenunterschieden sind Kartenzeichen7 und
Kartenzeichen10 und den Verallgemeinerungen zur Verebnung zu entnehmen.

**Kartenzeichen15: Häuser und Gebäude werden in Karten mit flächenhaften
Kartenzeichen dargestellt.**

Prä-Sekundarstufe 1

S7 und S13 beschreiben, dass Häuser und Gebäude als flächenhafte Kartenzeichen
wiedergegeben werden. S7 (12-13) verwendet in der eigenen Kartenskizze dafür

die Farbe Rot, wohingegen S13 (247-252) bei der Umsetzung von M6 Rosa als Farbe einsetzt.

Post-Sekundarstufe 1

S17, S19, S20 und S21 weisen das Konzept auf, dass Häuser und Gebäude in Karten mit flächenhaften Kartenzeichen wiedergegeben werden. Im Fall von S17 (25-27) zeigt sich eine leichte Abweichung, da zusätzlich von der Dichte gesprochen wird. S20 (74-77, 78-79) beschreibt im zweiten Block des Interviews, ein Haus mit einem Viereck und einem Kreuz darzustellen, wohingegen in anderen Fällen die Schülerinnen und Schüler eine farbige Fläche einsetzen möchten (S19 212-213; S21 235-238, 239-242).

Vergleich und Gesamtinterpretation

Das Konzept ist in beiden Altersgruppen, jedoch häufiger unter den Schülerinnen und Schülern der Sekundarstufe 2, anzutreffen. Dabei bringen viele Schülerinnen und Schüler den Einsatz einer Farbe mit flächenhaften Kartenzeichen in Verbindung (S7 12-13; S13 247-252; S19 212-213; S21 235-238, 239-242). Implizit schließt dieses Konzept einen elementaren Vorgang der Generalisierung, genauer der Zusammenfassung, mit ein (siehe Kapitel 2.2.2.2). In den Kernaussagen von S19 (212-213) und S20 (74-77, 78-79) ist eine Abgrenzung zu punktuellen Kartenzeichen für Häuser und Gebäude nicht klar zu ziehen (siehe Kartenzeichen2).

Kartenzeichen16: Kartenzeichen orientieren sich an Schildern.

Prä-Sekundarstufe 1

Das Konzept, dass Kartenzeichen sich an Schildern orientieren, ist bei S4, S5 und S6 anzutreffen. Besonders S5 formuliert dieses Konzept häufig.

Post-Sekundarstufe 1

-

Vergleich und Gesamtinterpretation

Das Konzept, dass Kartenzeichen sich an Schildern orientieren, ist ausschließlich bei den Grundschülerinnen und -schülern vorzufinden. Es werden verschiedene Beispiele dafür wie Toiletten (S5 57-58, 92-93, 108-115, 116-121), Restaurants (S4 187-188; S5 108-115) sowie Parkplätze (S6 225-228) angeführt. In manchen Fällen ist zu vermuten, dass sich auf gängige Abbildungen auf Straßenschildern bezogen wird (S4 187-188; S5 116-121). Die konkrete Verwendung des Begriffes „Schild" lässt in einigen Aussagen die Annahme zu, dass die Begriffe und Konzepte eines

Schildes und eines Kartenzeichens womöglich verwechselt oder verknüpft werden
(S5 108-115; 196-199; S6 225-228).

Kartenzeichen17: Eine Legende erklärt Kartenzeichen.

Prä-Sekundarstufe 1

S4, S5, S7, S11, S13 und S14 weisen das Konzept auf, dass Kartenzeichen in einer
Legende erklärt werden. Dies wird allgemein in früheren Phasen des Interviews
(S4 55-58; S5 25-32; S13 88), aber auch bei der Besprechung der Materialien for-
muliert (S4 175-178; S7 161-166; S11 197-198; S14 221-231).

Post-Sekundarstufe 1

Bei S16, S17, S19, S20, S21, S22 und S23 ist das Konzept anzutreffen, dass Kartenzeichen in einer Legende erklärt werden. Das Konzept tritt im ersten Block des
Interviews (S17 z. B. 12-13, 25-27), bei der Besprechung der Kartenskizze (S20 70-
74; S21 69-70; S23 44-45) und bei der Besprechung der Materialien auf (S16 150-
151; S19 174-177; S20 166-167, 168-171; S21 185-188; S22 201-206).

Vergleich und Gesamtinterpretation

Das Konzept ist in beiden Altersgruppen vermehrt vorzufinden. Es tritt sowohl
ohne als auch mit dem Einfluss von Materialien auf. In wenigen Fällen wird auch
der Fachbegriff der Legende verwendet (u. a. S4 55-58, 175-178; S17 12-13, 25-27;
S23 44-45). In den anderen Kernaussagen wird Legende stattdessen mit Umschreibungen wie „unten" ersetzt (S11 197-198; S14 221-231; S16 150-151). Weitere
Schülervorstellungen zur Legende sind Äußere Kartenelemente1- Äußere Karten-
elemente13 und Definition24 zu entnehmen.

Kartenzeichen18: Es gibt typische und richtige Kartenzeichen.

Prä-Sekundarstufe 1

S5, S7 und S13 weisen das Konzept auf, dass es Kartenzeichen gibt, die typischerweise in Karten vorkommen bzw. die richtigen Kartenzeichen für einen bestimmten räumlichen, georeferenzierten Inhalt sind.

Post-Sekundarstufe 1

-

Vergleich und Gesamtinterpretation

Das Konzept ist häufiger bei den Grundschülerinnen und Grundschülern als in der Sekundarstufe 2 vorzufinden. Es wird in den Fällen von S7 (268-270) und S19 (230-231) anhand von M10 aufgezeigt, indem darauf hingewiesen wird, dass nicht die gewohnten Kartenzeichen eingesetzt werden. S19 deutet an, dass es sich um sehr bildhafte Repräsentationen handelt. Dagegen erwecken S5 (108-115), S7 (32, 40-41) und S13 (105-106, 191-200) den Eindruck, dass sie nach einer korrekten Form des Kartenzeichens für einen bestimmten räumlichen, georeferenzierten Inhalt suchen. S13 (105-106, 191-200) verwendet zunächst ein anderes Zeichen für Bäume, bevor mithilfe der Materialien wieder die in S13s Vorstellung korrekten Zeichen einfallen.

Kartenzeichen19: Krankenhäuser werden in Karten mit punktuellen Kartenzeichen dargestellt.

Prä-Sekundarstufe 1

S4 und S5 weisen das Konzept auf, dass Krankenhäuser in einer Karte mit punktuellen Kartenzeichen dargestellt werden. S4 (187-188) erwähnt das Konzept bei der Besprechung eines Navigationsgerätes. S5 (180-195) zieht das Beispiel eines Krankenhauses für die symbolische Repräsentation von Gebäuden in einer Karte heran.

Post-Sekundarstufe 1

-

Vergleich und Gesamtinterpretation

Das Konzept ist ausschließlich bei den Grundschülerinnen und -schülern anzutreffen. Es ist jedoch zu vermuten, dass es auch bei weiteren Schülerinnen und Schülern, besonders der Sekundarstufe 2, vorzufinden ist, aber das Interview in diesen anderen Fällen nicht darauf zu sprechen kam.

Kartenzeichen20: Länder werden in Karten mit flächenhaften Kartenzeichen dargestellt.

Prä-Sekundarstufe 1

S5 und S8 formulieren ein Konzept, dass Länder im Sinne von Nationalstaaten mit flächenhaften Kartenzeichen wiedergegeben werden. In beiden Fällen tritt das Konzept bei der Besprechung der Materialien im dritten Block des Interviews auf.

Post-Sekundarstufe 1

-

Vergleich und Gesamtinterpretation

Das Konzept ist ausschließlich in der Gruppe der Grundschülerinnen und -schüler anzutreffen. Es scheint sich an der Wiedergabe von Nationalstaaten auf kleinmaßstäbigen, politischen Karten zu orientieren.

Kartenzeichen21: Landflächen werden in Karten mit flächenhaften Kartenzeichen dargestellt.

Prä-Sekundarstufe 1

-

Post-Sekundarstufe 1

S21 und S22 weisen das Konzept auf, dass mithilfe von flächenhaften Kartenzeichen Landflächen dargestellt werden. S22 (73-74) wendet dieses Konzept in der eigenen Kartenskizze an, wohingegen S21 (245-248) darauf bei der Besprechung von M7 eingeht.

Vergleich und Gesamtinterpretation

Das Konzept ist nur in der Sekundarstufe 2 vorzufinden. Es ist nicht gleichzusetzen mit Kartenzeichen20, denn es geht nicht um Länder im Sinne von Nationalstaaten. Es ist zu vermuten, dass S21 und S22 mit dem Ausdruck „Landflächen" naturnahe, unbebaute Flächen, jedoch nicht Wald oder Wiese, meinen. Darauf deuten die Verwendung der Farbe Braun (S22 73-74) sowie die Nachahmung der Farbe in der Realität hin (S21 245-248).

Kartenzeichen22: Buchstaben sind punktuelle Kartenzeichen.

Prä-Sekundarstufe 1

S4, S5 und S13 weisen das Konzept auf, dass Buchstaben ein punktuelles Kartenzeichen sein können. Die Buchstaben stehen für Städte (S4 30-31; S13 77-78), Restaurants oder Wirtshäuser (S5 67-68; S13 77-78) und Parkplätze (S5 116-121).

Post-Sekundarstufe 1

-

Das Konzept ist häufiger bei Schülerinnen und Schülern der Primarstufe anzutreffen. Es ist bemerkenswert, da die Buchstaben nicht allein als das kartographische Gestaltungsmittel Schrift wahrgenommen werden, sondern die Funktion eines punktuellen Kartenzeichens einnehmen. Dabei werden verschiede räumliche, georeferenzierte Inhalte wie Städte (S4 30-31; S13 77-78), Restaurants (S5 67-68; S13 77-78) und Parkplätze (S5 116-121) mit Buchstaben repräsentiert. S16 (162-163) beschreibt eine Aufgabe aus dem Unterricht im Sinne einer stummen Karte.

6.2.3.2 Zusammenfassung zu verallgemeinerten Schülervorstellungen zu Kartenzeichen

Es zeigen sich vielfältige Vorstellungen der Schülerinnen und Schüler bezüglich Kartenzeichen. Auf die Analyse eines Konzeptes, das ausdrückt, dass ein Zeichen einen bestimmten Inhalt repräsentieren kann, wurde verzichtet. Dieses Konzept bildet sich bereits in früher Kindheit aus und liegt fast allen an dieser Stelle analysierten Konzepten zu Grunde (DeLoache 1989, S. 35; DeLoache 2000, S. 329; DeLoache et al. 1998, S. 328; siehe Kapitel 2.2.1).

Es lässt sich festhalten, dass die Schülerinnen und Schüler eine Vielzahl an Konzepten aufweisen, die die Wiedergabe räumlicher, georeferenzierter Inhalte durch bestimmte Kartenzeichen ausdrücken (Kartenzeichen1-Kartenzeichen15, Kartenzeichen19-Kartenzeichen21). Diese decken sich überwiegend mit der fachlichen Perspektive. Kartenzeichen7 wirkt aus Sicht der Fachwissenschaft zumindest unüblich, da Karten Gebirge und Berge gewöhnlich nicht über punktuelle Kartenzeichen wiedergeben. Kartenzeichen21 wirkt unpräzise aufgrund der ungenauen Bezeichnung „Landfläche". Im Fall von Kartenzeichen3, der Darstellung von Kirchen, und Kartenzeichen8, der Darstellung von Restaurants und Gasthäusern, sind sowohl Grundrissdarstellungen als auch Symbole für den gleichen räumlichen, georeferenzierten Inhalt festzustellen. Zur Wiedergabe einer Burg (Kartenzeichen4) gehen Schülerinnen und Schüler vertieft auf die Bedeutung des Kartenzeichens ein. Bemerkenswert ist zusätzlich, welche räumlichen, georeferenzierten Inhalte von den Schülerinnen und Schülern angeführt werden, u. a. Kirchen (Kartenzeichen3), Burgen (Kartenzeichen4), Grenzen (Kartenzeichen9) und Krankenhäuser (Kartenzeichen19). Die Besprechung dieser Beispiele ergibt sich nicht ausschließlich aus den Materialien oder Impulsen des Interviewers im Gegensatz zum Konzept zur Landwirtschaft (Kartenzeichen6).

Zwischen den Vorstellungen der Grundschülerinnen und -schüler bzw. der Oberstufenschülerinnen und -schüler sind nur bedingt erhebliche Unterschiede zu ermitteln, da manche Aussagen nicht erfasst wurden, wenn die Probandinnen und Probanden die Nennung einer Farbe als Ersatz für ein Kartenzeichen verwendet haben. Außerdem gab es leichte Unterschiede bei den Impulsen durch den Interviewer, was sich zum Beispiel bei Kartenzeichen6 oder Kartenzeichen12 auswirkt.

Dennoch lassen sich folgende Schlüsse ziehen: Grundschülerinnen und -schüler weisen in ein paar Fällen das Konzept auf, dass Kartenzeichen sich in ihrer Gestaltung an Schildern, auch Straßenschildern, aus dem Alltag orientieren (Kartenzeichen16). Im Zusammenhang damit steht die größere Tendenz bei den jüngeren Schülerinnen und Schülern, dass sie versuchen, typische oder in ihren Augen „korrekte" Kartenzeichen zu verwenden (Kartenzeichen18). Aus diesen beiden Konzepten heraus kann der Schluss gezogen werden, dass die Schülerinnen und Schüler der Sekundarstufe 2 sich mehr der arbiträren Verbindung zwischen einem Kartenzeichen und dem dadurch repräsentierten, räumlichen, georeferenzierten Inhalt bewusst sind, und somit eine freiere Gestaltung dieser in Betracht ziehen.

Kartenzeichen8, die Wiedergabe von Gaststätten und Restaurants anhand punktueller Kartenzeichen, tritt ausschließlich bei den Schülerinnen und Schülern der Primarstufe auf. Dies scheint aber an den Quellen der Vorstellungen der Schülerinnen und Schüler zu liegen, da es sich um ein Navigationsgerät (S4 187-188), um das Vorbild einer Karte eines Freizeitparkes (S5) und um eine Aufgabe aus dem Unterricht (S13 77-78) handelt. Darüber hinaus sind neben dem Interview und den Materialien weitere Hinweise auf die Quellen der Schülervorstellungen zu Kartenzeichen erkennbar: Die Wiedergabe von Bergen und Gebirgen als punktuelle Kartenzeichen (Kartenzeichen7) kommt in Kinderkarten und -atlanten vor und ist somit vermutlich darauf zurückzuführen. Des Weiteren ist ein gewisser Einfluss des Unterrichts zu vermuten: Die Darstellung von Kirchen (Kartenzeichen3), Burgen (Kartenzeichen4) und Bäumen mit punktuellen Kartenzeichen (Kartenzeichen5) wirkt dem Vorbild einer topographischen Karte entnommen, die im HSU zum Einsatz kommen. Dies zeigt sich in dem häufigeren Auftreten von Kartenzeichen3 und Kartenzeichen5 bei den Grundschülerinnen und -schülern. Ebenfalls scheint die hohe Präsenz von Höhenlinien als lineares Kartenzeichen für Höhenunterschiede in den Schülervorstellungen auf den Grundschulunterricht zurückzuführen zu sein, was S6 (225-228) bestätigt.

Aus den Konzepten sind auch Ansätze zu den Vorstellungen zum Einsatz von Farben ersichtlich: Die Farbe Blau wird mit Flüssen assoziiert (Kartenzeichen12) und die Farbe Grün wird als Repräsentation von naturnahen Flächen, gegebenenfalls auch als Zusammenfassung unterschiedlicher Flächen wie Wald und Wiese, eingesetzt (Kartenzeichen13). Ebenfalls sind sich Schülerinnen und Schüler der Bedeutung bestimmter Farben für Höhenstufen bewusst (Kartenzeichen14). Die Auswahl von Farben aufgrund gängiger Konventionen ist auch unter der Kategorie der Perspektivität von Karten erfasst (Perspektivität von Karten10 in Kapitel 6.2.11).

Bezüglich sprachlicher Aspekte ist festzustellen, dass die Schülerinnen und Schüler überwiegend von Zeichen sprechen, jedoch auch in einigen Fällen der Begriff des Symbols verwendet wird (S6 z. B. 225-228; S7 z. B. 12-13; S17 z. B. 44-45, 46-47; S18 z. B. 71-72, 78; S21 61-62). Jedoch ist dabei kaum eine Unterscheidung der

Begriffe festzustellen. Auffällig ist in Bezug auf Kartenzeichen14, dass einige Schülerinnen und Schüler (z. B. S7 64-69; S22 209-212) den Ausdruck Höhenschichten benutzen.

Zusammenfassend ist festzuhalten, dass zu Kartenzeichen vielfältige und differenzierte Schülervorstellungen vorhanden sind, die sich weitgehend mit fachlichen Vorstellungen decken. Dabei zeigen sich nur geringfügige Unterschiede bei den Konzepten für bestimmte räumliche, georeferenzierte Inhalte zwischen den Schülerinnen und Schülern der Primarstufe und der der Sekundarstufe 2. Jedoch sind Anzeichen festzustellen, dass Grundschülerinnen und -schüler mehr auf ein richtiges und gängiges Kartenzeichen für bestimmte räumliche, georeferenzierte Inhalte fixiert sind, wohingegen die älteren Schülerinnen und Schüler eher die konventionalisierte und arbiträre Verbindung zwischen Kartenzeichen und dem repräsentierten Inhalt sehen.

6.2.4 Verallgemeinerte Vorstellungen zu Maßstäblichkeit und Verkleinerung

6.2.4.1 Verallgemeinerte Konzepte

Maßstäblichkeit und Verkleinerung1: Inhalte werden auf Karten verkleinert dargestellt.

Prä-Sekundarstufe 1

Alle Probandinnen und Probanden aus der Grundschule weisen ein Konzept auf, dass die Verkleinerung bestimmter räumlicher, georeferenzierter Inhalte auf einer Karte beschreibt. Dabei werden verschiedene Beispiele verwendet, anhand welcher die Verkleinerung aufgezeigt wird. S4 (49-52, 61-62), S5 (25-32), S13 (67-70) und S14 (96-97) verknüpfen die Verkleinerung räumlicher, georeferenzierter Inhalte mit der Verwendung von Kartenzeichen, wobei dabei lediglich punktuelle Kartenzeichen angesprochen werden.

Post-Sekundarstufe 1

S16, S17, S18, S19, S21 und S22 weisen das Konzept auf, dass räumliche, georeferenzierte Inhalte in Karten verkleinert werden. Dies wird an verschiedenen Beispielen aufgezeigt. S17 (34-35), S18 (172-175) und S22 (81-82, 90-91) verknüpfen die verkleinerte Darstellung mit der Verwendung von punktuellen Kartenzeichen, wobei S22 zusätzlich zu Städten noch Berge in Form von Dreiecken anspricht. S16 (60-61) und S21 (17-18) erwähnen zusätzlich, dass die räumlichen, georeferenzierten Inhalte zwar verkleinert sind, aber im Gegensatz zu anderen Inhalten größer dargestellt sein können.

Vergleich und Gesamtinterpretation

Sowohl in der Gruppe der Grundschülerinnen und -schüler als auch der Schülerinnen und Schüler der Oberstufe ist dieses Konzept vorhanden. Gravierende Unterschiede sind nicht festzustellen. In beiden Altersgruppen wird die Verkleinerung mit dem Einsatz punktueller Kartenzeichen verknüpft (S4 49-52, 61-62; S5 25-32; S13 67-70; S14 96-97; S17 34-35; S18 172-175; S22 81-82, 90-91).

Maßstäblichkeit und Verkleinerung2: Karten sind verkleinert.

Prä-Sekundarstufe 1

Abseits von konkreten Beispielen räumlicher, georeferenzierter Inhalte, die in Karten verkleinert wiedergegeben werden, ist bei Schülerinnen und Schülern vor dem Eintritt in die Sekundarstufe 1 (S5, S6, S7, S11, S13 und S14) auch ein Konzept vorhanden, das allgemein Karten als kleiner beschreibt oder sich auf „alles" bezüglich der Verkleinerung in der Karte bezieht.

Post-Sekundarstufe 1

Abseits von konkreten Beispielen räumlicher, georeferenzierter Inhalte, die in Karten verkleinert wiedergegeben werden, lässt sich bei S16, S19, S21, S22 und S23 ein Konzept finden, das Karten allgemein als kleiner beschreibt oder sich allgemein auf „alles" als verkleinert in der Karte bezieht.

Vergleich und Gesamtinterpretation

Sowohl in der Gruppe der Grundschülerinnen und -schüler als auch der Schülerinnen und Schüler der Oberstufe ist das Konzept anzutreffen, dass die Karte an sich oder alles in bzw. an der Karte verkleinert ist. Es sind keine Unterschiede zwischen den beiden Gruppen festzustellen.

Maßstäblichkeit und Verkleinerung3: Auf einer Karte ist eine Maßstabzahl angegeben.

Prä-Sekundarstufe 1

S4, S7, S11, S13 und S14 weisen das Konzept auf, dass auf einer Karte eine Maßstabzahl angegeben ist. S4 (36-37) formuliert das Konzept schon im ersten Block des Interviews zur Definition einer Karte. S7 (300-301) gibt an, dass der Umgang mit der Maßstabzahl im Unterricht besprochen wurde. Ansonsten tritt das Konzept im Umgang mit verschiedenen Materialien auf (S4 169-170; S7 211-218, 219-220; S11 203-204, 205-206; S13 137-141, 217-218; S14 261-264, 265-266). S4 (36-

37, 169-170), S11 (203-204, 205-206) und S13 (56-60, 137-141, 217-218) verwenden den Fachbegriff Maßstab, wohingegen S7 diesen als Größe der Karte (211-218, 219-220) oder mit der konkreten Maßstabszahl (300-301), S14 (261-264, 265-266) diesen nur als Zahl umschreibt.

Post-Sekundarstufe 1

Bei S16, S17, S18, S19, S20, S21 und S22 ist das Konzept anzutreffen, dass auf einer Karte eine Maßstabzahl angegeben ist. Auffällig ist dabei, dass mit Ausnahme von S16 (50-51) in allen Fällen dieses Konzept erst im Block des Interviews auftritt, in welchem die Materialien besprochen werden. Alle Schülerinnen und Schüler verwenden den Fachausdruck des Maßstabs. S21 (150) bezeichnet die Distanz zur nächsten Abbiegung als Maßstab.

Vergleich und Gesamtinterpretation

Das Konzept ist in beiden Altersgruppen anzutreffen. Zumindest eine Grundschülerin bzw. ein -schüler (S4 36-37) und eine Oberstufenschülerin bzw. -schüler (S16 50-51) erwähnen dieses Konzept in den ersten zwei Blöcken des Interviews, wohingegen der Rest erst bei der Besprechung der Materialien darauf eingeht. Dies lässt sich dahingehend interpretieren, dass das Konzept häufig erst durch konkrete Beispiele und Impulse aktiviert wird. Das Konzept wird meistens auch mit dem Fachbegriff des Maßstabes, mit Ausnahme von S7 (211-218, 219-220, 300-301) und S14 (261-264, 265-266), benannt. Das Konzept ist auch unter äußeren Kartenelementen gelistet (Äußere Kartenelemente4).

Maßstäblichkeit und Verkleinerung4: Der Maßstab bestimmt, welche Inhalte auf der Karte abgebildet sind.

Prä-Sekundarstufe 1

Unter den Schülerinnen und Schülern der Primarstufe ist ein Konzept festzustellen, dass die Auswahl der dargestellten räumlichen, georeferenzierten Inhalte vom Maßstab abhängt. Es drückt sich überwiegend in der Beschreibung aus, dass bestimmte Inhalte zu klein sind und deswegen nicht auf der Karte dargestellt werden (S4 36-37, 38-39, 61-62, 63-66, 71-74; S7 205-210; S11 44-45; S13 67-70). Ebenfalls zeigt sich dieses Konzept häufig im Vergleich zweier Karten mit unterschiedlichen Maßstäben, bei welchen die Anzahl und Detailfülle der räumlichen, georeferenzierten Inhalte angesprochen wird. Auffällig intensiv ausgeprägt ist dieses Konzept bei S4 (171-174, 175-178), S13 (67-70) und S14 (257-260), wohingegen S5 (108-115) und S7 (205-210) dieses Konzept nur rudimentär demonstrieren. Es ist zu beachten, dass der Titel des Konzepts den Fachbegriff des Maßstabes verwendet, aber nur einmal Maßstab in den Aussagen der Schülerinnen und Schüler erwähnt wird (S4 175-178).

Post-Sekundarstufe 1

In der Gruppe der Schülerinnen und Schüler der Sekundarstufe 2 zeigt sich vermehrt das Konzept, dass der Maßstab einer Karte darauf Einfluss hat, welche räumlichen, georeferenzierten Inhalte auf der Karte wiedergegeben werden. Besonders S17 (34-35, 36-37, 39, 52-55, 96-99, 108-109) führt dieses Konzept anhand verschiedener Beispiele aus. S18 (172-175) und S19 (66-67) weisen dieses Konzept ebenfalls auf, wobei es nicht in der Häufigkeit und Tiefe wie bei S17 ausgedrückt wird. Dies zeigt sich auch darin, dass S17 (34-35, 36-37, 39, 52-55, 108-109) explizit den Fachbegriff des Maßstabes einbindet, wohingegen dieser von den anderen Probandinnen und Probanden in diesem Kontext nicht verwendet wird.

Vergleich und Gesamtinterpretation

Das Konzept tritt in beiden Gruppen auf, jedoch etwas häufiger bei den Grundschülerinnen und -schülern. Auffällig ist, dass drei Schülerinnen und Schüler aus der Grundschule (S4, S13, S14) und eine Schülerin bzw. ein Schüler in der Sekundarstufe 2 (S17) dieses Konzept mehrfach und vertieft ausführen, wohingegen es bei den anderen Schülerinnen und Schülern eine eher geringfügige Rolle einnimmt. Es wird nur von zwei Schülerinnen bzw. Schülern (S4 175-178; S17 34-35, 36-37, 39, 52-55, 108-109) konkret mit dem Fachbegriff des Maßstabes beschrieben.

Maßstäblichkeit und Verkleinerung5: Der Maßstab gibt an, dass zum Beispiel ein Zentimeter auf der Karte 25.000 Zentimeter in der Wirklichkeit ist.

Prä-Sekundarstufe 1

S4, S6 und S14 weisen das Konzept auf, das die Umrechnung der Größe räumlicher, georeferenzierter Inhalte von der Karte in die Wirklichkeit und umgekehrt ausdrückt. S4 (36-37) und S6 (16-17) demonstrieren dieses Konzept bereits bevor Kartenmaterial in das Interview eingebracht wird, wohingegen S14 (261-264) das Konzept nur bei der Besprechung von M4 zeigt.

S4, S6 und S14 verwenden in diesem Kontext nicht den Fachbegriff des Maßstabs. S6 (16-17, 164-165) weist einige Unsicherheiten auf, da dieses Konzept mit dem Fachbegriff der Legende verknüpft und nicht korrekt umgerechnet wird.

Post-Sekundarstufe 1

In der Gruppe der Schülerinnen und Schüler der Sekundarstufe 2 ist das Konzept, dass der Maßstab angibt, wie viele Zentimeter in der Wirklichkeit einem auf der Karte entsprechen, bei S16, S18 und S19 ersichtlich. Bei S18 (182-183) und S19 (196-197) tritt das Konzept erst in der Auseinandersetzung mit konkretem Kartenmaterial auf.

S18 (182-183) verbindet dieses Konzept mit dem Fach Mathematik. S18 und S19 weisen gewissen Unsicherheiten auf. S18 (182-183) korrigiert sich nach einer fehlerhaften Umrechnung, wohingegen S19 (196-197) einräumt, nicht angeben zu können, wieviel Zentimeter in der Wirklichkeit einem in der Karte entsprechen. S16 (50-51, 120-121) dagegen wirkt sicher im Umgang mit diesem Konzept.

Vergleich und Gesamtinterpretation

Das Konzept ist in beiden Gruppen vertreten, tritt aber dabei nur bei einem Teil der Schülerinnen und Schüler auf. Sowohl bei den Schülerinnen und Schüler der Primarstufe als auch der Sekundarstufe 2 zeigen sich Unsicherheiten bei der Umrechnung des Maßstabs in verschiedene Längeneinheiten (S6 164-165; S18 182-183; S19 196-197). Ein Unterschied zwischen den beiden Gruppen liegt im Zeitpunkt des Interviews, zu welchem das Konzept auftritt: Die Grundschülerinnen und -schüler formulieren dieses Konzept bereits bevor Kartenmaterial ins Interview eingebracht wird, wohingegen die Schülerinnen und Schüler der Oberstufe das Konzept erst bei Anblick eines konkreten Beispiels auf einer Karte aktivieren. Eine mögliche Erklärung liegt darin, dass das Konzept stark durch den Unterricht geprägt sein könnte. Bei den Schülerinnen und Schüler der Primarstufe liegt eine intensive Behandlung des Kartenmaßstabes aufgrund des Lehrplans weniger weit in der Vergangenheit zurück, wodurch die spontane Verwendung des Konzeptes erklärt werden kann.

Maßstäblichkeit und Verkleinerung6: Der Maßstab gibt an, wie groß ein Inhalt in echt ist oder um wieviel es auf der Karte verkleinert wird.

Prä-Sekundarstufe 1

Dieses Konzept ist allgemeiner gehalten und damit weniger differenziert als Maßstäblichkeit und Verkleinerung5, dass das Maßstabsverhältnis genauer beinhaltet. S4 (38-39), S7 (211-218) und S13 (226) drücken aus, dass der Maßstab angibt, um wieviel ein Inhalt verkleinert wird bzw. dass man damit auf die Größe in der Wirklichkeit schließen kann.

Post-Sekundarstufe 1

S16 und S17 weisen das Konzept auf, dass ein Maßstab angibt, um wieviel die darauf abgebildeten räumlichen, georeferenzierten Inhalte verkleinert wurden. S16 (50-51) zeigt das Konzept anhand des Beispiels eines Flusses auf. In den anderen Fällen (S16 120-121; S17 14-15, 20-21) wird das Konzept allgemeiner formuliert.

Vergleich und Gesamtinterpretation

Dieses Konzept ist allgemeiner gehalten und damit weniger differenziert als Maßstäblichkeit und Verkleinerung5, welches das Maßstabsverhältnis genauer beschreibt. Es ist bei drei Schülerinnen und Schülern vor und zwei Schülerinnen und Schülern nach der Sekundarstufe 1 anzutreffen. S4 (38-39) und S16 (50-51, 120-121) formulieren dieses und das differenziertere Konzept Maßstäblichkeit und Verkleinerung5. So scheint es, dass S7 (211-218), S13 (226) und S17 (14-15, 20-21) auf dieses Konzept zurückgreifen, das allgemein den Zusammenhang zwischen dem Maßstab und der Verkleinerung von räumlichen, georeferenzierten Inhalten herstellt. Es dient als Ersatz für das differenziertere Konzept Maßstäblichkeit und Verkleinerung5, dass konkret die Maßstabszahl einbindet.

Maßstäblichkeit und Verkleinerung7: Man kann mit dem Maßstab Größen, Entfernungen und Strecken messen, berechnen und zeichnen.

Prä-Sekundarstufe 1

-

Post-Sekundarstufe 1

-

Vergleich und Gesamtinterpretation

Dieses Konzept ist insgesamt nur vereinzelt anzutreffen. Es umfasst verschiedene Beispiele möglicher Anwendungen des Maßstabes. S5s (116-121) Ausführungen sind nicht durchgehend klar nachvollziehbar. Eine Quelle für dieses Konzept könnte der Unterricht sein, in dem dies angewendet wurde, wie von S5 (156-157) berichtet wird. Solche Anwendungsbeispiele scheinen in den Vorstellungen der Probandinnen und Probanden der Sekundarstufe 2 kaum vorhanden zu sein.

Maßstäblichkeit und Verkleinerung8: Der Maßstab einer Karte, die ein größeres Gebiet zeigt, ist größer, und der Maßstab einer Karte, die ein kleineres Gebiet zeigt, ist kleiner.

Prä-Sekundarstufe 1

-

Post-Sekundarstufe 1

Das Konzept tritt bei S16, S17, S21 und S22 auf. S16 (120-121), S21 (215-222, 255-258) und S22 (247-248) formulieren das Konzept bei der Besprechung der Materialien. S17 (34-35, 36-37, 39) dagegen erwähnt das Konzept im Interviewblock zur eigenen Kartenskizze. S22 (247-248) spricht nicht vom Maßstab, sondern von einer kleinen Karte, die ein kleines Gebiet wiedergibt.

Vergleich und Gesamtinterpretation

Dieses Konzept steht im Widerspruch zur fachwissenschaftlichen Perspektive (siehe Kapitel 2.2.2.2) und Maßstab und Verkleinerung10. Manche Schülerinnen und Schüler neigen dazu, eine Karte, die einen großen Raumausschnitt wiedergibt, als Karte mit einem großen Maßstab zu bezeichnen und umgekehrt mit kleinen Maßstäben zu verfahren. Dieses Konzept tritt häufiger bei den Probandinnen und Probanden aus der Sekundarstufe 2 auf. Es sollte daraus aber nicht geschlossen werden, dass in dieser Altersgruppe diese Vorstellung häufiger vorhanden ist, sondern es kann darin begründet sein, dass die älteren Schülerinnen und Schüler in entsprechenden Interviewsituationen, in denen sie zu Vergleichen zwischen den Materialien aufgefordert waren, häufiger versuchten, Unterschiede anhand des Maßstabes zu begründen. Es scheint möglich, dass das Attribut des kleineren bzw. größeren Maßstabes an der Zahl nach dem Doppelpunkt festgemacht wird (u. a. S16 120-121).

Maßstäblichkeit und Verkleinerung9: Der Maßstab hat etwas mit Mathematik zu tun.

Prä-Sekundarstufe 1

-

Post-Sekundarstufe 1

S18 und S20 weisen das Konzept auf, dass der Maßstab etwas mit Mathematik zu tun hat. S18 (182-183) erwähnt das Konzept beiläufig bei der Besprechung von

M4, wohingegen S20 (292-293) darauf bei der Nachfrage zu den im Unterricht behandelten Themen zur Karte eingeht.

Vergleich und Gesamtinterpretation

Das Konzept tritt insgesamt selten, aber in beiden Altersgruppen auf. S5 (116-121) verbindet eine Karte als Ganzes mit dem Rechnen und beschreibt Ansätze der Umrechnung durch die Messung mit einem Lineal. S18 (182-183) ordnet die Umrechnung der Maßstabszahl in Längeneinheiten der Mathematik zu. S20 (292-293) geht unter anderem auf das Ausrechnen des Maßstabes und die Anwendung auf einen Würfel ein.

Maßstäblichkeit und Verkleinerung10: Der Maßstab einer Karte, die ein größeres Gebiet zeigt, ist kleiner, und der Maßstab einer Karte, die ein kleineres Gebiet zeigt, ist größer.

Prä-Sekundarstufe 1

-

Post-Sekundarstufe 1

S20 (200-201) und S21 (223-224) formulieren dieses Konzept bei der Besprechung der Materialien.

Vergleich und Gesamtinterpretation

Das Konzept tritt nur bei Schülerinnen und Schüler der Sekundarstufe 2 auf. Es steht im Gegensatz zu Maßstäblichkeit und Verkleinerung8 im Einklang mit der fachwissenschaftlichen Perspektive (siehe Kapitel 2.2.2.2). Es ist bemerkenswert, dass S21 (223-224) dieses und das Konzept Maßstäblichkeit und Verkleinerung8 vertritt, wobei die Formulierung zu diesem Konzept etwas ungeschickt ist.

Maßstäblichkeit und Verkleinerung11: Eine gute Karte hat einen großen oder kleinen Maßstab.

Prä-Sekundarstufe 1

S8 und S13 weisen beide das Konzept auf, dass eine gute Karte einen großen Maßstab hat. S8 (288-289) und S13 (177-180) erwähnen beide das Konzept in Bezug auf M1.

Post-Sekundarstufe 1

-

Vergleich und Gesamtinterpretation

Das Konzept ist nur wenig in beiden Altersgruppen vertreten. Bei den Grundschülerinnen und -schülern (S8 288-289; S13 177-180) tritt das Konzept beim Impuls, was an M1 verbessert werden sollte, auf. Auffällig ist, dass die beiden Schülerinnen und Schüler aus der Primarstufe eine großmaßstäbige Karte bevorzugen (S8 288-289; S13 177-180), dagegen die Schülerin bzw. der Schüler aus der Sekundarstufe 2 eine kleinmaßstäbige (S22 247-248). S8 (288-289) und S13 (177-180) sprechen nicht von einem größeren Maßstab, sondern drücken sich durch „heranzoomen" aus.

Maßstäblichkeit und Verkleinerung12: Bei der Herstellung einer Karte wird ein Maßstab festgelegt.

Prä-Sekundarstufe 1

-

Post-Sekundarstufe 1

S16, S17 und S19 drücken das Konzept aus, dass bei der Herstellung einer Karte ein Maßstab festgelegt werden muss. S16 (50-51, 72-73, 74-75) erwähnt dieses Konzept mehrfach im Interview. S17 (108-109) und S19 (210-211) beschreiben es, indem sie bei der Umsetzung von M6 als Karte den Maßstab des Satellitenbildes beibehalten möchten.

Vergleich und Gesamtinterpretation

Das Konzept ist nur bei Schülerinnen und Schülern der Sekundarstufe 2 vorzufinden. Dies lässt vermuten, dass die Oberstufenschülerinnen und -schüler umfassendere Vorstellungen von einer Karte haben, in welchen Konzepte der Maßstäblichkeit stärker vernetzt sind.

Maßstäblichkeit und Verkleinerung13: Ein Inhalt muss vermessen werden, bevor er im Maßstab verkleinert wird.

Prä-Sekundarstufe 1

-

Post-Sekundarstufe 1

S16, S17 und S20 beschreiben das Konzept, dass bei der maßstäblichen Verkleinerung räumlicher, georeferenzierter Inhalte auf einer Karte diese zuvor vermessen
und die Größen berechnet werden müssen. S20 (292-293) beschreibt dies anhand
des Beispiels eines Würfels, der in der Schule ins Heft gezeichnet wurde, wohingegen S16 (72-73) und S17 (56-57) sich auf Beispiele zur Karte beziehen.

Vergleich und Gesamtinterpretation

Dieses Konzept weisen mehr Schülerinnen und Schüler der Sekundarstufe 2 als der
Primarstufe auf. S5 (156-157) und S20 (292-293) beziehen sich dabei auf Beispiele
im Unterricht, bei denen ein Stift oder ein Würfel maßstäblich verkleinert wurden.
Nur S16 (72-73) und S20 (292-293) verwenden dabei den Fachausdruck des Maßstabes.

Maßstäblichkeit und Verkleinerung14: In einer Karte sind alle Inhalte maßstabsgetreu verkleinert.

Prä-Sekundarstufe 1

-

Post-Sekundarstufe 1

S16, S17, S19, S20, S21 und S23 weisen das Konzept auf, dass alle räumlichen, georeferenzierten Inhalte in einer Karte maßstabsgetreu verkleinert werden. S20
(115-116) moniert an der eigenen Kartenskizze, dieses Konzept nicht eingehalten
zu haben. S16 (50-51) und S19 (66-67, 88-89, 107, 230-231) drücken dieses Konzept über den Begriff „Verhältnisse" aus.

Vergleich und Gesamtinterpretation

Das Konzept tritt überwiegend bei den Schülerinnen und Schülern der Oberstufe
auf. Bei den Grundschülerinnen und -schülern geht nur S4 (49-52) am Rande darauf ein, indem eine Insel und ein Meer in einem angemessenen Verhältnis eingezeichnet werden sollen.

Maßstäblichkeit und Verkleinerung15: Es kann von der maßstabsgetreuen Darstellung abgewichen werden.

Prä-Sekundarstufe 1

-

Post-Sekundarstufe 1

S16 und S21 weisen das Konzept auf, dass bei bestimmten räumlichen, georeferenzierten Inhalten von der maßstabsgetreuen Darstellung in der Karte abgewichen wird. S16 (60-61) wendet dies auf ein Gebäude, S21 (17-18) auf eine Stadt an, damit diese auf einer Karte besser erkennbar sind.

Vergleich und Gesamtinterpretation

Das Konzept ist nur bei Schülerinnen und Schülern der Sekundarstufe 2 festzustellen. Es ist zu vermuten, dass Oberstufenschülerinnen und -schüler sich eher die Freiheit nehmen, von einer maßstabsgetreuen Wiedergabe abzuweichen, um ein besseres Verständnis zu gewährleisten.

6.2.4.2 Zusammenfassung zu verallgemeinerten Schülervorstellungen zu Maßstäblichkeit und Verkleinerung

Es zeigt sich in den Interviews, dass die Schülerinnen und Schüler vielfältig auf Konzepte der Verkleinerung zurückgreifen. Dies wird einerseits allgemein formuliert, zum Beispiel, dass Karten verkleinert sind oder alles auf der Karte verkleinert ist (Maßstäblichkeit und Verkleinerung2). Andererseits wird das Konzept auch auf räumliche, georeferenzierte Inhalte angewendet (Maßstäblichkeit und Verkleinerung1). In einigen Fällen, vermehrt bei den Schülerinnen und Schülern der Sekundarstufe 2, wird die Verkleinerung räumlicher, georeferenzierter Inhalte mit der Verwendung eines Kartenzeichens verknüpft. In unterschiedlichem Ausmaß ist in beiden Gruppen auch das Konzept vertreten, dass die Auswahl der dargestellten Inhalte auf einer Karte vom Maßstab abhängt (Maßstäblichkeit und Verkleinerung4), wobei nur selten der Fachbegriff des Maßstabes verwendet wird.
Deutlich weniger fundiert wirken die Vorstellungen zur Maßstäblichkeit von Karten. Nicht alle Schülerinnen und Schüler weisen ein Konzept auf, dass die Maßstabszahl fachwissenschaftlich korrekt einordnet und anwendet (Maßstäblichkeit und Verkleinerung5). Der Hinweis auf die Maßstabszahl in M4 löst bei drei Schülerinnen und Schülern eine Umrechnung, in manchen Fällen in andere Längeneinheiten, aus, die nur teils gelingt (S4 36-37; S6 16-17, 164-165; S18 182-183). Diese Reaktion ist vermutlich auf den Einfluss des Unterrichts zurückzuführen, in welchem der Maßstab thematisiert wird und Umrechnungen vorgenommen werden. Es zeigt sich auch Unwissen, wie mit der Maßstabszahl umzugehen ist (S19 196-197), oder lediglich eine lose Verknüpfung zu Längeneinheiten (S5 152-155[11]). Zusätzlich ist das mit der Fachwissenschaft im Widerspruch stehende Konzept festzustellen, dass größere Raumausschnitte einem großen Maßstab und kleine

---

[11] Diese Aussage wurde unter der Hauptkategorie Äußere Kartenelemente erfasst (siehe Anhang H).

Raumausschnitte einem kleinen Maßstab entsprechen (Maßstäblichkeit und Verkleinerung8). Diese Unsicherheiten sind sowohl bei den Schülerinnen und Schülern der Primarstufe als auch der Sekundarstufe 2 vorhanden. S20 (200-201) und S21 (223-224) weisen diesbezüglich ein aus fachlicher Perspektive betrachtet korrektes Konzept auf (Maßstäblichkeit und Verkleinerung10). S8 (288-289) und S13 (177-180) deuten ein Konzept an, dass eine gute oder typische Karte eine großmaßstäbige sein soll, wohingegen S22 (247-248) das für eine kleinmaßstäbige Karte ausdrückt. (Maßstäblichkeit und Verkleinerung11).

Bei den Vorstellungen zur Herstellung von Karten finden die Vermessung der darauf abgebildeten räumlichen, georeferenzierten Inhalte (Maßstäblichkeit und Verkleinerung13) und die Festlegung eines Maßstabes (Maßstäblichkeit und Verkleinerung12) bei wenigen Schülerinnen und Schüler Berücksichtigung, wobei es sich dabei fast ausschließlich um Oberstufenschülerinnen und -schüler handelt. Viele Schülerinnen und Schüler der Sekundarstufe 2 legen Wert darauf, dass die maßstabsgetreue Darstellung auf alle räumlichen, georeferenzierten Inhalte angewendet wird (Maßstäblichkeit und Verkleinerung14). Jedoch ziehen S16 (60-61) und S21 (17-18) auch in Erwägung, dass zur Hervorhebung bestimmte räumliche, georeferenzierte Inhalte abweichend von der Maßstabstreue vergrößert dargestellt werden (Maßstäblichkeit und Verkleinerung15, siehe auch Generalisierung7).

Es fallen im Umgang mit Maßstäblichkeit weitere Unsicherheiten auf: Einige Schülerinnen und Schüler verwenden den Fachbegriff des Maßstabes nur wenig. S4 (36-37), S13 (13-14), S16 (18-22), S17 (34-35), S20 (115-116), S21 (17-18) und S23 (27-28) bringen den Begriff selbstständig ins Interview ein. Andere Probandinnen und Probanden verwenden ihn erst, nachdem der Interviewer anhand konkreten Kartenmaterials darauf verwiesen hat (S5 156-157; S11 203-204; S18 182-183). Manche Schülerinnen und Schüler verwenden den Begriff im Anschluss nochmal in anderen Kontexten (S7 300-301; S19 196-197; S22 221-226). Schülerinnen und Schüler greifen häufig in Situationen, in denen eine Verwendung des Ausdrucks des Maßstabes möglich wäre, auf alternative Formulierungen wie die Adjektive „groß" und „klein" in Kombination mit beispielsweise Überblick oder Ansicht (S6 140-141, 142-143; S7 211-218, 219-220 (S7 spricht bei der Maßstabszahl von der „Größe der Karte"); S14 102-103, 257-260, 339-342; S16 88-93, 114-115; S20 192-193, 194-195; S21 175-176, 193-196, 223-224, 297-298), „(un-)genauer" (S4 u. a. 36-37; S5 108-115; S6 107-114; S14 257-260; S16 18-22, 120-121; S19 178-179, 190-193; S20 192-193, 194-195), „Verhältnisse" (S19 u. a. 88-89), „Ausschnitt" (S16 88-93, 114-115, 120-121), „Ein- und Ausblick" (S23 194-199), „fokussiert" (S23 114-117, 194-199) und „detaillierter" (S23 114-117) zurück. Vielfach zum Einsatz kommen auch Beschreibungen mithilfe des Verbes „zoomen" (S8 288-289; S13 u. a. 191-200; S17 105-107; S21 215-222; S22 174, 176), „näher" (S14 257-260) und „Weitsichtaufnahme" (S22 174, 176). Hierbei scheinen Assoziationen zu Fotokameras eine Rolle zu spielen, wie es S13 (67-70) beschreibt.

Eine mögliche Interpretation der Unsicherheiten mit der Maßstäblichkeit kann im Fragmentierungsansatz (siehe Kapitel 2.1.4) gesehen werden: Die Konzepte der Maßstäblichkeit wirken nur lose verbunden mit den allgemeinen Vorstellungen zur Karte. Diese Verbindungen werden bei einigen Schülerinnen und Schülern erst durch den konkreten Hinweis des Interviewers aktiviert, was sich unter anderem an der Verwendung des Fachbegriffes des Maßstabes zeigt.

Ein weiterer relevanter Aspekt zur Maßstäblichkeit und Verkleinerung sind die Quellen der Vorstellungen. Ein paar Schülerinnen und Schüler berichten von der Behandlung des Maßstabes im Unterricht (S7 300-301 (wobei S7 sagt, dass „Maßstab" und später „wie man diese 1:25.000 liest" besprochen wurde, was Zweifel aufkommen lässt, ob S4 ein fachwissenschaftlich betrachtet klares Konzept aufweist); S13 315-316, 317-318; S20 284-285; S22 biographischer Hintergrund). Drei Schülerinnen und Schüler assoziieren Maßstab mit Mathematik (Maßstäblichkeit und Verkleinerung9). Es ist nicht auszuschließen, dass die Erinnerung an die Behandlung des Maßstabs im Unterricht auch durch die Thematisierung im Interview aktiviert wurde.

Es bleibt festzuhalten, dass die Vorstellungen zur Verkleinerung stark ausgeprägt sind, wohingegen Vorstellungen zur Maßstäblichkeit weniger umfangreich sind und Unsicherheiten aufweisen. Es ist nicht auszuschließen, dass die Konzepte stark unterrichtlich geprägt sind und daher seltener spontan im Interview aktiviert wurden.

6.2.5 Verallgemeinerte Vorstellungen zur Verebnung

6.2.5.1 Verallgemeinerte Konzepte

Verebnung1: Höhenunterschiede, Berge und Täler werden in Karten über Höhenlinien dargestellt.

Prä-Sekundarstufe 1

S4, S5, S6, S7, S8 und S13 sind sich der Möglichkeit der Darstellung von Höhenunterschieden durch Höhenlinien bewusst. Jedoch tritt dies bei S4 (179-182) und S5 (158-173) erst nach der Betrachtung von M4, einer topographischen Karte, auf. S8 (490-493) formuliert das Konzept erst auf Nachfrage zu behandelten Themen im Unterricht. Im Gegensatz dazu erkennen S7 und S13 auf M4 die Höhenlinien nicht, haben aber in vorigen Abschnitten des Interviews davon gesprochen, mit einem Kreis Höhenschichten wiederzugeben (S7 64-69; S13 u. a. 73-74). Bei S13 (u. a. 73-74) scheinen sich zusätzlich die Konzepte der Höhenlinie und der Darstellung über Farben zu vermischen. Ein differenzierteres Konzept demonstriert S6 (49-50), was sich nicht nur in der Anzahl der Kernaussagen aus dem Interview zeigt, sondern auch in der Interpretation der Dichte der Höhenlinien bezüglich des Aussehens eines Berges.

Sprachlich variieren die Konzepte der Schülerinnen und Schüler: Während S6 (u. a. 18-19) und S13 (u. a. 73-74) durchgängig Höhenlinien verwenden, weichen S5 (158-173), S7 (64-69) und S8 (490-493) auf „Kreise" sowie S4 (179-182) auf „rote Linien" aus. S7 (64-69) und S13 (73-74, 86) berichten vom HSU bzw. Schulbuch als Quelle der Vorstellungen zu Höhenlinien in Karten. S6 (49-50, 225-228) zeigt Unsicherheiten in Bezug auf die Interpretation der Dichte von Höhenlinien, wobei die anderen Schülerinnen und Schüler auf diesen Aspekt nicht eingegangen sind.

Post-Sekundarstufe 1

Alle Schülerinnen und Schüler der Sekundarstufe 2 weisen das Konzept der Darstellung von Höhenunterschieden über Höhenlinien auf. Jedoch verwenden nur S17 (25-27), S19 (52-53) und S23 (146-147) das Konzept selbstständig in Bezug auf die eigene Kartenskizze, wohingegen S18 (166-167), S20 (186-187), S21 (197-200, 203-206) und S22 (213-214) erst mit dem Input der Materialien diese Konzepte aktivieren.

Es zeigen sich verschiedene Ausdrücke für Höhenlinien. S17 (25-27), S19 (52-53) und S23 (146-147) sprechen von Höhenlinien. Zusätzlich fallen auch Begriffe wie Ringe (S17 138-144), Reliefkreise (S17 138-144), Kreise (S16 58-59; S19 184-187; S20 186-187), (rote) Linien (S17 25-27; S18 166-167; S21 197-200, 203-206; S22 213-214), Hoch- und Tieflinien (S22 biographischer Hintergrund). Als Quelle dieses Konzepts bezeichnet S22 (biographischer Hintergrund) den Geographieunterricht.

Vergleich und Gesamtinterpretation

Das Konzept ist in beiden Gruppen vorhanden, wobei es bei allen Schülerinnen und Schülern der Sekundarstufe 2 anzutreffen ist. Sowohl bei den Schülerinnen und Schülern vor als auch nach der Sekundarstufe 1 steht das Konzept nur teils spontan zur Verfügung. In den anderen Fällen wird das Konzept erst durch konkrete Kartenbeispiele aktiviert (u. a. S4 179-182; S20 186-187) oder bei den im Unterricht behandelten Themen erwähnt (S8 490-493). In beiden Gruppen wird eine Vielzahl an alltagssprachlichen Begriffen für den Fachbegriff Höhenlinie verwendet, die sich überwiegend aus „(roten) Linien" (u. a. S4 179-182; S18 166-167), „Kreisen" (u. a. S7 64-69; S16 58-59) und ähnlichen Ausdrücken zusammensetzen. In beiden Gruppen fällt nicht der Begriff der Isohypse und es wird keine Verknüpfung zur Kartenart der topographischen Karte hergestellt. Insgesamt zeigt sich ein hohes Maß an Überschneidung zwischen beiden Gruppen bezüglich des Konzeptes der Darstellung von Höhenunterschieden über Höhenlinien in Karten.

Verebnung2: Höhenunterschiede, Berge und Täler werden in Karten über Farben und Höhenschichten dargestellt.

Prä-Sekundarstufe 1

S4, S6, S7, S8, S11, S13 und S14 weisen ein Konzept der Darstellung von Höhenunterschieden über Farben auf. Dabei fällt auf, dass sich nicht nur an den üblichen Farbkonventionen in physischen Karten orientiert wird (u. a. S6 140-141, 144-145), sondern auch von S4 (75-76) die Imitation der Farbe des Gesteins oder von S13 (77-78) die Farbe Grau in Betracht gezogen wird. S4 (169-170, 179-182), S7 (171-172, 173-176), S11 (181-184, 185-188) und S13 (163-166, 191-200, 201-202, 203-204) können die unterschiedlichen Farben auch konkreten Höhenangaben anhand der Legende zuordnen. Zusätzlich werden aber auch weitere Farben in anderen Materialien fälschlicherweise als Darstellung von Höhenunterschieden gesehen (S7 177-178; S8 328-331). Die Konzepte der Darstellung von Höhenunterschieden durch Farben werden meistens durch konkrete Kartenbeispiele, meistens M2, der physischen Karte, hervorgerufen (u. a. S6 140-141, 144-145; S8 308-315, 318-323). Bei S13 (u. a. 73-74, 86) vermischt sich dieses Konzept mit der Darstellung über Höhenlinien (Verebnung1).

Im sprachlichen Umgang fällt auf, dass unter anderem Höhenschichten und Erdschichten (S4 169-170, 179-182; S7 64-69, 171-172, 173-176) neben den konkreten Farbbeispielen verwendet werden.

Post-Sekundarstufe 1

Alle Schülerinnen und Schüler drücken das Konzept aus, dass Höhenunterschiede über Farben ausgedrückt werden können. Dies wird auch im Umgang mit den Materialien angewendet. Es zeigen sich Tendenzen, dass Schülerinnen und Schüler sich die Wiedergabe von Bergen durch Farben auch durch eine Imitation der Farbe an der Oberfläche vorstellen, wobei S17 (42-43) dies anhand der jeweiligen Vegetation erklärt und S19 (52-53) Gletscher mit weiß repräsentiert. S22 (75-80) verweist zusätzlich auf eine Anwendung bezüglich der Wassertiefe.

Aus mehreren Aussagen von S16 (56-57, 110-111, 112-113), S18 (12-15), S19 (52-53) und S23 (142-143, 146-147) lässt sich schließen, dass die Wiedergabe von Höhenunterschieden über Farbe aus verschiedenen Karten, die den Probandinnen und Probanden begegnet sind, bekannt ist. Brüche zeigen sich bei S22 (75-80, 209-212), indem verschiedentlich zunächst hellere Farben für größere Höhen, dunklere Farben für geringere Höhen stehen, sowie bei S16 (112-113) und S21 (197-200, 201-202, 203-206), da in der thematischen Karte M3 Flächenfarben fälschlicherweise als Höhenstufen beschrieben werden. Sprachlich drücken sich die Oberstufenschülerinnen und -schüler häufig mit konkreten Benennungen von Farben aus.

Daneben sprechen S17 (25-27) von „Zonen", S16 (94-97, 110-111), S22 (209-212) und S23 (142-143, 146-147) von Höhenschichten.

Vergleich und Gesamtinterpretation

Das Konzept zeigt sich bei allen Schülerinnen und Schülern mit Ausnahme von S5 aus der Grundschule. Bei den Schülerinnen und Schülern der Sekundarstufe 2 wird mit Ausnahme von S21 dieses Konzept schon vor der Darbietung der Materialien ausgedrückt, wohingegen bei den Schülerinnen und Schülern der Primarstufe das Konzept in zwei Fällen erst durch Kartenmaterial aktiviert wird (S6 140-141, 144-145; S8 308-315, 318-323). Ein paar Schülerinnen und Schüler formulieren den Vorschlag, die Farbauswahl für die Wiedergabe von Bergen, Gebirgen oder bestimmten Höhenschichten an die Farben der Oberfläche zu koppeln, wie beispielsweise Vegetation, Gestein oder Gletscher (S4 75-76; S17 42-43; S19 52-53). Bei der Betrachtung von M2, einer physischen Karte, wird dann die konventionelle Farbgebung für die Höhendarstellung aufgegriffen. Nur S13 (163-166) stellt eine Verknüpfung zur Kartenart der physischen Karte her. Andere Schülerinnen und Schüler tun dies nicht, obwohl sie den Fachbegriff verwenden (S16 88-93, 106-109; S19 135-137, 178-179, 268-269; S20 15-18, 21-22, 140-147, 172-173, 284-285; S21 193-196; S23 140-141[12]; siehe Kartenarten1,9). S16 (22-25) spricht von einer „Höhenkarte". Insgesamt zeigen sich Überschneidungen zwischen beiden Gruppen beim Konzept der Darstellung von Höhenunterschieden über Farben, wobei dieses in der Gruppe der Sekundarstufe 2 tiefer verankert zu sein scheint. Dies lässt sich auch aus Andeutungen schließen, dass diese Gruppe schon mehr in Kontakt mit Karten gekommen ist, die eine solche Form der Darstellung von Verebnung beinhalten (S16 56-57, 110-111, 112-113; S18 12-15; S19 52-53; S23 142-143, 146-147). Die meisten Schülerinnen und Schüler in beiden Altersgruppen drücken dieses Konzept über konkrete Beispiele von Farben in den Karten aus. Nur selten werden Begriffe wie „Höhenschicht" verwendet (S4 169-170, 179-182; S7 64-69, 171-172, 173-176; S16 94-97, 110-111; S22 209-212; S23 142-143, 146-147).

Verebnung3: Berge und Gebirge werden in Karten über Kartenzeichen dargestellt.

Prä-Sekundarstufe 1

S4, S5, S7, S8, S13 und S14 drücken ein Konzept aus, dass die Wiedergabe von Bergen neben Höhenlinien und Farben ebenfalls über punktuelle und weitere lineare Kartenzeichen erfolgen kann. Diese Darstellungsform wird unter anderem in Kinderatlanten angewandt. Die Wahl der Kartenzeichen orientiert sich bei S4

---

[12] Diese Aussagen sind nicht in der Aufstellung der Kernaussagen zu Verebnung2 erfasst, sondern an dieser Stelle zur besseren Einordnung des Konzeptes erwähnt.

(75-76, 79, 86-87) und S5 (80-85) an einer Nachahmung des Aussehens von Bergen aus der Vogelperspektive, was durch Striche und Schräglinien sowie eine Spitze ausgedrückt werden soll. S14 (102-103) beschreibt die Darstellung der idealisierten Form eines Berges aus der Ansicht von der Seite. In M3 erkennen S5 (158-173) und S14 (221-223) Kartenzeichen für Berge, die aber nicht schlüssig begründet werden.

Post-Sekundarstufe 1

S16 und S22 drücken das Konzept aus, dass mit punktuellen Kartenzeichen Berge dargestellt werden sollen. S16 (58-59) bezieht sich dabei nur auf den Gipfel eines Berges, der durch einen Punkt wiedergegeben werden soll. S22 (81-82, 90-91) beschreibt eine Repräsentation mithilfe von Dreiecken, die in S22s Augen leicht zu verstehen ist.

Vergleich und Gesamtinterpretation

Dieses Konzept tritt vermehrt bei den Schülerinnen und Schülern der Primarstufe auf. S4 (75-76, 79, 86-87) und S5 (80-85, 86-87) versuchen ein Kartenzeichen zu verwenden, dass einen Berg aus der Vogelperspektive nachahmen soll, was in der Darstellung eines Punktes als Spitze sowie „Schräglinien", insgesamt einer Pyramide ähnelnd, mündet. S14 (102-103) und S22 (81-82, 90-91) erwähnen die Wiedergabe von Bergen durch ein Dreieck, wobei S22 einschränkt, dass dies bei sehr verkleinerten Karten der Fall ist. Auffällig ist, dass die Schülerinnen und Schüler intuitiv dieses Konzept verwenden, wenn sie noch allgemein zu Formen der Darstellungen von Höhenunterschieden auf Karten befragt werden, dann aber bei der Betrachtung der Materialien die fachlich gängigeren Konzepte wie die Darstellung durch Höhenlinien oder Farben aktivieren.

Verebnung4: Höhenunterschiede, Berge und Täler werden in Karten über Schummerung dargestellt.

Prä-Sekundarstufe 1

S5, S8, S11 und S13 deuten ein Konzept der Schummerung an. S5 (146-147) und S8 (325-327) drücken dies bei der Betrachtung von M3 aus und gehen dabei auf die dunklere Färbung von Grün ein. S11 (189, 192-196) beschreibt dies als „welliger" und eine besondere Art, schraffiert zu sein. S13 (203-204) scheint die Schummerung in M2 zu erkennen und bezeichnet dies als „3D-mäßg angeschnitten".

Post-Sekundarstufe 1

S18, S20 und S22 deuten in ihren Aussagen Konzepte der Schummerung an. S18 (168-169) erkennt dies in M4, wobei es sich dabei um eine topographische Karte handelt, die keine deutlich ausgeprägte Schummerung aufweist. S20 (184-185) spricht von Wölbungen in M3, die Gebirge und Berge darstellen sollen. S22 (100-103) beschreibt allgemein Ansätze einer Schummerung durch verschiedene Farbtöne.

S18 (168-169), S20 (184-185) und S22 (100-103) verwenden nicht den Fachbegriff der Schummerung, sondern sprechen stattdessen von Schatten und Falten, von „Hellerem", „Dunklerem" oder „Wölbungen".

Vergleich und Gesamtinterpretation

Das Konzept findet sich in beiden Altersgruppen in ähnlichem Ausmaß. S5 (146-147), S8 (325-327) und S22 (100-103) deuten dieses Konzept an, indem fachlich korrekt die dunkleren Färbungen in der thematischen Karte M3 als höhergelegene Gebiete interpretiert werden. S18 (168-169) erkennt in M4 Schatten und S20 (184-185) in M3 Wölbungen. S11 (189, 192-196) beschreibt M3 als „welliger" und besonders schraffiert. Insgesamt ist lediglich rudimentär ein Konzept zur Darstellung von Höhenunterschieden durch Schummerung bei den Probandinnen und Probanden erkennbar. Dies ist jedoch bemerkenswert, da diese Form der Wiedergabe von Höhenunterschieden nicht im Fokus der Impulse der Leitfadeninterviews stand. Die Schülerinnen und Schüler verwenden dafür nicht den Fachbegriff der Schummerung.

Verebnung5: Gebirge und Berge können in Karten über Schrift und ihre Namen dargestellt und mit topographischem Orientierungswissen erkannt werden.

Prä-Sekundarstufe 1

S7, S8, S11 und S14 weisen das Konzept auf, dass Gebirge und Berge über Beschriftung erkannt werden können. S11 (64-71) und S14 (106-109) sehen es bei der Besprechung der Kartenskizze als eine Möglichkeit an, den Namen der Gebirge oder schlicht „Berg" in die Karte zu schreiben. S7 (179-184) wendet das Konzept auf der Karte M4, S11 (189, 192-196) auf der Karte M3 an. S8 (318-323) bezeichnet M2 deswegen als das Material, in welchem Gebirge am besten zu erkennen sind, da diese darin beschriftet sind.

Post-Sekundarstufe 1

Bei S16 und S19 ist das Konzept vorhanden, dass Berge und Gebirge in Karten über die Schrift dargestellt und mit topographischem Orientierungswissen erkannt werden können. S16 (110-111, 112-113) kann in M3 nur anhand der Beschriftung und dem eigenen Wissen zum Beispiel die Alpen erkennen. S19 (180-183, 184-187) bezeichnet M2 auch deshalb als beste Karte, weil die Gebirge benannt sind, und verortet Gebirge in M3 anhand der Schrift.

Vergleich und Gesamtinterpretation

Wenige Schülerinnen und Schüler aus beiden Altersgruppen verwenden das Konzept, dass anhand der Beschriftung und der Namen Gebirge oder Berge bestimmt werden können. Etwas häufiger ist es bei den Schülerinnen und Schülern der Primarstufe vorzufinden. Aus der Gruppe der Grundschülerinnen und -schüler ist S7s Aussage (179-184) auch deshalb bemerkenswert, da ein Berg über die Beschriftung eines solchen in M4, jedoch nicht über die Höhenlinien lokalisiert wird. S8 (318-323) und S19 (180-183, 184-187) ergänzen dieses Konzept zusätzlich zur Darstellung von Höhenunterschieden über Farben. S19 (180-183, 184-187) aus der Sekundarstufe 2 greift bei M2 und M3 auf das topographische Orientierungswissen zurück und identifiziert Gebirgsregionen in Bayern. Es lässt sich festhalten, dass ein paar Probandinnen und Probanden bei der Aufgabe, Gebirge oder Berge in einer Karte zu erkennen, auf dieses Konzept zurückgreifen.

Verebnung6: Auf Karten wird die Kugelgestalt der Erde in die Ebene überführt.

Prä-Sekundarstufe 1

Bei S4 und S11 ist das Konzept anzutreffen, dass auf einer Karte die Kugelgestalt der Erde in die Ebene überführt wird. S4 (30-31) erklärt dies anhand des Vergleichs mit einem Globus, S11 (23-24) mit einer Kugel. Beide verwenden das Adjektiv „flach".

Post-Sekundarstufe 1

S17 und S22 demonstrieren ein Bewusstsein dafür, dass die Kugelgestalt der Erde auf eine Kartenebene übertragen wird. S17 (118-119) bezeichnet dies als „Problem". S22 (23-24) benennt die Folge, dass Karten (in diesem Fall sind vermutlich Weltkarten gemeint) aufgrund des Kartennetzentwurfs „ovalmäßig" oder horizontal gezogen sind. Sowohl S17 als auch S22 verwenden nicht den Begriff der Verebnung und beschreiben das Konzept übereinstimmend als Überführung einer Kugel in eine Fläche.

Vergleich und Gesamtinterpretation

Dieser Aspekt des fachwissenschaftlichen Konzepts der Verebnung von Karten (siehe Kapitel 2.2.2.2) findet sich an wenigen Stellen in den Schülervorstellungen wieder. In der Gruppe der Grundschülerinnen und -schüler sind es S4 (30-31) und S11 (23-24), die eine Karte als Globus in flach bezeichnen. S17 (118-119) und S22 (23-24, 120-121) aus der Gruppe der Sekundarstufe 2 drücken ebenfalls dieses Konzept aus und gehen auf dessen Auswirkungen auf die Gestaltung der Karte ein bzw. bezeichnen dies als ein Problem bei der Erstellung von Karten. Dieses Konzept wird nicht mit dem Fachbegriff Verebnung ausgedrückt.

Verebnung7: Inhalte auf der Karte sind flach und zweidimensional dargestellt.

Prä-Sekundarstufe 1

S7 und S11 beschreiben das Konzept, dass Inhalte auf der Karte flach und zweidimensional dargestellt werden. S7 (14-17) und S11 (25-26) ähneln sich sehr in ihren Wortlauten, da die räumlichen, georeferenzierten Inhalte auf Karten nicht als in „3D", sondern als flach abgebildet erklärt werden.

Post-Sekundarstufe 1

S16, S17, S18, S21 und S22 weisen ein Konzept auf, dass das Prinzip der Verebnung in Karten beschreibt. Dabei beziehen sich alle fünf auf den Unterschied zwischen Zwei- und Dreidimensionalität. S22 (81-82, 90-91) begründet diese Form der Darstellung damit, dass eine dreidimensionale Wiedergabe von Bergen oder Gebirgen zu umständlich ist. Überwiegend wird das Konzept anhand der Begriffe zwei- und dreidimensional (S16 18-22; S21 17-18) oder abgekürzt „2D" und „3D" (S17 40-41; S18 22-25; S22 81-82, 90-91) ausgedrückt. S18 (56-57) spricht von „flach" und „plattdrücken".

Vergleich und Gesamtinterpretation

Dieses Konzept einer allgemeinen Beschreibung der Verebnung von Karteninhalten tritt häufiger in der Gruppe der Sekundarstufe 2 auf, was darauf hindeutet, dass die Schülerinnen und Schüler eher dazu fähig sind, diese Eigenschaft einer Karte allgemeiner und abstrakter zu erfassen. S7 (14-17) und S11 (25-26) aus der Primarstufe sowie S17 (40-41), S18 (22-25), S21 (17-18) und S22 (81-82, 90-91) aus der Sekundarstufe 2 erklären in ähnlicher Art und Weise, dass bei einer Karte Objekte von einer dreidimensionalen Struktur in eine flache, zweidimensionale Darstellung überführt werden, wobei häufig von „2D" und „3D" gesprochen wird. Das Konzept ist in ähnlicher Weise unter Grundriss6, Generalisierung5 und Definition20 zu finden.

Verebnung8: Eine Karte kann sich auf Höhenunterschiede oder Relief konzentrieren.

Prä-Sekundarstufe 1

-

Post-Sekundarstufe 1

S16, S17, S19 und S21 weisen das Konzept auf, dass eine Karte Höhenunterschiede und Relief als Schwerpunkt darstellen kann. S16 (22-25) und S17 (12-13) gehen darauf bereits im ersten Block des Interviews ein, wobei S16 von einer Höhenkarte spricht. M2 wird mehrmals zugerechnet, den Schwerpunkt auf die Darstellung von Höhenunterschieden zu legen (S17 68-73, 78-79, 86-89; S21 179-180). S17 (68-73, 78-79) und S21 (179-180, 297-298) sprechen davon, dass das Relief auf einer Karte im Vordergrund steht.

Vergleich und Gesamtinterpretation

Das Konzept ist ausschließlich bei Schülerinnen und Schülern der Sekundarstufe 2 anzutreffen. Es ist zu vermuten, dass bei diesen Schülerinnen und Schülern vermehrt ein Bewusstsein für inhaltliche Schwerpunktsetzungen in Karten vorhanden ist. Bemerkenswert ist, dass in keiner der Aussagen dieses Konzept mit dem Begriff der physischen Karte verknüpft wird, obwohl es sich bei M2 um eine physische Karte handelt.

Verebnung9: Gebirge und Berge kann man sich mit der Karte nicht richtig vorstellen.

Prä-Sekundarstufe 1

-

Post-Sekundarstufe 1

S19 und S20 äußern das Konzept, dass man sich Gebirge und Berge anhand der Karte nur schwer vorstellen kann. S19 (58-61) formuliert das Konzept allgemein. S20 (19-20) ergänzt, dass die Höhe eines Berges nicht zu sehen ist und beschreibt noch Beispiele nahe am Meer gelegener Gebirge, die auf Karten nicht gut zu sehen sind.

Vergleich und Gesamtinterpretation

Das Konzept ist insgesamt wenig und nur bei Oberstufenschülerinnen und -schülern anzutreffen. Es handelt sich um eine kritische Betrachtung des Mediums Karte sowie Reflexivität gegenüber der eigenen Vorstellungskraft, zu der vermutlich ältere Schülerinnen und Schüler eher fähig sind.

Verebnung10: Je dichter Höhenlinien sind, desto höher ist es.

Prä-Sekundarstufe 1

-

Post-Sekundarstufe 1

-

Vergleich und Gesamtinterpretation

Das Konzept ist insgesamt wenig, aber in beiden Altersgruppen festzustellen. Es tritt bei zwei Schülerinnen und Schülern bei der Besprechung von M4, einer topographischen Karte, auf. Aus fachwissenschaftlicher Sicht ist das Konzept problematisch: Die Dichte von Höhenlinien ist nicht mit einer großen Höhe, aber mit großer Reliefenergie und einem großen Gefälle gleichzusetzen. Ein solches, fachlich betrachtet korrektes Konzept kann aber nicht verallgemeinert festgestellt werden, da nur S6 (49-50)[13] dies so formuliert.

6.2.5.2 Zusammenfassung zu verallgemeinerten Schülervorstellungen zur Verebnung

Schülerinnen und Schüler weisen verschiedene Konzepte zur Verebnung in Karten auf: Allen Probandinnen und Probanden mit wenigen Ausnahmen aus der Primarstufe sind die aus der fachwissenschaftlichen Perspektive gängigen Verfahren der Darstellung von Höhenunterschieden, Bergen, Gebirgen und Tälern auf der Karte wie Höhenlinien (Verebnung1) oder Farben (Verebnung2) bekannt. In einigen Fällen werden diese Konzepte erst bei der Auseinandersetzung mit Kartenmaterial aktiviert. Eine Wiedergabe von Bergen und Gebirgen mit punktuellen Kartenzeichen (Verebnung3) ist in der Primarstufe häufig, in der Sekundarstufe 2 wenig anzutreffen. Bemerkenswert ist, dass die Konzepte zur Darstellung von Bergen durch Kartenzeichen abseits von Höhenlinien und Flächenfarben meist in den ersten zwei Blöcken des Interviews auftreten, bevor Material beigegeben wird. Es

---

[13] Diese Aussage ist nicht in der Aufstellung der Kernaussagen zu Verebnung10 erfasst, sondern an dieser Stelle zur besseren Einordnung des Konzeptes erwähnt.

scheint, dass es sich hierbei um ein intuitiv vorhandenes Konzept bei manchen Probandinnen und Probanden handelt, auf das zunächst bei der Problemstellung der Wiedergabe von Bergen zurückgegriffen wird. Bei der Betrachtung der Materialien werden die konventionellen Konzepte der Darstellung über Farben und Höhenlinien aktiviert. Zwei Schülerinnen und Schüler scheinen die idealisierte Ansicht eines Berges von der Seite imitieren zu wollen (S14 102-103; S22 81-82, 90-91). Es zeigen sich bei einigen Schülerinnen und Schülern in beiden Altersgruppen Ansätze von Konzepten der Darstellung durch Schummerung (Verebnung4). Bis auf S13 (163-166, 191-200, 201-202, 203-204) ist in beiden Gruppen keine Vernetzung der Darstellung von Höhenunterschieden zu Kartenarten festzustellen.

Ein allgemeines Konzept, das die Verebnung aller räumlichen, georeferenzierten Inhalte in einer Karte beschreibt, lässt sich vermehrt bei der Gruppe der Sekundarstufe 2 finden (Verebnung7). Die Verebnung der Kugelgestalt der Erde (Verebnung6) ist ebenfalls in den Schülervorstellungen vertreten, wobei dies nicht häufig der Fall ist. Ausschließlich Schülerinnen und Schüler der Sekundarstufe 2 erklären, dass bestimmte Karten sich auf Höhenunterschiede und Relief konzentrieren (Verebnung8). Dieses Konzept wird aber nicht in Verbindung mit einer physischen Karte gebracht. Zwei Oberstufenschülerinnen und -schüler äußern sich gegenüber dem Medium Karte kritisch oder räumen eine reflexive Haltung gegenüber der eigenen Vorstellung ein, indem sie monieren, dass Gebirge und Berge in Karten nur schwer vorstellbar sind (Verebnung9).

Im sprachlichen Ausdruck fällt auf, dass die Schülerinnen und Schüler nur bedingt auf die Sprache der Fachwissenschaft zurückgreifen. Der Begriff der Isohypse kommt überhaupt nicht vor, wohingegen Höhenlinie gelegentlich verwendet wird (Verebnung1). Die Schülerinnen und Schüler beschreiben Höhenlinien vermehrt einfach als Linien, Kreise oder Ringe. Bei der Darstellung von Höhenunterschieden durch Farben oder Höhenschichten wird in den meisten Fällen auf konkrete Bezeichnungen der jeweiligen Farbe und Höhenstufe zurückgegriffen (Verebnung2). Der Fachausdruck der Schummerung ist nicht in den Vorstellungen der Schülerinnen und Schüler präsent. Sie finden aber einen Weg, dieses Konzept auszudrücken, indem von helleren und dunkleren Flächen, von Wölbungen oder von Schatten gesprochen wird (Verebnung4). Allgemeiner beschreiben die Schülerinnen und Schüler die Verebnung in Karten als „flach" und „2D" bzw. zweidimensional im Gegensatz zur dreidimensionalen Realität (Verebnung6, Verebnung7).

Die Schülerinnen und Schüler äußern sich bei einigen Konzepten zu deren Quellen. Die Darstellung von Höhenunterschieden in Karten führen manche auf den Unterricht (S7 64-69; S8 490-493; S13 73-74, 86; S22 biographischer Hintergrund) bzw. das HSU-Buch zurück (S13 88). Die Darstellung anhand von Farben wird bei einigen Schülerinnen und Schülern erst durch M2, einer physischen Karte aktiviert (u. a. S6 140-141, 144-145; S21 197-200, 201-202). Die Wiedergabe von Bergen mithilfe punktueller Kartenzeichen scheint einerseits intuitiv für manche Schülerinnen und

Schüler die erste Assoziation zu sein, kann aber auch durch Darstellungen in Kinderatlanten beeinflusst sein (Verebnung3).

Im Vergleich mit der fachlichen Perspektive fällt Verebnung10 auf: Zwei Schülerinnen und Schüler beschreiben, dass eine große Dichte von Höhenlinien eine große Höhe ausdrückt. Neben der fachlich nicht angemessenen Schlussfolgerung ist erstaunlich, dass eine korrekte Interpretation der Dichte der Höhenlinien nicht als Konzept verallgemeinert werden konnte, da es nur einmal auftrat (S6 49-50). Dagegen sind auf individueller Ebene Schwierigkeiten festzustellen, wie das Übersehen von Höhenlinien in einer topographischen Karte, auch wenn das Konzept zuvor im Interview erwähnt wurde (S13 u. a. 73-74), das Übersehen von Farben als Höhenstufen in einer physischen Karte, obwohl das Konzept zuvor angesprochen wurde (u. a. S14 106-109, 110-113, 249-252) oder die fehlerhafte Interpretation von Flächenfarben als Höhenstufen in thematischen Karten (S21 197-200, 201-202). Bis auf eine Ausnahme (S13 163-166) verknüpfen die Schülerinnen und Schüler die verschiedenen Formen der Verebnung nicht mit Kartenarten wie der physischen oder topographischen Karte, selbst wenn der Name der Kartenart an anderer Stelle im Interview erwähnt wird (u. a. S19 135-137).

Insgesamt lassen sich einige Überschneidungen zwischen der fachlichen Perspektive und den Schülervorstellungen feststellen. Jedoch sind im Detail Abweichungen vorhanden. Außerdem werden manche Konzepte erst durch Materialien aktiviert und es mangelt an Vernetzung mit Kartenarten. Die Schülerinnen und Schüler der Sekundarstufe 2 weisen vermehrt die fachlich gängigen Konzepte auf (Verebnung1, Verebnung2), was auch mit dem Unterricht als Quelle für diese Konzepte zusammenhängen kann. Ebenfalls erklären die älteren Schülerinnen und Schüler häufiger das Grundelement der Verebnung im Allgemeinen (Verebnung7).

6.2.6 Verallgemeinerte Vorstellungen zur Grundrissdarstellung

6.2.6.1 Verallgemeinerte Konzepte

Grundriss1: In einer Karte sieht man aus der Vogelperspektive bzw. der Ansicht von oben.

Prä-Sekundarstufe 1

Alle Schülerinnen und Schüler der Primarstufe mit Ausnahme von S14 formulieren das Konzept, dass eine Karte oder deren räumliche, georeferenzierte Inhalte aus der Vogelperspektive oder Ansicht von oben abgebildet sind. S4 (z. B. 84-85), S5 (z. B. 86-89) und S6 (107-114, 174-175) verwenden dabei den Ausdruck der Vogelperspektive. S6 (33-36, 39-40) spricht ebenfalls mehrfach von der „Draufsicht". S13 (101-102) drückt dies mit „Obenansicht" aus. Das Konzept wird allgemein auf die Karte (S4 86-87; S6 20-23; S11 247-248; S13 101-102) bezogen, aber auch anhand von Beispielen räumlicher, georeferenzierter Inhalte aufgezeigt (z. B. Wüste bei S4 61-62; Berg bei S5 86-89).

Post-Sekundarstufe 1

S16, S18, S19, S20, S21, S22 und S23 weisen das Konzept auf, dass Karten aus der Vogelperspektive bzw. der Ansicht von oben erstellt sind. S19 (62-65) und S22 (104-105) verwenden dabei auch den Ausdruck der Vogelperspektive. S16 (146-147), S21 (19-20) und S23 (27-28) sprechen von „Draufsicht". Viele Kernaussagen beziehen sich auf konkrete Beispiele räumlicher, georeferenzierter Inhalte wie Flüsse (S18 54-55), Gebäude (S19 62-65; S20 78-79) oder Wälder bzw. Bäume (S22 104-105). S21 (19-20) und S23 (27-28) formulieren das Konzept allgemeiner.

Vergleich und Gesamtinterpretation

Das Konzept tritt sowohl bei den Grundschülerinnen und -schülern als auch bei den Schülerinnen und Schülern der Sekundarstufe 2 sehr häufig auf. Es zeigen sich wenige Unterschiede: Beide Altersgruppen verwenden den Begriff der Vogelperspektive (S4 z. B. 84-85; S5 z. B. 86-89; S6 107-114, 174-175; S19 62-65; S22 104-105) genauso wie die Beschreibung „von oben". S6 (33-36, 39-40), S16 (146-147), S21 (19-20) und S23 (27-28) benutzen zusätzlich „Draufsicht", S13 (101-102) „Obenansicht". Manche Schülerinnen und Schüler formulieren das Konzept ohne die Einbindung von Beispielen räumlicher, georeferenzierter Inhalte (S4 86-87; S6 20-23; S11 247-248; S21 19-20; S23 27-28).

Grundriss2: In einer Karte sieht man nicht die Ansicht von der Seite.

Prä-Sekundarstufe 1

S4, S5, S8 und S13 demonstrieren das Konzept, dass eine Karte nicht die Ansicht von der Seite einbindet.

Post-Sekundarstufe 1

-

Vergleich und Gesamtinterpretation

Das Konzept ist eng verknüpft mit Grundriss1. Es ist aber daher von Bedeutung, da sich die Darstellung räumlicher, georeferenzierter Inhalte im Grundriss auf Karten teils erst im Grundschulalter ausbildet (siehe Kapitel 2.2.1). Die Interviewpartnerinnen und -partner befanden sich in jenen Phasen zum Zeitpunkt des Interviews. S4, S5, S8 und S13 könnten dabei vom Unterricht beeinflusst sein, da sie dieses

Konzept betonen, um das Merkmal der Grundrissdarstellung in einer Karte zu ver-
innerlichen. Dies ist vermutlich der Grund, warum es nicht in dieser expliziten
Form von Schülerinnen und Schülern der Sekundarstufe 2 beschrieben wird.

Grundriss3: Zum besseren Verständnis können Inhalte auch aus der Ansicht von der Seite dargestellt werden.

Prä-Sekundarstufe 1

S8 und S14 weisen das Konzept auf, dass räumliche, georeferenzierte Inhalte auf
der Karte auch von der Seite dargestellt werden können. Dies dient bei S8 (384-
391) dazu, dass Straßen in einer Stadt anhand der Karte besser zu erkennen sind.
S14 (120-125) wählt eine „symbolische" Darstellung eines Gebäudes in der eigenen Kartenskizze, die auch das Dach in Form eines Dreiecks wiedergeben soll.

Post-Sekundarstufe 1

S16, S18, S21, S22 und S23 drücken ein Konzept aus, bei dem sie bewusst von der
gewohnten Darstellung im Grundriss abweichen. Zum besseren Verständnis werden ein Kraftwerk (S18 65-70), ein Dom (S21 47-48, 49-50) und ein Opernhaus (S23
56-57, 58-59) von der Seite dargestellt. S22 (92-97) möchte ein Gebäude in 3D
wiedergeben. S16 (60-61, 144-145) möchte ein Haus wie in Kinderkarten, also in
eigenen Worten nicht „extrem geographisch" einzeichnen.

Vergleich und Gesamtinterpretation

Das Konzept tritt häufiger in der Sekundarstufe 2 auf. Da es sich dabei um ein Konzept handelt, dass ein höheres Maß an Reflexion bezüglich des Mediums der Karte
und deren Konventionen verlangt, ist es schlüssig, dass es eher von den Schülerinnen und Schülern in der Oberstufe demonstriert wird. Es drückt ebenfalls den
Wunsch einiger Schülerinnen und Schüler aus, bestimmte räumliche, georeferenzierte Inhalte verständlich auf der Karte wiederzugeben, was der Grundrissdarstellung nicht zugerechnet wird.

Grundriss4: Die Inhalte einer Karte werden im Grundriss dargestellt.

Prä-Sekundarstufe 1

Das Konzept tritt bei S4, S5, S8 und S11 auf. Jedoch wird der Ausdruck der Grundrissdarstellung von S5 (86-89) durch „Viereck" und „Quadrat" ersetzt. S4 (86-87)
beschreibt das Konzept anhand des Beispiels von Bergen und Pyramiden, die mit
einer Spitze und Schräglinien wiedergegeben werden. S8 (31-34) und S11 (25-26)
sprechen allgemein davon, dass die Dinge auf der Karte flach sind.

Post-Sekundarstufe 1

S18, S20 und S21 drücken das Konzept aus, dass die Inhalte einer Karte im Grundriss wiedergegeben werden. Dies wird allgemein (S18 18-21, 22-25) sowie anhand von Beispielen wie einem Fluss (S18 54-55), einem Gebäude (S20 74-77) sowie einem Dom (S21 55-58) beschrieben. Nur S21 (55-58) verwendet tatsächlich den Ausdruck des Grundrisses, wohingegen andere Schülerinnen und Schüler dies mit „Rechteck" (S20 74-77), „flach" (S18 22-25) und „reingedrückt" (S18 54-55) beschreiben.

Vergleich und Gesamtinterpretation

Das Konzept, dass Inhalte auf einer Karte im Grundriss dargestellt werden, ist bei einigen Schülerinnen und Schülern anzutreffen. Es gilt dabei zu beachten, dass das Konzept Grundriss5 solche Kernaussagen umfasst, die zwar ähnlich zu diesem Konzept sind, sich aber auf die sichtbare Oberfläche beziehen. Der Begriff des Grundrisses wird nur von S21 (55-58) verwendet. Stattdessen wird auf Formulierungen wie Viereck (S5 86-89) sowie „flach" (S8 31-34; S11 25-26; S18 18-21, 22-25) zurückgegriffen.

Grundriss5: In Karten wird die sichtbare Oberfläche von Inhalten dargestellt.

Prä-Sekundarstufe 1

S6 und S7 formulieren ein Konzept, bei dem auf Karten die sichtbare Oberfläche eines räumlichen, georeferenzierten Inhaltes wiedergegeben wird. Sowohl S6 (33-36) als auch S7 (56-63) beschreiben dies anhand des Beispiels von Hausdächern.

Post-Sekundarstufe 1

S19, S20 und S22 zeigen ein Konzept auf, bei dem die sichtbare Oberfläche eines räumlichen, georeferenzierten Inhaltes auf einer Karte dargestellt wird. S19 (62-65) und S20 (78-79) beschreiben das Konzept bezüglich des Daches eines Gebäudes, wohingegen S22 (104-105) sich auf Baumkronen bezieht.

Vergleich und Gesamtinterpretation

Das Konzept tritt in beiden Altersgruppen, insgesamt aber nicht häufig auf. Es wird meistens in Verbindung mit Hausdächern aufgezeigt (S6 33-36; S7 56-63; S19 62-65; S20 78-79). Dieses Konzept weist eine deutliche Diskrepanz zur fachlichen Perspektive auf, die von der Darstellung im Grundriss spricht. Das vorliegende Konzept scheint stark durch Luft- und Satellitenbilder beeinflusst zu sein, die als

Grundlage von Karten fungieren. Hierbei scheinen sich die Vorstellungen zum Medium Karte und zum Medium Luft- bzw. Satellitenbild zu vermischen. Das Konzept ist in ähnlicher Form auch unter Generalisierung8 zu finden.

Grundriss6: Die Inhalte in einer Karte werden zweidimensional und nicht dreidimensional dargestellt.

Prä-Sekundarstufe 1

Bei S4, S7 und S11 ist das Konzept anzutreffen, dass räumliche, georeferenzierte Inhalte auf Karten nicht dreidimensional dargestellt werden. S4 (221-226) weicht leicht von dem Konzept ab, indem von einer besonderen dreidimensionalen Karte berichtet wird.

Post-Sekundarstufe 1

S16, S18, S21 und S22 weisen das Konzept auf, dass auf einer Karte räumliche, georeferenzierte Inhalte zweidimensional wiedergegeben werden. Bei S22 (92-97) muss beachtet werden, dass gezielt von der zweidimensionalen Darstellung zum besseren Verständnis abgewichen wird.

Vergleich und Gesamtinterpretation

Das Konzept ist in beiden Altersgruppen anzutreffen. Es weist Überschneidungen zu Grundriss1, Grundriss2, Grundriss4 und Grundriss5 auf, unterscheidet sich aber darin, dass die Schülerinnen und Schüler sprachlich auf die Formulierungen zweidimensional bzw. 2D und dreidimensional bzw. 3D zurückgreifen, um diese Eigenschaft einer Karte auszudrücken. Das Konzept ist in ähnlicher Form unter Verebnung7, Generalisierung5 und Definition20 zu finden.

Grundriss7: Auf einer Karte sind Umrisse dargestellt.

Prä-Sekundarstufe 1

S4 und S8 zeigen das Konzept, dass auf einer Karte Umrisse dargestellt sind. S8 (119-132; 280-284, 287) benutzt den Ausdruck bezüglich der Beispiele von Bäumen und Blättern.

Post-Sekundarstufe 1

S21, S22 und S23 weisen das Konzept auf, dass auf eine Karte Umrisse dargestellt sind. S21 (235-238) geht darauf bei der Umsetzung von M6 als Karte ein. S22 (15-18, 53-54, 60) erwähnt das Konzept im ersten Block des Interviews und bei der

Anfertigung der Kartenskizze. S23 (56-57) spricht von der Darstellung von Umrissen bei der Darstellung eines Opernhauses.

Vergleich und Gesamtinterpretation

Das Konzept ist verhältnismäßig wenig, aber in beiden Altersgruppen anzutreffen. Aufgrund der Nähe zum Begriff des Grundrisses ist eine Analyse dieses Konzeptes sinnvoll. Jedoch ist nur bedingt ein Zusammenhang zur Grundrissdarstellung festzustellen, da sich S4 (137-140) und S22 (53-54, 60) dabei auf Nationalstaaten und deren Grenzen beziehen. Offensichtlich scheint in diesem Zusammenhang der Begriff „Umriss" für die Schülerinnen und Schüler naheliegend zu sein.

6.2.6.2 Zusammenfassung zu verallgemeinerten Schülervorstellungen zur Grundrissdarstellung

In den Schülervorstellungen zum Grundriss ist das Konzept weit verbreitet, dass eine Karte aus der Ansicht von oben oder aus der Vogelperspektive gestaltet ist (Grundriss1). Dies ist sowohl bei den Schülerinnen und Schülern der Primarstufe als auch bei denen der Sekundarstufe 2 anzutreffen. Unterschiede in den Konzepten zwischen den beiden Altersgruppen zeigen sich bei mit Grundriss1 verbundenen Konzepten: Grundschülerinnen und -schüler ergänzen zum Teil, dass Karten nicht aus der Seitenansicht gestaltet sind (Grundriss2). Diese Betonung könnte eine Strategie dieser Schülerinnen und Schüler sein, um den für dieses Alter kognitiv anspruchsvollen Schritt zu vollziehen, alle räumlichen, georeferenzierten Inhalte konsequent im Grundriss darzustellen (siehe Kapitel 2.2.1: Modell der Entwicklung kindlicher Kartenbilder nach Catling (1978, S. 121)). Lediglich S7 (56-63) erweckt in einer Interviewpassage den Eindruck, dass die Perspektive von oben und von der Seite vertauscht werden. Auf der anderen Seite nehmen einige Schülerinnen und Schüler, darunter mehr aus der Sekundarstufe 2, sich die Freiheit, die Anforderung der Grundrissdarstellung für ein besseres Verständnis, um was für räumliche, georeferenzierte Inhalte es sich handelt, aufzugeben (Grundriss3). Es zeichnet sich eine Progression bei der Entwicklung des Verständnisses der Grundrissdarstellung ab: In einer Vorstufe treten Konfusionen mit der Ansicht von der Seite auf, bevor eine strenge Einhaltung des Prinzips der Grundrissdarstellung folgt (Grundriss1, Grundriss2), bis zuletzt ein flexibler Umgang, bei dem auch von der Grundrissdarstellung abgewichen werden kann (Grundriss3), vorhanden ist.
Es zeigen sich in den Schülervorstellungen gewisse Abweichungen von der fachwissenschaftlichen Perspektive. Das Konzept Grundriss4, dass den Fachwissenschaften entspricht, tritt nur bei knapp der Hälfte der Probandinnen und Probanden in beiden Altersgruppen auf. Daraus kann aber nicht geschlossen werden, dass andere Konzepte fehlerhaft sind. Grundriss5 umfasst ein aus der Sicht der Fachwissenschaft problematisches Konzept, das bei einigen Schülerinnen und Schülern

anzutreffen ist. Es wird beschrieben, dass auf einer Karte nicht der Grundriss räumlicher, georeferenzierter Inhalte dargestellt wird, sondern die sichtbare Oberfläche. An dieser Stelle scheinen sich die Vorstellungen der Medien Karte sowie Sa-
telliten- und Luftbild zu vermischen. Ein ähnliches Konzept findet sich in der Kategorie der Generalisierung (Generalisierung8).

Hinsichtlich sprachlicher Aspekte sind auch Abweichungen zu den Darstellungen
aus der Fachwissenschaft festzustellen. Der Begriff des Grundrisses fällt nur bei
S21 (55-58). Stattdessen wird häufig unter anderem von Vogelperspektive und
„von oben" gesprochen. Der Begriff der Vogelperspektive tritt etwas häufiger bei
den Grundschülerinnen und Grundschülern auf, was einen möglichen Einfluss des
Unterrichts, besonders der Einführung ins Kartenverständnis im HSU, andeutet.
Der Begriff scheint aber auch Bestand in den Vorstellungen älterer Schülerinnen
und Schüler zu haben. Ähnliches gilt für den Ausdruck „Draufsicht" (siehe Kapitel
6.2.1.1). Eine Umschreibung für die Grundrissdarstellung lässt sich anhand von
Grundriss6 feststellen: In beiden Altersgruppen wird auf die Begriffe der Zwei- und
Dreidimensionalität zurückgegriffen. Als weitere Umschreibungen dienen „Vier-
eck" (S5 86-89) sowie „flach" (S7 14-17; S8 31-34; S11 25-26; S18 18-21, 22-25).
Der Ausdruck des Umrisses scheint nur bedingt als Ersatz für den Ausdruck des
Grundrisses verwendet zu werden (Grundriss7).

Auch wenn zu vermuten ist, dass besonders der Begriff der Vogelperspektive auf
den Einfluss des Unterrichts zurückzuführen ist, zeigen sich nur wenige Berichte
der Schülerinnen und Schüler zu den Quellen der Vorstellungen. Es wird zum Beispiel die Erstellung von Geländemodellen im Unterricht beschrieben, die offensichtlich zur Vermittlung der Vogelperspektive eingesetzt wurden (S4 221-226; S5
254-259).

Insgesamt weisen die Schülervorstellungen zum Grundriss eine Vielzahl an Überschneidungen zwischen der Primar- und der Sekundastufe 2 auf. Es ergeben sich
Übereinstimmungen zur fachlichen Perspektive, was sprachlich anders formuliert
wird, jedoch aber auch Abweichungen.

6.2.7 Verallgemeinerte Vorstellungen zur Generalisierung

6.2.7.1 Verallgemeinerte Konzepte

Generalisierung1: Manche Inhalte werden auf Karten weggelassen.

Prä-Sekundarstufe 1

S4, S6, S11, S13 und S14 weisen das Konzept auf, dass bestimmte Inhalte auf einer
Karte weggelassen werden. Unter anderem wird dies damit begründet, dass Häuser (S4 36-37; S6 57-58), Bäume (S13 107-110) und kleine Inseln (S13 67-70) auf

Karten nicht zu sehen sind. S4 (69-70, 71-74) S11 (44-45) und S13 (67-70) argumentieren, dass Bäume, kleine Grünflächen, kleine Inseln auf einem See oder kleine Städte zu klein sind, um sie auf einer Karte wiederzugeben. S11 (44-45) ergänzt, dass bei zu vielen dargestellten, kleinen Städten die Karte zu voll wäre. S14 (281-284) begründet anhand der geringfügigen Bedeutung, dass Häuser, Autos und Büsche weggelassen werden.

Post-Sekundarstufe 1

S17, S18, S19, S20, S21, S22 und S23 äußern das Konzept, dass manche Inhalte auf einer Karte weggelassen werden. Einerseits wird beschrieben, dass bestimmte Details nicht wiedergegeben werden, zum Beispiel Einzelheiten wie Türen eines Hauses (S22 98-99), kleine Kurven eines Flusses (S19 216-217), hervorstehende Felsen (S17 40-41) oder die Vegetation eines Berges (S19 58-61). Andererseits geben S18 (56-57), S19 (210-211) und S23 (86-87) an, dass sie bestimmte räumliche, georeferenzierte Inhalte ganz weglassen, im Fall von S18 womöglich aufgrund eines bestimmten Schwerpunktes der Karte. S23 (15-18, 48-49, 194-199) geht intensiv darauf ein, einige Städte weggelassen zu haben, auch aufgrund der Übersichtlichkeit. S17 (36-37, 39) begründet anhand eines größeren Maßstabes, dass beispielsweise kleine Zuflüsse, Kurven und Häfen nicht auf der Karte dargestellt werden. S21 (235-238, 239-242) lässt Gebäude aufgrund ihrer geringen Relevanz weg.

Vergleich und Gesamtinterpretation

Das Konzept ist bei vielen Schülerinnen und Schülern anzutreffen, wobei es etwas mehr in der Sekundarstufe 2 vorkommt. Die Grundschülerinnen und -schüler sprechen unter anderem davon, dass bestimmte Inhalte nicht zu sehen sind (S4 36-37; S6 57-58; S13 107-110), wohingegen die Oberstufenschülerinnen und -schüler erklären, dass bestimmte Details weggelassen werden (S17 36-37, 39, 40-41; S19 216-217; S22 98-99). Es wird auch mit der zu geringen Größe bestimmter Inhalte (S4 69-70, 71-74; S11 44-45; S13 67-70), dem Maßstab (S17 36-37, 39), der geringen Bedeutung bestimmter Inhalte (S14 281-284; S21 235-238, 239-242), der Schwerpunktsetzung in einer Karte (S18 56-57) und der Übersichtlichkeit (S23 15-18) argumentiert. Die Auswahl räumlicher, georeferenzierter Inhalte, die auf einer Karte dargestellt werden, ist in Generalisierung6 ausgeführt.

Generalisierung2: Die Karte und ihre Inhalte sind vereinfacht.

Prä-Sekundarstufe 1

S4, S5, S6, S8, S11, S13 und S14 drücken das Konzept aus, dass die auf Karten abgebildeten räumlichen, georeferenzierten Inhalte vereinfacht dargestellt sind. Aufgezeigt wird das Konzept an Beispielen wie Häusern (S4 38-39; S6 33-36; S14

26-27), Inseln (S4 49-52; S11 58-59) und Wäldern bzw. Bäumen (S11 88-89; S13 107-110; S14 26-27). S4 (49-52), S5 (25-32) und S14 (96-97) verknüpfen das Konzept mit der Verkleinerung.

Post-Sekundarstufe 1

S16, S17, S18, S19, S21, S22 und S23 weisen das Konzept auf, dass eine Karte an sich oder ihre Inhalte vereinfacht werden. Dies erläutern S16 (18-22), S17 (34-35, 46-47, 52-55, 56-57), S18 (54-55), S19 (210-211, 212-213), S21 (79-80), S22 (81-82, 90-91) und S23 (66-67, 86-87, 166-167) anhand bestimmter Beispiele wie Bergen, Gebirgen, Straßen, Flüssen, Wäldern, Ortschaften, Städten und Gebäuden. S16 (18-22), S17 (40-41, 56-57, 172-173), S19 (141), S21 (183-184, 249-250) und S22 (81-82, 90-91) drücken dieses Konzept allgemeiner aus, indem sie Karten als vereinfacht, nicht genau, unpräzise, oder schematisch bezeichnen. Es werden auch Gründe angegeben: S17 (46-47), S21 (79-80, 183-184) und S23 (166-167) beschreiben eine geringere Bedeutung und wenig Sinn. S21 (249-250) erklärt sich die vereinfachte Darstellung in M10 mit der besseren Verständlichkeit bei Kindern. S22 (81-82, 90-91) erwähnt zusätzlich, dass Karten sehr verkleinert sind.

Vergleich und Gesamtinterpretation

Das Konzept ist sowohl bei fast allen Schülerinnen und Schülern der Primar- und der Sekundarstufe 2 anzutreffen. In den meisten Fällen wird es anhand konkreter Beispiele räumlicher, georeferenzierter Inhalte aufgezeigt. S4 (38-39), S5 (25-32), S14 (26-27) und S16 (18-22) beschreiben dieses Konzept im ersten Block des Interviews zur Definition einer Karte, während in den meisten anderen Fällen dieses Konzept bei der Besprechung der eigenen Kartenskizze erwähnt wird. In der Gruppe der Oberstufenschülerinnen und -schüler wird vermehrt die Karte selbst als vereinfacht bezeichnet oder mit ähnlichen Attributen versehen (S17 40-41, 56-57, 172-173; S19 141; S21 183-184, 249-250; S22 81-82, 90-91). Außerdem geben die Schülerinnen und Schüler der Sekundarstufe 2 häufiger Gründe für die Vereinfachung an, wie zum Beispiel die Bedeutung der räumlichen, georeferenzierten Inhalte. Auffällig ist die häufige Verwendung des Begriffes „genau" (S4 38-39; S17 34-35, 40-41, 52-55, 56-57; S18 71-72, 78; S19 141), welcher ähnlich wie der in der Fachwissenschaft gängigere Ausdruck der Vereinfachung benutzt wird (S19 29, 141; S21 249-250; S22 81-82, 90-91; S23 84-85, 86-87). S14 (94-95) und S17 (46-47) sprechen im Kontext der Vereinfachung von Symbolen und verknüpfen dieses Konzept mit Kartenzeichen.

Generalisierung3: Ein Kartenzeichen steht für mehrere Inhalte.

Prä-Sekundarstufe 1

Bei S5, S6, S7, S8, S11, S13 und S14 ist das Konzept vorhanden, dass ein Kartenzeichen für mehrere Inhalte stehen kann und diese zusammenfasst. S6 (79-80) und S7 (84-85) sprechen dabei von Symbolen. S5 (212-215), S6 (63-64) und S13 (253-254) benutzen in diesem Kontext den Ausdruck des Zeichens. Häufig wird dieses Konzept am Beispiel von Bäumen aufgezeigt (S5 212-215; S6 63-64, 79-80; S7 84-85; S8 119-132; S11 90-93; S13 253-254; S14 285-286). S8 (119-132, 161-186) formuliert das Konzept ohne ein Kartenzeichen. S6 (33-36) nennt verkürzt nur die Farbe Rot. Das Konzept tritt bei der Besprechung der eigenen Kartenskizze oder der Umsetzung von M6 als Karte auf.

Post-Sekundarstufe 1

Das Konzept, dass ein Kartenzeichen für mehrere Inhalte steht, ist bei S16, S18, S19, S20, S21, S22 anzutreffen. Es wird mit einer großen Bandbreite an Beispielen wie Bäumen (S16 18-22, 134-135; S18 194-195; S20 60-63; S21 71-74, 75-76; S22 100-103, 253-254) und Häusern (S18 194-195; S19 212-213; S21 235-238, 239-242, 249-250) erklärt. S18 (71-72, 78) spricht von „Zeichen". Ansonsten werden häufig Farbbezeichnungen S18 (158-165, 194-195), S19 (212-213), S21 (71-74, 75-76, 235-238, 239-242) und S22 (100-103, 253-254) verwendet. S16 (18-22) äußert dieses Konzept bereits im ersten Block des Interviews zur Definition von Karte, wohingegen es ansonsten bei der Besprechung der eigenen Kartenskizze oder der Umsetzung von M6 als Karte erwähnt wird.

Vergleich und Gesamtinterpretation

Das Konzept ist sowohl bei den Grundschülerinnen und Grundschülern als auch in der Sekundarstufe 2 weit verbreitet. Für ein Kartenzeichen werden die Begriffe Symbole (S6 79-80; S7 84-85) und Zeichen (S5 212-213; S6 63-64; S13 253-254; S18 71-72, 78) verwendet oder es wird verkürzt auf Bezeichnungen für Farben zurückgegriffen (S6 33-36; S18 158-165, 194-195; S19 212-213; S21 71-74, 75-76, 235-238, 239-242; S22 100-103, 253-254). Vor allem die Grundschülerinnen und -schüler beschreiben das Konzept häufig anhand des Beispiels von Bäumen, was durch Impulse des Interviewers und das Material beeinflusst ist (S5 212-215; S6 63-64, 79-80; S7 84-85; S8 119-132; S11 90-93; S13 253-254; S14 285-286; S16 18-22, 134-135; S18 194-195; S20 60-63; S21 71-74, 75-76; S22 100-103, 253-254). Häufig wird das Konzept bei der Beschreibung der eigenen Kartenskizze oder bei der Umsetzung von M6 als Karte aufgezeigt.

**Generalisierung4: Es dauert zu lange oder es ist zu schwer, alle Inhalte
einzuzeichnen.**

Prä-Sekundarstufe 1

S6 und S7 weisen ein Konzept auf, das eine lange Zeitdauer oder einen hohen
Schwierigkeitsgrad anführt, räumliche, georeferenzierte Inhalte vollständig in der
Karte darzustellen. Dabei werden verschiedene Beispiele wie Grashalme einer
Wiese (S6 65-67), Bäume (S7 84-85) oder Häuser (S7 249-252) verwendet.

Post-Sekundarstufe 1

Bei S17, S18, S20 und S21 ist das Konzept vorzufinden, dass eine vollständige Darstellung aller räumlichen, georeferenzierten Inhalte zu schwer ist oder zu lange
dauert. S17 (46-47) beschreibt dies über die vereinfachte Darstellung in Form eines Symbols. S21 (71-74, 75-76) drückt sich ähnlich aus, ergänzt aber noch die Legende als Mittel der Vereinfachung. S18 (71-72, 78) und S20 (214-217, 218-223)
sehen es als schwer möglich an, alle Details und Einzelheiten zu berücksichtigen.

Vergleich und Gesamtinterpretation

Das Konzept ist insgesamt nicht bei vielen Schülerinnen und Schülern, aber in beiden Altersgruppen mit einem Schwerpunkt in der Sekundarstufe 2 anzutreffen. Es
handelt sich bei diesem Konzept um eine Begründung, die Schülerinnen und Schüler anführen, warum räumliche, georeferenzierte Inhalte generalisiert werden.

**Generalisierung5: Inhalte auf einer Karte werden flach und zweidimensional
dargestellt.**

Prä-Sekundarstufe 1

-

Post-Sekundarstufe 1

-

Vergleich und Gesamtinterpretation

Das Konzept ist insgesamt selten anzutreffen. Es ist aber je einmal in der Gruppe
der Grundschülerinnen und -schüler als auch der Oberstufenschülerinnen und -
schüler vertreten. Dabei wird es am Beispiel eines Hauses (S7 56-63) und eines
Gebirges aufgezeigt (S22 81-82, 90-91). In beiden Fällen wird die Vereinfachung

anhand eines Kartenzeichens ausgedrückt. Das Konzept ist in ähnlicher Weise unter Verebnung7, Grundriss6 und Definition20 zu finden.

Generalisierung6: Es werden Inhalte ausgewählt, die auf einer Karte dargestellt werden.

Prä-Sekundarstufe 1

S6 und S7 zeigen das Konzept, dass bestimmte räumliche, georeferenzierte Inhalte für die Wiedergabe auf der Karte ausgewählt werden. S6 (55-56) beschreibt dies anhand einer Auswahl an Häusern. S7 (249-252) würde bei der Umsetzung von M6 nur wichtige Gebäude wie Fabriken einbeziehen.

Post-Sekundarstufe 1

S19, S20, S21 und S23 weisen das Konzept auf, dass für die Darstellung auf einer Karte Inhalte ausgewählt werden müssen. Es wird eine große Bandbreite an Beispielen wie große Bögen in einem Fluss (S19 216-217), Straßen bzw. Hauptstraßen (S20 214-217, 218-223), große Städte (S23 52-53) und große Gebäude (S20 214-217, 218-223; S21 249-250) für dieses Konzept verwendet. S21 (249-250) und S23 (166-167) begründen diese Auswahl damit, dass die jeweiligen räumlichen, georeferenzierten Inhalte wichtig sind.

Vergleich und Gesamtinterpretation

Das Konzept ist unter den Schülerinnen und Schüler der Sekundarstufe 2 häufiger vorhanden als in der Primarstufe. Es wird häufig, auch aufgrund der Materialien und der Impulse des Interviewers, anhand von Häusern oder Gebäuden (S6 55-56; S7 249-252; S20 214-217, 218-223; S21 249-250), jedoch auch an anderen Beispielen aufgezeigt. S7 (249-252), S21 (249-250) und S23 (166-167) ergänzen, dass die räumlichen, georeferenzierten Inhalte aufgrund ihrer Bedeutung ausgewählt wurden. Das Konzept steht im Zusammenhang mit Generalisierung1, da die Entscheidung für die Darstellung bestimmter räumlicher, georeferenzierter Inhalte mit dem Weglassen anderer verbunden ist.

Generalisierung7: Bestimmte Inhalte werden vergrößert in Karten dargestellt.

Prä-Sekundarstufe 1

-

Post-Sekundarstufe 1

S16, S18, S19 und S21 weisen das Konzept auf, dass bestimmte räumliche, georeferenzierte Inhalte in Karten vergrößert wiedergegeben werden. S18 (194-195) erklärt dies anhand des Beispiels einer Straße. S21 (17-18, 47-48) beschreibt, dass Städte zur Betonung vergrößert dargestellt werden und zieht eine solche Betonung auch für die Darstellung eines Doms in der eigenen Kartenskizze in Betracht. S16 (60-61) erläutert das Konzept in Bezug auf ein Gebäude und verknüpft es mit dem Anspruch einer maßstabsgetreuen Darstellung. Bei S19 (66-67) scheint es sich um eine teils unbeabsichtigte Darstellung zu handeln.

Vergleich und Gesamtinterpretation

Das Konzept tritt häufiger bei den Schülerinnen und Schülern der Sekundarstufe 2 auf. Es werden für die Betonung bestimmter räumlicher, georeferenzierter Inhalte verschiedene Gründe angeführt: S5 (222-225) argumentiert, dass die Vergrößerung von Wegen notwendig ist, damit Kinder diese erkennen können. S18 (194-195) möchte Straßen ihrer Größe gemäß und S21 (47-48) einen Dom betonen. S16 (60-61) zieht die Betonung eines Gebäudes in Erwägung, da es ansonsten ziemlich klein werden würde.

Generalisierung8: Es wird das von oben Sichtbare vereinfacht in der Karte dargestellt.

Prä-Sekundarstufe 1

S6 und S7 zeigen ein Konzept, dass bei der Vereinfachung räumlicher, georeferenzierter Inhalte sich auf das bezogen wird, was aus der Ansicht von oben zu sehen ist. In beiden Fällen geht es um das Beispiel von Häusern: S6 (33-36) möchte die Farbe der Dachziegel imitieren. S7 (56-63) spricht davon, dass das Dach flach als Viereck eingezeichnet wird.

Post-Sekundarstufe 1

-

Vergleich und Gesamtinterpretation

Das Konzept ist ausschließlich in der Gruppe der Primarstufe vorhanden und aus fachlicher Perspektive als problematisch zu betrachten. Es ist in ähnlicher Form unter Grundriss5 zu finden.

Generalisierung9: Karten sollen nicht zu voll und übersichtlich sein.

Prä-Sekundarstufe 1

S11 und S13 formulieren das Konzept, dass eine Karte nicht zu voll sein soll. S11 (44-45) erklärt das anhand von kleinen Städten, S13 (253-254) anhand von Bäumen.

Post-Sekundarstufe 1

S18 und S23 weisen das Konzept auf, dass Karten übersichtlich gehalten werden sollen. S18 (166-167) moniert einen Mangel an Übersichtlichkeit in M4, einer topographischen Karte, um den Fokus auf Höhen zu legen. S23 (15-18) beschreibt dies anhand von Namen von Städten und Ländern im ersten Block des Interviews zur Definition von Karten.

Vergleich und Gesamtinterpretation

Das Konzept ist wenig, aber in beiden Altersgruppen vorhanden. Es ist auffällig, dass beide Grundschülerinnen und -schüler die Formulierung „zu voll" verwenden (S11 44-45; S13 253-254), wohingegen S18 (166-167) und S23 (15-18) die Formulierung „übersichtlich" benutzen. Das Konzept ist eine Begründung für die Generalisierung in Karten, die S11 (44-45) und S23 (15-18) dafür anführen, dass bestimmte Inhalte auf der Karte weggelassen werden (siehe Generalisierung1).

Generalisierung10: Die Darstellung auf Karten soll genau und vollständig sein.

Prä-Sekundarstufe 1

-

Post-Sekundarstufe 1

S17, S19 und S20 drücken das Konzept aus, dass die Darstellung auf Karten genau und vollständig sein soll. Alle drei Schülerinnen und Schüler erwähnen dieses Konzept anhand des Beispiels der Wiedergabe von Flüssen in Karten. Das Konzept scheint sich bei S17 (94-95) und S20 (230-231) sehr auf Flüsse zu beziehen, denn bei anderen räumlichen, georeferenzierten Inhalten werden elementare Vorgänge der Generalisierung in Erwägung gezogen (S17 u. a. 34-35, siehe Generalisierung2; S20 u. a. 60-63, siehe Generalisierung3). S19 (216-217) räumt mit „im Verhältnis" ein, gewisse Vereinfachungen an der Darstellung des Flusslaufes vorzunehmen.

Vergleich und Gesamtinterpretation

Das Konzept ist insgesamt nur vereinzelt und häufiger in der Sekundarstufe 2 vorzufinden. Bei den Schülerinnen und Schülern wird es ausschließlich im Zusammenhang mit Flüssen erwähnt (S17 94-95; S19 216-217; S20 230-231). S6 (57-58) aus der Grundschule erwähnt dagegen, alle Häuser in der eigenen Kartenskizze darstellen zu wollen, wobei dies aber abhängig von der jeweiligen Vorlage zu sein scheint, da im Umgang mit M6 S6 (176-179; siehe Generalisierung3) andeutet, die Gebäude zusammenzufassen. Das Konzept ist als gegensätzlich zur Generalisierung anzusehen. Es zeigt sich bei den Schülerinnen und Schülern jedoch nur vereinzelt und, wenn es auftritt, abhängig von bestimmten räumlichen, georeferenzierten Inhalten.

Generalisierung11: Inhalte werden aufgrund von Maßstäblichkeit und Verkleinerung auf Karten generalisiert.

Prä-Sekundarstufe 1

S4, S5, S6, S8, S11, S13 und S14 weisen das Konzept auf, dass elementare Vorgänge der Generalisierung sich aus der Maßstäblichkeit und Verkleinerung ergeben. S4 (49-52, 69-70, 71-74), S5 (25-32), S11 (44-45) und S14 (96-97) führen das Konzept genauer aus, wohingegen es in den anderen Fällen nur angedeutet wird, indem ein räumlicher, georeferenzierter Inhalt als klein beschrieben und daher weggelassen, vereinfacht oder betont wird.

Post-Sekundarstufe 1

S16, S17, S19, S21 und S22 drücken das Konzept aus, dass elementare Vorgänge der Generalisierung sich aus der Maßstäblichkeit und Verkleinerung ergeben. S16 (60-61), S17 (34-35, 36-37, 39, 56-57) und S22 (81-82, 90-91) formulieren das Konzept ausführlicher, wohingegen in den anderen Fällen es nur angedeutet wird, indem ein räumlicher, georeferenzierter Inhalt als klein beschrieben und daher weggelassen, vereinfacht oder betont wird. S16 (60-61) und S17 (34-35, 36-37, 39) beziehen auch den Maßstab mit ein.

Vergleich und Gesamtinterpretation

Das Konzept ist in beiden Altersgruppen häufig anzutreffen, wobei es Grundschülerinnen und -schüler noch mehr aufweisen. Jedoch sind es nur zwei Oberstufenschülerinnen und -schüler, die in diesem Zusammenhang auch den Maßstab einbinden (S16 60-61; S17 34-35, 36-37, 39). In beiden Altersgruppen erklären einige Schülerinnen und Schüler das Konzept ausführlicher (S4 49-52, 69-70, 71-74; S5 25-32; S11 44-45; S14 96-97; S16 60-61; S17 34-35, 36-37, 39, 56-57; S22 81-82,

90-91), wohingegen es in anderen Fällen nur angedeutet ist, indem ein räumlicher, georeferenzierter Inhalt als klein beschrieben werden. Die Schülerinnen und Schüler leiten aus diesem Konzept verschiedene elementare Vorgänge der Generalisierung wie Weglassen (Generalisierung1), Vereinfachen (Generalisierung2) oder Betonen (Generalisierung7) ab.

6.2.7.2 Zusammenfassung zu verallgemeinerten Schülervorstellungen zur Generalisierung

Die Schülervorstellungen zur Generalisierung drücken sich in verschiedenen Konzepten aus, die sich im Großen und Ganzen mit der fachlichen Perspektive decken. Weit verbreitet in den Schülervorstellungen sind Konzepte (Generalisierung1), die das Weglassen bestimmter räumlicher, georeferenzierter Inhalte ausdrücken. Etwas häufiger ist dieses Konzept bei den Schülerinnen und Schülern der Sekundarstufe 2 festzustellen. Dafür werden verschiedene Gründe angeführt: Die Grundschülerinnen und -schüler sprechen unter anderem davon, dass etwas auf der Karte nicht zu sehen ist, wohingegen die Oberstufenschülerinnen und -schüler eher argumentieren, dass Details weggelassen werden. Es wird aber auch angeführt, dass bestimmte räumliche, georeferenzierte Inhalte eine zu geringe Bedeutung aufweisen.

Im Gegensatz zum Weglassen von Inhalten ist das Konzept, dass neben dem Weglassen von Inhalten einerseits bestimmte räumliche, georeferenzierte Inhalte ausgewählt werden, weniger vorhanden (Generalisierung6). Es ist häufiger bei den Schülerinnen bzw. Schülern der Sekundarstufe 2 festzustellen. Als Grund wird in ein paar Fällen die Bedeutung der Inhalte angeführt. Einen Schritt weiter gehen einige Schülerinnen und Schüler der Sekundarstufe 2, aber nur eine Schülerin oder ein Schüler der Primarstufe, indem über die Entscheidung für die Darstellung bestimmter räumlicher, georeferenzierter Inhalte hinaus diese zusätzlich betont und vergrößert wiedergegeben werden (Generalisierung7).

Fast alle Schülerinnen und Schüler beider Altersgruppen sind sich bewusst, dass Karten und ihre räumlichen, georeferenzierten Inhalte vereinfacht sind (Generalisierung2). Die Oberstufenschülerinnen und -schüler bezeichnen häufiger das Medium Karte an sich als vereinfacht und geben Gründe für die Vereinfachung an. Auffällig ist, dass das Konzept vermehrt mit „genau" in verschiedenen Variationen beschrieben wird. Zwei Schülerinnen und Schüler (S14 94-95; S17 46-47) verbinden die Vereinfachung mit der Verwendung von Symbolen.

Häufig anzutreffen ist das Konzept, das die Zusammenfassung von räumlichen, georeferenzierten Inhalten (Generalisierung3) ausdrückt, was in vielen Fällen über Kartenzeichen, von manchen Schülerinnen und Schülern auch als Symbole bezeichnet, erfolgt. Die Zusammenfassung als Kartenzeichen ist in beiden Altersgruppen ungefähr gleichmäßig vertreten und wird häufig auf Impulse hin beschrieben, die sich auf die Erstellung von Karten beziehen.

Es lassen sich neben den Konzepten zu elementaren Vorgängen der Generalisierung auch Gründe für diese Teilschritte feststellen, die in den Konzepten Generalisierung4, Generalisierung9 und Generalisierung11 enthalten sind. Generalisierung4 gewährt einen Einblick in die Vorstellungen zur Kartengestaltung: Schülerinnen und Schüler empfinden es als schwer (z. B. S6 65-67) oder langwierig (S7 249-252), eine Vielzahl räumlicher, georeferenzierter Inhalte auf einer Karte wiederzugeben. Das Konzept wird häufiger von den Schülerinnen und Schülern der Sekundarstufe 2 angesprochen. Außerdem ist es für ein paar Schülerinnen und Schüler von Bedeutung, dass eine Karte in der Sprache der Grundschülerinnen und -schüler nicht „zu voll", in der Sprache der Oberstufenschülerinnen und -schüler übersichtlich ist (Generalisierung9). Viele Schülerinnen und Schüler mit größerem Anteil aus der Primarstufe stellen einen Zusammenhang zwischen elementaren Vorgängen der Generalisierung sowie der Verkleinerung her (Generalisierung11). Es sprechen aber nur zwei Schülerinnen und Schüler aus der Sekundarstufe 2 konkret den Maßstab im Rahmen dieses Konzeptes an.

Generalisierung8 und Generalisierung10 sind Konzepte, die aus fachwissenschaftlicher Sicht problematisch sind. Generalisierung8 ist eher selten und auch nur in der Gruppe der Grundschülerinnen und -schüler vorzufinden. Es beschreibt, dass räumliche, georeferenzierte Inhalte, in diesen Fällen Häuser, auf die sichtbare Oberfläche reduziert und somit vereinfacht werden. Dieses Konzept tritt in ähnlicher Form auch unter der Kategorie Grundriss (Grundriss5) auf und deutet eine Nähe zu einem Luft- oder Satellitenbild an. Generalisierung10 erweckt den Eindruck, dass manche Schülerinnen und Schüler eine Karte als vollständig und präzise ansehen. Jedoch bezieht es sich bei den Oberstufenschülerinnen und -schülern nur auf Flussverläufe und scheint somit nur im Kontext dieses bestimmten Inhaltes aufzutreten. Die Schülerinnen und Schüler scheinen es nicht als allgemeingültig anzusehen.

Schülervorstellungen zur Generalisierung von Karten weisen einige Schnittmengen zur fachlichen Perspektive auf. Auch wenn der Begriff der Generalisierung von keiner Schülerin und keinem Schüler verwendet wird und elementare Vorgänge umschrieben werden (z. B. Generalisierung2: Vereinfachen und „genau"), zeigen sich im Wesentlichen ähnliche Vorstellungen.

6.2.8 Verallgemeinerte Vorstellungen zur Orientiertheit

6.2.8.1 Verallgemeinerte Konzepte

Orientiertheit1: In einer Karte ist ein Kompass.

Prä-Sekundarstufe 1

S4, S5, S6, S7, S8 und S11 formulieren das Konzept, dass eine Karte einen Kompass aufweist. Das Konzept wird sowohl in den ersten Abschnitten des Interviews zur Definition einer Karte (S4 30-31), bei der Besprechung der eigenen Kartenskizze (S5 102-105; S6 67-78; S8 151-158; S11 96-97) oder bei der Besprechung der Materialien (S7 159-160) formuliert.

Post-Sekundarstufe 1

Das Konzept, dass eine Karte einen Kompass hat, ist bei S18 (85-86) anzutreffen. S17 (48-51) spricht auch von einem Kompass, sieht diesen aber als „Luxus", also als nicht notwendig, an.

Vergleich und Gesamtinterpretation

Das Konzept, dass eine Karte einen Kompass aufweist, ist sehr stark in den Vorstellungen der Grundschülerinnen und -schüler verankert. Dagegen kommt es in der Sekundarstufe 2 seltener vor.

Orientiertheit2: Ein Kompass in einer Karte dient der Orientierung anhand der Himmelsrichtungen.

Prä-Sekundarstufe 1

S4, S5, S6, S7, S8, S11 und S14 zeigen das Konzept, dass ein Kompass dazu dient, sich anhand der Himmelsrichtungen in einer Karte zu orientieren. Lediglich S4 (38-39) formuliert das Konzept zu Beginn des Interviews, wohingegen in den anderen Fällen dieses im Umgang mit der eigenen Kartenskizze oder den Materialien auftritt. Das Konzept ist nicht gleichzusetzen mit einer sicheren und korrekten Anwendung, wie bei S5 (216-220) ersichtlich ist. Unter diesem Konzept wurde auch S14s (134-139) Aussage mit dem korrekten Fachbegriff der Windrose und S11s (243-246) Formulierung „hier unten" einbezogen.

Post-Sekundarstufe 1

S17, S18, S19 und S20 beschreiben das Konzept, dass anhand eines Kompasses sich auf einer Karte orientiert werden kann. Dabei verwenden aber nur S17 (48-51), S18 (85-86) und S20 (234-235) den Ausdruck des Kompasses anstatt der Windrose. S19 (218-219, 220-221) umschreibt diese Angabe mit der Formulierung „hier unten".

Vergleich und Gesamtinterpretation

Das Konzept, dass ein Kompass in der Karte der Orientierung anhand der Himmelsrichtungen dient, ist sowohl bei den Schülerinnen und Schülern der Primar- als auch der Sekundarstufe 2 vorzufinden. Es ist weit verbreitet, wobei es in der Summe häufiger bei den Grundschülerinnen und Grundschülern anzutreffen ist. Die Mehrheit beider Altersstufen spricht dabei von einem Kompass. Nur S14 (134-139) benutzt den Ausdruck der Windrose.

Orientiertheit3: Eine Karte ist eingenordet bzw. Norden ist oben in einer Karte.

Prä-Sekundarstufe 1

S6, S7, S8, S13 und S14 zeigen das Konzept, dass Karten üblicherweise eingenordet sind. Dies wird einerseits bei der Besprechung der eigenen Kartenskizzen ersichtlich (S6 67-78; S7 90-93; S8 145-150; S14 130-133). Andererseits ziehen S6 (190-191), S13 (137-141, 257-258, 260, 261-264, 265-268, 270) und S14 (287-298) dieses Konzept auch zur Besprechung von M7 heran. Eine auffällige Abweichung von diesem Konzept zeigt S5 (94-97) durch die Aussage, dass Norden in einer Karte nicht oben ist.

Post-Sekundarstufe 1

Bei S16, S17, S19, S20, S21, S22 und S23 ist das Konzept anzutreffen, dass Karten üblicherweise eingenordet sind. Das Konzept tritt bei der Besprechung der eigenen Kartenskizze (S16 66-67, 68-69; S17 48-51; S19 68-69, 70-71; S20 82-85; S21 87-88, 89-90, 91-98; S22 110-111) sowie von M7 (S16 136-137; S20 234-235, 242-243, 258-259; S21 150; S22 263-264, 265-266; S23 178-179) auf. S23 (178-179) vermeidet dabei Bezeichnungen für Himmelsrichtungen und spricht nur von „oben" und „unten".

Vergleich und Gesamtinterpretation

Das Konzept einer eingenordeten Karte ist sowohl bei den Schülerinnen und Schülern der Primarstufe als auch in der Sekundarstufe 2 vertreten, wobei es etwas häufiger in der älteren Gruppe zu finden ist. Ein deutlicher Unterschied zeigt sich in der Tiefe des Konzeptes: Die Schülerinnen und Schüler der Oberstufe können dies deutlicher als Konvention einordnen. Formulierungen wie „man macht das automatisch so" (S19 68-69, 70-71), „man bekommt es so beigebracht" (S22 110-111), „normalerweise" (S16 66-67, 68-69, 136-137) und „typisch" (S23 178-179) belegen dies. Das Konzept steht in Verbindung mit Perspektivität von Karten6.

Orientiertheit4: Man kann an der Schrift erkennen, wo in einer Karte Norden ist.

Prä-Sekundarstufe 1

-

Post-Sekundarstufe 1

S16, S17, S18, S20, S21 und S22 weisen das Konzept auf, dass anhand der Schrift zu erkennen ist, wo in einer Karte Norden liegt bzw. eine Abweichung von der gewohnten Ausrichtung vorliegt. In fast allen Fällen tritt das Konzept bei der Besprechung von M7 auf. S21 (87-88, 89-90) erwähnt das Konzept bereits im zweiten Block des Interviews bei der Besprechung der eigenen Kartenskizze. S16 (138-139) drückt das Konzept nicht konkret durch den Ausdruck Schrift, aber durch die Beschreibung „verständlich" aus.

Vergleich und Gesamtinterpretation

Das Konzept ist ausschließlich bei den Schülerinnen und Schülern der Sekundarstufe 2 vorzufinden. Da es sehr häufig in Verbindung mit M7 geäußert wurde, liegt der Schluss nahe, dass es sich in vielen Fällen um eine Ad-Hoc-Vorstellung (siehe Kapitel 2.1.3.1 und 2.1.3.3) handelt, die aufgrund der besonderen Darstellung in M7 und entsprechender Impulse im Interview gebildet wurde. Das Konzept ist nur in Verbindung mit dem Konzept Orientiertheit3 möglich, denn die Konvention der Einnordung einer Karte bildet die Grundlage dafür, anhand der Ausrichtung der Schrift zu erkennen, wo in einer Karte Norden liegt.

Orientiertheit5: Auf einer Weltkarte ist normalerweise Europa in der Mitte.

Prä-Sekundarstufe 1

-

Post-Sekundarstufe 1

S17, S19, S20 und S21 weisen ein Konzept auf, dass auf einer für sie gewohnten Weltkarte Europa in der Mitte ist. Das Konzept wird bei der Betrachtung von M7 geäußert. S20 (234-235) und S21 (150) formulieren das Konzept ausgehend von anderen Kontinenten und deren Lage, was aber im Zusammenhang der Eurozentrierung gesehen werden kann.

Vergleich und Gesamtinterpretation

Das Konzept ist überwiegend bei Schülerinnen und Schülern der Sekundarstufe 2 anzutreffen. Es zeugt von der Gewöhnung der Schülerinnen und Schüler an eurozentrische Darstellungen auf Weltkarten. Es ist zu vermuten, dass es deutlich mehr Schülerinnen und Schüler, auch aus der Primarstufe, aufweisen. Jedoch spricht nur ein Teil der Schülerinnen und Schüler dieses Konzept explizit an, da es durch die alternative Darstellung in M7 in Konflikt gerät und die Schülerinnen bzw. Schüler ihr Konzept hinterfragen und als Konvention einordnen. S13 (257-258) dagegen spricht von einer falschen Karte.

Orientiertheit6: Eine Karte liegt richtig herum, wenn zum Beispiel Norden oben oder die Schrift richtig herum ist.

Prä-Sekundarstufe 1

S6, S8, S13 und S14 demonstrieren das Konzept, dass eine Karte richtig oder falsch herum sein oder liegen kann. Das Konzept wird von S6 (182-183, 190-191), S8 (408-409, 412-413) und S13 (257-258, 265-268) bei der Besprechung von M7 geäußert. S14 (213-216) dagegen wundert sich bei M1, wie herum die Karte richtig gehört.

Post-Sekundarstufe 1

S19 und S21 drücken das Konzept aus, dass eine Karte richtig herum sein oder liegen kann. Es tritt immer bei der Besprechung von M7 auf. S21 (243-244, 245-248) hinterfragt dieses Konzept, nachdem M7 zuvor noch als falsch herum eingestuft wurde (150).

Vergleich und Gesamtinterpretation

Das Konzept ist häufiger bei den Schülerinnen und Schülern der Primarstufe vorhanden. Es drückt eine aus der Perspektive der jeweiligen Schülerin bzw. des jeweiligen Schülers korrekte Lage einer Karte aus. Diese korrekte Lage richtet sich nach dem eurozentrierten und eingenordeten Kartenbild, das den Schülerinnen und Schülern von Weltkarten her bekannt ist. Daher ist eine Verknüpfung mit Orientiertheit3 deutlich erkennbar. Bei diesem Konzept muss beachtet werden, dass es einerseits durch M7, andererseits durch einen Impuls des Interviewers im Fall von S6 (182-183) ausgelöst wurde. S14 (213-216) drückt das Konzept bei der Betrachtung von M1 aus. In der Gruppe der Oberstufenschülerinnen und -schüler hinterfragt S21 (150, 243-244, 245-248) aufgrund von M7 das Konzept.

Orientiertheit7: Die Anfangsbuchstaben der Himmelsrichtungen in einer Karte dienen der Orientierung.

Prä-Sekundarstufe 1

S8, S11 und S14 formulieren das Konzept, dass man sich anhand der Anfangsbuchstaben der Himmelsrichtungen in einer Karte orientieren kann. S8 (145-150), S11 (94-95) und S14 (134-139) ziehen diese Variante zur Vermittlung der Orientiertheit für die eigene Kartenskizze in Betracht. S14 (287-298) geht darauf zusätzlich bei der Besprechung von M7 ein.

Post-Sekundarstufe 1

S20 und S21 weisen das Konzept auf, dass die Anfangsbuchstaben der Himmelsrichtungen auf einer Karte zur Orientierung eingetragen werden. Beide beschreiben dieses Konzept bei der Besprechung der eigenen Kartenskizze (S20 82-85; S21 91-98).

Vergleich und Gesamtinterpretation

Das Konzept tritt insgesamt wenig, jedoch in beiden Altersstufen auf. S8 (145-150), S14 (134-139), S20 (82-85) und S21 (91-98) formulieren es bei der Besprechung der eigenen Kartenskizze. Zusätzlich geht S14 (287-298) darauf bei der Besprechung von M7 ein.

Orientiertheit8: Ein Stern in einer Karte dient der Orientierung.

Prä-Sekundarstufe 1

S8 und S13 beschreiben einen Stern auf einer Karte, der die Himmelsrichtungen ausdrückt. S13 (113-114) scheint sich einen solchen Stern auch bei einer digitalen Karte auf einem Handy vorzustellen.

Post-Sekundarstufe 1

-

Vergleich und Gesamtinterpretation

Das Konzept ist ausschließlich bei den Schülerinnen und Schülern aus der Primarstufe anzutreffen. Es tritt im zweiten Block des Interviews bei der Besprechung der eigenen Kartenskizze auf. Der Begriff Stern ersetzt in diesem Fall den einer Windrose.

Orientiertheit9: Pfeile in einer Karte dienen der Orientierung anhand der Himmelsrichtungen.

Prä-Sekundarstufe 1

-

Post-Sekundarstufe 1

-

Vergleich und Gesamtinterpretation

Das Konzept ist insgesamt nur selten, aber in beiden Altersgruppen vertreten. Es umfasst, dass Pfeile auf Karten enthalten sind, die eine Himmelsrichtung angeben. S8 (151-158) erwähnt dies fast beiläufig unter verschiedenen Möglichkeiten, Himmelsrichtungen auf einer Karte wiederzugeben. S20 (236-237, 238-239) erwähnt das Konzept bei der Besprechung von M7.

Orientiertheit10: Der Merkspruch „Nie ohne Seife waschen" dient der Orientierung in einer Karte.

Prä-Sekundarstufe 1

S5 und S13 drücken das Konzept aus, sich mithilfe eines Merkspruches in einer Karte zu orientieren. S5 (94-97, 98-101) nennt die Lehrkraft als Quelle.

Post-Sekundarstufe 1

-

Vergleich und Gesamtinterpretation

Das Konzept ist nur bei wenigen Schülerinnen und Schülern vorzufinden. S16 (66-67) nennt den Merkspruch als erste Assoziation zur Frage nach der Verortung von Norden in der eigenen Kartenskizze. S5 (94-97, 98-101) sowie S13 (111-112) versuchen beide, anhand des Merkspruches „Nie ohne Seife waschen" Norden in der eigenen Kartenskizze zu lokalisieren. Der Merkspruch ist dabei behilflich, die richtige Reihenfolge der Himmelsrichtungen zu bestimmen. Jedoch ist das Konzept fachlich problematisch, da es keine Aussage darüber treffen kann, wo exakt Himmelsrichtungen in der eigenen Kartenskizze verortet werden können.

Orientiertheit11: Man kann sich in einer Karte mit einem Kompass orientieren.

Prä-Sekundarstufe 1

S6, S8 und S13 weisen das Konzept auf, einen Kompass hinzuzuziehen, um sich auf einer Karte zu orientieren. Es wird bei der Besprechung der eigenen Kartenskizze erwähnt (S6 67-78; S8 151-158; S13 111-112, 113-114).

Post-Sekundarstufe 1

-

Vergleich und Gesamtinterpretation

Das Konzept ist nur bei den Schülerinnen und Schülern aus der Primarstufe festzustellen. Es ist dabei zu beachten, dass bei diesem Konzept „Kompass" nicht als Ausdruck für eine Windrose zu verstehen ist (siehe Orientiertheit1 und Orientiertheit2), sondern dass dabei das separate Orientierungsmittel gemeint ist. Das Konzept ist nur dann schlüssig, wenn die Kartenskizzen sich auf reale Raumbeispiele beziehen (z. B. bei S8 151-158 und der Kartenskizze des Schulhauses).

Orientiertheit12: Man kann sich mit einem Handy orientieren.

Prä-Sekundarstufe 1

S5 und S13 erwähnen das Konzept, dass man sich mit einem Handy orientieren kann bzw. die Himmelsrichtungen bestimmen kann. S13 (113-114) spricht dabei auch von einem „Stern" (siehe Orientiertheit8).

Post-Sekundarstufe 1

-

Vergleich und Gesamtinterpretation

Das Konzept ist nur bei zwei Schülerinnen und Schülern der Primarstufe festzustellen. Es ist aus fachwissenschaftlicher Sicht unpassend, da S5 (201-202) und S13 (113-114) die Orientiertheit einer Karte mit der Orientierung im Realraum vermischen, die durch das Smartphone erleichtert werden kann.

**Orientiertheit13: Man kann sich anhand topographischen Orientierungswissens
in einer Karte orientieren.**

Prä-Sekundarstufe 1

-

Post-Sekundarstufe 1

S19, S20, S21 und S23 weisen das Konzept auf, bei der Festlegung von Himmelsrichtungen auf der Karte auf ihr topographisches Orientierungswissen zurückzu-
greifen. S19 (218-219, 220-221) formuliert das Konzept eher oberflächlich anhand
von M7, wohingegen S20 (234-235) und S21 (150) ihr Wissen um die Lage der Kontinente einsetzen, um Himmelsrichtungen zu bestimmen. S23 (72-79) bezieht sich
zum Teil auf die Namen der australischen Bundessstaaten sowie die Lage der
Nordsee und Italiens in Europa.

Vergleich und Gesamtinterpretation

Das Konzept tritt nur in der Gruppe der Sekundarstufe 2 auf. Die Schülerinnen und
Schüler setzen ihr topographisches Hintergrundwissen ein, um Himmelsrichtungen in einer Karte zu bestimmen, zum Beispiel anhand der Kontinente auf der
Weltkarte (S20 234-235; S21 150), der Namen australischer Bundesstaaten sowie
der Lage der Nordsee und Italiens in Europa (S23 72-79).

6.2.8.2 Zusammenfassung zu verallgemeinerten Schülervorstellungen zur Orientiertheit

Die Schülerinnen und Schüler haben eine Vorstellung davon, dass kartographische
Darstellungen anhand der Himmelsrichtungen ausgerichtet sind. Einige Schülerinnen und -schüler beschreiben, dass eine Karte einen Kompass aufweist (Orientiert-
heit1). Es wird aber ebenfalls von vielen Schülerinnen und Schülern das erweiterte
Konzept formuliert, dass der Kompass auf der Karte dazu dient, sich anhand der
Himmelsrichtungen in der Karte zu orientieren (Orientiertheit2). Als weitere Möglichkeiten zur Vermittlung der Orientiertheit werden Anfangsbuchstaben der Him-
melsrichtungen (Orientiertheit7), ein Stern (Orientiertheit8) oder Pfeile (Orien-
tiertheit9) genannt, wobei Orientiertheit9 nur vereinzelt vorhanden ist.
Die Konvention der Einnordung von Karten ist als Konzept dagegen häufiger bei
den Schülerinnen und Schülern der Sekundarstufe 2 anzutreffen (Orientiertheit3).
Orientiertheit3 dient als Grundlage für Orientiertheit4: Das Konzept, die
Ausrichtung der Schrift einzubeziehen, nutzen ausschließlich die Schülerinnen und
Schüler der Oberstufe als Brücke, um in M7 Norden zu bestimmen. Es ist von einer
Ad-Hoc-Vorstellung (siehe Kapitel 2.1.3.1 und 2.1.3.3) auszugehen, die sich

aufgrund der Interviewsituation und dem Material M7, der nicht eingenordeten und nicht eurozentrierten Weltkarte, bildete. Das Konzept Orientiertheit5 ist vermutlich bei noch mehr Schülerinnen und Schülern ausgebildet. Jedoch drücken es nur ein paar Schülerinnen und Schüler explizit aus, da sie M7 als Abweichung von diesem Konzept beschreiben.

Es zeigen sich zwischen den beiden Altersgruppen ein paar Unterschiede in den Vorstellungen. Grundschülerinnen und -schüler gehen häufiger davon aus, dass ein „Kompass", ein „Stern" oder die Anfangsbuchstaben die Himmelsrichtungen auf der Karte vorgeben (Orientiertheit1, Orientiertheit2, Orientiertheit7, Orientiertheit8), wohingegen die Oberstufenschülerinnen und -schüler eher von der Konvention der Einnordung ausgehen (Orientiertheit3). Grundschülerinnen und -schüler versuchen zur Bestimmung von Himmelsrichtungen auch vermehrt sich mit Merksprüchen, dem Orientierungsmittel des Kompasses oder dem Handy zu helfen (Orientiertheit10, Orientiertheit11, Orientiertheit12). Dass eine Karte richtig oder falsch herum sein oder liegen kann (Orientiertheit6), ist ein Konzept, dass in beiden Gruppen anzutreffen ist, aber S21 (243-244, 245-248) hinterfragt eine solche Einteilung bei der Auseinandersetzung mit M7. Insgesamt kann den Schülerinnen und Schülern der Sekundarstufe 2 ein flexiblerer, kompetenterer und reflexiverer Umgang mit der Orientiertheit von Karten attestiert werden.

Die Schülervorstellungen decken sich überwiegend mit der fachlichen Perspektive. Unterschiede zeigen sich darin, dass die jüngeren Schülerinnen und Schüler sich noch weniger der Konvention der Orientiertheit einer Karte bewusst sind. Nicht im Einklang mit der fachlichen Perspektive steht das Konzept, dass wenige Schülerinnen und Schüler versuchen, Himmelsrichtungen anhand eines Merkspruchs zu bestimmen (Orientiertheit10). Nicht immer zutreffend ist der Ansatz weniger Schülerinnen und Schüler, einen tatsächlichen Kompass (nicht als Ersatzausdruck für Windrose in diesem Fall) oder ein Handy hinzuziehen, um Himmelsrichtungen in einer Karte zu lokalisieren (Orientiertheit11, Orientiertheit12). Diese Konzepte können zielführende Strategien im Realraum und als Ansatz bei der Festlegung der Himmelsrichtungen in der Karte behilflich sein. Zusätzlich ist im sprachlichen Gebrauch ein gravierender Unterschied festzustellen: In beiden Altersgruppen ist der Ausdruck des Kompasses weit verbreitet (Orientiertheit1, Orientiertheit2) und wird anstatt des Begriffes der Windrose verwendet (einzige Ausnahme: S14 134-139). Ähnliches gilt für die Bezeichnung „Stern" (Orientiertheit8). Der Ausdruck „Kompass" wird auch in einem Grundschulatlas verwendet, scheint aber ansonsten nicht im Unterricht und Unterrichtsmaterialien etabliert zu sein (DIERCKE GRUNDSCHULATLAS 2010, S. 10). Jedoch kann die häufige Nutzung darin begründet sein, dass der Begriff Windrose im HSU im Zusammenhang mit einem Kompass eingeführt wird.

Es sind nur wenig explizite Rückschlüsse auf die Quellen der Schülervorstellungen zu erkennen. In vielen Fällen ist davon auszugehen, dass eurozentrierte, eingenordete Weltkarten oder allgemein eingenordete Karten als Basis der meisten Konzepte dienen (Orientiertheit3, Orientiertheit4, Orientiertheit5, Orientiertheit6). S22 (110-111) berichtet davon, dass die Konvention der Einnordung in der Schule vermittelt wird. Auch spielt das topographische Orientierungswissen (Orientiertheit13) als Quelle eine Rolle bei den Vorstellungen zur Orientiertheit von Karten. Insgesamt sind die Schülervorstellungen im Wesentlichen im Einklang mit den fachlichen Vorstellungen. Diskrepanzen zeigen sich in Orientiertheit10, Orientiertheit11 und Orientiertheit12 sowie der Vielzahl der Begriffe, die für eine Windrose verwendet werden. Die Vorstellungen der Schülerinnen und Schüler der Sekundarstufe 2 wirken umfangreicher, da sie ein größeres Vermögen zur Reflexion über die Konvention der Einnordung und Eurozentrierung zeigen. Sie sind aber auch geschickter darin, sich mithilfe der Ausrichtung der Schrift (Orientiertheit4) und dem topographischen Wissen (Orientiertheit13) zu behelfen.

6.2.9 Verallgemeinerte Vorstellungen zu Kartenarten 1

6.2.9.1 Verallgemeinerte Konzepte

Die folgenden Konzepte lassen sich nach den Subkategorien gliedern:
- Kartenarten1,1 bis Kartenarten1,7 und Kartenarten1,16 sind Kartenarten, die durch die dargestellten räumlichen, georeferenzierten Inhalte bestimmt werden.
- Kartenarten1,8 und Kartenarten1,9 orientieren sich an der fachlichen Perspektive und deren Einteilung in physische, topographische und thematische Karten.
- Kartenarten1,10, Kartenarten1,11 und Kartenarten1,15 sind Beispiele thematischer Karten.
- Kartenarten1,12 bis Kartenarten1,14 sind sonstige Kartenarten nach dem Inhalt, die als Konzepte in den Schülervorstellungen auftraten.

Kartenarten1,1: Stadtkarte als Kartenart.

Prä-Sekundarstufe 1

Das Konzept ist bei S4, S6, S7, S11 und S13 vorzufinden. S4 (144-146), S6 (107-114), S11 (277-282) und S13 (191-200) äußern dies bei der Besprechung der Materialien. S7 (296-299) nennt eine Stadtkarte als eine im HSU besprochene Karte.

Post-Sekundarstufe 1

Das Konzept einer Stadtkarte als Kartenart ist bei S16, S17, S18, S19, S22 und S23 anzutreffen. S19 (20-21) erwähnt eine Stadtkarte bei den ersten Erwägungen zur Anfertigung der Kartenskizze, S23 (25-26) im ersten Block zur Definition von Karte.

Ansonsten tritt das Konzept häufig im Zusammenhang mit den im Unterricht verwendeten Karten (S17 166-167, 168-171; S19 248-249, 280-285; S22 biographischer Hintergrund), Karten im Haushalt (S18 238-241) oder der eigenen Nutzung von Karten (S19 248-249) auf. S16 (72-73) spricht zusätzlich von einer Dorfkarte.

Vergleich und Gesamtinterpretation

Das Konzept der Stadtkarte als Kartenart ist in beiden Altersgruppen häufig vorzufinden. Auffällig ist, dass die Schülerinnen und Schüler der Sekundarstufe 2 es häufig in Bezug auf eigene Erfahrungen, zum Beispiel im Unterricht (S17 166-167, 168-171; S19 248-249, 280-285, S22 biographischer Hintergrund; in der Grundschule: S7 296-299), erwähnen. Bei den Grundschülerinnen und -schülern sind die Interviewmaterialien eine Quelle dieses Konzeptes.

Kartenarten1,2: Weltkarte als Kartenart.

Prä-Sekundarstufe 1

S6, S7, S11, S13 und S14 nennen eine Weltkarte als Kartenart. S6 (225-228), S7 (296-299), S11 (13-14, 22) und S14 (337-338) erwähnen das Konzept im Kontext von bisher besprochenen Karten im HSU.

Post-Sekundarstufe 1

S16, S17, S19, S20, S21, S22 und S23 weisen dieses Konzept auf, wobei besonders S19, S20 und S23 herausstechen, indem eine Weltkarte in vielen Kontexten benannt wird. Das Konzept tritt häufig bei den bisher behandelten Karten im Unterricht (S19 276-279, 297; S22 biographischer Hintergrund) sowie bei der Besprechung der Materialien (S17 78-79, 118-119; S19 155; S22 171-180; S23 113, 122-123, 136-137) auf. Die Weltkarte wird aber auch als Vorbild für die eigene Kartenskizze (S19 18-19, 20-21; S20 30) und bei der Definition von Karten berücksichtigt (S19 18-19, 20-21; S20 15-18; S23 25-26).

Vergleich und Gesamtinterpretation

Das Konzept einer Weltkarte als eine Kartenart ist sowohl in der Primar- als auch in der Sekundarstufe 2 vertreten, wobei es in der letzteren Gruppe häufiger anzutreffen ist. Insbesondere S19, S20 und S23 sprechen dieses Konzept häufig an, da es vielfältig auf Erfahrungen im Privatleben (S19 258-263) oder in der Schule (S19 276-279) beruht und somit die Vorstellungen zur Karte stark beeinflusst. Dies zeigt sich auch bei der Anfertigung der Kartenskizze (S19 18-19, 20-21; S20 30). In vielen anderen Fällen wird eine Weltkarte als eine Karte bezeichnet, die im Unterricht besprochen wurde (u. a. S6 225-228; S22 biographischer Hintergrund). Der Begriff fällt aber auch häufig bei der Beschreibung bestimmter Materialien wie M7 (z. B. S17 78-79, 118-119) oder M1 (S22 171-180).

Kartenarten1,3: Landkarte als Kartenart.

Prä-Sekundarstufe 1

Das Konzept der Landkarte ist bei S4, S5, S6, S7, S11 und S13 anzutreffen. Es wird in verschiedenen Kontexten verwendet, wie zum Beispiel in Bezug auf die Materialien (S7 256, 258; S11 277-282; S13 177-180, 191-200, 315-316), den im HSU behandelten Karten (S5 254-259; S6 225-228) oder bei der Besprechung der eigenen Kartenskizzen (S4 49-52, S5 67-68).

Post-Sekundarstufe 1

Eine Landkarte als Konzept findet sich bei S16, S17, S22 und S23. Es tritt in einer Vielzahl von Kontexten auf: S17 (48-51) zum Beispiel erwähnt den Begriff beim Vergleich verschiedener Karten bezüglich der Orientiertheit (aber ohne den Einfluss der Materialien). S22 (biographischer Hintergrund) beschreibt das Konzept bei der Aufzählung der im Geographieunterricht eingesetzten Karten.

Vergleich und Gesamtinterpretation

Das Konzept der Landkarte als eine Kartenart ist häufiger bei den Grundschülerinnen und -schülern als bei den Oberstufenschülerinnen und -schülern vorhanden. In vielen Fällen tritt das Konzept auf, wenn im Unterricht verwendete Karte aufgezählt werden (S5 254-259; S6 225-228; S22 biographischer Hintergrund). Es ist zu vermuten, dass die Probandinnen und Probanden damit Karten meinen, auf denen Länder im Sinne von Nationalstaaten abgebildet sind. Bei S4 (49-52), S5 (67-68, 254-259), S6 (225-228), S13 (13-14, 46), S16 (60-61) und S23 (72-79) ist aber auch eine Interpretation möglich, die den Begriff der Landkarte als Abgrenzung zu Karten sieht, bei denen es sich nicht um das kartographische Medium handelt.

Kartenarten1,4: Deutschland-, Großbritannien- und Australienkarte als Kartenart.

Prä-Sekundarstufe 1

S7 und S14 weisen das Konzept einer Deutschlandkarte auf. Es tritt bei der Besprechung von im HSU behandelten (S7 296-299; S14 337-338) und zuhause vorhandenen Karten auf (S14 325-330).

Post-Sekundarstufe 1

S16, S18, S19, S21 und S23 erwähnen das Konzept einer Karte von Deutschland (S16 32-33, 70-71, 160-161; S18 242-243; S21 291-292), Großbritannien (S19 276-279) und Australien (S23 72-79, 80-83). Das Konzept tritt häufig bei der Benennung von Karten auf, die im Unterricht eingesetzt wurden (S18 242-243; S19 276-279) bzw. im eigenen Haushalt vorhanden sind (S21 291-292). S16 (32-33, 70-71, 160-161) und S23 (72-79, 80-83) gehen auf diese Kartenart bei der Besprechung der eigenen Kartenskizze ein.

Vergleich und Gesamtinterpretation

Einige Schülerinnen und Schüler weisen das Konzept einer Kartenart auf, die sich dadurch auszeichnet, dass ein Land, präziser ein Nationalstaat, darauf abgebildet ist. Dieses Konzept unterscheidet sich von Kartenarten1,3 dadurch, dass mit Deutschland (S7 296-299; S14 325-330, 337-338; S16 32-33, 70-71, 160-161; S18 242-243; S21 291-292), Großbritannien (S19 276-279) und Australien (S23 72-79) das Land konkret benannt wird, das auf der Karte dargestellt wird. Das Konzept tritt bei der Aufzählung von im Unterricht behandelten Karten bzw. zuhause vorhandenen Karten auf.

Kartenarten1,5: Europa- und Afrikakarte als Kartenart.

Prä-Sekundarstufe 1

-

Post-Sekundarstufe 1

S16, S17, S18, S20 und S23 sprechen von einer Kartenart, die sich von Kontinenten ableitet. S16 (70-71, 160-161), S17 (176-177), S20 (140-147) und S23 (72-79) benennen eine Europakarte, S18 (242-243) eine Afrikakarte und eine Karte von Europa.

Vergleich und Gesamtinterpretation

Das Konzept, dass eine Karte eines konkret benannten Kontinents als Kartenart ausgewiesen wird, ist überwiegend bei den Schülerinnen und Schülern der Sekundarstufe 2 anzutreffen. In den vorliegenden Fällen werden Europa- (S14 64-67, 325-330; S16 70-71, 160-161; S17 176-177; S18 242-243; S20 140-147; S23 72-79) und Afrikakarte (S18 242-243) genannt. Die Schülerinnen und Schüler erwähnen diese Kartenarten in verschiedenen Kontexten wie zum Beispiel die Frage, welche Karten im Unterricht behandelt wurden (S18 242-243), welche Karten zuhause vorhanden sind (S14 64-67, 325-330), ansonsten in Erinnerung geblieben sind (S17

176-177) oder um Materialien im Interview zu benennen (S20 140-147). Als Quelle kann der (Geographie-) Unterricht angesehen werden, da vermehrt kleinmaßstä-bige Karten, auf welchen Kontinente abgebildet sind, in der Sekundarstufe zum Einsatz kommen.

Kartenarten1,6: Bayernkarte als Kartenart.

Prä-Sekundarstufe 1

-

Post-Sekundarstufe 1

S18, S19 und S21 benennen Karten von Bayern bzw. „bayerische Karten" als Kar-tenart. Dieses Konzept tritt einerseits bei der Frage nach den im Unterricht be-sprochenen Karten (S18 242-245; S19 268-269) und zuhause vorhandenen Karten (S21 291-292) sowie im Umgang mit den Materialien (S18 142-145) auf.

Vergleich und Gesamtinterpretation

Das Konzept ist lediglich bei Schülerinnen und Schülern der Sekundarstufe 2 vor-zufinden. Es ist dabei aber zu vermuten, dass die Materialien des Interviews einen gewissen Einfluss haben, da M2 und M3 als Raumausschnitt Bayern zeigen (S18 142-145). Bemerkenswert ist, dass S19 (268-269) „bayerische Karten" dem Geo-graphieunterricht der fünften Jahrgangsstufe zuordnen kann.

Kartenarten1,7: U-Bahn-Karten als Kartenart.

Prä-Sekundarstufe 1

-

Post-Sekundarstufe 1

S19, S22 und S23 zeigen das Konzept der U-Bahn-Karte als eine Kartenart. S22 (bi-ographischer Hintergrund) spricht von einer „Netzwerk-Verbindungskarte".

Vergleich und Gesamtinterpretation

Das Konzept der U-Bahn-Karte als Kartenart ist nur bei einigen Schülerinnen und Schülern der Sekundarstufe 2 vorzufinden. Ein Grund dafür lässt sich aus der In-terviewsituation, in der dieses Konzept geäußert wird, ableiten: S19 (248-249) und S22 (biographischer Hintergrund) benennen Kartenarten1,7 auf die Frage, wann Karten im Alltag genutzt werden. Die Oberstufenschülerinnen und -schüler weisen ein größeres Maß an Mobilität, Selbstständigkeit und damit verbunden Erfahrungen auf, die eine Quelle für dieses Konzept sein können. S23 (162-163) erwähnt U-Bahn-Karten im Kontext weiterer Medienträger.

Kartenarten1,8: Topographische Karte als Kartenart.

Prä-Sekundarstufe 1

-

Post-Sekundarstufe 1

S16, S17, S19 und S21 weisen das Konzept einer topographischen Karte als Kartenart auf. S17 (166-167) berichtet von der Behandlung topographischer Karten im Geographieunterricht, wobei womöglich eine Verwechslung vorliegt, da topographische Karten im Geographieunterricht eher selten eingesetzt werden. S16 (88-93), S19 (178-179) und S21 (193-196) identifizieren M4 als topographische Karte.

Vergleich und Gesamtinterpretation

Das Konzept einer topographischen Karte zeigt sich nur bei wenigen Schülerinnen und Schülern. Im Fall von S5 (152-155) ist außer dem Begriff der topographischen Karte kein Konzept zu erkennen, da lediglich eine Angabe von M4 vorgelesen wird. Bei S16 (88-93), S17 (166-167), S19 (178-179) und S21 (193-196) kann davon ausgegangen werden, dass der Begriff oder das Konzept durch M4 aktiviert wurde und ansonsten nicht spontan verwendet worden wäre.

Kartenarten1,9: Physische Karte als Kartenart

Prä-Sekundarstufe 1

S6 und S13 benennen physische Karten als Kartenart. S13 (163-166) begründet die Auswahl von M2 als bestes Beispiel einer Karte damit, dass diese physisch ist. S6 (225-228) berichtet, dass physische Karten im HSU besprochen wurden.

Post-Sekundarstufe 1

S16, S19, S20, S21 und S23 beziehen physische Karten als Kartenart in ihre Vorstellungen mit ein. Das Konzept tritt häufig im Zusammenhang mit M2, auch aufgrund dessen Titels, auf (S16 88-93, 106-109; S19 135-137, 178-179; S20 140-147, 172-173; S21 193-196, S23 140-141). S20 (15-18, 21-22) bringt den Begriff „physikalisch" schon im ersten Block des Interviews ein. Ansonsten wird berichtet, dass im

Geographieunterricht physische Karten behandelt wurden (S19 268-269; S20 284-285).

Vergleich und Gesamtinterpretation

Einige Schülerinnen und Schüler beider Altersgruppen weisen das Konzept einer physischen Karte auf, wobei es deutlich häufiger bei den Oberstufenschülerinnen und -schülern auftritt. S6 (225-228), S19 (268-269) und S20 (284-285) berichten, dass physische Karten im Unterricht besprochen wurden. Zusätzlich benennen mehrere Schülerinnen und Schüler M2 als physische Karte (S13 163-166; S16 88-93, 106-109; S19 135-137, 178-179; S20 140-147, 172-173; S21 193-196; S23 140-141). Dies kann jedoch durch den Teiltitel „Physische Übersicht" auf M2 ausgelöst sein, wodurch zu vermuten ist, dass das Konzept nicht spontan vorhanden war, sondern erst durch das Material aktiviert wurde. Dieser Eindruck bestätigt sich durch die ungenaue Beschreibung der physischen Karte von S19 (178-179). Lediglich S20 (15-18, 21-22) äußert das Konzept bereits im ersten Interviewblock zur Definition von Karten, spricht dabei aber von „physikalisch".

Kartenarten1,10: Wirtschaftskarte als Kartenart.

Prä-Sekundarstufe 1

-

Post-Sekundarstufe 1

Bei S18, S19, S20 und S21 ist ein Konzept anzutreffen, das Wirtschaftskarten als eine Kartenart ausweist. S19 (268-269) und S20 (284-285) sagen, dass solche Karten im Geographie- und Wirtschaftsunterricht eingesetzt wurden. Ansonsten wird der Begriff der Wirtschaftskarte mit bestimmten Interviewmaterialien verknüpft (S18 142-145; S19 135-137, 178-179; S20 166-167; S21 140), wobei besonders M3, eigentlich eine Karte zur Landwirtschaft in Bayern, und M1 diese Zuordnung erfahren. S20 (94-95) erwähnt Wirtschaftskarten im Zusammenhang mit der Kartenherstellung.

Vergleich und Gesamtinterpretation

Das Konzept ist nur bei Schülerinnen und Schülern der Sekundarstufe 2 und nicht in der Primarstufe festzustellen. Ein möglicher Einfluss könnte eine Vielzahl von Wirtschaftskarten sein, die die Schülerinnen und Schüler der Oberstufe im Laufe ihrer Schulzeit am Gymnasium behandelt haben.

Kartenarten1,11: Landwirtschaftskarten als Kartenart.

Prä-Sekundarstufe 1

S4, S6, S7 und S13 formulieren das Konzept der Landwirtschaftskarte als eine Kartenart. Jedoch werden unterschiedliche Formulierungen gewählt: S7 (195-202) liest lediglich den Titel von M3 vor und S13 (247-252, 283-284) benennt M3 lediglich als solche, weshalb nur bedingt von einem Konzept zu sprechen ist. S4 (227-230) erklärt, dass es in M3 um Landwirtschaft geht. S6 (225-228) berichtet, dass landwirtschaftliche Karten im HSU besprochen wurden.

Post-Sekundarstufe 1

Bei S16, S17, S19, S20, S21 und S23 ist das Konzept einer Landwirtschaftskarte als eine Kartenart anzutreffen. Zum einen bezeichnen S16 (88-93, 106-109), S17 (68-73), S19 (178-179), S20 (172-173), S21 (193-196) und S23 (140-141) M3 als eine Landwirtschaftskarte oder verwenden ähnliche Formulierungen. Zum anderen beschreiben S17 (166-167) und S20 (284-285), dass Landwirtschaftskarten im Geographieunterricht zum Einsatz kamen.

Vergleich und Gesamtinterpretation

Das Konzept der Landwirtschaftskarte als eine Kartenart ist in beiden Altersgruppen festzustellen. Es handelt sich dabei vermutlich zum Teil um Ad-Hoc-Vorstellungen (siehe Kapitel 2.1.3.1 und 2.1.3.3), da M3 eine Karte zur Landwirtschaft in Bayern beinhaltete und somit einen Einfluss auf die Vorstellungen hatte. Auch die Berichte von S4 (227-230), S17 (166-167) und S20 (284-285), dass Landwirtschaftskarten im Unterricht behandelt wurden, erfolgen nach der Einbringung des Materials, weswegen von einer Auswirkung auszugehen ist. Bemerkenswert ist, dass in keinem der Fälle der Fachausdruck der thematischen Karte erwähnt wird.

Kartenarten1,12: Kinderkarte als Kartenart.

Prä-Sekundarstufe 1

-

Post-Sekundarstufe 1

S18 und S19 beschreiben ein Konzept, dass eine Kinderkarte als Kartenart aufzeigt.

Vergleich und Gesamtinterpretation

Das Konzept einer Karte für Kinder als Kartenart ist beeinflusst durch M10 und somit als eine Ad-Hoc-Vorstellung einzustufen (siehe Kapitel 2.1.3.1. und 2.1.3.3). Auch ist das Konzept eher als geringfügig ausgebildet zu sehen, da die Schülerinnen und Schüler unterschiedliche Formulierungen wie „für Kinder gemacht" (S5 222-225) oder „an Kinder gerichtet" (S19 230-231) wählen.

Kartenarten1,13: Schatzkarte als Kartenart.

Prä-Sekundarstufe 1

-

Post-Sekundarstufe 1

S18 und S22 weisen das Konzept einer Schatzkarte als Kartenart auf. S18 (152-153) führt diese als ein Beispiel einer besonderen Karte an. S22 (biographischer Hintergrund) berichtet vom Einsatz solcher Karten im Geographieunterricht.

Vergleich und Gesamtinterpretation

Das Konzept ist ausschließlich bei Schülerinnen und Schülern der Sekundarstufe 2 vorzufinden. Der Unterricht kann eine Quelle dieser Vorstellung sein, wie S22 berichtet. Ebenfalls kommen im Grundschulunterricht gelegentlich Schatzkarten zum Einsatz. Jedoch zeigt sich dies nicht im Auftreten des Konzepts unter den Schülerinnen und Schülern der Primarstufe.

Kartenarten1,14: 3D-Karte als Kartenart.

Prä-Sekundarstufe 1

S4 und S13 sprechen von einer „3D-Karte" als eine Art von Karte. Bemerkenswert sind dabei die unterschiedlichen Kontexte, aus denen diese Kartenart heraus benannt wird: S4 (221-226) berichtet von einem Modell der Schule, das im Unterricht erstellt wurde, und bezeichnet dieses als dreidimensionale Karte, wohingegen S13 (233-236) das Navigationsgerät als eine solche Karte benennt.

Post-Sekundarstufe 1

-

Vergleich und Gesamtinterpretation

Das Konzept ist ausschließlich bei Schülerinnen und Schülern der Primarstufe vorzufinden.

Kartenarten1,15: Wetterkarte als Kartenart.

Prä-Sekundarstufe 1

-

Post-Sekundarstufe 1

S21 und S23 weisen das Konzept einer Wetterkarte auf. S21 (289-290) berichtet von der täglichen Nutzung von Wetterkarten. S23 (162-163) benennt Wetterkarten im Fernsehen als ein Beispiel.

Vergleich und Gesamtinterpretation

Das Konzept der Wetterkarte tritt eher selten und ausschließlich bei den Schülerinnen und Schülern der Sekundarstufe 2 auf. Es ist zu vermuten, dass deutlich mehr Schülerinnen und Schülern Wetterkarten bekannt sind und als Informationsquelle nutzen, jedoch nur in wenigen Fällen Eingang in das Interview fanden.

Kartenarten1,16: Nürnberg- und Eichstättkarte als Kartenart.

Prä-Sekundarstufe 1

S6, S7 und S8 sprechen von einer Karte von Eichstätt. Dies erfolgt in allen Fällen im Zusammenhang mit M4.

Post-Sekundarstufe 1

S16, S17, S22 und S23 weisen das Konzept eines konkreten Beispiels einer Karte einer Stadt auf. S16 (72-73), S17 (100-101) und S23 (140-141) sprechen von einer Karte von Eichstätt. S22 (245-246) benennt M4 als Eichstättkarte. S23 (166-167) geht noch auf eine Karte von Nürnberg ein.

Vergleich und Gesamtinterpretation

Das Konzept ist in beiden Altersgruppen anzutreffen. Es ist jedoch in einigen Fällen davon auszugehen, dass es durch das Material M4, einem Ausschnitt einer topographischen Karte zu Eichstätt, ausgelöst ist (S6 158-161; S7 271-277; S8 352-357;

S22 245-246; S23 140-141). Es wird aber auch in Bezug auf Nürnberg (S23 166-
167) formuliert und im Kontext der Kartenherstellung erwähnt (S16 72-73).

Kartenarten1,17: Eine Kartenart erfüllt einen bestimmten Zweck.

Prä-Sekundarstufe 1

-

Post-Sekundarstufe 1

S16, S17 und S19 beschreiben das Konzept, dass eine bestimmte Kartenart einem
Zweck dient. S16 (130-131) und S19 (88-89, 107) gehen auf dieses Konzept bei der
Herstellung von Karten ein und würden dies dabei berücksichtigen. S16 (22-25)
und S17 (12-13) erwähnen die Ausrichtung von Karten auf bestimmte Zwecke im
ersten Block des Interviews zur Definition von Karten.

Vergleich und Gesamtinterpretation

Das Konzept ist überwiegend bei Schülerinnen und Schülern der Sekundarstufe 2
vorzufinden. Dies ist vermutlich darin begründet, dass sich die Oberstufenschülerinnen und -schüler bereits mit einer größeren Bandbreite verschiedener Kartenarten auseinandergesetzt und für verschiedene Zwecke genutzt haben.

6.2.9.2 Zusammenfassung zu verallgemeinerten Schülervorstellungen zu Kartenarten 1

Die Schülervorstellungen zu Kartenarten, die nach dem Inhalt unterschieden
werden (in dieser Studie als Kartenarten1 bezeichnet), sind stark an den auf Karten
abgebildeten räumlichen, georeferenzierten Inhalten orientiert. Es scheint so,
dass diese Einteilung das primäre Ordnungssystem ist (wobei keine eindeutige
Aussage über die Kohärenz eines solchen Ordnungssystems getroffen werden
kann), in das Schülerinnen und Schüler Karten einteilen. Sowohl die Materialien
im Interview als auch Karten, die im Unterricht oder im Alltag verwendet werden,
werden überwiegend nach räumlichen, georeferenzierten Inhalten klassifiziert.
Sehr häufig werden dabei Karten in die Konzepte der Stadt- (Kartenarten1,1),
Welt- (Kartenarten1,2) und Landkarte (Kartenarten1,3) gegliedert. Im Fall von
Bundesländern, Nationalstaaten und Kontinenten kann es sein, dass weniger
allgemein, sondern noch präziser der abgebildete Raum, z. B. Bayern
(Kartenarten1,6), Deutschland (Kartenarten1,4) oder Europa (Kartenarten1,5) als
Kartenart konzipiert wird.
Des Weiteren finden sich in den Schülervorstellungen Konzepte zu Kartenarten,
die aber seltener anzutreffen sind. Die Landwirtschafts- (Kartenarten1,11), Kinder-

(Kartenarten1,12) und teils die Nürnberg- und Eichstättkarte (Kartenarten1,16) sind als Ad-Hoc Vorstellungen einzustufen (siehe Kapitel 2.1.3.1 und 2.1.3.3), die auf die entsprechenden Materialien (M3, M4 und M10) zurückgehen. Bemerkenswert ist das Konzept der Schatzkarte (Kartenarten1,13), das von Schülerinnen und Schülern aus der Sekundarstufe 2 eingebracht wird.

Ein gravierender Unterschied zwischen den Schüler- und den fachlichen Vorstellungen zeigt sich in den von Seiten der Fachwissenschaften und in Schulbüchern vorgenommenen Einteilung in physische, topographische und thematische Karte. Diese Gliederung ist bei den Schülerinnen und Schülern wenig präsent. Das ist umso verwunderlicher, da die Vorstellungen von S7 stark durch die Eigenschaften topographischer, die Vorstellungen von S3, S13, S16 und S17 durch die Eigenschaften physischer Karten geprägt zu sein scheinen. Wenn die Fachbegriffe vorkommen, werden sie immer erst nach der Einbringung der Materialien, entweder bei der Besprechung dieser (z. B. S19 135-137, 178-179) oder zum Ende des Interviews bei der Nachfrage zu den im Unterricht behandelten Karten (z. B. S6 225-228; S17 166-167) benannt. Dies lässt den Rückschluss zu, dass die Fachbegriffe und Konzepte erst durch das Interviewmaterial aktiviert wurden. Jedoch sind auch Zweifel angebracht, dass hinter der Benutzung des Fachbegriffes überhaupt ein ausgeprägtes Konzept vorhanden ist (z. B. S5 152-155) oder ein fachlich korrektes und genaues Konzept besteht (z. B. S19 178-179). Einzig S20 (15-18, 21-22) beschreibt das Konzept einer physischen Karte im ersten Block des Interviews, bezeichnet diese aber ungenau als „physikalisch". Im Fall von S18 (12-15, 142-145) kann angenommen werden, dass ein ähnliches Konzept wie bei einer physischen Karte mit dem Begriff „geographische Karte" benannt wird. Ähnliches gilt für die von S16 (22-25) erwähnte „Höhenkarte". Beleg dafür, dass die Konzepte nur ansatzweise ausgebildet sind und durch das Material aktiviert werden, ist, dass der Fachbegriff der thematischen Karte überhaupt nicht erwähnt wird. Er ist auch nicht auf einem der Materialien aufgeführt. Stattdessen benennen die Schülerinnen und Schüler Beispiele thematischer Karten wie Wirtschaftskarten (Kartenarten1,10), Landwirtschaftskarten (Kartenarten1,11) und Wetterkarten (Kartenarten1,15).

Von Bedeutung sind Hinweise auf die Quellen der Konzepte. Eine Vielzahl der Kartenarten wie Stadt- (Kartenarten1,1), Welt- (Kartenarten1,2) und Landkarten (Kartenarten1,3) sowie die Konzepte Kartenarten1,4 (Deutschland-, Großbritannien- und Australienkarte), Kartenarten1,5 (Europa- und Afrikakarte) und Kartenarten1,6 (Bayernkarte) werden mehrfach in Verbindung mit dem Unterricht aufgezählt. Dass die im Unterricht eingesetzten Karten zunächst mit räumlichen, georeferenzierten Inhalten assoziiert werden, ist ein Beleg für die Dominanz einer solchen Klassifizierung und der Diskrepanz zur fachlichen Perspektive, genauer der Einteilung in physische, topographische und thematische Karten. Eine Vielzahl der Konzepte tritt in der Auseinandersetzung mit den Materialien auf, was belegt, dass in vielen Fällen der dargestellte Raumausschnitt der Karte das Merkmal ist, nachdem Karten zunächst differenziert werden. Einen Sonderfall bezüglich der Quellen stellen die Konzepte zur Stadt- (Kartenarten1,1) und U-Bahn-Karte (Ka1,7) dar, die vor allem bei den Schülerinnen und Schülern der Sekundarstufe 2 zu einem erheblichen Teil aus Erfahrungen aus dem Alltag zu stammen scheinen.

Zwischen den beiden Altersstufen zeigen sich einige, aber nicht erhebliche Unterschiede. Kartenarten1,3 zur Landkarte und Kartenarten1,14 zur 3D-Karte ist vorwiegend bei Schülerinnen und Schülern der Primarstufe anzutreffen. Dagegen sind Kartenarten1,1 (Stadtkarte), Kartenarten1,2 (Weltkarte), Kartenarten1,4 (Deutschland-, Großbritannien- und Australienkarte), Kartenarten1,5 (Europa- und Afrikakarte), Kartenarten1,6 (Bayernkarte), Kartenarten1,7 (U-Bahn-Karte), Kartenarten1,10 (Wirtschaftskarte), Kartenarten1,13 (Schatzkarte) und Kartenarten1,15 (Wetterkarte) häufiger oder ausschließlich in der Sekundarstufe 2 vorhanden. Dies kann in den vielfältigeren Alltags- (z. B. Kartenarten1,7) und Unterrichtserfahrungen (z. B. Kartenarten1,10) mit Karten begründet sein. Außerdem gehen die Schülerinnen und Schüler aus der Oberstufe auch allgemein darauf ein, dass Karten auf ein bestimmtes Thema oder einen bestimmten Zweck ausgerichtet sein können (Kartenarten1,17).

Zusammenfassend lässt sich festhalten, dass große Unterschiede zwischen Schüler- und fachlichen Vorstellungen festzustellen sind, da Schülervorstellungen andere Kartenarten, vorwiegend orientiert an räumlichen, georeferenzierten Inhalten, aufweisen und die fachliche Einteilung wenig präsent ist. Zwischen den beiden Altersgruppen sind keine umfangreichen Unterschiede festzustellen. Lediglich scheinen die Schülerinnen und Schüler der Sekundarstufe 2 mehr und vertiefter Konzepte zur Unterscheidung von Kartenarten nach dem Inhalt aufzuweisen.

6.2.10   Verallgemeinerte Vorstellungen zu Kartenarten 2

6.2.10.1   Verallgemeinerte Konzepte

Kartenarten2,1: Eine Karte ist auf Papier gedruckt.

Prä-Sekundarstufe 1

S4, S5, S6, S11, S13 und S14 weisen das Konzept auf, dass eine Karte auf Papier gedruckt ist. Dies wird unterschiedlich ausgedrückt, so zum Beispiel als „Blatt mit vielen Seiten" (S5 33-38; hier stark geprägt durch die Karte eines Freizeitparks) oder „Formular" (S6 20-23). S5 (33-38), S6 (20-23), S11 (29-32) und S13 (25-28) drücken dieses Konzept im ersten Abschnitt des Interviews zur Definition einer Karte aus. S13 (240-244, 295-300) geht zusätzlich im späteren Verlauf auf dieses Konzept ein und spricht von normalen Karten. S14 (267-270) erwähnt das Konzept nur bei der Besprechung der Materialien.

S16, S18, S20 und S23 beschreiben das Konzept von auf Papier gedruckten Karten. S16 (126-127), S18 (190-191, 230-231) und S23 (162-163, biographischer Hintergrund) drücken dieses indirekt über Atlanten, Autoatlanten und Geographieschulbücher aus. S20 (15-18, 23-26, 208-211, 280-283) spricht von Karten als Plan und geht auf Wandkarten sowie in einem Dorf aushängenden Ortsplänen, S23 (162-163) auf Plakate oder Aushänge in öffentlichen Verkehrsmitteln ein. S16 (156-159) benutzt Papierkarten nur in der Schule und S23 (21-22) sieht sie als „veraltet" an.

Vergleich und Gesamtinterpretation

Das Konzept, dass Karten auf Papier gedruckt sind, ist stärker bei den Grundschülerinnen und -schülern vertreten. Im Fall von S18 (190-191, 230-231) handelt es sich nur um eine Ergänzung dazu, wo überall Karten zu finden sind. S20 (15-18, 208-211, 280-283) und S23 (162-163) weiten das Konzept auf Schulbücher, Atlanten, Wandkarten und öffentliche Aushänge aus. S4 (61-62), S5 (33-38), S6 (20-23) und S20 (23-26) schränken ihre Vorstellungen einer Karte kurzzeitig auf solche ein, die auf Papier gedruckt sind und schließen digitale Karten noch nicht mit ein. Dies ändert sich bei der Besprechung der Materialien (genauer bei M5), wobei S4 (150, 187-188; siehe Kartenarten2,2, Kartenarten2,3 Kartenarten2,5), S6 (168-169, 170-171; siehe Kartenarten2,2, Kartenarten2,3), S11 (149-152, 211-212, 213-214, 217-218, 219-220, 222; siehe Kartenarten2,2, Kartenarten2,3) und S20 (202-203, 204-205, 208-211, 260-261, 264-267, siehe Kartenarten2,2, Kartenarten2,3) ihr Konzept erweitern. Dagegen bleibt S5 (196-199; siehe Kartenarten2,10) bei der Einschränkung bzw. erweitert diese spät im Interview um eine Navikarte (242-243; siehe Kartenarten2,2). S14 (267-270) beharrt auf der Einschätzung, dass Karten auf Papier gedruckt sind. S16 (126-127; siehe Kartenarten2,3) und S23 (21-22; siehe Kartenarten2,3) sehen auf Papier gedruckte Karten durchwegs als eine Kartenart neben digitalen Karten. S13 (295-300), S16 (126-127, 156-159) und absatzweise S18 (190-191, 230-231) verbinden gedruckte Karten mit der Familie, Eltern und Urlaubsreisen.

Kartenarten2,2: Auf Navigationsgeräten sind Karten.

Prä-Sekundarstufe 1

S4, S5, S6, S7, S8, S11 und S13 weisen das Konzept auf, dass ein Navigationsgerät eine Karte darstellt. Bei S5 fällt der Ausdruck der „Navikarte" auf (242-243), da er mit anderen Konzepten und Aussagen von S5 in Konflikt steht (33-38, siehe Kartenarten2,1; 196-199, siehe Kartenarten2,10). S8 (263) drückt das Konzept sehr vorsichtig aus und es steht nicht im Einklang mit anderen Kernaussagen (270-277,

360-361, 362-367, 370-371; siehe Kartenarten2,10). S7 (225-228, 229-230) spricht von einem Navi als „Karte in Elektronik".

Post-Sekundarstufe 1

Bei allen Schülerinnen und Schülern der Sekundarstufe 2 ist das Konzept anzutreffen, dass es sich bei einem Navigationsgerät um eine Karte handelt. Dabei verwenden die Schülerinnen und Schüler unterschiedliche Beschreibungen: S17 (68-73, 100-101, 102-103) nennt es eine kleine Karte oder eine Karte, die sich aus mehreren zusammensetzt. S19 (202-203, 204-205) vergleicht das Navigationsgerät mit einem Stadtplan oder Plan von einem Land. S22 (239-242) beschreibt es als eine moderne, S16 (122-125) als eine elektronische Karte. S23 (160-161) bezeichnet nicht das Navigationsgerät an sich, aber das Bild darauf als Karte.

Vergleich und Gesamtinterpretation

Das Konzept ist bei fast allen Schülerinnen und Schülern der Primar- und allen der Sekundarstufe 2 vorzufinden. Dabei muss aber beachtet werden, dass das Konzept durch M5 ausgelöst wurde und von Ad-Hoc-Vorstellungen (siehe Kapitel 2.1.3.1 und 2.1.3.3) oder der Aktivierung zuvor nicht formulierter Konzepte ausgegangen werden muss. Dennoch lässt sich aus Kartenarten2,2 ableiten, dass Schülerinnen und Schüler digitale Karten überwiegend als Karten betrachten. M5 bewirkt zum Beispiel bei S4 (150, 187-188; siehe Kartenarten2,1), S6 (168-169, 170-171; siehe Kartenarten2,1), S11 (149-152, 211-212, 213-214, 217-218, 283-284) und S20 (15-18, 23-26; siehe Kartenarten2,1) die Erweiterung ihrer Vorstellungen einer Karte um digitale Formate. Es ist eine sprachliche Bandbreite festzustellen, mit denen ein Navigationsgerät als Karte beschrieben wird, u. a. eine „Karte in Elektronik" (S7 225-228, 229-230), eine flexible (S18 184-189), moderne (S22 239-242) oder elektronische Karte (S16 122-125).

Kartenarten2,3: Auf Computern, Tablets und Smartphones sind Karten.

Prä-Sekundarstufe 1

S4, S6, S7, S11, S13 und S14 zeigen das Konzept, dass auf Computern, Tablets und Smartphones Karten zu finden sind. S4 (189-192) spricht in diesem Zusammenhang von einer virtuellen, S6 (215-218) von einer digitalen Karte. S7 (229-230), S11 (219-220, 222), S13 (240-244) und S14 (271-276) erwähnen die Verfügbarkeit auf einem Handy. S6 (209-210, 215-218) berichtet von digitalen Karten, die zuhause vorhanden sind.

Bei S16, S18, S20, S21, S22 und S23 ist das Konzept festzustellen, dass sich auf Smartphones, Tablets und Computern Karten befinden. Auch S17 und S19 weisen ähnliche Konzept auf, die aber spezifischer sind und daher in anderen Konzepten aufgegriffen werden (siehe Kartenarten2,4 und Kartenarten2,5). Bemerkenswert ist S18s (50-51) Vorschlag zur Darstellung einer Legende, die bei einem digitalen Medienträger bei Bedarf zugeschaltet werden kann. S16 (126-127, 152-153), S18 (230-231, 232-235), S20 (208-211, 264-267), S22 (235-238) und S23 (biographischer Hintergrund) berichten von der Nutzung von Karten auf dem Computer oder dem Handy im Alltag. S16 spricht von elektronischen Karten (152-153).

Vergleich und Gesamtinterpretation

Das Konzept ist bei vielen Schülerinnen und Schülern in beiden Altersgruppen anzutreffen. Dabei sind aber auch noch Kartenarten2,4 und Kartenarten2,5 zu beachten, die speziellere digitale Karten umfassen. Das Auftreten des Konzeptes ist durch M5 und entsprechende Impulse des Interviewers beeinflusst, weswegen in Erwägung gezogen werden muss, dass ansonsten dieses Konzept nicht zum Vorschein gekommen wäre. Es lässt aber den Schluss zu, dass Karten, die auf Computern und Smartphones wiedergegeben werden, ein Bestandteil der Vorstellungen der Schülerinnen und Schüler sind, auch wenn diese teils ad-hoc gebildet wurden (siehe Kapitel 2.1.3.1 und 2.1.3.3). S6 (209-210, 215-218), S16 (126-127, 152-153), S18 (230-231, 232-235), S20 (208-211, 264-267), S22 (235-238) und S23 (biographischer Hintergrund) binden digitale Karten bei der Nachfrage zur Nutzung von Karten im Alltag ein. Es zeigen sich auch unterschiedliche Formulierungen wie virtuelle (S4 189-192), digitale (S6 215-218) oder elektronische Karte (S16 152-153).

Kartenarten2,4: Google Maps und Google Earth sind Karten bzw. können wie Karten genutzt werden.

Prä-Sekundarstufe 1

-

Post-Sekundarstufe 1

S16, S17, S19, S20, S21 und S23 weisen das Konzept auf, dass Angebote wie Google Maps und Google Earth als Karten betrachtet werden können. Im Gegensatz zu S16 (126-127, 152-153) und S21 (279-288) beziehen sich S17, S19, S20 und S23 dabei weniger auf die eigene Nutzung der Medien (außer S17s Wunsch, Google Maps zu nutzen, 144-147), sondern erwähnen dies bei der Besprechung von M5 als weitere digitale Medienträger von Karten (S17 105-107, 136-137; S19 206-207;

S20 208-211; S23 162-163). S17 (105-107, 136-137) wägt ab, inwieweit diese Angebote als Karten zu betrachten sind, wohingegen S20 (21-22) Google Maps im Vorteil gegenüber physischen Karten sieht.

Vergleich und Gesamtinterpretation

Insgesamt ist das Konzept häufig bei den Schülerinnen und Schülern der Sekundarstufe 2 vorzufinden, dagegen aber selten bei den Grundschülerinnen und -schülern. S6 (207-208, 209-210), S16 (126-127, 152-153) und S21 (279-288) berichten von der Nutzung von Google Maps, wohingegen S17 (105-107, 136-137), S19 (206-207), S20 (21-22, 208-211) und S23 (162-163) eher allgemein über diese Dienste und deren Eigenschaften als Karte sprechen. Dennoch ist zu vermuten, dass die Verknüpfung der Besprechung von M5, dem Navigationsgerät, mit Google Maps und Google Earth aus den eigenen Erfahrungen der Schülerinnen und Schüler mit der Nutzung dieser Angebote entspringt.

Kartenarten2,5: In Computerspielen sind Karten.

Prä-Sekundarstufe 1

S4 und S13 berichten von Karten in Computerspielen. S4 (189-192) drückt das Konzept allgemein aus, wohingegen S13 (295-300) ein Beispiel ausführt, das sich vermutlich auf ein Computerspiel bezieht, da es als „elektrische Karte" beschrieben wird.

Post-Sekundarstufe 1

-

Vergleich und Gesamtinterpretation

S4, S13 und S17 weisen das Konzept auf, dass in Computerspielen Karten eingebunden sind. Damit ist dieses Konzept insgesamt wenig, aber in beiden Altersgruppen vertreten. Es liegt die Vermutung nahe, dass das Konzept bei S4, S13 und S17 auf eigenen Erfahrungen im Computerspielen basiert. Daher binden S4 (189-192) und S17 (105-107) dieses Konzept bei der Besprechung von M5 und weiteren digitalen Karten ein. S13 (295-300) benennt ein konkretes Beispiel. S4 (189-192) spricht in diesem Kontext von einer virtuellen, S13 (295-300) von einer elektrischen und S17 (105-107) von einer interaktiven Karte.

Kartenarten2,6: Mit einem Navigationsgerät oder einer digitalen Karte kann ein Weg gefunden und der eigene Standort angezeigt werden.

Prä-Sekundarstufe 1

Es ist bei S4, S5, S6, S7, S8, S11 und S14 das Konzept anzutreffen, dass man mit digitalen Karten Standorte anzeigen und Wege finden lassen kann. Dies wird überwiegend anhand eines Navigationsgerätes (aufgrund von M5) erklärt, wobei zu bedenken ist, dass S14 (197-200, 267-270[14], 319-320, siehe Kartenarten2,10) ein Navigationsgerät nicht für eine Karte hält. S5 (200-201) bezieht das Konzept auf das Handy, S8 (372-377) dazu noch auf Tablets und Computer und S6 (207-208) auf Google Maps.

Post-Sekundarstufe 1

S16, S17, S19, S20, S21 und S22 weisen dieses Konzept auf. S17 (105-107, 144-147) stützt es auf das Beispiel von Computerspielen. S16 (126-127) und S22 (235-238) beziehen sich unter anderem auf das Handy, S16 (126-127, 152-153) und S20 (208-211) auf Google Maps. In den anderen Fällen wird das Konzept anhand des Beispiels eines Navigationsgerätes aufgezeigt oder es wird allgemein von elektronischer Karte gesprochen (S16 152-153).

Vergleich und Gesamtinterpretation

Sowohl bei den Grundschülerinnen und -schülern als auch bei den Oberstufenschülerinnen und -schülern ist das Konzept weit verbreitet, dass digitale Karten eine geplante Route oder den eigenen Standpunkt anzeigen können. Dies wird vielfach anhand des Beispiels des Navigationsgerätes, aber auch anhand von Google Maps (S6 207-208; S16 126-127, 152-153; S20 208-211), Computerspielen (S17 105-107, 144-147) oder dem Handy (S16 126-127; S22 235-238) aufgezeigt. Es muss beachtet werden, dass das Konzept durch die Besprechung von M5 aktiviert wurde.

Kartenarten2,7: Navigationsgeräte und digitale Karten sind besser als bzw. haben Vorteile gegenüber analogen Karten.

Prä-Sekundarstufe 1

S4, S6, S7 und S8 drücken ein Konzept aus, das analoge Karten als im Nachteil gegenüber digitalen sieht. Als Vorteile werden genannt, dass man sieht, wo man ist (S4 177-180), und dass man eine Wegbeschreibung erhält (S7 225-228, 229-230).

---

[14] Diese Aussage ist nicht in der Aufstellung der Kernaussagen zu Kartenarten2,6 erfasst, sondern an dieser Stelle zur besseren Einordnung des Konzeptes erwähnt.

Daher wird das Navigationsgerät als sehr gute Karte (S4 177-180) oder als leichter (S7 225-228, 229-230) im Sinne von einfacher bezüglich des Findens eines Weges beschrieben. S6 (207-208) deutet an, dass analoge Karten veraltet seien. S8 (372-377) schreibt die Möglichkeit, einen Weg zu finden, digitalen Karten zu. Der Vollständigkeit wegen soll erwähnt werden, dass S4 (150[15], 187-188) auch Nachteile eines Navigationsgerätes aufzeigt.

Post-Sekundarstufe 1

S20, S21, S22 und S23 beschreiben als Konzept, dass digitale Karten Vorteile gegenüber analogen aufweisen. S20 (21-22) erklärt, sich bei Google Maps etwas besser vorstellen zu können als in einer physischen Karte. S21 (150) und S22 (235-238, 239-242) erläutern Vorteile eines Navigationsgerätes, indem dieses als verständlicher, einfacher und moderner beschrieben wird. S23 (21-22) sieht Karten im Internet als nicht veraltet an.

Vergleich und Gesamtinterpretation

Das Konzept, dass digitale Karten besser sind und gegenüber gewöhnlichen Karten Vorteile haben, ist in beiden Altersgruppen anzutreffen. Ein Grund, warum digitale Karten im Vorteil sind, könnte darin gesehen werden, dass besonders Grundschülerinnen und -schüler die Orientierung im Realraum, zum Beispiel die Bestimmung des eigenen Standpunktes und das Finden eines Weges, als wichtig erachten (siehe Definition9-Definition11). Eine Überschneidung zeigt sich zwischen S6 (207-208) aus der Primarstufe und S22 (239-242) aus der Sekundarstufe 2 darin, dass beide digitale Karten als zeitgemäßer ansehen. Eine weitere übereinstimmende Formulierung ist, dass digitale Karten als leichter oder einfacher als analoge Karten beschrieben werden (S7 225-228, 229-230; S21 150; S22 235-238).

Kartenarten2,8: Digitale Karten weisen Unterschiede zu analogen Karten auf bzw. sind eine besondere Form der Karte.

Prä-Sekundarstufe 1

-

Post-Sekundarstufe 1

S16, S17, S18 und S19 weisen ein Konzept auf, dass Unterschiede zwischen digitalen und analogen Karten aufzeigt bzw. digitale Karten als eine besondere Form einer Karte beschreibt. S17 (105-107, 136-137) beschreibt Google Earth als genaue

---

[15] Diese Aussage ist nicht in der Aufstellung der Kernaussagen zu Kartenarten2,7 erfasst, sondern an dieser Stelle zur besseren Einordnung des Konzeptes erwähnt.

Karte für größere Räume, die andere Karten in diesem Fall ersetzt. S18 (184-189) bezeichnet ein Navigationsgerät als flexibler. S19 (202-203, 204-205) geht auf die verschiedenen Perspektiven eines Navigationsgerätes und einer Karte ein, wohingegen laut S16 (122-125) das Navigationsgerät verschiedene Ausschnitte zeigen kann und als elektronische Karte bezeichnet wird.

Vergleich und Gesamtinterpretation

Das Konzept ist deutlich häufiger bei den Schülerinnen und Schülern der Sekundarstufe 2 vorzufinden. Es ist neutraler formuliert als Kartenarten2,7 und adressiert weitere Aspekte abseits der Möglichkeit, Standpunkte zu bestimmen oder Wege berechnen zu lassen wie in Kartenarten2,6. Ein Grund für das häufigere Auftreten bei den Oberstufenschülerinnen und -schülern kann darin liegen, dass sie Karten weniger verengt als Mittel der Orientierung definieren (siehe Definition10 und Definition11) und dadurch ausgewogener andere Unterschiede zwischen analogen und digitalen Karten herausarbeiten.

Kartenarten2,9: Digitale Karten können genutzt werden, um nachzuschauen, wo bestimmte Orte liegen, und sich diese anzuschauen.

Prä-Sekundarstufe 1

-

Post-Sekundarstufe 1

Bei S16, S18, S19, S20 und S21 ist ein Konzept vorzufinden, dass die Nutzung digitaler Karten zur Lokalisierung und zur Betrachtung bisher unbekannter Orte beschreibt. S16 (152-153) und S18 (230-231, 232-235) sprechen dabei vom Internet und ergänzen die Recherche nach Besonderheiten. S19 (248-249), S20 (208-211) und S21 (279-288) benennen konkret das Beispiel von Google Maps.

Vergleich und Gesamtinterpretation

Das Konzept ist nur bei Schülerinnen und Schülern der Sekundarstufe 2 vorhanden und in dieser Gruppe weit verbreitet. Ein Grund kann darin liegen, dass diese Gruppe häufiger und selbstständiger kartographische Medien nutzt (S16 152-153; S18 230-231, 232-235; S21 279-288), um Informationen über einen bestimmten Ort wie eine Stadt oder ein Land zu erhalten. Dabei scheint die gezielte Suche dieser Orte über das Prinzip eines Browsers ein wichtiges Kriterium zu sein, warum dies mit einer digitalen Karte durchgeführt wird.

Kartenarten2,10: Digitale Karten sind keine Karten.

Prä-Sekundarstufe 1

S5, S8 und S14 denken, dass digitale Karten keine Karten sind. Das Navigationsgerät wird von S5 (196-199), S8 (270-277, 360-361, 370-371) und S14 (197-200, 267-270) als Karte abgelehnt. Jedoch ist das Konzept nicht stabil über das gesamte Interview hinweg: S5 (242-243; siehe Kartenarten2,2) spricht später im Interview von einer „Navikarte", und S8 (270-277, 360-361, 362-367) deutet an, dass es eventuell eine Karte, aber nicht ein Idealbeispiel dafür ist. S14 (267-270) räumt ein, dass man im Navigationsgerät Karten sehen kann, aber es ist kein Papier wie eine Karte.

Post-Sekundarstufe 1

S17, S22 und S23 deuten ein Konzept an, dass es sich bei Beispielen für digitale Karten nicht um Karten handelt. Allerdings ist dieses Konzept nicht vollständig ausgeprägt: S17 (105-107) bezeichnet es bezüglich des Beispiels Google Earth als strittig, ob es sich um eine Karte handelt. S22 (239-242) räumt ein, dass es sich dabei nur um einen ersten Gedanken handelt, und S23 (160-161) scheint lediglich genauer differenzieren zu wollen, was an einem Navigationsgerät eine Karte ist.

Vergleich und Gesamtinterpretation

Das Konzept tritt in beiden Altersstufen auf. S17 (105-107), S22 (239-242) und S23 (160-161) formulieren es abgeschwächt, indem es unter anderem als „strittig" (S17 105-107) und „erster Gedanke" (S22 239-242) bezeichnet wird. S5 (196-199), S8 (270-277, 360-361, 370-371) und S14 (197-200, 267-270) lehnen das Navigationsgerät als Karte deutlicher ab und bestätigen damit im Fall von S5 (33-38[16]; siehe Kartenarten2,1) und S14 (267-270; siehe Kartenarten2,1) die Aussage, dass Karten auf Papier gedruckt sind. Später spricht S5 (242-243; siehe Kartenarten2,2) jedoch von einer „Navikarte". Das nicht häufige und zum Teil abgeschwächte Auftreten dieses Konzepts verdeutlicht, dass digitale Karten in den Schülervorstellungen überwiegend verankert sind.

Kartenarten2,11: Karten sind im Fernsehen.

Prä-Sekundarstufe 1

S13 und S14 erwähnen, dass Karten auch im Fernsehen zu sehen sind.

---

[16] Diese und die folgende Aussage von S5 sind nicht in der Aufstellung der Kernaussagen zu Kartenarten2,10 erfasst, sondern an dieser Stelle zur besseren Einordnung des Konzeptes erwähnt.

-

Vergleich und Gesamtinterpretation

Das Konzept, dass Karten im Fernsehen zu sehen sind, tritt insgesamt wenig bei den Schülerinnen und Schülern beider Altersgruppen auf. S13 (240-244), S14 (271-276) und S23 (162-163) erwähnen es beiläufig auf den Impuls des Interviewers zu weiteren Medienträgern, wobei S23 etwas ausführlicher auf bestimmte Formate wie Nachrichtensendungen im Fernsehen eingeht.

6.2.10.2 Zusammenfassung zu verallgemeinerten Schülervorstellungen zu Kartenarten 2

Kartenarten unterschieden nach der Präsentationsform oder dem Medienträger (in dieser Studie als Kartenarten 2 bezeichnet) spielen in den Schülervorstellungen eine wichtige Rolle. Dabei sind sowohl gedruckte als auch digitale Karten in den Schülervorstellungen präsent und stehen damit weitgehend im Einklang mit der fachlichen Perspektive.

Das Konzept Kartenarten2,1, das Karten als auf Papier gedruckt ansieht, ist nur bei einigen Schülerinnen und Schülern vorhanden und wird zum Beispiel von S4 (61-62, 150, 187-188, 189-192; siehe Kartenarten2,2, Kartenarten2,3, Kartenarten2,5) und S6 (20-23, 168-169, 170-171, 209-210, 215-218; siehe Kartenarten2,2 und Kartenarten2,3) im weiteren Verlauf der Interviews um digitale Karten erweitert. Dass digitale Karten nicht als Karten angesehen werden (Kartenarten2,10), ist nicht häufig in den Schülervorstellungen ausgeprägt. Es wird teils kritisch hinterfragt (S17 105-107; S22 239-242) oder steht im Widerspruch zu anderen Konzepten (S5 33-38, 196-199, 242-243; siehe Kartenarten2,1 und Kartenarten2,2).

Deutliche Unterschiede zwischen den beiden Altersgruppen sind zum Beispiel darin festzustellen, dass Grundschülerinnen und -schüler eher dazu neigen, Karten zunächst auf solche einzugrenzen, die auf Papier gedruckt sind (Kartenarten2,1). Dies steht im Einklang mit Forschungsergebnissen von LIBEN und DOWNS (1989: 182), die mit fortschreitendem Alter von Kindern und Jugendlichen eine größere Bandbreite an Darstellungen festgestellt haben, die als Karte anerkannt werden. In beiden Altersgruppen sieht die Hälfte der Probandinnen und Probanden eine digitale Karte als vorteilhaft gegenüber gedruckten Karten an, unter anderem aufgrund der erleichterten Orientierung im Realraum mithilfe der Standortbestimmung (Kartenarten2,7). Dieser Fokus ist mehr bei den Grundschülerinnen und -schülern anzutreffen, was sich auch in Kartenarten2,8 zeigt: Die Ausführungen der Oberstufenschülerinnen und -schüler gehen zum Teil neutraler auf Gemeinsamkeiten und Unterschiede von gedruckten und digitalen Karten ein und wirken somit ausgewogener und reflektierter. Unter anderem ziehen sie auch die Funktion in Betracht, Informationen über bestimmte Orte einzuholen (Kartenarten2,9). Hier zeigen sich auch Überschneidungen mit den Befunden aus der Kategorie Definition, dass Grundschülerinnen und -schüler häufiger das Planen und Finden einer Wegstrecke und die Bestimmung des eigenen Standortes oder anderer Standorte als wichtige Eigenschaft einer Karte benennen (Definition10 und Definition11). Ebenfalls finden sich in der Kategorie Definition (Definition17) Aussagen der Schülerinnen und Schüler, die ein Navigationsgerät, stellvertretend für digitale Karten, auch als eine Karte ansehen. Einen erheblichen Einfluss auf die Schülervorstellungen in der Kategorie der Kartenarten 2 haben deren Quellen. Einerseits wird die Mehrheit der Konzepte durch das Material M5 und entsprechende Impulse aktiviert oder es werden Ad-Hoc-Vorstellungen gebildet (siehe Kapitel 2.1.3.1 und 2.1.3.3). Andererseits verknüpfen die Probandinnen und Probanden diesen Gesprächsimpuls häufig mit eigenen Erfahrungen wie der Nutzung von Computern, Tablets und Smartphones (Kartenarten2,3). Es werden aber auch spezifischere Nutzungen wie Google Maps bzw. Google Earth (Kartenarten2,4, Kartenarten2,9) oder Computerspiele mit Karten assoziiert (Kartenarten2,5).

Bei den sprachlichen Aspekten ist eine große Bandbreite an Begriffen festzustellen, die von den Schülerinnen und Schülern für digitale Karten verwendet wird. Dabei fallen Beschreibungen wie virtuell (S4 189-192), „Karte in Elektronik" (S7 225-228, 229-230), elektrisch (S13 295-300), elektronisch (S16 122-125, 126-127, 152-153), interaktiv (S17 105-107) oder digital (S22 235-238, 239-242) auf. Analoge Karten dagegen beschreibt S13 (240-244, 295-300) als „normal", S16 (126-127, 156-159) als „manuell" und „Papierkarte" sowie S23 (21-22) als „gedruckt".

Zusammenfassend kann festgehalten werden, dass Schülerinnen und Schüler beider Altersstufen Kartenarten nach der Präsentationsform bzw. Medienträger in ihren Vorstellungen unterscheiden, jedoch die dazugehörigen Konzepte nicht spontan formuliert, sondern erst im Interview durch Material und Impulse aktiviert wurden. Dabei verengen Schülerinnen und Schüler nur in wenigen Fällen ihre Vorstellungen der Karte kontinuierlich auf gedruckte Karten. Bemerkenswert ist aber, dass digitale Karten nicht in Zusammenhang mit dem Unterricht gebracht werden. Im Gegenteil berichtet zum Beispiel S16 (156-159) davon, „Papierkarten" nur in der Schule zu verwenden.

6.2.11 Verallgemeinerte Vorstellungen zur Perspektivität von Karten

6.2.11.1 Verallgemeinerte Konzepte

Perspektivität von Karten1: Karten sind unterschiedlich wegen unterschiedlichen Kartenerstellenden.

Prä-Sekundarstufe 1

S4, S5, S6, S7, S8 und S11 weisen das Konzept auf, dass sich Karten aufgrund verschiedener Kartenerstellender unterscheiden. Das Konzept wird ausschließlich bei der Besprechung der eigenen Kartenskizze und auf den Impuls hin, ob diese bei der Anfertigung durch die Mutter oder den Vater anders aussehen würde, erwähnt.

Post-Sekundarstufe 1

Bei allen Schülerinnen und Schülern der Sekundarstufe 2 ist das Konzept anzutreffen, dass sich Karten aufgrund verschiedener Kartenerstellender unterscheiden. Es wird bei der Besprechung der eigenen Kartenskizze, genauer dem Impuls, ob diese bei der Anfertigung durch die Mutter oder den Vater anders aussehen würde, eingebracht.

Vergleich und Gesamtinterpretation

Das Konzept ist bei allen Schülerinnen und Schülern der Sekundarstufe 2 und bei vielen der Primarstufe anzutreffen. Es muss dabei berücksichtigt werden, dass es in vielen Fällen durch einen entsprechenden Impuls des Interviewers ausgelöst wurde, und damit als Ad-Hoc-Vorstellung bezeichnet werden kann (siehe Kapitel 2.1.3.1 und 2.1.3.3). Mögliche Gründe für die unterschiedlichen Gestaltungen der Karten werden in den Konzepten Perspektivität von Karten2 und Perspektivität von Karten3 erfasst. Individuelle Entscheidungen bei der Gestaltung von Karten, die nicht im Vergleich mit anderen Kartenerstellenden ausgedrückt werden, sind Perspektivität von Karten11 zu entnehmen.

Perspektivität von Karten2: Mehr oder weniger Wissen und Fähigkeiten beeinflussen die Gestaltung einer Karte.

Prä-Sekundarstufe 1

S6, S7, S11 und S14 führen Unterschiede bei der Gestaltung einer Karte auf unterschiedliches Wissen und Fähigkeiten zurück. S6 (79-80), S7 (94-97, 101) und S11

(104-107) halten ihre Mutter beim Zeichnen für kompetenter, was durch „ordentlicher" und „schöner" ausgedrückt wird. S14 (52-61) räumt ein, nicht mehr zu wissen und deshalb nichts mehr auf der eigenen Kartenskizze ergänzen zu wollen.

Post-Sekundarstufe 1

S16, S19 und S23 begründen Unterschiede bei der Gestaltung von Karten anhand verschiedener Wissensstände und Fähigkeiten. S16 (70-71) und S19 (78-79, 80-83, 84-87) attestieren ihren Vätern größere Kenntnisse, die genauere und deutlichere Darstellungen bewirken und durch mehr Erfahrungen oder die Herkunft beeinflusst sind. S23 (48-49) räumt ein, in bestimmten Gegenden Australiens keine Städte eingetragen zu haben, da S23 die Namen nicht kennt. S16 (32-33) schätzt die eigene Kartenskizze bezüglich Deutschlands genauer ein als bezüglich der angrenzenden Länder, da sich S16 diesen Inhalten bewusster ist. Zusätzlich vermutet S16 (142-143), dass M7 älter ist und der damalige Wissensstand zu der besonderen Darstellung führte.

Vergleich und Gesamtinterpretation

Einige Schülerinnen und Schüler aus beiden Altersgruppen weisen dieses Konzept auf. Es gibt Unterschiede bei den Fähigkeiten: Grundschülerinnen und -schüler führen Ordentlichkeit (S7 94-97, 101) und Schönheit (S7 94-97, 101; S11 104-107) beim Zeichnen als Gründe an, warum die eigenen Karten weniger gelungen sind als die der Mutter. Dagegen erklären die Oberstufenschülerinnen und -schüler (S16 70-71; S19 78-79, 80-83, 84-87) sowie S14 (52-61) dies aufgrund unterschiedlicher Kenntnisse und Wissensstände, die zum Beispiel von Herkunft oder persönlichen Erfahrungen abhängen. Die Konzentration auf Mutter und Vater als Beispiele in diesem Konzept ist auf den Impuls des Interviewers zurückzuführen. Daher ist auch bei diesem Konzept womöglich ein Einfluss von Ad-Hoc-Vorstellungen zu vermuten (siehe Kapitel 2.1.3.1 und 2.1.3.3).

Perspektivität von Karten3: Unterschiedliches Denken und unterschiedliche Perspektiven beeinflussen die Gestaltung einer Karte.

Prä-Sekundarstufe 1

S4, S8, S11 und S14 formulieren das Konzept, dass Karten sich aufgrund verschiedenen Denkens und verschiedener Perspektiven der Kartenerstellenden unterscheiden. S4 (94-97) fokussiert sich dabei eher auf die Gedanken, die beim Zeichnen einer Karte im Kopf sind. S8 (161-186) erklärt unterschiedliche Gestaltungen der Karten anhand der unterschiedlichen Ansichten der Kartenerstellenden auf die in der Karte wiedergegebenen, räumlichen, georeferenzierten Inhalte. S11 (98-99) spricht von unterschiedlichen Vorstellungen und S14 (299-306) vermutet bei der Besprechung von M7 unterschiedliche Perspektiven auf die Weltkarte.

Post-Sekundarstufe 1

Bei allen Schülerinnen und Schülern der Sekundarstufe 2 zeigt sich das Konzept, dass verschiedene Denkweisen und Perspektiven die Gestaltung einer Karte beeinflussen. Neben Denken und Perspektive spricht zum Beispiel S17 (52-55) von unterschiedlichen Vorstellungen, S20 (88-91) von „merken", S22 (114-117) von unterschiedlicher Wahrnehmung, S23 (33) von „Phantasie" und S16 (32-33) sowie S23 (80-83) von „im Kopf". Bei der Besprechung von M7 wird das Konzept von S19 (222-223, 224-225, 226-229), S20 (240-241, 242-243) und S21 (243-244) ausgedrückt.

Vergleich und Gesamtinterpretation

Das Konzept, dass Karten von verschiedenen Denkweisen und verschiedenen Perspektiven beeinflusst sind, unterscheidet sich von Perspektivität von Karten2 darin, dass es neutraler und weniger bewertend formuliert ist. Perspektivität von Karten3 ist weit häufiger in der Gruppe der Sekundarstufe 2 vertreten. Daraus kann abgeleitet werden, dass bei den Schülerinnen und Schülern der Sekundarstufe 2 mehr Vorstellungen vorhanden sind, die Karten als konstruktivistisch und mehrperspektivisch betrachten.

Perspektivität von Karten4: Karten können für bestimmte Adressaten gestaltet werden.

Prä-Sekundarstufe 1

S5, S6, S7, S8, S11 und S13 weisen das Konzept auf, dass eine Karte für bestimmte Adressaten gestaltet sein kann. In den meisten Fällen erklären die Grundschülerinnen und -schüler dies anhand des Beispiels von Kindern. Außerdem stuft S6 (198-199) M10 als eine Karte für Menschen, die nicht aus dem dargestellten Raum kommen, S13 (271-274) für Menschen, die falsch sehen, und S7 (195-202) M3 als eine Karte für Landwirte ein. S8 (400-405) übernimmt auf einer Karte, die aus M6, dem Satellitenbild, erstellt werden soll, den Wald für Förster.

Post-Sekundarstufe 1

Bei S16, S17, S18, S19, S20, S21 und S23 ist das Konzept anzutreffen, dass Karten für bestimmte Adressaten gestaltet werden können. Das wird überwiegend anhand des Beispiels einer Kinderkarte aufgezeigt. S17 (30-31) deutet das Konzept bereits bei der eigenen Kartenskizze an, indem die Bedeutung einer Legende damit begründet wird, dass auch diejenigen, die die Kartenzeichen nicht kennen, die Karte verstehen können. S21 (243-244) vermutet, dass M7 eine Hilfe für Lernende ist, die bei der Orientierung auf Karten nicht die Bezeichnungen für Himmelsrichtungen verwenden. S23 (172-173) möchte die Karte, die aus M6 erstellt werden soll, auch für diejenigen gestalten, die im Wald spazieren gehen wollen, weswegen Wege mit eingezeichnet werden.

Vergleich und Gesamtinterpretation

Das Konzept, dass eine Karte so gestaltet sein kann, dass bestimmte Adressaten angesprochen werden, ist in beiden Altersgruppen anzutreffen. Dabei ist zu beachten, dass das Konzept in vielen Fällen durch M10 ausgelöst wurde und somit eine Ad-Hoc-Vorstellung in Betracht gezogen werden muss (siehe Kapitel 2.1.3.1 und 2.1.3.3). M10 wurde auch nicht in jedem Interview eingebunden, da es als optionales Material geplant war und dann eingesetzt wurde, wenn sich vom Interviewer noch Aussagen zur Perspektivität von Karten erhofft wurden, die nicht durch M7 hervorgerufen wurden. Abseits von M10 und deren Ausrichtung auf Kinder zeigen S7 (195-202) dieses Konzept bezüglich M3, was als Karte für Landwirte eingestuft wird, S17 (30-31) im Zusammenhang mit der Legende, die in der eigenen Kartenskizze mit eingefügt wurde und sich somit an weniger kompetente Leserinnen und Leser von Karten wendet, S21 (243-244) bezüglich M7 sowie S8 (400-405) und S23 (172-173) bezüglich M6.

Perspektivität von Karten5: Karten können nicht den aktuellen Zustand zeigen.

Prä-Sekundarstufe 1

S4, S11 und S13 beschreiben ein Konzept, dass eine Karte nicht den aktuellen Zustand darstellen kann. S4 (36-37, 61-62) geht dabei auf das Beispiel von Häusern, die neu gebaut oder abgerissen werden, und Menschen, die sich bewegen, ein. S11 (90-93) möchte nicht jeden Baum in der Karte darstellen, da sich die Anzahl dieser oft ändert. S13 (15-16) spricht allgemeiner davon, dass sich Dinge auf einer Karte nicht bewegen und man diese nicht beobachten kann.

Post-Sekundarstufe 1

S17, S18, S22 und S23 weisen ein Konzept auf, dass Karten nicht den aktuellen Zustand von bestimmten räumlichen, georeferenzieren Inhalten wiedergeben können. Dafür werden unterschiedliche Beispiele wie die Ausdehnung von Städten (S17 14-15, 20-21), Bewegungen oder das Wetter herangezogen (S18 18-21). S22 (263-264, 265-266) benutzt das Konzept als Begründung für die ungewohnte Darstellung in M7. S23 (15-18, 21-22) drückt das Konzept bereits im ersten Block des Interviews aus und differenziert dabei zwischen gedruckten und digitalen Karten.

Vergleich und Gesamtinterpretation

Dass Karten bezüglich der auf ihnen dargestellten räumlichen, georeferenzierten Inhalte nicht den momentanen Zustand wiedergeben können, ist ein Konzept, dass in beiden Altersgruppen anzutreffen ist. Es ist in ähnlicher Form in Definition26 enthalten. Als Beispiele werden unter anderem das Wetter (S18 18-21) oder der Neubau bzw. Abriss von Gebäuden (S4 36-37) aufgezählt. Die Schülerinnen und Schüler drücken damit eine Beschränkung von Karten aus, die mit einer Verengung auf analoge Karten einhergeht (siehe Kartenarten2,1). S23 (15-18, 21-22) spricht diesen Unterschied konkret an.

Perspektivität von Karten6: Die Einnordung einer Karte ist eine Konvention.

Prä-Sekundarstufe 1

S6, S11, S13 und S14 drücken das Konzept aus, dass die Einnordung der Karte eine Konvention ist. S6 (190-191) deutet dies an, indem M7 als nicht normal beschrieben wird. S13 (137-141, 257-258, 265-268, 270) geht einen Schritt weiter und bezeichnet M7 als falsch, woraus ersichtlich wird, dass S13 zwar das Konzept der Einnordung kennt, aber diese nicht als Konvention einordnet. S11 (255-258) und S14 (287-298) erkennen die Einnordung als Konvention.

Post-Sekundarstufe 1

Alle Schülerinnen und Schüler der Sekundarstufe 2 zeigen das Konzept, dass die Einnordung einer Karte eine Konvention ist. Häufig wird das Konzept in Bezug auf M7 geäußert. S16 (66-67, 68-69), S17 (48-51), S19 (70-71, 72-75), S20 (86-87), S21 (87-88, 89-90) und S22 (110-111) gehen auf die Konvention der Einnordung auch bei der Besprechung der eigenen Kartenskizze ein.

Vergleich und Gesamtinterpretation

Das Konzept, dass die Einnordung einer Karte eine Konvention ist, ist deutlich häufiger bei den Schülerinnen und Schülern der Sekundarstufe 2 anzutreffen. In der Gruppe der Grundschülerinnen und -schüler wird das Konzept angedeutet, indem die Darstellung in M7 als nicht normal oder falsch beschrieben wird, jedoch aber nur teils als Konvention erkannt (S11 255-258; S14 287-298). In vielen Fällen äußern die Oberstufenschülerinnen und -schüler dieses Konzept bereits bei der Nachfrage zur eigenen Kartenskizze und deren Ausrichtung. Das Konzept steht in Verbindung mit Orientiertheit3.

Perspektivität von Karten7: Die Zentrierung Europas auf Weltkarten ist eine Konvention.

Prä-Sekundarstufe 1

S11 und S13 deuten das Konzept an, dass die Zentrierung Europas auf Weltkarten eine Konvention ist. S13 (257-258, 265-268, 270) bezeichnet M7 als falsch und verhext, da Australien und Europa und vertauscht sind. Bei S11 (255-258) ist das Konzept unter der Annahme erkennbar, dass S11 ein korrektes Konzept zur Erdrotation aufweist.

Post-Sekundarstufe 1

Bei S17, S19, S20, S21, S22 und S23 ist das Konzept vorzufinden, dass die Darstellung von Europa im Zentrum einer Weltkarte eine Konvention ist. S19 (18-19) äußert bereits im ersten Block des Interviews dieses Konzept. S23 (biographischer Hintergrund) berichtet von einer besonderen Karte, die diese Konvention aufzeigt. Die Aussagen von S19 (222-223), S20 (234-235, 236-237), S21 (150) und S22 (265-266) beziehen sich nicht auf Europa, sind aber eine Folge einer nicht eurozentrierten Darstellung.

Vergleich und Gesamtinterpretation

Das Konzept der Konvention der Eurozentrierung ist überwiegend bei den Schülerinnen und Schülern der Sekundarstufe 2 vorzufinden. Ein Grund dafür kann darin liegen, dass die Schülerinnen und Schüler im Laufe des Unterrichts der Sekundarstufe 1 sich mehr mit Weltkarten beschäftigt haben und eventuell auch die Konvention der Eurozentrierung thematisiert wurde. Bei S23 (biographischer Hintergrund) ist dieses Konzept mit einer Erfahrung bei einem Aufenthalt in Australien verbunden. Des Weiteren belegt es auch die größere Reflexionsfähigkeit der älteren Schülerinnen und Schüler, die sich im Umgang mit Karten zeigt. Das Konzept steht in Verbindung mit Orientiertheit5.

Perspektivität von Karten8: Es kann von konventionellen Darstellungen in Karten aus bestimmten Gründen abgewichen werden.

Prä-Sekundarstufe 1

S4, S8, S11 und S14 drücken ein Konzept aus, dass von der konventionellen Darstellung in Karten in bestimmten Fällen abgewichen wird. S4 (201-202), S11 (255-258) und S14 (299-306) gehen auf dieses Konzept bei der Besprechung von M7 ein. S8 (384-391) möchte eine Stadt nicht im Grundriss, sondern aus der Schrägansicht wiedergeben.

Post-Sekundarstufe 1

Alle Schülerinnen und Schüler der Sekundarstufe 2 deuten ein Konzept an, dass die Abweichung von konventionellen Darstellungen auf Karten bei bestimmten Gründen ausdrückt. Das Konzept kommt häufig bei der Besprechung von M7 zum Ausdruck. Jedoch beschreiben S16 (60-61, 62-63, 64-65, 144-145), S18 (65-70), S21 (47-48), und S22 (92-97) dieses Konzept auch in Bezug auf die Darstellung von Gebäuden in Kartenskizzen, die nicht im Grundriss und teils auch nicht maßstabsgetreu wiedergegeben werden sollen.

Vergleich und Gesamtinterpretation

Das Konzept, dass von konventionellen Darstellungen in Karten bei bestimmten Gründen abgewichen werden kann, ist häufiger bei den Schülerinnen und Schülern der Sekundarstufe 2 anzutreffen. In den meisten-Fällen beschreiben die Schülerinnen und Schüler solche Gründe bei der ungewöhnlichen Darstellung in M7. Die vermuteten Gründe scheinen teils plausibel (z. B. S17 118-119), teils aber auch wenig triftig (z. B. S4 201-202) oder nur bedingt nachvollziehbar (z. B. S18 210-213). S16 (60-61, 62-63, 64-65, 144-145), S18 (65-70), S21 (47-48) und S22 (92-97) zeigen dieses Konzept zusätzlich im Umgang mit bestimmten Gebäuden, indem sie von der gewohnten Grundrissdarstellung abweichen und aus der Ansicht von der Seite wiedergeben, um eine höhere Erkennbarkeit zu gewährleisten (siehe Grundriss3). S8 (384-391) möchte eine Stadt aus einer Schrägansicht anstatt in der üblichen Grundrissdarstellung in einer Karte repräsentieren. S21 (17-18) erklärt allgemein, dass Städte abweichend nicht im Maßstab, sondern zur besseren Sichtbarkeit vergrößert wiedergegeben werden.

Perspektivität von Karten9: Die Karte ist ein Modell der Realität.

Prä-Sekundarstufe 1

-

Post-Sekundarstufe 1

S17, S18, S19, S21 und S22 weisen ein Konzept auf, dass die Karte als eine Nachahmung der Realität versteht. Dabei kommen verschiedene Beschreibungen wie Modell (S17 14-15, 20-21), Abbildung wie in der Kunst, Versuch (S22 21-22) und oberflächlich (S19 22-25) vor. S21s (245-248) Aussage fällt etwas aus dem Rahmen, da die Farbauswahl in Karten zwar die Realität nachahmen soll, jedoch damit auch ausgedrückt wird, dass eine Karte die Realität widerspiegelt.

Vergleich und Gesamtinterpretation

Das Konzept ist ausschließlich bei den Schülerinnen und Schülern der Sekundarstufe 2 vorzufinden. Als Grund dafür kann die fortgeschrittene kognitive Entwicklung dieser Altersgruppe angesehen werden, die zu solchen abstrakteren und
komplexeren Denkprozessen fähig ist. Damit weisen die Vorstellungen der Schülerinnen und Schüler Überschneidungen mit jüngeren Veröffentlichungen der
Fachwissenschaften, die Karten als Konstrukte und nicht als objektive Wiedergaben der Realität beschreiben, auf (siehe Kapitel 2.2.2.2).

**Perspektivität von Karten10: Die Auswahl von Farben in Karten folgt
Konventionen.**

Prä-Sekundarstufe 1

-

Post-Sekundarstufe 1

Bei S16, S19, S20, S21, S22 und S23 ist das Konzept anzutreffen, dass die Farbauswahl in Karten sich an Konventionen orientiert. Häufig wird das Beispiel der Farbe
Blau für Gewässer herangezogen, so zum Beispiel von S16 (46-49), S19 (46-47),
S21 (77-78) und S22 (71-72). Grün wird mit Natur oder Wald assoziiert (S16 132-
133; S20 64-69; S22 71-72, 104-105). S23 (44-45, 48-49, 80-83) geht auf die Assoziation der Farben Rot und Lila mit hohen Temperaturen ein. S21 (245-248) erklärt
zusätzlich, dass sich die Farbauswahl an der Realität orientiert. Von S20 (64-69)
wird Grün als Standardfarbe in Karten bezeichnet, wobei die Begründung nicht klar
nachvollziehbar ist.

Vergleich und Gesamtinterpretation

Das Konzept ist nur bei Schülerinnen und Schülern der Sekundarstufe 2 vorzufinden. Es ist zu vermuten, dass die Schülerinnen und Schüler in diesem Alter eher
dazu fähig sind, die Auswahl an Farben als Konvention einzustufen.

**Perspektivität von Karten11: Kartenerstellende treffen individuelle
Entscheidungen bei der Gestaltung ihrer Karten.**

Prä-Sekundarstufe 1

S4, S5, S6, S7, S8, S11 und S14 weisen das Konzept auf, dass Karten in ihrer Gestaltung von individuellen Entscheidungen abhängen. Solche Entscheidungen beschreiben S5 (70-72) und S14 (52-61) bei der eigenen Kartenskizze sowie S8 (384-
391, 400-405) bei der Umsetzung von M6 als Karte. S6 (192-195), S7 (265-266),

S11 (247-248, 255-258, 259-262) und S14 (299-306) versuchen bei den Materialien, besonders bei M7, die Entscheidungen der Kartenerstellenden nachzuvollziehen.

Post-Sekundarstufe 1

S16, S17, S19, S20, S21, S22 und S23 formulieren das Konzept, dass Karten in ihrer
Gestaltung von individuellen Entscheidungen abhängen. Dabei beschreiben S16
(140-141), S17 (122-123), S19 (222-223, 224-225), S20 (240-241, 242-243) S21
(243-244), S22 (265-266) und S23 (182-183) solche möglichen Entscheidungen in
Bezug auf M7. S16 (34-35, 36-37) und S23 (44-45, 50-51) erläutern individuelle
Entscheidungen bei der Gestaltung der eigenen Kartenskizzen.

Vergleich und Gesamtinterpretation

Das Konzept ist in beiden Altersgruppen häufig vorzufinden. Es unterscheidet sich
von Perspektivität von Karten1 darin, dass kein Vergleich zwischen Karten unterschiedlicher Kartenerstellender gezogen wird. Die Mehrheit der Schülerinnen und
Schüler geht auf solche individuellen Entscheidungen bezüglich des Materials M7
ein. Dies ist aber auch beeinflusst durch die Impulse des Interviewers, die auf die
Motive der besonderen Gestaltung von M7 abzielten. Jedoch erläutern einige
Schülerinnen und Schüler besondere individuelle Entscheidungen, die sie selbst
bei der Erstellung der Kartenskizze trafen oder bei der Erstellung von Karten treffen würden (S5 70-72; S8 384-391, 400-405; S16 34-35, 36-37; S23 44-45, 50-51).

Perspektivität von Karten12: Die Herkunft der Kartenerstellenden beeinflusst
die Gestaltung einer Karte.

Prä-Sekundarstufe 1

-

Post-Sekundarstufe 1

S16, S19 und S20 demonstrieren das Konzept, dass die Herkunft der Kartenerstellenden Einfluss auf die Karte hat. S16 (32-33, 70-71) beschreibt das Konzept bezüglich der eigenen Kartenskizze und der Genauigkeit bei der Einzeichnung von
Deutschland: Der Vater könnte ein Nachbarland aufgrund seiner Herkunft präziser
einzeichnen. S19 (226-229) und S20 (241-242) vermuten hinter M7 eine bestimmte Herkunft, die die besondere Darstellung beeinflusst.

Vergleich und Gesamtinterpretation

Das Konzept ist insgesamt wenig unter den Schülerinnen und Schülern vertreten und tritt häufiger in der Sekundarstufe 2 auf. Das Konzept wird in mehreren Fällen als ein Grund für die besondere Darstellung in M7 angeführt (S14 299-306; S19 226-229; S20 241-242). Nur S16 (32-33, 70-71) wendet das Konzept auf die eigene Kartenskizze bzw. die des Vaters an.

6.2.11.2 Zusammenfassung zu verallgemeinerten Schülervorstellungen zur Perspektivität von Karten

Es zeigen sich in den Interviews differenzierte Schülervorstellungen zur Perspektivität von Karten. In beiden Altersgruppen herrscht ein Bewusstsein dafür, dass Karten in ihrer Erscheinung von individuellen Entscheidungen der Kartenerstellenden abhängen (Perspektivität von Karten11) und daher sich unterscheiden können (Perspektivität von Karten1). Jedoch begründen die Schülerinnen und Schüler dies unterschiedlich: Grundschülerinnen und -schüler tendieren eher dazu, diese Unterschiede besseren oder geringeren Fähigkeiten der Kartenerstellenden beim Kartenzeichnen zuzuschreiben. Dagegen sehen Oberstufenschülerinnen und -schüler unterschiedliche Kenntnisse und Wissensstände, die unter anderem auf Herkunft und Erfahrungen beruhen können, als relevanten Einfluss (Perspektivität von Karten2). Außerdem sehen alle Schülerinnen und Schüler der Sekundarstufe 2 individuelle Gedanken und Perspektiven als einen Einfluss auf die Gestaltung einer Karte, was bei den Grundschülerinnen und -schülern seltener der Fall ist (Perspektivität von Karten3). Ebenfalls äußern die älteren Schülerinnen und Schüler vermehrt die Herkunft der Kartenerstellenden als einen Einfluss auf die Gestaltung der Karte (Perspektivität von Karten12).

In beiden Altersgruppen ist das Konzept anzutreffen, dass Karten auf bestimmte Adressaten ausgerichtet sein können. Dies ist aber in vielen Fällen als Ad-Hoc-Vorstellung (siehe Kapitel 2.1.3.1 und 2.1.3.3) zu sehen, da Perspektivität von Karten4 häufig durch M10 hervorgerufen wurde.

Deutlich ausgeprägter sind die Schülervorstellungen in der Sekundarstufe 2 gegenüber der Primarstufe zu Konventionen der Darstellungen in Karten. Unter anderem sind sich Oberstufenschülerinnen und -schüler häufiger der Einnordung (Perspektivität von Karten6), der Eurozentrierung (Perspektivität von Karten7) und der an Konventionen orientierten Auswahl von Farben (Perspektivität von Karten10) bewusst. Im Fall von Perspektivität von Karten7 kann dies womöglich darauf zurückgeführt werden, dass die Schülerinnen und Schüler der Sekundarstufe 2 häufiger mit eurozentrierten Karten im Unterricht gearbeitet haben. Zusätzlich können sich die Oberstufenschülerinnen und -schüler eher vorstellen, dass von einer Konvention aus bestimmten Gründen abgewichen werden kann, was häufig durch die Darstellung in M7 (Perspektivität von Karten6, Perspektivität von Karten7) hervorgerufen wird, aber auch in Bezug auf die Abweichung von der Grundrissdarstellung aufgezeigt wird (Perspektivität von Karten8).

Ebenfalls ist ein differenzierteres Bild der Schülervorstellungen bezüglich des Verhältnisses zwischen Realität und kartographischer Darstellung in der Sekundarstufe 2 festzustellen (Perspektivität von Karten9). Dabei werden verschiedene Beschreibungen wie „Modell" (S17 14-15, 20-21), „Versuch" (S22 21-22), „wie eine Abbildung in der Kunst" (S22 21-22) und „oberflächlich" (S19 22-25) verwendet. Zusammenfassend kann festgehalten werden, dass sowohl bei den Schülerinnen und Schülern der Primarstufe als auch der Sekundarstufe 2 Vorstellungen zur Perspektivität von Karten ausgebildet sind. Die Konzepte sind aber deutlich ausgereifter und weiter verbreitet bei den Schülerinnen und Schülern der Sekundarstufe 2. Es ist zu vermuten, dass dies in der größeren Fähigkeit zur Reflexion, zu mehrperspektivischem und abstraktem Denken begründet ist. Jedoch zeigen sich Ansätze dafür in Bezug auf Karten auch schon bei Grundschülerinnen und -schülern. Die Schülervorstellungen stehen im Einklang mit der fachlichen Perspektive, ohne die gesamte Bandbreite der Ansichten der kritischen Kartographie (siehe Kapitel 1, 2.2.2.2, 2.2.3.2 abbilden zu können. Betrachtet man frühere Definitionen oder Sichtweisen, die Karten als objektive und akkurate Abbilder der Realität darstellen (siehe Kapitel 2.2.2.2, kann festgehalten werden, dass diese Aspekte in den Schülervorstellungen nicht vorherrschend sind. Es muss aber beachtet werden, dass eine Vielzahl der Konzepte nicht spontan geäußert, sondern durch Materialien und Impulse des Interviewers hervorgerufen wurde. Daher ist ein gewisser Anteil an Ad-Hoc-Vorstellungen zu vermuten (siehe Kapitel 2.1.3.1 und 2.1.3.3). Jedoch wäre ohne solche Impulse davon auszugehen gewesen, dass die Probandinnen und Probanden kaum Aussagen zur Perspektivität von Karten gemacht hätten.

6.3   Zusammenfassung zentraler Ergebnisse

Die vorliegende Studie zu Schülervorstellungen weist eine Vielfalt an Ergebnissen auf, die im Folgenden geordnet nach den Kategorien der Auswertung zusammengefasst wiedergegeben wird. Im Bereich der Definition von Karten lässt sich eine große Bandbreite an Konzepten feststellen (siehe Kapitel 6.2.1). Am weitesten verbreitet sind Konzepte, die Karten als Darstellung von räumlichen, georeferenzierten Inhalten wie Städte, Berge, Häuser oder Flüsse definieren. Dabei unterscheiden sich die Schwerpunkte dieser Inhalte nach den Altersstufen, wobei ein Einfluss der im Unterricht besprochenen Karten und der darauf verzeichneten Inhalte zu vermuten ist. Des Weiteren spielen die Funktion der Orientierung, oder detaillierter das Finden von Wegen und die Bestimmung von Standorten, für Schülerinnen und Schüler bei der Charakterisierung von Karten eine wichtige Rolle, wobei dies mehr in der Primarstufe der Fall ist. Andere Funktionen der Karte, wie die zur Vermittlung von Informationen, werden in den Schülervorstellungen nur ansatzweise berücksichtigt. Zuletzt zählen viele Schülerinnen und Schüler auch Grundelemente einer Karte in ihren Definitionen auf, was sich mit den Definitionen der Fachwissenschaft deckt. Jedoch kommen Maßstäblichkeit und Generalisierung dabei weniger vor. Die Schülerinnen und Schüler der Sekundarstufe 2 neigen mehr dazu, Karten bestimmten Themen zuzuordnen und sie als Modell zu betrachten. Schülervorstellungen zur Definition von Karten werden an vielen Stellen alltagsprachlich formuliert, unter anderem bezüglich Maßstäblichkeit, Generalisierung und Grundriss.

Schülervorstellungen zu äußeren Kartenelementen drehen sich überwiegend um die Legende (siehe Kapitel 6.2.2). Diese ist für die Schülerinnen und Schüler ein wichtiger Bestandteil einer Karte und ihr Zweck wird vielfach klar erläutert. Wenige Oberstufenschülerinnen und -schüler gehen auch auf die Erleichterung bei der Erstellung von Karten ein. Nicht durchgängig ist der Fachbegriff vorhanden und vermehrt Grundschülerinnen und -schüler neigen dazu, Ersatzformen wie „unten" zu benutzen. Die Maßstabszahl wurde häufig erst durch Material und Impulse des Interviewers aktiviert und scheint in vielen Fällen nicht spontan in den Schülervorstellungen verfügbar zu sein. Wenig Beachtung in den Schülervorstellungen erfahren Kartentitel.

Zu Kartenzeichen ist eine Vielzahl an Konzepten festzustellen (siehe Kapitel 6.2.3). Vielfach anzutreffen sind Konzepte, die die Wiedergabe bestimmter räumlicher, georeferenzierter Inhalte mit bestimmten Kartenzeichen koppeln. Dabei zeichnet sich in einigen Fällen der Unterricht als mögliche Quelle ab und es sind bestimmte Konventionen bei der Farbgestaltung ersichtlich. Grundschülerinnen und -schüler weisen die Tendenz auf, sich auf Vorgaben bei der Verwendung von Kartenzeichen zu berufen, die sie von bekannten Darstellungen aus anderen Karten oder von Schildern herleiten. Die Schülerinnen und Schüler der Sekundarstufe 2 sind sich mehr der arbiträren Verbindung zwischen Kartenzeichen und dem repräsentierten Inhalt bewusst. Neben dem Ausdruck Zeichen wird auch vermehrt von Symbolen gesprochen.

Die Verkleinerung von räumlichen, georeferenzierten Inhalten in einer Karte ist fest in den Schülervorstellungen verankert (siehe Kapitel 6.2.4). Dies gilt jedoch nicht für die Maßstäblichkeit von Karten: Der Fachbegriff wird wenig erwähnt. In einigen Interviews wird er erst nach konkretem Hinweis des Interviewers benutzt und Konzepte, die den Maßstab einbinden, aktiviert. Ebenfalls finden die Vermessung von Inhalten und die Festlegung eines Maßstabes bei der Herstellung von Karten wenig Beachtung. Es zeigen sich auch Konzepte, die der fachlichen Perspektive widersprechen. Oberstufenschülerinnen und -schüler verknüpfen die Verkleinerung in Karten häufiger mit der Verwendung von Kartenzeichen und betonen die maßstabsgetreue Darstellung aller Inhalte einer Karte. Die Konzepte wirken weniger stark vernetzt im Gesamtbild der Vorstellungen als es bei anderen Grundelementen einer Karte der Fall ist, weshalb sie als fragmentiert bezeichnet werden können.

Die in der fachlichen Perspektive gängigen Verfahren zur Darstellung von Höhenunterschieden aufgrund der Verebnung von Karten sind auch überwiegend in den Schülervorstellungen präsent (siehe Kapitel 6.2.5), wobei die Darstellung anhand von Flächenfarben, wie in physischen Karten vorzufinden, am meisten hervortritt. Es werden auch vermehrt Höhenlinien von den Schülerinnen und Schülern aufgezeigt, auch wenn diese mit alltagsprachlichen Begriffen wie „Ringe" oder „Kreise" beschrieben werden oder fehlerhafte Interpretationen, wie zum Beispiel zur Dichte von Höhenlinien, vorkommen. In ein paar Fällen erkennen Schülerinnen und Schüler Schummerungen auf Kartenbeispielen, die aber mit anderen Formulierungen umschrieben werden. Eher selten wird auch die Verebnung der Kugelgestalt der Erde angesprochen. Schülerinnen und Schüler der Primarstufe formulieren häufiger das Konzept der Darstellung von Bergen über punktuelle Kartenzeichen. Die Oberstufenschülerinnen und -schüler weisen vermehrt Konzepte auf, die die Verebnung allgemein beschreiben, zum Beispiel als Übergang von einer drei- in eine zweidimensionale Form, und die Darstellung von Höhen als einen möglichen Schwerpunkt in Karten ansehen.
Die Grundrissdarstellung ist dahingehend in den Schülervorstellungen anzutreffen, dass sie als Blick von oben oder aus der Vogelperspektive beschrieben wird (siehe Kapitel 6.2.6). Besonders die Bezeichnung der Vogelperspektive scheint dem Unterricht zu entstammen, wohingegen der Ausdruck des Grundrisses kaum vorkommt. Auch weichen Schülerinnen und Schüler auf Formulierungen wie „2D" aus. Grundschülerinnen und -schüler betonen häufiger, dass die Inhalte einer Karte nicht von der Seite aus betrachtet dargestellt sind, wohingegen die Schülerinnen und Schüler der Sekundarstufe 2 sich eher die Freiheit nehmen, von der Grundrissdarstellung abzuweichen, damit ein Inhalt besser erkannt werden kann. Die Schülervorstellungen zur Generalisierung in Karten decken sich überwiegend mit der fachlichen Perspektive (siehe Kapitel 6.2.7). Die Schülerinnen und Schüler beschreiben dabei das Weglassen, Vereinfachen sowie das Zusammenfassen bestimmter räumlicher, georeferenzierter Inhalte. Die Gründe für die elementaren Vorgänge der Generalisierung variieren, wobei die Schülerinnen und Schüler der Primarstufe Inhalte weglassen, da sie nicht zu sehen sind, wohingegen die der Sekundarstufe 2 beschreiben, dass sie Details in der Karte nicht wiedergeben, sich auf bestimmte Inhalte fokussieren oder dass es zu schwierig oder zu langwierig ist, alles darzustellen. Die Grundschülerinnen und -schüler zeigen vermehrt den Zusammenhang zwischen Verkleinerung und Generalisierung auf, beschreiben aber auch das aus fachlicher Sicht problematische Konzept, dass die von oben sichtbare Oberfläche von räumlichen, georeferenzierten Inhalten auf der Karte wiedergegeben wird. Die Schülerinnen und Schüler bedienen sich einer Alltagssprache, die nicht den Begriff der Generalisierung umfasst, aber beispielsweise mit der Formulierung, dass eine Karte genauer oder weniger genau ist, elementare Vorgänge der Generalisierung umschreibt.

Schülerinnen und Schüler sind sich der Orientiertheit von Karten bewusst (siehe Kapitel 6.2.8). Die Anzeige der Ausrichtung von Karten wird in den Schülervorstellungen überwiegend durch einen Kompass, in einigen Fällen auch durch einen Stern, Pfeil oder Anfangsbuchstaben von Himmelsrichtungen wiedergegeben. Kompass scheint in der Sprache der Schülerinnen und Schüler als Ersatz für Windrose zu fungieren. Es sind vor allem Grundschülerinnen und -schüler, die von einem Kompass, Stern oder den Anfangsbuchstaben der Himmelsrichtungen auf Karten sprechen. Sie neigen jedoch auch eher dazu, bei der Problemstellung, Himmelsrichtungen auf der Karte zu bestimmen, einen echten Kompass, Merksprüche oder ein Handy einzusetzen, was jedoch nur bedingt bzw. im Realraum nützlich ist. Oberstufenschülerinnen und -schüler wirken kompetenter im Umgang mit der Orientiertheit von Karten, was sich unter anderem in einem größeren Bewusstsein für die Konventionen der Einordung und Eurozentrierung zeigt.

Schülerinnen und Schüler teilen Karten, wenn es um den Inhalt geht, überwiegend in Kartenarten ein, die sich aufgrund der dargestellten Räume oder Inhalte unterscheiden (siehe Kapitel 6.2.9). So dominieren Einteilungen in Stadt-, Land-, Weltkarten und ähnlichen Bezeichnungen. Dies weicht deutlich von der fachwissenschaftlichen Einteilung in physische, topographische und thematische Karten ab. Diese Begriffe verwendeten die Schülerinnen und Schüler fast ausschließlich, wenn überhaupt, nachdem sie sie in den Titeln der Materialien gelesen haben. Insgesamt wirken die Vorstellungen der Oberstufenschülerinnen und -schüler differenzierter und sie sind sich auch mehr bewusst, dass eine Karte auf einen Zweck oder ein Thema ausgerichtet sein kann.

In den Vorstellungen der Schülerinnen und Schüler sind sowohl analoge als auch digitale Karten präsent (siehe Kapitel 6.2.10). In einigen Fällen, besonders bei den Grundschülerinnen und -schülern, werden Karten zunächst auf solche beschränkt, die gedruckt sind, bis dann dieses Bild durch die Interviewmaterialien, genauer der Abbildung einer Karte auf einem Navigationsgerät, erweitert wird. Ebenfalls sind es vermehrt die Schülerinnen und Schüler der Primarstufe, die digitale Karten im Vorteil sehen, da mit ihnen die Orientierung und das Finden von Wegen leichter fällt. Bemerkenswert ist, dass die Quellen der Vorstellungen digitaler Karten fast ausschließlich auf die Verwendung im Alltag und nicht in der Schule zurückgehen. Besonders die Oberstufenschülerinnen und -schüler berichten von verschiedenen Nutzungen im Privaten, zum Beispiel, um sich Orte anzusehen. Es werden verschiedene Begriffe wie digitale, elektronische, interaktive oder virtuelle Karte eingesetzt.

Die Perspektivität von Karten ist in den Schülervorstellungen verankert (siehe Kapitel 6.2.11). Besonders deutlich zeigt sich dies darin, dass die Schülerinnen und Schüler sich des Einflusses der Kartenerstellenden auf die Karte bewusst sind. Jedoch unterscheiden sich bei genauerer Betrachtung die Konzepte zwischen den Altersstufen: Die jüngeren Schülerinnen und Schüler beachten dabei vordergründig unterschiedliche Fertigkeiten, wie zum Beispiel beim Zeichnen. Für die Oberstufenschülerinnen und -schüler spielen auch die Kenntnisse, Herkunft und Perspektiven der Kartenerstellenden eine Rolle. Darüber hinaus wirken die Vorstellungen der Schülerinnen und Schüler der Sekundarstufe 2 zur Perspektivität von Karten vertiefter, da sie vermehrt Konventionen der kartographischen Darstellung kennen und erläutern können oder Karten an sich als Modell oder Versuch beschreiben. Auch ist vielen Schülerinnen und Schüler bewusst, dass Karten auf bestimmte Zielgruppen ausgerichtet sein können. Diese und andere Konzepte sind jedoch als Ad-Hoc-Vorstellungen einzustufen (siehe Kapitel 2.1.3.1 und 2.1.3.3), die durch die Materialien und Impulse des Interviewers ausgelöst wurden.

7 Diskussion

Die Diskussion der Ergebnisse der vorliegenden Studie setzt sich aus der Einordnung in den Forschungsstand (siehe Kapitel 7.1), didaktischen Leitlinien als Schlussfolgerung aus den Ergebnissen (siehe Kapitel 7.2) sowie abschließend der Methodenkritik und Reflexion zusammen (siehe Kapitel 7.3).

7.1 Einordnung in den Forschungsstand

Die Ergebnisse der vorliegenden Arbeit bieten die Möglichkeit, diese in den Forschungsstand (siehe Kapitel 3.1 und 3.2) einzuordnen.

Eine Einordnung in den Forschungsstand zu Schülervorstellungen ist lediglich in Ansätzen zu leisten, da aufgrund der inhaltlichen Vielfalt und Verschiedenheit der Untersuchungen nur bedingt allgemeine Schlüsse zu ziehen sind. Eine auffällige Überschneidung lässt sich zur Studie von BELLING (2017, S. 218) feststellen: Die Autorin hielt fest, dass zwar eine Vielzahl an Vorstellungen vorhanden ist, diese aber nicht mit dem Fachbegriff des demographischen Wandels in Verbindung gebracht werden können. Ähnliche Erkenntnisse lassen sich auch aus den Ergebnissen der Schülervorstellungen zu Karten ziehen: Zwar sind Vorstellungen zu den jeweiligen Konzepten erkennbar, aber Fachbegriffe wie Maßstab (siehe Kapitel 6.2.4), physische, topographische sowie thematische Karte (siehe Kapitel 6.2.9), Grundriss (siehe Kapitel 6.2.6) oder in wenigen Fällen auch Legende (siehe Kapitel 6.2.2) werden nicht oder durch Unterstützung mit fachlich passenden Konzepten verknüpft. Hinsichtlich der Studien, die in einem Quasi-Längsschnitt die Vorstellungen verschiedener Altersgruppen verglichen, lassen sich wenige gemeinsame Befunde feststellen. KONERMANN und SCHUBERT (2015, S. 120, 122) sowie PIEPER und SCHOCKENHOFF (2015, S. 248, 251) stellen punktuell fachlich angemessenere Konzepte bei den älteren Lernenden fest, jedoch aber auch tief verankerte, wenig wissenschaftlich angemessene Vorstellungen und Stereotype über beide Altersgruppen hinweg. Bei den Schülervorstellungen von Karten sind zwar ebenfalls vielfältigere und auch fachlich angemessenere Vorstellungen bei den älteren Schülerinnen und

Schülern (u. a. Definition27 „Eine Karte ist nicht real, sondern ein Modell", siehe Kapitel 6.2.1.1; Orientiertheit3 „Eine Karte ist eingenordet bzw. Norden ist oben in einer Karte", siehe Kapitel 6.2.8.1) sowie gleichzeitig über beide Altersgruppen hinweg beständige Vorstellungen feststellbar (u. a. Kartenarten1,1 Stadtkarte als Kartenart, siehe Kapitel 6.2.9.1), jedoch aber nicht in dem Ausmaß fachlich abweichende oder stereotype Vorstellungen wie in den oben genannten Studien zu Charakteristika von Wüsten und Desertifikation. Ein über beide Altersgruppen beständig stereotypes, oberflächliches Bild wie in der Studie von FRÖHLICH et al. (2013, S. 65) zur Landwirtschaft kann für die Schülervorstellungen von Karten nicht bestätigt werden.

Die vorliegenden Ergebnisse lassen eine Interpretation im Sinne des Knowledge in Pieces- oder Fragmentierungsansatzes zu (DISESSA 1993, S. 111; REINFRIED 2016, S. 125). Die Befunde zu Maßstäblichkeit deuten unter anderem an, dass bestimmte Konzepte der Schülerinnen und Schüler als ein lockeres Gefüge fragmentierter Elemente verstanden werden können. Die Aktivierung von Konzepten bei der Besprechung von Materialien, zum Beispiel bezüglich digitaler Karten, Maßstäblichkeit und Maßstabszahl oder physischer, thematischer und topographischer Karten, erwecken den Eindruck eines hohen Maßes an Abhängigkeit von bestimmten Kontexten. Diese Konzepte scheinen erst durch die die Darbietung entsprechender Materialien aktiviert zu werden oder im Gegensatz zu den ersten beiden Interviewblöcken, in denen die Schülerinnen und Schüler unbeeinflusst ihre Vorstellungen äußerten, in den Vordergrund zu treten.

Die Ergebnisse bieten auch die Möglichkeit einer Einordnung in den Stand der Forschung zur räumlichen Orientierung, Karten und Kartenkompetenz (siehe Kapitel 3.2). Hinsichtlich der Kategorie der Definition von Karten zeigen sich Überschneidungen zu Befunden, dass Kinder Karten als Mittel zum Finden von Wegen und zur Navigation ansehen (DOWNS, LIBEN 1987, S. 213; GERBER 1981, S. 129; LIBEN, DOWNS 1989, S. 191). Dies ist im Konzept Definition10 („Mit einer Karte kann man einen Weg finden, den man gehen möchte", siehe Kapitel 6.2.1.1) zur Definition von Karten enthalten, wobei das Konzept vermehrt in der Gruppe der Grundschülerinnen und -schüler zu finden ist. In diesem Zusammenhang sind auch die Konzepte Definition9 („Mit einer Karte kann man sich orientieren.", siehe Kapitel 6.2.1.1) und Definition11 („Mit einer Karte kann man den eigenen Standort oder andere Standorte bestimmen", siehe Kapitel 6.2.1.1) zu erwähnen, die Ähnlichkeiten zum Finden eines Weges aufweisen, jedoch nicht als ein Konzept zusammengefasst wurden, da es sich nicht um vollständig synonyme Formulierungen handelt. Die Ergebnisse beziehen sich jedoch auf verschiedene Altersstufen: DOWNS und LIBEN (1987, S. 211; LIBEN, DOWNS 1989, S. 178) befragten Kinder im Alter von drei bis sechs Jahren, GERBER (1981, S. 128) Kinder von sechs bis acht Jahren. Die Feststellung, dass kaum andere Funktionen einer Karte als das Finden von Wegen von den Schülerinnen und Schüler eingebracht werden (LIBEN, DOWNS 1989, S. 191), ist in den Ergebnissen der vorliegenden Studie nur teils wiederzufinden. Das Finden von Wegen und die Orientierung bilden einen Schwerpunkt (Konzepte Definition9-Definition11, siehe Kapitel 6.2.1.1), aber einige Schülerinnen und Schüler sehen in Karten auch die Möglichkeit, sich Orte anzusehen (Konzept Definition12, siehe Kapitel 6.2.1.1) oder sich einen Überblick zu verschaffen (Konzept Definition31; stärker in der Sekundarstufe 2 ausgeprägt, siehe Kapitel 6.2.1.1). Wenig ausgeprägt sind in allen Studien Konzepte, dass eine Karte als Informationsquelle dient. In der vorliegenden Arbeit lassen sich Ansätze im Konzept zum Lesen, Auswerten und Interpretieren von Karten erkennen (Definition35). DOWNS und LIBENS (1987, S. 209; LIBEN, DOWNS 1989, S. 181) Feststellung, dass kleinmaßstäbige Weltkarten und der Einsatz von verschiedenen Farben hohe Zustimmung als Prototyp einer Karte erfahren, sind auch in den Konzepten der vorliegenden Studie ersichtlich (Definition8: „Auf einer Karte ist die Welt zu sehen", Definition17: „Auf einer Karte sind Farben", Definition36: „Weltkarte als besondere Kartenart", siehe Kapitel 6.2.1.1). Die Ergebnisse zu Schülervorstellungen zu Karten eröffnen aber weitere Bereiche neben den Funktionen von Karten, anhand welcher Karten definiert werden. Die auf einer Karte abgebildeten räumlichen, georeferenzierten Inhalte wie Städte und Siedlungen (Konzept Definition1, siehe Kapitel 6.2.1.1), Länder und deren Grenzen (Definition3, siehe Kapitel 6.2.1.1), Flüsse und Gewässer (Definition4, siehe Kapitel 6.2.1.1) sowie weitere (Definition2, 5-8, 33, 35-36, siehe Kapitel 6.2.1.1) sind für Schülerinnen und Schüler von enormer Bedeutung. GERBERS (1981, S. 133) Einschätzung, dass die Definition von Karten der Schülerinnen und Schüler noch wenig entwickelt ist, kann von einem konstruktivistischen Standpunkt bezüglich des Lernens aus nicht bestätigt werden. Trotz des leicht einseitigen Fokus auf das Finden von Wegen und der Diskrepanz zwischen der fachlichen Perspektive und der Schülervorstellungen bezüglich räumlicher, georeferenzierter Inhalte sind bei den Schülerinnen und Schülern auch Konzepte vorhanden, welche die Grundelemente einer Karte umfassen und damit Überschneidungen zu den gängigen fachwissenschaftlichen Definitionen aufweisen (siehe Kapitel 2.2.2.2). Dazu zählen unter anderem Maßstäblichkeit (Konzept Definition14, siehe Kapitel 6.2.1.1), Verkleinerung (Definition15, siehe Kapitel 6.2.1.1), Kartenzeichen (Definition20, siehe Kapitel 6.2.1.1) und deren Erklärung (Definition24, siehe Kapitel 6.2.1.1), Grundrissdarstellung (Definition21 und Definition23, siehe Kapitel 6.2.1.1) oder Verebnung (Definition21 und Definition22, siehe Kapitel 6.2.1.1).

Eine Vielzahl an Studien benennt den Umgang mit dem Maßstab als einen Bereich, mit dem sich Schülerinnen und Schüler, Studierende und Erwachsene schwertun (DICKMANN, DIEKMANN BOUBAKER 2007, S. 275; DIEKMANN BOUBAKER, DICKMANN 2010, S. 40; DOWNS, LIBEN 1987, S. 212; HEMMER, I. et al. 2012b, S. 73; HEMMER, I. et al. 2012c, S. 140; HEMMER, I. et al. 2013, S. 32; HERZIG et al. 2007, S. 324; HERZOG 1986, S. 213; KUCKUCK, VELTMAAT 2016, S. 307; LAMKEMEYER 2013, S. 132-133; PLEPIS 2013, S. 117). Dabei können die Aspekte der Maßstäblichkeit, die problematisch sind, genauer eingegrenzt werden: DICKMANN und DIEKMANN-BOUBAKER (2007, S. 275), HERZOG

(1986, S. 213) und Lᴀᴍᴋᴇᴍᴇʏᴇʀ (2013, S. 132-133) stellten große Probleme bei Aufgaben zur Berechnung von Entfernungen anhand des Maßstabes fest. Diese Unsicherheiten zeigen sich unter anderem auch im Konzept Maßstäblichkeit und Verkleinerung5 („Der Maßstab gibt an, dass zum Beispiel ein Zentimeter auf der Karte 25.000 Zentimeter in der Wirklichkeit ist", siehe Kapitel 6.2.4.1) und weiteren Aussagen zur Maßstäblichkeit und Verkleinerung (siehe Kapitel 6.2.4.2). Hᴇʀᴢᴏɢ (1986, S. 213) konstatiert, dass der Begriff des Maßstabes bekannt ist, aber trotzdem Unsicherheiten festzustellen sind. Hᴇʀᴢɪɢ et al. (2007, S. 324) berichten, dass nur 34,9 % der Probandinnen und Probanden mit den Formulierungen „großer" und „kleiner" Maßstab operierten, und davon 59,5 % diese richtig anwendeten. Diese Tendenzen, dass der Begriff Maßstab nur oberflächlich, zurückhaltend und fehlerhaft verwendet wird, zeigen sich auch in den Konzepten zur Maßstäblichkeit und Verkleinerung: „Großer" und „kleiner Maßstab" werden aus fachlicher Perspektive häufiger vertauscht als korrekt angewendet (Konzepte Maßstäblichkeit und Verkleinerung8 und Maßstäblichkeit und Verkleinerung10, siehe Kapitel 6.2.4.1). Dem Fachausdruck Maßstab wird häufig ausgewichen und Ersatzformen wie zum Beispiel „zoomen" verwendet (siehe Kapitel 6.2.4.2). Dagegen belegen die Konzepte zu Maßstäblichkeit und Verkleinerung, dass die Defizite nicht im grundlegenden Verständnis liegen. Schülerinnen und Schüler weisen überwiegend stimmige Konzepte auf, dass Karten und deren räumliche, georeferenzierte Inhalte verkleinert sind (Maßstäblichkeit und Verkleinerung1 und Maßstäblichkeit und Verkleinerung2, siehe Kapitel 6.2.4.1). Die Angabe eines oder der Begriff des Maßstabes werden in einigen Fällen erst durch Material und explizite Impulse aktiviert (Maßstäblichkeit und Verkleinerung3, siehe Kapitel 6.2.4.1). Auch sind Konzepte vorhanden, die das Umrechnungsverhältnis (Maßstäblichkeit und Verkleinerung5, siehe Kapitel 6.2.4.1), das Ausmaß der Verkleinerung (Maßstäblichkeit und Verkleinerung6, siehe Kapitel 6.2.4.1), die Möglichkeit, Größen und Strecken zu berechnen und zu zeichnen (Maßstäblichkeit und Verkleinerung7, siehe Kapitel 6.2.4.1) oder die konsequente Anwendung auf alle räumlichen, georeferenzierten Inhalte (Maßstäblichkeit und Verkleinerung14, siehe Kapitel 6.2.4.1) beschreiben. Daraus lässt sich schließen, dass die Problembereiche in dieser Kategorie nicht bei der Vorstellung zur Verkleinerung, sondern bei der Verwendung des Fachbegriffes des Maßstabes sowie dessen Anwendung, zum Beispiel bei Umrechnungen, liegen. Das Konzept Maßstäblichkeit und Verkleinerung9 (siehe Kapitel 6.2.4.1) gibt Aufschluss darüber, dass Maßstäblichkeit auch mit dem Schulfach Mathematik assoziiert wird. Womöglich sind Hemmungen in der Verwendung des Fachbegriffs und Schwächen bei der Anwendung auf Defizite beim Rechnen oder Geringschätzung der eigenen Fähigkeiten in diesem Bereich zurückzuführen. Zu ähnlichen Schlüssen kommt Pʟᴇᴘɪs (2013, S. 117), indem den Schülerinnen und Schülern zwar das deklarative Wissen zur Deutung der Maßstabszahl attestiert wird, aber dieses Wissen träge bleibt und kaum angewendet wird. Größere Probleme traten bei

PLEPIS bei Studienteilnehmerinnen und -teilnehmern auf, die angaben, keine guten Noten in Mathematik zu haben.

Der Fragmentierungs- oder Knowledge in Pieces-Ansatz (siehe Kapitel 2.1.4) bietet eine Grundlage zur Interpretation der vorgestellten Ergebnisse. Die zurückhaltende Verwendung des Begriffes des Maßstabes, das Ausweichen auf alternative Formulierungen sowie die Aktivierung durch Materialien und Impulse deuten an, dass diese Konzepte vorhanden, aber wenig vernetzt und isoliert in den Vorstellungen zur Karte sind. Die Ergebnisse demonstrieren gleichzeitig, dass Ansätze der Verknüpfung vorhanden sind, zum Beispiel zwischen Maßstab und der Auswahl der räumlichen, georeferenzierten Inhalte (Konzept Maßstäblichkeit und Verkleinerung 4, siehe Kapitel 6.2.4.1), der Einbindung des Maßstabs bei der Herstellung von Karten (Maßstäblichkeit und Verkleinerung12 und Maßstäblichkeit und Verkleinerung13, siehe Kapitel 6.2.4.1) oder dem Zusammenhang zur Generalisierung (Generalisierung11, siehe Kapitel 6.2.7.1) aufzeigen. Hier bieten sich Potenziale zur Minderung der studienübergreifend festgestellten Defizite (siehe Kapitel 7.2.5, 7.2.9).

Einige Studien berichten von Defiziten bei Schülerinnen und Schülern bei Konzepten der Generalisierung (SANDFORD 1972, S. 86; SANDFORD 1980, S. 84; SANDFORD 1981, S. 122; WIEGAND 1996, S. 60-62; WIEGAND 2002, S. 131, 133, 135). Dagegen stellten HERZIG et al. (2007, S. 323-324) bei Studierenden gute Ergebnisse bei Aufgaben zur Generalisierung in Bezug auf Maßstab, Detailreichtum und dem Messen von linearen Objekten fest, jedoch auch bei einer anderen Aufgabe eine mangelnde Verknüpfung von Maßstab und Generalisierung. PLEPIS (2013, S. 118-119) attestiert den Probandinnen und Probanden ein Bewusstsein für den Zusammenhang von Maßstäblichkeit und Detailgrad sowie für die Ausrichtung der Generalisierung auf thematische Schwerpunkte. Ebenfalls wird die Argumentation festgestellt, dass es unmöglich ist, auf einer Karte alle Details wiederzugeben und daher einer Auswahl getroffen werden muss. Ähnliche Ergebnisse zeigen sich in der vorliegenden Studie zu Schülervorstellungen zu Karten. Einige Schülerinnen und Schüler sind sich bewusst, dass der Maßstab bestimmt, welche räumlichen, georeferenzierten Inhalte auf einer Karte dargestellt werden können (Maßstäblichkeit und Verkleinerung4, siehe Kapitel 6.2.4.1) und dass Maßstäblichkeit und Verkleinerung ein Grund für elementare Vorgänge der Generalisierung sind (Generalisierung11). Außerdem sind Konzepte anzutreffen, die eine vollständige Darstellung aller Inhalte als zu schwer oder zu langwierig einstuft (Generalisierung4, siehe Kapitel 6.2.7.1) und eine Übersichtlichkeit und Vermeidung von Überfrachtung einfordern (Generalisierung9, siehe Kapitel 6.2.7.1). Die Anforderung an eine Karte, genau und vollständig zu sein, wird nur wenig und im Zusammenhang mit Flüssen formuliert (Generalisierung10, siehe Kapitel 6.2.7.1). Insgesamt kann aus den Ergebnissen der vorliegenden Studie nicht abgeleitet werden, dass Schülerinnen und Schüler erhebliche Defizite zur Generalisierung aufweisen. Die Schülerinnen und Schüler verwenden zwar nicht die gleichen Begriffe wie die Fachwissenschaften, zum

Beispiel den Fachbegriff der Generalisierung, beschreiben aber elementare Vorgänge der Generalisierung wie das Weglassen (Generalisierung1, siehe Kapitel 6.2.7.1), das Vereinfachen (Generalisierung2, siehe Kapitel 6.2.7.1) oder das Zusammenfassen (Generalisierung3, siehe Kapitel 6.2.7.1) und können diese begründen (Generalisierung4, Generalisierung9, Generalisierung11, siehe Kapitel 6.2.7.1). In den oben beschriebenen Studien, die Defizite im Umgang mit der Generalisierung feststellten, wurde den Probandinnen und Probanden Kartenmaterial vorgelegt. Dagegen wurde in der vorliegenden Studie erst im dritten Block des Interviews Kartenmaterial eingebunden. Außerdem stützte sich das Interview auf eine selbst angefertigte Kartenskizze im zweiten Block und stellte im dritten Block die Schülerinnen und Schüler vor die Aufgabe, ein Satellitenbild als Karte umzusetzen. Daraus lässt sich schließen, dass Ansätze, bei denen Lernende selbstständig Karten anfertigen oder zumindest in die Rolle von Kartenerstellenden versetzt werden, besonders geeignet sind, um fachlich angemessene Vorstellungen zur Generalisierung in Karten hervorzurufen. Ebenfalls scheint die Vorstellung von Schülerinnen und Schülern, dass eine Karte die Realität abbildet (SANDFORD 1980, S. 84), nur eingeschränkt aufzutreten.

HARWOOD und USHER (1999, S. 232-233), HEMMER, I. et al. (2012b, S. 73; 2012c, S. 140; 2013, S. 32-33) und LAMKEMEYER (2013, S. 133, 223) konstatieren Mängel im Verständnis der Grundrissdarstellung bei Schülerinnen und Schülern. HARWOOD und USHER (1999, S. 232-233) berichten gleichzeitig vom größten Fortschritt bezüglich der Grundrissdarstellung unter den betrachteten Grundelementen einer Karte durch eine Intervention. Zu einem ähnlichen Ergebnis kommen LIVNI und BAR (2001, S. 162) in ihrer Interventionsstudie. GERBER (1981, S. 133) stellt bei sechs- bis achtjährigen Kindern Anzeichen eines Verständnisses der Grundrissdarstellung fest. Diese Ergebnisse stehen im Einklang mit den Ergebnissen zu Schülervorstellungen zu Karten bezüglich der Grundrissdarstellung, wobei zu beachten ist, dass in der vorliegenden Studie Lernende am Ende der Primarstufe im Alter von ungefähr zehn Jahren befragt wurden. Auch die jüngere Gruppe der Schülerinnen und Schüler hatte zum Erhebungszeitpunkt bereits Unterricht zu Karten und der Grundrissdarstellung erhalten, so dass sich keine gravierenden Diskrepanzen zwischen Schülervorstellungen und der fachlichen Perspektive zeigen. Eine Vermischung mit der Darstellung von der Seite, wie aus den oben genannten Studien und dem Modell der Entwicklung kindlicher Kartenbilder (CATLING 1978, S. 121; siehe Kapitel 2.2.1) möglicherweise bei Grundschülerinnen und -schülern im Alter von neun und zehn Jahren auftreten kann, ist in der vorliegenden Forschung nicht festzustellen. Stattdessen betonen Schülerinnen und Schüler am Ende der Primarstufe, dass Karten nicht aus der Ansicht von der Seite gemacht sind (Konzept Grundriss2, siehe Kapitel 6.2.6.1). Eine Wiedergabe von räumlichen, georeferenzierten Inhalten von der Seite wird in Betracht gezogen, um Kartenleserinnen und -lesern ein besseres Verständnis zu ermöglichen (Grundriss3, siehe Kapitel 6.2.6.1). Die Ergebnisse der vorliegenden

Studie weisen aber auf einen Problembereich hin: So scheinen einige Schülerinnen und Schüler bei bestimmten räumlichen, georeferenzierten Inhalten weniger von einer Grundrissdarstellung und mehr von der Wiedergabe der sichtbaren Oberfläche auszugehen, so wie es bei Satelliten- und Luftbildern der Fall ist (Grundriss5, siehe Kapitel 6.2.6.1; Generalisierung8, siehe Kapitel 6.2.7.1).

Eine Vielzahl an Studien moniert Schwächen im Umgang mit Höhenlinien und Relief (BOARDMAN 1982, S. 108; BOARDMAN 1983, S. 29; BOARDMAN 1989, S. 330; CLARK et al. 2008, S. 391, 402-404; DICKMANN, DIEKMANN-BOUBAKER 2007, S. 273; LAMKEMEYER 2013, S. 132-133; PLEPIS 2013, S. 115). WIEGAND und STIELL (1997, S. 183-185) stellten mit zunehmendem Alter und mehr Übungen Fortschritte bei der Nutzung von Höhenlinien bei Kindern fest. KUCKUCK und VELTMAAT (2016, S. 307-308) ermittelten, dass die Ergebnisse im Bereich Relief- und Geländedarstellung schwächer als bei anderen Grundelementen der Karte ausfielen, aber grundsätzlich das Lesen und Interpretieren von Höhenlinien gelingt. Die Ergebnisse der vorliegenden Forschung zeigen, dass viele Schülerinnen und Schüler das Konzept aufweisen, dass Höhenunterschiede mit Höhenlinien dargestellt werden (Konzept Verebnung1, siehe Kapitel 6.2.5.1), wobei das Konzept bei manchen erst durch Kartenmaterial hervorgerufen wurde. Allerdings deutet das Konzept, dass die Dichte von Höhenlinien eine große Höhe anzeigt, Schwierigkeiten bei der Interpretation von Höhenlinien an (Verebnung10, siehe Kapitel 6.2.5.1). Das Konzept kommt häufiger als die fachwissenschaftlich korrekte Einordnung, dass die hohe Dichte von Höhenlinien eine hohe Reliefenergie ausdrückt, vor (S6 49-50). Fünf Schülerinnen und Schüler (S6 18-19, 49-50, 148-149, 225-228; S13 73-74, 77-78, 86, 88; S17 25-27; S19 52-53; S23 146-147) verwendeten in den Interviews den Ausdruck der Höhenlinie. Fünf Schülerinnen und Schüler aus der Primarstufe (S7 179-184; S8 328-331; S11 189-192; S13 207-210; S14 249-252) erkannten im Ausschnitt einer topographischen Karte keine Höhenlinien. Somit lässt sich festhalten, dass das Konzept von Höhenlinien zum Ausdruck von Höhenunterschieden zwar überwiegend vorhanden ist, aber nicht fachlich ausgereift ist. Die Vorstellungen der Schülerinnen und Schüler beinhalten in besonderem Maße die Wiedergabe von Höhenunterschieden mithilfe von Farben bzw. Höhenschichten (Verebnung2, siehe Kapitel 6.2.5.1) oder unter den Grundschülerinnen und -schülern die Darstellung von Bergen mit punktuellen, bildhaften Kartenzeichen (Verebnung3, siehe Kapitel 6.2.5.1).

Hinsichtlich der Legende ist ein uneinheitliches Bild beim Forschungsstand vorhanden. HERZOG (1986, S. 213) stellte fest, dass über die Hälfte der Studienteilnehmerinnen und -teilnehmer nur eine vages oder gar kein Bild einer Legende aufwiesen. WRENGER (2015, S. 177-178) konstatierte, dass abstraktere und weniger geläufige Kartenzeichen, die anhand einer Legende decodiert werden mussten, mehr Probleme bereiteten als selbsterklärende Kartenzeichen. HARWOOD und USHER (1999, S. 232-233) registrierten nur geringfügige Fortschritte beim Umgang mit der Legende, obwohl die Intervention auch Unterricht zur Legende beinhaltete. Dagegen fanden DIEKMANN-BOUBAKER und DICKMANN (2010, S. 40) wenig Defizite bei der Entnahme von Informationen aus der Legende. PLEPIS (2013, S. 116) hebt in seiner Untersuchung hervor, dass eine Legende für Schülerinnen und Schüler eine große Bedeutung aufweist, da sie sich über ihren Nutzen im Klaren sind und sie bei offenen Fragen immer wieder im Auswertungsprozess konsultieren. In eine ähnliche Richtung gehen die Ergebnisse der vorliegenden Studie. Viele der Interviewpartnerinnen und -partner weisen das Konzept auf, dass auf einer Karte eine Legende vorhanden ist (Konzept Äußere Kartenlemente3, siehe Kapitel 6.2.2.1). Das Konzept wird häufig bereits in den ersten zwei Blöcken des Interviews, also ohne den Einfluss von Kartenmaterial ausgedrückt. Für den Fall, dass der Fachbegriff nicht vorhanden ist, behelfen sich Schülerinnen und Schüler mit Umschreibungen wie „in der Ecke" oder „unten" (Äußere Kartenlemente2, siehe Kapitel 6.2.2.1). Mit Ausnahme einer Probandin oder eines Probanden weisen alle das Konzept auf, dass eine Legende der Erklärung der Kartenzeichen dient (Äußere Kartenlemente1, siehe Kapitel 6.2.2.1). Zwei Oberstufenschülerinnen und -schüler gehen einen Schritt weiter und beschreiben eine Legende als Erleichterung für Kartenerstellende (Äußere Kartenlemente8, siehe Kapitel 6.2.2.1). Damit lässt sich festhalten, dass eine Legende eine wichtige Rolle in den Schülervorstellungen einnimmt. In verschiedenen Studien wurden Defizite bezüglich der Konvention der Einnordung bei den jeweiligen Studienteilnehmerinnen und -teilnehmern ermittelt (DIEKMANN-BOUBAKER 2012, S. 36; DIEKMANN-BOUBAKER, DICKMANN 2010, S. 43; HERZOG 1986, S. 215). Dieses Bild bestätigt sich nicht in den Ergebnissen der vorliegenden Forschungsarbeit. Die Konvention der Einnordung ist vielen Schülerinnen und Schülern bekannt und wird bei der eigenen Kartenskizze angewendet oder im Umgang mit M7, der McArthur-Karte, angesprochen (Konzepte Orientiertheit3, siehe Kapitel 6.2.8.1; Perspektivität von Karten6siehe Kapitel 6.2.10.1). Es zeigt sich aber ein Gefälle zwischen den Altersgruppen: Die Konzepte Orientiertheit3 und Perspektivität von Karten6 sind häufiger bei den Schülerinnen und Schüler der Sekundarstufe 2 anzutreffen. Außerdem können die älteren Schülerinnen und Schüler es klarer als Konvention einordnen.

Zu einer Reihe von Detailergebnissen aus anderen Studien lassen sich Verbindungen zu Befunden der vorliegenden Forschung herstellen. GERBER (1981, S. 131) und KASTENS und LIBEN (2010, S. 336) hielten fest, dass die Bezeichnungen für Himmelsrichtungen wenig benutzt und Ersatzformen verwendet wurden. In den Ergebnissen zu den Schülervorstellungen zu Karten ist dies nicht zu erkennen: In ein paar Fällen (S13 137-141, 257-258; S16 28-29; S19 29; S20 37; S23 173-178), jedoch aber nie über das ganze Interview hinweg, drücken sich die Schülerinnen und Schüler mit Ersatzformen wie „oben" oder „unten" aus. Das Konzept Kartenzeichen18 (siehe Kapitel 6.2.3.1), das ausdrückt, dass es richtige und typische Kartenzeichen gibt, deckt sich mit einer Feststellung von HERZIG et al. (2007, S. 323), dass Probandinnen und Probanden davon ausgingen, dass die vertrauten Kartenzeichen, zum Beispiel aus dem Schulatlas, verbindlich sind. Ebenfalls lässt sich das

Ergebnis der Studie von Herzig et al. (2007, S. 323-324), dass 30 % der Studienteilnehmerinnen und -teilnehmer annahmen, dass die Darstellung von Flüssen auf Satellitenbildern und Karten gleich sind, in Verbindung mit den Konzepten bringen,
die eine Vermischung der Medien Karten und Satellitenbilder andeuten (Grund-
riss5 und Generalisierung8, siehe Kapitel 6.2.6.1 und 6.2.7.1). Diekmann-Boubaker
und Dickmann (2010, S. 42) kamen zu dem Befund, dass ein Defizit beim Verständnis für das Kartenthema vorhanden ist. Es zeigen sich gewisse Überschneidungen
in den Schülervorstellungen zu Karten: Ein Konzept in der Kategorie Definition besteht darin, dass eine Karte einen bestimmten Zweck oder ein bestimmtes Thema
aufweist (Definition24 siehe Kapitel 6.2.1.1). Es fällt auf, dass das Konzept kaum
bei den Grundschülerinnen und -schülern, aber häufig bei den Oberstufenschülerinnen und -schülern auftritt, was den Schluss zulässt, dass sich ein Bewusstsein
für die Ausrichtung von Karten auf ein Thema erst bei fortgeschrittenen Lernenden
entwickelt. Zusätzlich sind einige Konzepte von Kartenarten, die nach dem Inhalt
unterschieden werden, häufiger bei den Schülerinnen und Schülern der Sekundarstufe 2 ausgeprägt, wie zum Beispiel Wirtschaftskarten (Kartenarten1,10, siehe
Kapitel 6.2.9.1), Schatzkarten (Kartenarten1,13, siehe Kapitel 6.2.9.1) oder Wetterkarten (Kartenarten1,15, siehe Kapitel 6.2.9.1). Konzepte zu Themen von Karten können ad-hoc entstehen, wie das Konzept Kartenarten1,11 zur Landwirtschaftskarte (siehe Kapitel 6.2.9.1) belegt. Des Weiteren ergänzen die Ergebnisse
zu Schülervorstellungen zu Karten die Feststellung von Plepis (2013, S. 115), dass
Schülerinnen und Schüler eine Karte als faktisches Medium betrachten, dass die
Wirklichkeit widerspiegelt. Die verallgemeinerten Konzepte zur Perspektivität von
Karten bringen kein Konzept hervor, das im Einklang mit dieser Feststellung steht
oder dieser widerspricht. Jedoch deuten die verallgemeinerten Konzepte an, dass
Schülerinnen und Schüler ein Bewusstsein dafür aufweisen, dass Karten aufgrund
verschiedener Kartenerstellender (Konzept Perspektivität von Karten1, siehe Kapitel 6.2.11.1), deren Wissen und Fähigkeiten (Perspektivität von Karten2, siehe
Kapitel 6.2.11.1), deren unterschiedlicher Denkweisen und Perspektiven (Perspektivität von Karten3, siehe Kapitel 6.2.11.1) oder deren Herkunft (Perspektivität von
Karten12, siehe Kapitel 6.2.11.1) Unterschiede aufweisen können. Ebenfalls deutet Konzept Perspektivität von Karten9, das Karten als Modell einer Realität beschreibt (siehe Kapitel 6.2.11.1), an, dass Schülerinnen und Schüler nicht dazu neigen, Karten als faktisch und die Wahrheit widerspiegelnd einzustufen.

7.2 Didaktische Leitlinien

Um einen Transfer der Forschungsergebnisse in die Unterrichtspraxis zu erleichtern, werden im Folgenden didaktische Leitlinien zur Gestaltung von Lehr- und
Lernprozessen mit Karten vorgeschlagen. Im Modell der Didaktischen Rekonstruktion sind Leitlinien für die Vermittlung des entsprechenden Themas ein gängiges
Verfahren, um auf deren Grundlage Lernangebote zu entwickeln (Riemeier 2007, S.

75). Die Leitlinien sind schwerpunktmäßig aus den Forschungsergebnissen der vorigen Teilkapitel, sowohl aus den individuellen Vorstellungen (siehe Anhang H) als auch den verallgemeinerten Konzepten (siehe Kapitel 6.2), entwickelt. Zusätzlich werden Aspekte aus den theoretischen Grundlagen (siehe Kapitel 2) und dem Stand der Forschung (siehe Kapitel 3) mit eingebunden. Die folgenden zwölf Leitlinien sind als Anregungen und Entscheidungshilfen für die Erstellung von Lehrplänen und Schulbüchern sowie die alltägliche Gestaltung von Unterricht gedacht. Sie werden zunächst im Überblick vorgestellt (siehe Tabelle 13) und dann im Detail erläutert. Im Fokus steht dabei nicht das Ausmerzen von bestimmten Schülervorstellungen. Sie sollen als Basis verstanden werden, um eine Annäherung zwischen der fachlichen Perspektive und den Schülervorstellungen zu ermöglichen.

Tab. 13 | Übersicht über didaktische Leitlinien zu Lehr- und Lernprozessen mit Karten (Eigener Entwurf)

1	Verwendung von Fachbegriffen fördern
2	Sprache der Schülerinnen und Schüler aufgreifen
3	Definitionen von Karten aus Fachwissenschaften und Schülervorstellungen annähern
4	Karten verstärkt als Medium zur Informationsentnahme darstellen
5	Fachlich angemessene Konzepte zur Maßstäblichkeit fördern
6	Digitale Karten stärker einbinden
7	Satelliten- und Luftbilder sowie Karten in den Vorstellungen differenzieren
8	Schülervorstellungen zur Perspektivität von Karten als Anknüpfungspunkte nutzen
9	Kompetenzorientierten Unterricht zu Karten konzipieren
10	Vernetzung zwischen Grundelementen einer Karte stärken
11	Lehr- und Lernprozesse mit Karten fächerübergreifend verankern
12	Unterricht beeinflusst Vorstellungen: Potenziale nutzen

7.2.1 Verwendung von Fachbegriffen fördern

In den Interviews zeigten sich Mängel bei der Verwendung von Fachbegriffen, die sich sowohl in den individuellen Vorstellungen als auch in verallgemeinerten Konzepten niederschlagen. In einigen Fällen scheinen die Schülerinnen und Schüler über Vorstellungen zu verfügen, die ein hohes Maß an Überschneidung mit der fachlichen Perspektive aufweisen. Jedoch ist diese Nähe aufgrund der abweichenden Terminologie nur schwer festzustellen.
Eine solche Diskrepanz zeigt sich unter anderem bei Kartenarten, die nach dem Inhalt unterschieden werden. In vielen Fällen beziehen sich Schülerinnen und

Schüler auf physische Karten, unter anderem wenn sie erste Assoziationen zu Karten beschreiben (S16 22-25; S20 15-18, 19-20, 21-22) oder das beste Beispiel einer Karte unter den Interviewmaterialien benennen (S5 146-149; S7 143-145; S13 163-166; S16 94-97; S17 78-79; S18 150-151; S19 166-169; S21 179-180). Es fallen ungenaue Begriffe wie „physikalisch" (S20 15-18, 21-22), „Höhenkarte" (S16 22-25) oder „geographische Karte" (S18 142-145). Der Ausdruck „physisch" wird, wenn er verwendet wird, meist durch Materialien, genauer durch den Titel einer physischen Karte, aktiviert (S13 163-166; S16 88-93, 106-109; S19 135-137, 178-179; S20 140-147, 172-173; S21 193-196; S23 140-141). Weitere Fachbegriffe, die wenig in den Schülervorstellungen präsent sind, jedoch einen Beitrag zur besseren Verständlichkeit der Konzepte leisten würden, sind Grundriss, Generalisierung und Maßstab (inklusive großer und kleiner Maßstab). Fachbegriffe wie Schummerung und Isohypse wirken auf den ersten Blick nicht so, als sollten sie Vorrang unter den Fachbegriffen genießen. Sie weisen aber ein gewisses Potenzial auf, da die dazugehörigen Konzepte bei einigen Schülerinnen und Schülern ausgeprägt sind (siehe Kapitel 6.2.5.1, Verebnung1 und Verebung4). Eine konsequente Verwendung des Fachbegriffes der „Windrose" anstatt „Kompass" verringert womöglich fachlich unpräzise Konzepte wie die der Orientierung in einer Karte anhand eines tatsächlichen Kompasses (siehe Kapitel 6.2.8.1, Orientiertheit11).

Eine Stärkung der Verwendung von Fachbegriffen bei Schülerinnen und Schülern bedarf einer größeren Schwerpunktsetzung in Lehrplänen sowie Lehrwerken und der Sensibilisierung von Lehrkräften in allen drei Ausbildungsphasen. Dabei sollten auch Strategien und Methoden zur Sprachförderung einbezogen werden. Leitlinien zur Schulung und Verbesserung im Umgang mit Fachbegriffen schlägt LEISEN (2013a, S. 180-181, 185-186; 2013b, S. 12-15, 262-269) vor, indem unter anderem darauf aufmerksam gemacht wird, dass neue Begriffe nicht isoliert eingeführt, in fachlich relevanten Kontexten semantisiert und verwendet sowie über mehrere Stufen eingeführt werden sollen. Als Methoden und Übungen eignen sich Wortlisten, Wortgeländer, die Unterscheidung von Begriffen in fachlichen und alltäglichen Gebrauch, das Ordnen von Begriffen in Kategoriegefügen sowie die Arbeit mit und der Vergleich von verschiedenen Definitionen.

7.2.2   Sprache der Schülerinnen und Schüler aufgreifen

Diese Leitlinie wirkt auf den ersten Blick widersprüchlich zu Leitlinie 1 (siehe Kapitel 7.2.1), die eine Stärkung der Verwendung von Fachbegriffen einfordert. Jedoch können Diskrepanzen, die sich zwischen der Sprache der Fachwissenschaft und der der Schülerinnen und Schüler ergeben, nicht allein als Defizit der Lernenden hingestellt werden. Vielmehr sollten solche Formulierungen der Schülerinnen und Schüler, die keine gravierenden Ungenauigkeiten oder Missverständnisse auslösen, auch als Brücken verstanden werden, um eine Annäherung der beiden Perspektiven anzubahnen. Ein Beispiel für eine solche Formulierung sind „zweidimensional" bzw. „2D" und „dreidimensional" bzw. „3D". Sie treten in mehreren Konzepten aus verschiedenen Kategorien auf: Definition (Definition20: Auf einer Karte wird alles flach dargestellt, siehe Kapitel 6.2.1.1), Grundriss (Grundriss6: Die Inhalte in einer Karte werden zweidimensional und nicht dreidimensional dargestellt, siehe Kapitel 6.2.6.1), Verebnung (Verebnung7: Inhalte auf einer Karte sind flach und zweidimensional dargestellt, siehe Kapitel 6.2.5.1), Generalisierung (Generalisierung5: Inhalte auf einer Karte werden flach und zweidimensional dargestellt, siehe Kapitel 6.2.7.1). Diese scheinen für Schülerinnen und Schüler übliche Formulierungen zu sein, um Grundriss, Verebnung und Generalisierung (im Sinne einer Vereinfachung) auszudrücken und sie werden von einigen auch als definierende Eigenschaft einer Karte angesehen. Einerseits überdecken diese Formulierungen eine fachlich angemessenere Differenzierung in Verebnung, Grundriss und Generalisierung. Andererseits bieten sie einen Anknüpfungspunkt für das Lernen, um diese drei Grundelemente einer Karte aufzuzeigen.

Ein weiteres Beispiel ist die Formulierung „zoomen". Sie wird vielfältig von Schülerinnen und Schülern eingesetzt, um Maßstabsunterschiede zwischen Karten zu beschreiben (S8 288-289; S13 u. a. 191-200; S17 105-107; S21 215-222; S22 174-176) und wirkt der Bedienung einer Fotokamera entlehnt, wie auch von einer Schülerin bzw. einem Schüler beschrieben wird (S13 67-70). Dadurch bietet sich eine Brücke, um Schülerinnen und Schüler den Fachbegriff des Maßstabes sowie die korrekte Einteilung in großen und kleinen Maßstab näher zu bringen. Zusätzlich bietet der Ausdruck „zoomen" die Möglichkeit, eine Verknüpfung zu digitalen Karten und GIS herzustellen, da er sich für die Veränderung der Maßstabsebenen eignet.

Auch für anspruchsvollere Begriffe wie den der Schummerung bieten die Ausdrucksweisen der Schülerinnen und Schüler ein Potenzial zu Gestaltung von Lernprozessen. Die Formulierungen der Lernenden wie „Schatten" (S18 168-169), „Wölbungen" (S20 189, 192-196) und „wellig" (S11 189, 192-196) bieten Anstöße, den Lernenden das Fachkonzept der Schummerung zu erschließen und die unterschiedlichen Beschreibungen zu bündeln.

Zur Umsetzung dieser didaktischen Leitlinie bietet es sich an, Lernmaterialien konsequent mit gängigen Formulierungen der Sprache der Schülerinnen und Schüler zu erweitern und in die Erklärung von Fachbegriffen zu integrieren. Fachbegriffe und sprachliche Aspekte sollten in der Lehramtsausbildung eine größere Schwerpunktsetzung erfahren, um Lehrkräfte zu sensibilisieren und zu schulen, wozu im Bereich der Karte die Ergebnisse der vorliegenden Studie eine Grundlage bilden können.

7.2.3 Definitionen von Karte aus den Fachwissenschaften und den Schülervorstellungen annähern

Die Definitionen von Karte aus der Perspektive der Fachwissenschaften und der Schülervorstellungen widersprechen sich nicht, weisen jedoch unterschiedliche Schwerpunkte auf (siehe Kapitel 6.2.1). Die Definitionen der Schülervorstellungen umfassen vermehrt bestimmte räumliche, georeferenzierte Inhalte, die auf Karten dargestellt sind. Häufig werden dabei Städte und Siedlungen (Definition1), Länder, Bundesländer und deren Grenzen (Definition3) sowie Flüsse und Gewässer (Definition4) erwähnt. Einen weiteren Schwerpunkt in den Definitionen der Schülerinnen und Schüler bilden funktionale Aspekte der Karte, die sich auf die Orientierung mit Karten fokussieren (Definition9: Mit einer Karte kann man sich orientieren; Definition10: Mit einer Karte kann man einen Weg finden; Definition11: Mit einer Karte kann man den eigenen Standpunkt oder die Standpunkte räumlicher, georeferenzierter Inhalte bestimmen). Zusätzlich weisen die Schülervorstellungen bei der Definition von Karten auch Überschneidungen mit den fachlichen Definitionen auf, so dass zum Beispiel Verkleinerung (Definition14), Maßstäblichkeit (Definition13), Verebnung (Definition20 und Definition21) und Grundriss (Definition20 und Definition22) in ähnlicher Form auftreten.

Um das Lernen über Karten zu erleichtern, kann eine Annäherung der verschiedenen Schwerpunkte in der Definition von Karten in Lehrwerken erfolgen. Schülerinnen und Schüler sollten Anknüpfungspunkte finden, was eine Karte für sie ausmacht, indem von ihnen als typisch angesehene, räumliche, georeferenzierte Inhalte sowie funktionale Aspekte der Kartennutzung Eingang finden. Dabei sollte aber nicht einseitig auf die Orientierung im Realraum verengt werden, sondern die Informationsentnahme abseits der Orientierung zusätzlich betont und dabei der Zusammenhang zu thematischen Karten aufgezeigt werden (siehe Leitlinie 4 in Kapitel 7.2.4). Ebenfalls sollten die Grundelemente einer Karte, die in den Definitionen der Fachwissenschaft aufgezählt werden, dargeboten werden, damit Schülerinnen und Schüler eine Chance erhalten, ihre Vorstellungen um die fachlichen zu erweitern.

7.2.4 Karten verstärkt als Medium zur Informationsentnahme darstellen

Neben der Orientierung erfüllt die Karte auch die Funktion eines Informationsträgers. Diese wird unter anderem in den Bildungsstandards des Faches Geographie für den Mittleren Schulabschluss aufgezeigt (siehe Kapitel 2.2.3.1). Jedoch nimmt diese Eigenschaft von Karten in den Schülervorstellungen nur eine geringfügige Bedeutung ein. Abseits der Grundelemente einer Karte und der darauf abgebildeten räumlichen, georeferenzierten Inhalte dominieren unter den verallgemeinerten Konzepten solche, die die Orientierungsfunktion von Karten betonen (Definition9: Mit einer Karte kann man sich orientieren; Definition10: Mit einer Karte kann man einen Weg finden, den man gehen möchte; Definition11: Mit einer Karte kann man den eigenen Standort oder andere Standorte bestimmten; siehe Kapitel 6.2.1.1). Ansätze in Richtung einer Vorstellung von Karten als Medium zur Entnahme von Informationen zeigen sich in Konzept Definition35 (siehe Kapitel 6.2.1.1), welches das Lesen, Auswerten und Interpretieren beschreibt, aber nur bei wenigen Schülerinnen und Schülern vorhanden ist, und darüber hinaus in vereinzelten Aussagen von Schülerinnen und Schülern (S16 22-25; S21 11-12, 19-20), die nicht zu einem Konzept verallgemeinert werden konnten.

Diese einseitige Vorstellung von Karten als Medium zur Orientierung birgt das Risiko, dass Lernende Karten lediglich einen geringfügigen Beitrag für andere Anwendungen zumessen. Dies ist bemerkenswert, da Karten nach einer Studie von HEMMER et al. (2020, S. 15) zu den am häufigsten eingesetzten Medien gehören und sie im Geographieunterricht, abhängig von der Lehrkraft, in unterschiedlicher Häufigkeit auch zur Informationsentnahme verwendet werden dürften. In der Grundschule werden allerdings dagegen in der Regel Karten aus Atlanten und Schulbüchern nicht eingesetzt, sondern Karten vom Heimatort und von der Heimatstadt, wobei unklar ist, ob zur Orientierung oder Informationsentnahme. In jedem Falle sollte bei Einführungen ins Kartenverständnis sowie bei der kontinuierlichen Arbeit mit Karten Wert daraufgelegt werden, dass die Funktion von Karten als Informationsträger betont wird. Auch die fachwissenschaftliche Perspektive sowie Darstellungen in Schulbüchern sollten diese Eigenschaft von Karten stärker einbinden. Zusätzlich sollte auf die Vorteile von Karten als Informationsträger gegenüber anderen Medien wie Texten verwiesen werden, wie zum Beispiel der hohen Informationsdichte und der Darstellung von Lage-, Objektinformationen und raumgreifenden Phänomenen (DICKMANN, DIEKMANN-BOUBAKER 2008, S. 13; HÜTTERMANN 1998, S. 9; siehe Kapitel 2.2.2.2 und 3.2.2.2).

7.2.5 Fachlich angemessene Konzepte zur Maßstäblichkeit fördern

Es zeigt sich ein gravierendes Gefälle in den Schülervorstellungen der vierten und elften Jahrgangsstufe zwischen Maßstäblichkeit und Verkleinerung, die im Rahmen der Datenerhebung und -auswertung in einer Kategorie zusammengefasst wurden. Die Schülerinnen und Schüler benennen wesentlich häufiger Verkleinerung (Definition14, dreizehn Schülerinnen und Schüler, siehe Kapitel 6.2.1.1) in ihren Ausführungen zu einer Definition von Karten als Maßstäblichkeit (Definition13, sieben Schülerinnen und Schüler, siehe Kapitel 6.2.1.1). Der Fachbegriff Maßstab wird in einigen Fällen durch alternative Formulierungen umschrieben (siehe auch Leitlinien 1 und 2, Kapitel 7.2.1 und 7.2.2) und bei einigen Schülerinnen und Schülern erst durch Hinweis des Interviewers auf die Maßstabzahl überhaupt verwendet. Es ist nicht auszuschließen, dass der Ausdruck bewusst außen vorgelassen wird, um Unsicherheiten zu kaschieren. Weitere Unsicherheiten sind beim Umgang mit der Maßstäblichkeit darin ersichtlich, dass fehlerhafte Berechnungen erfolgen (S6 164-165; S18 182-183), zu welchen im Rahmen des Interviews nicht aufgefordert wurde, dass offen eingeräumt wird, nicht zu wissen, wie mit der Maßstabszahl umzugehen ist (S19 196-197) oder dass die Maßstabszahl nicht als solche identifiziert wird (S8 352-357). Es sind mehr Schülerinnen und Schüler, die einen großen und kleinen Maßstab fachlich betrachtet falsch verwenden (Maßstäblichkeit und Verkleinerung8, siehe Kapitel 6.2.4.1) als solche, die die beiden Attribute korrekt anwenden (Maßstäblichkeit und Verkleinerung10, siehe Kapitel 6.2.4.1), wobei die Mehrheit der Interviewpartnerinnen und -partner beim Vergleich von Karten bezüglich der Maßstabsebene auf Angaben in Verbindung mit dem Maßstab ganz verzichtet.

Einen Ausgangspunkt zur Interpretation der großen Diskrepanz zwischen der fachlichen Perspektive und den Schülervorstellungen bietet DISESSAS Fragmentierungsansatz (siehe Kapitel 2.1.4). Die verzögerte Einbindung der Konzepte zur Maßstäblichkeit, ausgelöst durch die Materialien, deutet an, dass die Maßstäblichkeit weniger eng mit anderen Konzepten zur Karte vernetzt ist. S4, S16 und S17 (siehe Anhang H) wirken kompetenter in ihren Vorstellungen zur Maßstäblichkeit als die anderen Studienteilnehmerinnen und -teilnehmer, da sie den Maßstab als elementaren Bestandteil einer Karte bezeichnen sowie den Fachbegriff selbstständig ins Interview einbringen, diesen zum Beispiel mit der Auswahl der auf der Karte dargestellten räumlichen, georeferenzierten Inhalte vernetzen (Maßstäblichkeit und Verkleinerung4, siehe Kapitel 6.2.4.1) und als Grund für elementare Vorgänge der Generalisierung anführen (Generalisierung11, siehe Kapitel 6.2.7.1). Die Konzepte Maßstäblichkeit und Verkleinerung 4 und Generalisierung11 treten auch bei anderen Schülerinnen und Schülern auf, aber in diesen Fällen wird dies lediglich mit der Verkleinerung, nicht mit dem Maßstab verbunden.

Daraus lässt sich schließen, dass solche Lernstrategien erfolgsversprechend sind, die eine bessere Vernetzung der Maßstäblichkeit mit anderen Grundelementen der Karte und Konzepten der Schülerinnen und Schüler fördern. Im Zuge dessen sollte bei der Gestaltung von Schulbüchern und Lernmaterialien Wert daraufgelegt werden, dass der Umgang mit dem Maßstab nicht abgekoppelt als ein separater Abschnitt der Einführung ins Kartenverständnis dargestellt, sondern eng mit anderen Teilbereichen der Einführung in das Kartenverständnis verbunden wird. Im Einklang mit den Ergebnissen und der Studie von UMEK (2003, S. 29) sollten Kartenzeichnen und Kartenlesen komplementär bei der Einführung ins Kartenverständnis eingesetzt werden (siehe Kapitel 3.2.2.2). Ein kontinuierliches Lernen mit und über Karten, das im Zuge der Konzeption von Spiralcurricula und der Kompetenzorientierung angebahnt werden soll, sollte mit zunehmend anspruchsvolleren Anforderungen wie der Kartenauswertung und -interpretation stets auch Lernaufgaben umfassen, die die Maßstäblichkeit einbinden, diese aber nicht ausschließlich behandeln. Zusätzlich bieten Unterrichtsansätze, die Schülervorstellungen einbeziehen, Potenziale, indem Vorstellungen aus der fachdidaktischen Forschung oder

der Schulklasse direkt bewusst gemacht und erkundet, fachliche Konzepte im Anschluss mit Bezug zu den Schülervorstellungen erarbeitet sowie angewendet und in einer Reflexion der Lernprozess sowie fachliche Konzepte und Schülervorstellungen aufgezeigt werden (siehe Tabelle 3, Kapitel 2.1.3.5). REINFRIED et al. (2013, S. 280) bestätigten beträchtliche Lernzuwächse bei solchen didaktisch rekonstruierten und lernpsychologisch optimierten Lernumgebungen (siehe Kapitel 3.1). Eine weitere Fördermaßnahme kann die Einbindung von Maßstäben bei der Orientierung im Realraum sein, so wie es von KASTENS und LIBEN (2010, S. 337) zur Verbesserung der Fähigkeit, Standorte im Realraum auf einer Karte zu lokalisieren, vorgeschlagen wird (siehe Kapitel 3.2.1.3). Die Studien von HERZIG et al. (2007, S. 320-321, 324-325) und KUCKUCK und VELTMAAT (2016, S. 304, 307-308) stellten Defizite bei Studierenden bezüglich des Umgangs mit dem Maßstab fest (siehe Kapitel 3.2.2.2). Daher scheint es ein erstrebenswerter Ansatz zu sein, Lehramtsstudierende einerseits besser im Umgang mit der Maßstäblichkeit von Karten zu fördern, andererseits aber gleichzeitig für Schülervorstellungen zu Karten und Maßstäblichkeit zu sensibilisieren, damit gezielte Fördermaßnahmen ergriffen werden können.

7.2.6   Digitale Karten stärker einbinden

Die Konzepte und individuellen Vorstellungen der Schülerinnen und Schüler demonstrieren gewisse Diskrepanzen zwischen digitalen Karten und Karten auf Papier sowie der Nutzung im Unterricht und im Alltag. S16s Aussagen stehen exemplarisch für diese Diskrepanz, indem die Nutzung von Papierkarten und einem Atlas mit „früher im Urlaub" beschrieben wird (126-127), Papierkarten noch deswegen im Haushalt vorhanden sind, weil die Eltern mehr daran gewohnt sind, und berichtet wird, dass im Unterricht ausschließlich Papierkarten verwendet werden (156-159). Dem gegenüber steht eine Vielzahl an Nutzungen von digitalen Karten im Alltag der Schülerinnen und Schüler abseits des Unterrichts, was sich besonders in den Konzepten zur Nutzung von Google Earth und Google Maps (Kartenarten2,4, siehe Kapitel 6.2.10.1), Computerspielen (Kartenarten2,5, siehe Kapitel 6.2.10.1), der Anzeige geplanter Routen durch digitale Karten und Navigationsgeräte (Kartenarten2,6, siehe Kapitel 6.2.10.1) sowie der Recherche und Erkundung bestimmter Orte mithilfe digitaler Karten (Kartenarten2,9, siehe Kapitel 6.2.10.1) ausdrückt. Kartenarten2,4 und Kartenarten2,9 treten häufiger bei den Schülerinnen und Schülern der Oberstufe auf. Dagegen weisen die Schülerinnen und Schüler der Primarstufe vermehrt das Konzept auf, dass eine Karte auf Papier ist (Kartenarten2,1, siehe Kapitel 6.2.10.1) und lehnen vehementer Beispiele digitaler Karten wie auf einem Navigationsgerät als Karte ab (Kartenarten2,10, siehe Kapitel 6.2.10.1). Daraus lässt sich schließen, dass digitale Karten fast ausschließlich in ihrer Freizeit, jedoch nicht in der Schule präsent sind und bei den Grundschülerinnen und -schülern eine größere Tendenz vorhanden ist, den Begriff der Karte auf analoge Karten zu verengen.

Aufgrund der vorliegenden Befunde sollten digitale Karten vermehrt Eingang in den Unterricht finden, um diese Diskrepanz zu verringern. Eine Bildung von Vorstellungen, die womöglich zu einseitig auf der privaten Nutzung digitaler Karten basiert, birgt unter anderem das Risiko einer mangelnden kritischen Auseinandersetzung mit kommerziellen Angeboten wie zum Beispiel Google Maps. Ein wichtiger Ansatz muss darin bestehen, die Zusammenhänge zwischen der Nutzung von Karten in der Freizeit und in der Schule klarer aufzuzeigen, da Grundelemente einer Karte sowie Kartenkompetenzen bis auf geringfügige Abweichungen sowohl auf Papier als auch auf digitalen Karten anwendbar sind. Als weiterer Schritt zur Aufhebung dieser vermeintlichen Diskrepanz können Unterrichtsvorschläge dargeboten werden, die Konzepte wie aus Kartenarten2,1 („Eine Karte ist auf Papier gedruckt", siehe Kapitel 6.2.10.1) und Kartenarten2,10 („Digitale Karten sind keine Karten", siehe Kapitel 6.2.10.1) als Ausgangspunkt und Problemstellung heranziehen, um auf dieser Basis fachlich angemessenere Konzepte zu konstruieren, anzuwenden und den Lernprozess zu reflektieren. Auch der Einsatz von digitalen Medien an außerschulischen Lernorten bzw. im Realraum zur Bestimmung des Standortes, zum Anfertigen von Wegbeschreibungen und -skizzen, Geocaching oder Kartierung bietet hierbei Möglichkeiten, wobei auch Vergleiche zwischen analogen und digitalen Karten vorgenommen werden können (LINDAU 2012, S. 49, 51-54, 56). Aufgrund der geringfügigen Unterschiede in der Erarbeitung und den Ergebnissen kann es wirksam sein, die im Unterricht gängigen Lernaufgaben mit einer Kartenauswertung anhand digitaler Karten durchzuführen. Ebenfalls können digitale Karten abseits der Angebote in Schulbüchern und Schulatlanten vermehrt als Erarbeitungsmedien Eingang finden, wie zum Beispiel Onlinekartendienste, wobei der Fokus nicht allein auf kommerziellen Angeboten wie Google Maps liegen muss, sondern auch Open Streetmap oder Angebote der Landesvermessungsämter wie der BayernAtlas genutzt werden können. Ein Aufgabenbeispiel, das sich mit einem digitalen Angebot für Rollstuhlfahrerinnen und -fahrer auseinandersetzt, steht in den Bildungsstandards im Fach Geographie für den Mittleren Schulabschluss zur Verfügung (DEUTSCHE GESELLSCHAFT FÜR GEOGRAPHIE 2020, S. 66-73). Dabei sollte beachtet werden, neben der Schulung von Kompetenzen im Umgang mit digitalen (Geo-) Medien auch das Lernen mit und über Karten sowie die Einbindung in geographische Fragestellungen zu berücksichtigen (WIEGAND 2006, S. 122). Darüber hinaus muss aber auch angestrebt werden, digitale Karten vermehrt in den Lehrplänen aller Schularten sowie Schulbüchern zu implementieren. Bisherige punktuelle Erwähnungen, zum Beispiel bei der Einführung ins Kartenverständnis in der Sekundarstufe 1, sollten um stringente Ausführungen im Sinne eines Spiralcurriculums erweitert werden. Ein entsprechender Ansatz zu GIS und deren Berücksichtigung im Lehrplan im Sinne eines additiven und kompetenzorientierten Lernens wird von Krautter (2015, S. 236) vorgeschlagen, wobei auch die Primarstufe berücksichtigt ist, indem die Verwendung einfacher, internetgestützter Kartendienste zur Erstellung der Schulumgebung empfohlen wird. Der Ansatz wird in der Sekundarstufe mit der Arbeit mit GIS fortgesetzt: Es beginnt bei den Grundlagen im Umgang mit GIS und erstreckt sich über die Erstellung von Karten anhand vorgegebener Datensätze bis hin zum Forschen mit GIS.

7.2.7 Satelliten- und Luftbilder sowie Karten in den Vorstellungen differenzieren

Die Schülervorstellungen zeigen, dass einige Schülerinnen und Schüler nicht klar zwischen Satelliten- und Luftbildern sowie Karten unterscheiden. S8 (262, 264-267, 268-269) benennt ein Luftbild unter den Materialien als bestes Beispiel einer Karte, da die ganze Landschaft sichtbar ist. S8 differenziert an dieser Stelle nicht zwischen Karte sowie Luftbild und begründet die Festlegung mit einem Mangel an Generalisierung, was eigentlich ein Grundelement einer Karte ist. Die Vermischung der Vorstellungen einer Karte mit Luft- und Satellitenbildern zeigt sich auch in zwei Konzepten: Insgesamt fünf Schülerinnen und Schüler beschreiben, dass in Karten die sichtbare Oberfläche der räumlichen, georeferenzierten Inhalte wiedergegeben wird (Grundriss5 und Generalisierung8, siehe Kapitel 6.2.6.1 und 6.2.7.1). Dies steht nicht im Einklang mit der fachlichen Perspektive und den Eigenschaften einer Karte als generalisiert und im Grundriss dargestellt (siehe Kapitel 2.2.2.2), sondern deutet die Zuschreibung der Eigenschaften von Satelliten- und Luftbildern auf Karten an. Eine mögliche Quelle der Vermischung der Vorstellungen dieser zwei Medien kann in digitalen Kartendiensten liegen, die einen einfachen Wechsel von Luft- und Satellitenbildern ermöglichen und daher ein Verschwimmen der Konzepte bewirken.

Als didaktische Konsequenz lässt sich daraus ableiten, dass der Geographieunterricht explizit die Unterscheidung der beiden kartographischen Medien vermehrt fokussieren sollte. Dabei sollten zum einen die Unterschiede zwischen Luft- und Satellitenbildern sowie Karten bezüglich Generalisierung, Grundrissdarstellung, Verwendung von Kartenzeichen und Ähnlichem in den Vordergrund gerückt werden. Ein Anknüpfungspunkt in den Vorstellungen der Schülerinnen und Schüler bietet das Konzept Definition30 (siehe Kapitel 6.2.1.1), das Karten als gemalt oder gezeichnet beschreibt und zum Beispiel von S7 (233-236) verwendet wird, um das Beispiel eines Luftbildes von einer Karte abzugrenzen. Zum anderen soll aber auch der Zusammenhang zwischen beiden Medien im Prozess der Kartenherstellung aufgezeigt werden. Hierbei bieten konstruktivistisch ausgerichtete Lernkonzepte einen Zugang, in dessen Rahmen Schülerinnen und Schüler selbstständig Karten auf der Grundlage von Satelliten- und Luftbildern erstellen. Dies kann sowohl anhand gedruckter Luft- und Satellitenbilder und deren Umsetzung als Kartenskizze als auch mithilfe einfacher GIS-Anwendungen erfolgen, womit auch eine Förderung im Sinne von Leitlinie 6 (siehe Kapitel 7.2.6) angebahnt werden kann.

7.2.8 Schülervorstellungen zur Perspektivität von Karten als Anknüpfungspunkte nutzen

Aus der Verallgemeinerung der Schülervorstellungen zur Perspektivität von Karten lässt sich schließen, dass Schülerinnen und Schüler ein Verständnis für die Subjektivität und den konstruktiven Charakter von Karten haben. Es zeigt sich bei den Schülerinnen und Schülern ein ausgeprägtes Verständnis dafür, dass sich Karten aufgrund unterschiedlicher Kartenerstellender unterscheiden (Perspektivität von Karten1, siehe Kapitel 6.2.11.1). Es werden dafür auch vielfach verschiedene Gründe wie Wissen und Fähigkeiten (Perspektivität von Karten2, siehe Kapitel 6.2.11.1), unterschiedliches Denken und Perspektiven (Perspektivität von Karten3, siehe Kapitel 6.2.11.1) oder die Herkunft der Kartenerstellenden (Perspektivität von Karten11, siehe Kapitel 6.2.11.1) angeführt. Auch weisen die Schülerinnen und Schüler in vielen Fällen Vorstellungen zu konventionellen Darstellungen in Karten wie bei der Einnordung (Perspektivität von Karten6, siehe Kapitel 6.2.11.1), der Eurozentrierung (Perspektivität von Karten7, siehe Kapitel 6.2.11.1) und der Farbauswahl (Perspektivität von Karten10, siehe Kapitel 6.2.11.1) sowie der Möglichkeit, von diesen abzuweichen (Perspektivität von Karten10, siehe Kapitel 6.2.11.1), auf. Bei diesen Konzepten sowie dem Verständnis einer Karte als Modell der Realität (Perspektivität von Karten9, siehe Kapitel 6.2.11.1) ist jedoch ein deutliches Gefälle zwischen den beiden Altersgruppen zu verzeichnen, da bei Grundschülerinnen und -schülern diese Konzepte seltener und weniger umfassend anzutreffen sind. Diese Unterschiede sind auch auf unterschiedliche Stadien in der kognitiven Entwicklung und Fähigkeiten im mehrperspektivischen und abstrakten Denken zurückzuführen.
Kinder sind zum Ende der Grundschulzeit zu Perspektivwechseln fähig (HOFMANN 2016, S. 162; SCHMEINCK 2007, S. 42), was sich in der vorliegenden Studie anhand der Vorstellungen zur Perspektivität von Karten zeigt. Daher ist es möglich, mit den Schülerinnen und Schülern Lerneinheiten zu gestalten, welche die Förderung der Reflexion über Karten bzw. reflexive Kartenkompetenz anstreben. Als Ausgangspunkt für eine Anknüpfungsstrategie (siehe Kapitel 2.1.3.4) kann das Konzept Perspektivität von Karten1 (siehe Kapitel 6.2.11.1) dienen, aber auch die Konzepte, dass Karten für bestimmte Adressaten gestaltet sein können (Perspektivität von Karten4, siehe Kapitel 6.2.11.1) und individuelle Entscheidungen von Kartenerstellenden getroffen werden (Perspektivität von Karten10, siehe Kapitel 6.2.11.1). Aufbauend auf diesen Konzepten können Schülerinnen und Schüler an Vorstellungen der Konstruiertheit von Karten und ihre Konventionen herangeführt sowie in einem reflexiven Umgang geschult werden. Die Interviews belegen jedoch auch, dass solche Vorstellungen durch entsprechendes Material wie eine

nicht eingenordete und eurozentrierte Weltkarte oder eine Kinderkarte hervorgerufen werden. Einerseits lässt sich daran erkennen, dass Vorstellungen zur Perspektivität wenig spontan verfügbar sind, andererseits aber mit entsprechenden Materialien und Impulsen Ad-Hoc-Vorstellungen (siehe Kapitel 2.1.3.1 und 2.1.3.3) entstehen, die eine reflexive Kartenarbeit ermöglichen. Ansätze zur Förderung bieten Anregungen zur reflexiven Kartenarbeit, die in Kapitel 2.2.3.2 dargelegt sind. Des Weiteren können Anstöße, um Schülerinnen und Schülern Zugänge zur Perspektivität von Karten aufzuzeigen, Unterrichtsvorschläge wie zur Erstellung von subjektiven Karten des Pausenhofs, des Schulweges, von Lieblingsorten oder zur Darstellung eines vermeintlich unbekannten Landes wie Madagaskar auf einer stummen Karte für die Grundschule sein. Für die Sekundarstufe eignen sich Ideen wie die Zeichnung von Karten zur Stützung einer Argumentation (ADAMINA 2016, S. 99, 101; DAUM 2010, S. 19-20; GRYL 2016a, S. 156; KUCKUCK et al. 2016, S. 158-169). Auch das Auslösen eines kognitiven Konfliktes (siehe Kapitel 2.1.3.4) anhand unkonventioneller Darstellungen wie in der McArthur-Karte regen die Bewusstmachung bisher impliziter Schülervorstellungen, Umlernen und Vorstellungsänderungen an.

7.2.9   Kompetenzorientierten Unterricht zu Karten konzipieren

Durch die Interviews hinweg sind Konzepte festzustellen, die eine zentrale Rolle in der fachlichen Perspektive einnehmen, aber bei den Schülerinnen und Schülern erst durch die Materialien oder Impulse aktiviert wurden, obwohl sie in früheren Phasen des Interviews passend gewesen wären. Zum einen kann dies so interpretiert werden, dass es sich dabei um Ad-Hoc-Vorstellungen (siehe Kapitel 2.1.3.1 und 2.1.3.3) handelt, die durch die Impulse und Materialien ausgelöst wurden. Zum anderen kann daraus geschlossen werden, dass es sich um träges und passives Wissen handelt, auf das in den vorigen Interviewphasen nicht zurückgegriffen wurde. Solche mutmaßlich passiven Konzepte umfassen die Angabe einer Maßstabszahl auf der Karte (Äußere Kartenlemente4 und Maßstäblichkeit und Verkleinerung3, siehe Kapitel 6.2.2.1 und 6.2.4.1), die Umrechnung von Größen in der Karte in den Realraum (Maßstäblichkeit und Verkleinerung5, siehe Kapitel 6.2.4.1), topographische und physische Karten als Kartenart (Kartenarten1,8 und Kartenarten1,9, siehe Kapitel 6.2.9.1) oder solche zur digitalen Karten als Kartenart und deren Nutzung (Kartenarten2,3, Kartenarten2,4, Kartenarten2,6, siehe Kapitel 6.2.10.1). In geringerem Umfang trat eine Aktivierung solcher Konzepte bezüglich des Vorhandenseines einer Legende (Äußere Kartenlemente3), der Darstellung von Höhenunterschieden über Höhenlinien (Verebnung1, siehe Kapitel 6.2.5.1) und über Flächenfarben (Verebnung2, siehe Kapitel 6.2.5.1) auf. Eine Aktivierung von Konzepten bzw. die Bildung von Ad-Hoc-Vorstellungen liegt auch vielfach bei Konzepten zur Perspektivität von Karten und zur Orientiertheit (u. a. Perspektivität von Karten1, Perspektivität von Karten4, Perspektivität von Karten6, Perspektivität von Karten7, siehe Kapitel 6.2.11.1; auch unter Orientiertheit3, Orientiertheit5, siehe Kapitel 6.2.8.1) vor, wobei aber davon auszugehen ist, dass eine spontane Äußerung abseits von Impulsen und Materialien nur selten vorgekommen wäre (siehe Leitlinie 8, Kap. 7.2.8).

Aus diesen Befunden lässt sich ableiten, dass Maßnahmen erfolgsversprechend sein können, die träges Wissen in ein operatives, situiertes und reflexives Wissen überführen. Ein solches Anliegen kann durch eine kompetenzorientierte Ausrichtung des Unterrichts angestrebt werden. Ein solcher Unterricht zeichnet sich unter anderem durch Zielorientierung, ein hohes Maß an Schülerorientierung, ein Anknüpfen an Lernvoraussetzungen und Vorwissen der Lernenden, kompetenzorientierte Aufgabenformate, eigenverantwortliches Lernen, situative und alltagsnahe Kontexte, konkrete Problemstellungen, kooperative Lernformen, kumulatives Lernen sowie metakognitive Unterrichtsphasen aus und grenzt sich von einem einseitigen Primat des Inhalts im Unterricht ab (HEMMER, M. 2013, S. 158; LENZ 2015, S. 278; RHODE-JÜCHTERN 2013, S. 145-146; SCHÖPS 2018a, S. 119). Solche Ansätze sollten beim Umgang mit Karten zunehmend konsequent in Lehrplänen, bei der Gestaltung von Schulbüchern und der Unterrichtsplanung berücksichtigt werden.

Es ist nicht auszuschließen, dass lediglich Fachbegriffe, zum Beispiel bei den Konzepten zu den Kartenarten nach dem Inhalt (Kartenarten1,8 und Kartenarten1,9, siehe Kapitel 6.2.9.1), nicht im aktiven Wortschatz vorhanden sind, weshalb Maßnahmen, die unter Leitlinie 1 (siehe Kapitel 7.2.1) empfohlen wurden, ebenfalls einen Beitrag schaffen können, Kompetenz und Performanz zu fördern.

7.2.10 Vernetzung zwischen Grundelementen einer Karte stärken

Ein Ausgangspunkt zur Optimierung von Lernprozessen zu Karten kann darin gesehen werden, dass die Vorstellungen der Schülerinnen und Schüler zu den verschiedenen Grundelementen besser miteinander vernetzt werden sollten. Diese Leitlinie orientiert sich am Knowledge in Pieces- oder Fragmentierungsansatz nach DISESSA, der davon ausgeht, dass das Alltagswissen eine inkohärente Struktur aufweist und eine Vielzahl isolierter Bruchstücke vorliegt (FELZMANN 2010, S. 91; FELZMANN 2013, S. 15; KRÜGER 2007, S. 88; REINFRIED 2016, S. 125; siehe Kapitel 2.1.4). Die Ergebnisse zu Schülervorstellungen zu Karten lassen den Schluss zu, dass einige Konzepte der Schülerinnen und Schüler wenig vernetzt sind und auch deshalb erst durch Materialien aktiviert werden (siehe Leitlinie 9, Kapitel 7.2.9). Solche Vermutungen zeigen sich besonders bei den kaum vorhandenen Verknüpfungen zwischen den Konzepten zur Verebnung und den nach dem Inhalt unterschiedenen Kartenarten, unter anderem auch aufgrund des mangelnden Einsatzes von Fachbegriffen wie der der physischen Karte. Ein geringer Grad an Vernetzung ist auch beim Fachbegriff Maßstab und bei den Konzepten zur Maßstäblichkeit festzustellen. Auffällig dabei ist, dass dies jedoch nicht für Konzepte zur Verkleinerung gilt, denn bei diesen ist ein hohes Maß an Vernetzung mit anderen Grundelementen einer Karte anzutreffen. Bei den Schülerinnen und Schülern tritt vermehrt das Konzept auf, dass die Wiedergabe räumlicher, georeferenzierter Inhalte von ihrer Größe abhängig ist und sie nicht sichtbar sind, wenn sie zu klein sind. Es sind aber nur zwei Schülerinnen und Schüler, die dabei auch den Maßstab einbinden. Weitere Beispiele für fest verankerte Vernetzungen in den Schülervorstellungen sind die Erklärung von Kartenzeichen in der Legende (Äußere Kartenelemente1, Kartenzeichen17, siehe Kapitel 6.2.2.1 und 6.2.3.1), die Darstellung von Höhenunterschieden mithilfe von Kartenzeichen (Kartenzeichen10, Kartenzeichen14, Verebnung1, Verebnung2, siehe Kapitel 6.2.9.1) oder die Generalisierung von räumlichen, georeferenzierten Inhalten aufgrund von Verkleinerung (Generalisierung11, siehe Kapitel 6.2.7.1).

Daher scheinen solche Lernprozesse zielführend, die auf eine stärkere Vernetzung der einzelnen Grundelemente einer Karte abzielen. Hier bieten die vermehrt anzutreffenden Konzepte (Äußere Kartenelemente1, Kartenzeichen10, Kartenzeichen14, Verebnung1, Verebnung2, Generalisierung11) einen Ausgangspunkt, von welchem dann weitere Verknüpfungen bewusstgemacht werden können. Gewinnbringend scheinen auch solche Unterrichtsansätze zu sein, die die Grundelemente einer Karte nicht isoliert vermitteln, sondern kontinuierlich in einen erweiterten Kontext einbinden (wie in Bezug auf Maßstäblichkeit; siehe Leitlinie 5, Kapitel 7.2.5). Ein vielversprechender Ansatz kann auch die Visualisierung der Beziehungen der Grundelemente einer Karte bieten, die mit Schülerinnen und Schülern in Form von Mind oder Concept Maps erarbeitet werden und behilflich sein können, solche Vernetzungen sichtbar zu machen. Die Anfertigung einer Karte, sowohl händisch als auch digital, kann ebenfalls einen wichtigen Beitrag leisten, da die Umsetzung der verschiedenen Grundelemente einer Karte eine vernetzte Betrachtung verlangt und von den Schülerinnen und Schülern berücksichtigt werden muss.

7.2.11 Lehr- und Lernprozesse mit Karten fächerübergreifend verankern

Karten spielen eine erhebliche Rolle im Geographieunterricht. Die befragten Schülerinnen und Schüler der Oberstufe berichten jedoch auch auf Nachfrage vom Einsatz von Karten in anderen Fächern. Darunter fallen die Schulfächer Wirtschaft und Recht (zum Beispiel zum Handel, zur Europäischen Union, zur Arbeitslosigkeit, S16 164-165; S18 248-253; S19 274-275), Sozialkunde (Weltkarten zu Vorurteilen und verschiedenen Perspektiven; S19 297), Geschichte (zum Beispiel zu Kriegen, Aufgliederung des deutschsprachigen Raumes in verschiedene Staaten S17 172-173; S19 280-285), Deutsch (zum Beispiel die Herkunft deutscher Dichter, S18 248-253) Fremdsprachen (zum Beispiel Übungen zur Wegbeschreibung, S23 biographischer Hintergrund) und Biologie (zu Ökosystemen und Verteilung von Arten; S17 172-173), Kunst (Karten zeichnen; S19 276-279) und Religion (Karte zur Region um Jerusalem; S19 280-285). Hinzu kommt eine intensive Verbindung mit dem Fach Mathematik. Neben der Berechnung von Strecken anhand von Karten (S21 311-316) oder der Verknüpfung der Darstellung von Höhenunterschieden mit Mathematik (S13 77-78, 86), ist bei drei Schülerinnen und Schülern ein Konzept in der Kategorie Maßstäblichkeit und Verkleinerung festzustellen, das eine Verbindung mit dem Fach Mathematik herstellt (Maßstäblichkeit und Verkleinerung9, siehe Kapitel 6.2.4.1).

Diese Assoziationen mit anderen Fächern belegen, dass die Schülerinnen und Schüler die Arbeit mit Karten nicht ausschließlich mit dem Schulfach Geographie verbinden. Bei der Verbindung von Mathematik sowie Maßstäblichkeit und Verkleinerung ist nicht auszuschließen, dass dies auch einen Einfluss auf die Fragmentierung der Konzepte zur Maßstäblichkeit bzw. die größere Diskrepanz zwischen fachlicher Perspektive und Schülervorstellungen hat. Daher ist es wünschenswert, ein fächerübergreifendes Spiralcurriculum zur Arbeit mit Karten als Teilbereich der Lehrpläne zu implementieren, so dass in allen Fächern Karten einheitlich verwendet werden. Aufgrund der Fächerprofile ist es ratsam, dass der Schwerpunkt des Unterrichts mit Karten bei der Geographie bleibt, indem Teilkompetenzen der Kartenkompetenz im Geographieunterricht eingeführt und erstmalig angewendet werden. Es sollen jedoch auch Anliegen anderer Fächer berücksichtigt werden und umgekehrt andere Fächer die in der Geographie angebahnten Kompetenzen aufnehmen. Damit kann vermieden werden, dass bei Schülerinnen und Schülern womöglich fragmentierte oder nur lose verbundene, domänenspezifische Vorstellungen zu Karten und Kartenarbeit entstehen, sondern sich ein kohärentes und vernetztes Gesamtbild von Karten und ein kompetenter Umgang entwickeln kann. Des Weiteren sollten Lehrwerke über alle Fächer hinweg an geeigneten Stellen vermehrt Karten anstatt von Texten einbinden. Solche geeigneten Stellen lassen sich anhand der Studie von DICKMANN und DIEKMANN-BOUBAKER (2008, S. 13-14) identifizieren: Bei Verortungen und der Erarbeitung raumgreifender Phänomene bieten Karten gegenüber Texten große Vorteile. Darüber hinaus bieten Karten eine Möglichkeit zur Verankerung von Lerninhalten über mehrere Wahrnehmungskanäle.

7.2.12   Unterricht beeinflusst Vorstellungen: Potenziale nutzen

Die Studie setzte bewusst nicht bei Präkonzepten der Schülerinnen und Schüler an, da ein Vergleich anhand einer vergleichbaren Interviewstruktur mit Lernenden der ersten Jahrgangsstufe nicht umzusetzen gewesen wäre (siehe Kapitel 5.2.2 und 5.2.3). Daher kann man die Ergebnisse dieser Studie als Postkonzepte, die nach einer unterrichtlichen Intervention vorhanden sind, Hybrid- und Zwischenvorstellungen, die die Vermischung von fachwissenschaftlichen und alltäglichen

Vorstellungen bezeichnen und eine nützliche Stufe im Lernprozess sein können, beschreiben (JUNG 1993, S. 95; MÖLLER 1999, S. 143; NIEDDERER 1996, S. 127, 140; NIEDDERER, GOLDBERG 1995, S. 75; REINFRIED 2010, S. 7; SCHUBERT 2012, S. 5; WOLBERG, WRENGER 2015, S. 209). Einige Konzepte erwecken den Eindruck, dass sie dem Unterricht entstammen: Die Beschreibung des Maßstabsverhältnisses (Maßstäblichkeit und Verkleinerung5, siehe Kapitel 6.2.5.1) kann als ein Beispiel gesehen werden, dass ein wahrscheinlich im Unterricht gebildetes Konzept bei den Schülerinnen und Schülern verankert ist. Jedoch ist dabei auch ein gewisses Maß an Unsicherheit festzustellen, so dass das Konzept einiger Schülerinnen und Schüler noch eine Diskrepanz zu den fachlichen Vorstellungen aufweist. Des Weiteren berichten Schülerinnen und Schüler zwar nicht detailliert, aber teils differenziert von ihrem Unterricht, den sie zu Karten erhalten haben, auf die biographischen Fragen zum Ende der Interviews hin. Dabei werden häufig Kartenarten, die nach dem räumlichen, georeferenzierten Inhalt unterschieden werden, wie eine Welt- oder Deutschlandkarte, Karten aus den Interviewmaterialien, aber auch die aus der fachlichen Perspektive relevanten Grundelemente einer Karte wie Kartenzeichen (S4 169-170; S6 225-228; S14 339-342; S17 168-171), die Legende (S13 317-318; S17 168-171; S20 284-285; S22 biographischer Hintergrund), der Maßstab (S13 315-316; S20 284-285; S22 biographischer Hintergrund) oder Kartenarten wie die physische oder topographische Karte (S17 166-167; S19 268-269; S20 284-285) benannt. In einigen Fällen werden Vorstellungen mit konkreten Unterrichtserfahrungen verbunden: Das Beispiel einer physischen Karte, M2, wird von einigen Schülerinnen und Schülern wiedererkannt und als häufig im Unterricht eingesetzt beschrieben (S4 169-170; S16 106-109; S18 150-151). Ebenfalls wird von Verortungen anhand von Begriffen wie „links" und „rechts" anstatt von Himmelsrichtungen (S21 243-244), der Nähe von Gebirgen am Meer und das dies nur schwer vorstellbar ist (S20 72-73) sowie von Aufgaben zur Interpretation von Höhenlinien und der Erklärung dieser im HSU-Buch berichtet (S13 77-78, 88).

Diese Befunde belegen, dass dem Unterricht ein erheblicher Einfluss auf die Schülervorstellungen zu Karten zuzurechnen ist. Zum gleichen Befund kam die EKROS-Studie zu Einflussfaktoren auf die kartengestützte Orientierung im Realraum (siehe Kapitel 3.2.1.3), die empirisch belegt Erfahrungen im Kartenlesen und damit verbunden dem Unterricht eine erhebliche Rolle beimisst (HEMMER, I. et al. 2012c, S. 142; HEMMER, I. et al. 2013, S. 37). Der Unterricht bietet ein großes Potenzial, Schülervorstellungen zu Karten hin zu fachlich angemesseneren Konzepten zu verändern, fehlerhafte Konzepte zu vermeiden und die Schülerinnen und Schüler bei ihren Vorstellungen abzuholen und ihre Vorstellungen zu erweitern. Eine Optimierung von Lernprozessen, wie sie in den anderen Leitlinien vorgeschlagen wird, kann Lernerfolge bei den Schülerinnen und Schülern hervorbringen. Außerdem sollte das Potenzial des Unterrichts genutzt werden, um die Bereiche von Karten, in denen die Schülerinnen und Schüler vorwiegend durch die Nutzung im Alltag abseits des Unterrichts geprägt sind, zu beeinflussen. Bei der Nutzung digitaler

Karten kann der Geographieunterricht einen wichtigen Beitrag dazu leisten, einen mündigen und kritischen Umgang zu schulen, der bei der Nutzung kommerzieller Angebote von enormer Bedeutung ist (siehe Leitlinie 6 in Kapitel 7.2.6).

7.3   Methodenkritik und Reflexion

Nach der Vorstellung und Diskussion der Ergebnisse sowie der Ableitung didaktischer Leitlinien soll nun eine Reflexion des Forschungsprozesses zu Schülervorstellungen zu Karten erfolgen, in deren Rahmen auch das methodische Vorgehen der vorliegenden Studie kritisch betrachtet werden soll.

Ausgangspunkt des Forschungsprozesses war ein Interesse an dem kritischen und reflexiven Umgang von Schülerinnen und Schülern mit dem Medium der Karte. Zwar liegen in diesem Bereich bereits einige konzeptionelle Grundlagen vor (siehe Kapitel 2.2.3.2). Jedoch sind nicht nur wenige empirische Befunde aus Interventions- oder Evaluationsforschungen verfügbar. Daher wurde der Weg eingeschlagen, eine breitere Basis zu schaffen und Grundlagenforschung voranzutreiben. Im Rückblick bewährte sich die Entscheidung für den Ansatz der Schülervorstellungen, um einen Einblick in das Denken über, Einstellungen zu und Erfahrungen mit Karten von Lernenden zu erhalten. Damit kann gegebenenfalls eine breitere Basis für Interventions- oder Evaluationsforschungen geschaffen werden (siehe Kapitel 8), die sich womöglich mit dem kritischen und reflexiven Umgang von Schülerinnen und Schülern mit dem Medium der Karte auseinandersetzen.

Im Rahmen des Forschungsansatzes der Didaktischen Rekonstruktion wurde zugunsten eines Fokus auf die Ermittlung von Schülervorstellungen auf die intensive Analyse fachwissenschaftlicher Vorstellungen verzichtet. Die Auswertung von Fachliteratur wurde nicht als Untersuchungsaufgabe mit in die Erhebung einbezogen. Aufgrund der Vielzahl an relevanten Veröffentlichungen aus verschiedenen Teildisziplinen der Geographie hätte eine strenge Begrenzung auf wenige Werke erfolgen müssen, um den Arbeitsaufwand verhältnismäßig zu gestalten. Eine Auswertung von Einführungswerken der Kartographie mithilfe der qualitativen Inhaltsanalyse wurde als zu langwierig eingestuft. Es wurde außerdem nicht davon ausgegangen, dass sich erhebliche Unterschiede zwischen einer intensiven Untersuchung und der Analyse von relevantem Schrifttum ergeben. Aus ähnlichen Gründen wurde auch auf die Befragung von Expertinnen und Experten in diesem Feld verzichtet. Daher wurde entschieden, sich auf die Erhebung von Schülervorstellungen zu konzentrieren und die fachliche Perspektive auf Grundlage einer Analyse der fachwissenschaftlichen und fachdidaktischen Literatur vorzunehmen. Konsequent wurde nicht eine didaktische Strukturierung, d. h. ein systematischer Vergleich von fachlichen und Schülervorstellungen, durchgeführt, sondern es wurden anhand der fachlichen Grundlegung Konzepte innerhalb der Schülervorstellungen aufgezeigt, die Abweichungen oder Widersprüche zur fachlichen Perspektive aufweisen. Eine intensive Auswertung der fachlichen Vorstellungen hätte sicherlich weitere lohnenswerte Ergebnisse hervorbringen können. Jedoch stand der zu erwartende Ertrag nicht im Verhältnis zum Aufwand.

Hinsichtlich der Durchführung der Erhebung ist kritisch zu beleuchten, inwiefern die Wahl der Schule als Interviewort Einfluss auf die Ergebnisse hat. Wie in Kapitel 5.2.5 dargelegt, gab es gute Gründe für diese Entscheidung. Dennoch ist nicht auszuschließen, dass ein gewisses Maß an sozialer Erwünschtheit sich auf die Probandinnen und Probanden auswirkte. Außerdem ist von einem gewissen „schulischen Denken" der Schülerinnen und Schüler auszugehen, das auch aufgrund des Interviewortes geäußert wurde. Ein Hinweis darauf ist die zu Beginn des Interviews verhältnismäßig geringe Bezugnahme auf digitale Karten, welche von Schülerinnen und Schülern wenig mit der Schule in Verbindung gebracht werden (siehe Kapitel 6.2.10.2). Dagegen sprechen jedoch die Befunde zur Maßstäblichkeit von Karten, bei welchen von einem hohen Maß an Verknüpfung mit dem Unterricht auszugehen ist, die aber trotzdem verhältnismäßig wenig im Interview ohne den Einfluss von Materialien zur Sprache kommen (siehe Kapitel 6.2.4.2). Auch wenn solche Anzeichen sozialer Erwünschtheit und schulischen Denkens sich in den Ergebnissen niederschlagen, ist zu betonen, dass besonders im Interviewvorspann Maßnahmen ergriffen wurden, die solchen Einflüssen entgegenwirken sollten. Ebenfalls sprechen die Erwähnung eigener, alltäglicher Erfahrungen und Assoziationen sowie persönlicher Hintergründe im ersten Block des Interviews (S5 15-16; S11 9-12; S18 12-15; S22 15-18) oder das Anfertigen von Kartenskizzen, die sich aus den freizeitlichen und alltäglichen Aktivitäten und Erfahrungen der Schülerinnen und Schüler speisen, wie die Karte Australiens aufgrund eines Aufenthaltes (S23 202-203) oder die eines Freizeitparkes (S5 17-22, 24, 25-32, 56-57, 242-243), dafür, dass nicht überwiegend schulisch bedingte Vorstellungen in den Interviews zum Vorschein traten. Dennoch gilt auch für diese Studie, dass Schülervorstellungen kontext- und methodenspezifisch sind (HAMMANN, ASSHOFF 2014, S. 22-23).

Der Aufbau des Interviewleitfadens und damit verbunden die Durchführung der Interviews erwiesen sich als günstig. Die Konstruktion des zweiten Interviewblocks als Sondierung und des dritten Interviewblocks als variierte Wiederholung bewirkten (siehe Kapitel 5.2.2), dass einige Konzepte, die bei der Besprechung der Kartenskizze im zweiten Block auftraten, im dritten Block anhand des Kartenmaterials erneut zum Vorschein kamen. Außerdem bewährte sich, dass das Kartenmaterial erst im dritten Interviewblock eingesetzt wurde. Somit konnte beispielsweise die verhältnismäßig geringfügige Einbindung von Maßstäblichkeit und digitalen Karten in den ersten Assoziationen einiger Schülerinnen und Schüler aufgedeckt werden. Jedoch ermöglichte das Material im weiteren Interviewverlauf, Schülervorstellungen auch zu bisher unerwähnten Bereichen zu explorieren. Die Interviews dauerten zwar ungefähr 57 bis 75 Minuten mit den Grundschülerinnen und -schülern sowie 75 bis 88 Minuten mit den Oberstufenschülerinnen und -schülern. Bei der Befragung von S22 und S23 wurde aufgrund der Länge des Interviews der biographische Hintergrund im Nachgang per Fragebogen erhoben. Trotz der Länge ergaben sich aus der abwechslungsreichen Gestaltung mit unterschiedlichen Aktivitäten wie das Zeichnen von Kartenskizzen und das Anordnen der Materialien keine Konzentrationsschwächen bei den Probandinnen und Probanden, so dass jedes Interview für die weitere Forschung verwertbar war.

Aufgrund des Interviewleitfadens und der Durchführung der Interviews ist von einem gewissen Maß an Ad-Hoc-Vorstellungen auszugehen (siehe Kapitel 2.1.3.1 und 2.1.3.3). Darauf wurde bei Konzepten, bei denen ein solcher Einfluss zu vermuten ist, entsprechend eingegangen (siehe Kapitel 6.2). Dabei sind Auswirkungen der Interviewmaterialien sowie der Impulse an einigen Stellen deutlich ersichtlich. Unter anderem sind die in der Kategorie Kartenzeichen verallgemeinerten Konzepte Kartenzeichen6 („Landwirtschaftliche Anbauprodukte und Erzeugungsschwerpunkte werden in Karten mit punktuellen Kartenzeichen dargestellt“, siehe Kapitel 6.2.3.1) durch das Kartenmaterial und Kartenzeichen12 („Flüsse werden in Karten mit linearen Kartenzeichen dargestellt“, siehe Kapitel 6.2.3.1) teils durch die Impulse des Interviewers hervorgerufen oder ad-hoc gebildet worden. Es erfolgte eine gewisse Lenkung der Schülervorstellungen durch leitfadengestützte Interviews (siehe Kapitel 5.2.1, 5.2.2). Aus dieser Sicht hätten offenere Interviewformen einen Vorteil geboten, indem Einflüsse durch den Interviewleitfaden reduziert worden wären. Auf der anderen Seite hätte dies einen Verlust bei der Vergleichbarkeit der Interviews, auch zwischen den verschiedenen Altersgruppen, bedeutet. Zusätzlich hätte damit gerechnet werden müssen, dass zu Kategorien wie der Perspektivität von Karten kaum, in einigen Fällen gar keine Aussagen getätigt worden wären. In diesem Kontext erwies sich der Ansatz, erst im dritten Block des Interviews Materialien einzubringen, als gelungen, um beispielsweise die geringfügige Einbindung von digitalen Karten sowie der Maßstäblichkeit offenzulegen.

Bei der Datenauswertung mithilfe der qualitativen Inhaltsanalyse stellte sich die Aufteilung in zwei Schritte als gewinnbringend heraus. Somit wurde die Empfehlung eines mehrstufigen Verfahrens bei der Analyse des Datenmaterials erfüllt (KUCKARTZ 2018, S. 97-98). Außerdem ermöglichte das schrittweise Vorgehen eine bessere Einübung und ein reflektiertes Vorgehen bei der qualitativen Inhaltsanalyse. Es entstanden handhabbare und übersichtliche Codierleitfäden (siehe Anhang G), was sich auch bei der Bestimmung der Intercoderreliabilität und der Erklärung des Codierleitfadens gegenüber der Zweitcodiererin als günstig erwies (siehe Kapitel 5.5.2).

Bei der Interpretation der Daten ergaben sich verschiedene Herausforderungen. Einerseits wurden in der vorliegenden Studie keine Unterschiede zwischen Konzepten und Denkfiguren ausgewiesen (siehe Kapitel 2.1.3.3). Einige verallgemeinerte Konzepte weisen Merkmale von Denkfiguren auf: So scheinen beispielsweise Generalisierung11 („Inhalte werden aufgrund von Maßstäblichkeit und Verkleinerung auf Karten generalisiert", siehe Kapitel 6.2.7.1) und Äußere Kartenelemente1 („Die Legende erklärt die Bedeutung der Kartenzeichen", siehe Kapitel 6.2.2.1) zwei Konzepte zu verbinden. Jedoch ist eine klare Abgrenzung zwischen Konzepten und Denkfiguren nicht eindeutig zu ziehen, da beide als mittlere Komplexitätsebene beschrieben und im sprachlichen Bereich durch einen Satz, eine Aussage oder eine Behauptung im Fall des Konzeptes, im Fall der Denkfigur durch einen Grundsatz ausgedrückt werden (BAALMANN et al. 2004, S. 8; GROPENGIEßER 2007a, S. 31; LANGE 2010, S. 60). Dabei spielt auch eine Rolle, dass sprachlicher und gedanklicher Bereich nicht gleichzusetzen sind, so dass beispielsweise die Nennung eines Fachbegriffes nicht gleichbedeutend mit einem entsprechend wissenschaftlich angemessenen Konzept ist (GROPENGIEßER 2008b, S. 13; RIEMEIER 2004, S. 131, 138; RIEMEIER 2007, S. 74-75). Solche Fälle sind in den Schülervorstellungen zu Karten festzustellen: Nicht immer folgte der Verwendung des Begriffes Maßstab ein fachlich angemessenes Konzept bzw. bestehen Zweifel, ob das Konzept Überschneidungen mit der wissenschaftlichen Perspektive aufweist (S7 300-301; S11 203-204, 205-206; S18 182-183; S19 196-197). S6 (16-17) verwechselt offenkundig den Fachbegriff der Legende mit dem Konzept des Maßstabes. Jedoch stellte es sich als anspruchsvoller heraus, die Konzepte der Schülerinnen und Schüler zu erkennen und in ein Verhältnis zur fachlichen Perspektive zu setzen, wenn diese ohne Fachbegriffe beschrieben wurden. Es konnte aber in den meisten Fällen eine schlüssige Zuordnung in die Kategorien und Subkategorien erfolgen und es sind Rückschlüsse auf die Unterschiede im sprachlichen Ausdruck der Schülerinnen und Schüler sowie der Fachwissenschaften möglich.

Bei der Reflexion der vorliegenden Arbeit ist im Sinne des Gütekriteriums der Limitation (siehe Kapitel 5.5.1) die Verallgemeinerbarkeit der Ergebnisse zu diskutieren. Hinsichtlich der Konstruktion der Samplings wurde sich bemüht, möglichst facettenreich und varianzmaximierend Schülervorstellungen zu Karten zu erheben (siehe Kapitel 5.2.3). So wurde ein fast ausgeglichenes Geschlechterverhältnis hergestellt sowie in der Hauptstudie sechzehn Schülerinnen und Schüler aus sechs unterschiedlichen Schulen aus verschiedenen Städten Bayerns ausgewählt, worunter sich Schulen in einer Kleinstadt mit Einzugsgebiet im ländlichen Raum, im suburbanen Raum, am Rande einer Trabantenstadt, in einer Mittelstadt sowie einer Großstadt befinden. Dennoch mussten bei begrenzten Ressourcen und beschränkten Zugangsmöglichkeiten zu Probandinnen und Probanden Konzessionen in Kauf genommen werden. So wurde sich auf die Erhebung mit Schülerinnen und Schülern der vierten und der elften Jahrgangsstufe beschränkt, um anhand eines nahezu unveränderten Interviewleitfadens für beide Jahrgangsstufen ein gewisses Maß an Vergleichbarkeit herzustellen. Die Konzentration auf Schülerinnen und Schüler mit gymnasialer Eignung bzw. am Gymnasium erfolgte, um eine Kontaktmöglichkeit bei den Schülerinnen und Schülern der elften Jahrgangsstufe zu haben. Daher kann nicht von einer uneingeschränkten Verallgemeinerung auf andere Schularten der Sekundarstufe ausgegangen werden. Es ist aber, unter anderem aufgrund gleichartiger neuronaler Strukturen, ähnlicher Erfahrungen und gemeinsamer Sprache zu vermuten, dass sich eine Vielzahl der verallgemeinerten Konzepte auch in den Vorstellungen der Schülerinnen und Schüler anderer Schularten wiederfinden lässt und somit eine gewisse Aussagekraft vorhanden ist, so dass von einer theoretischen Generalisierung und einer Rekonstruktion des Allgemeinen im Denken durch die Analyse der Besonderheiten des Einzelfalls ausgegangen werden kann (FLICK 2019a, S. 260; GROPENGIEßER 2007a, S. 148; GROPENGIEßER 2008a, S. 182; HELFERRICH 2011, S. 173; KRÜGER, RIEMEIER 2014, S. 134; MERKENS 2019, S. 291; REINDERS 2016, S. 118).

Ein für diese Studie relevanter Punkt der Reflexion ist die intensive und zeitlich aufwendige Analyse der Schülervorstellungen bei einer gleichzeitig geringen Anzahl an Probandinnen und Probanden. Der hohe Zeitaufwand ist auch auf die geringe Erfahrung des Autors im Umgang mit qualitativen Forschungsmethoden sowie qualitativer Inhaltsanalyse zurückzuführen. Jedoch stellte sich die Datenmenge im Verlauf der Auswertung als dermaßen umfangreich heraus, dass auf die weitere Analyse der ursprünglich geplanten Kategorien „Kartenherstellung" und „Zwischen Bild und Text", die bei der Konstruktion des Interviewleitfadens beachtet wurden, verzichtet wurde, um den Aufwand angesichts der verfügbaren Ressourcen beherrschbar zu halten. Dennoch fanden Aspekte dieser beiden Kategorien Eingang in die Ergebnisse, sofern sie im Zusammenhang mit anderen Kategorien auftraten, wie zum Beispiel in den Konzepten Definition25 („Karte ist etwas Bildliches und nicht etwas Textliches", siehe Kapitel 6.2.1.1) oder Maßstäblichkeit und Verkleinerung12 („Bei der Herstellung einer Karte wird ein Maßstab festgelegt", siehe Kapitel 6.2.4.1) zu erkennen ist. Die Konzentration auf elf anstatt ursprünglich geplant dreizehn Kategorien erfolgte zusätzlich, um Übersichtlichkeit und Lesbarkeit bei der Darstellung, Interpretation und Diskussion der Ergebnisse zu gewährleisten. Dazu war ebenfalls ein hohes Maß an Zusammenfassung des Materials notwendig. Erste Schritte der Komprimierung wurden bereits bei der Datenaufbereitung ergriffen (siehe Kapitel 5.3). Insbesondere im Rahmen der qualitativen Inhaltsanalyse 2 wurde in mehreren Schritten das Material weiter zusammengefasst, indem beispielsweise Kernaussagen aus den codierten Passagen herausgefiltert wurden (siehe Kapitel 5.4.1 und 5.4.2). Diese Schritte der Verdichtung waren notwendig, um das Material für die Auswertung beherrschbar zu machen, wofür sich die Techniken der qualitativen Inhaltsanalyse als günstig herausstellten. Dennoch geht die Komprimierung des Datenmaterials einerseits mit einem Informationsverlust einher, obwohl sämtliche Schritte der Zusammenfassung anstrebten, gehaltvolle Abschnitte zu erhalten und wenig Relevantes auszusortieren. Dennoch ist ein gewisser Informationsverlust, auch aufgrund der Extraktion aus dem Gesamtkontext des Interviews, zu konstatieren. Hinzu kommt, dass bereits mit der Transkription des Interviewmaterials ein gewisses Maß an Subjektivität auftritt, das sich bei der Datenauswertung in noch größerem Umfang bemerkbar macht. Hierbei ist sicherlich der berufliche Werdegang des Autors als Lehrkraft am Gymnasium von gewisser Bedeutung. Dies erwies sich einerseits als vorteilhaft aufgrund der Vorerfahrungen für das Forschungsvorhaben. Jedoch erzeugte dieser Hintergrund eine bestimmte Perspektive, die beispielsweise mit einem anderen Hintergrund ein anderes Vorgehen bei der Datenerhebung und -auswertung nach sich gezogen hätte. Über die Datenauswertung hinweg nahm aus Sicht des Forschers die Reflexion dieses beruflichen Hintergrundes zu und mündete in das Bemühen, ein größeres Verständnis für die Perspektiven der Schülerinnen und Schüler zu entwickeln. Diese Veränderung beeinflusste die qualitative Inhaltsanalyse und die Verallgemeinerung der Konzepte. Jedoch war eine solche Reflexivität der Perspektive des Forschenden noch nicht in diesem Ausmaß bei der Konstruktion des Leitfadens und der Durchführung der Interviews vorhanden, was jedoch im Rahmen des Forschungsprozesses irreversibel ist. Es wurde sich bemüht, die Subjektivität des Forschenden an relevanten Stellen durch die Einbindung einer Zweitcodiererin in der qualitativen Inhaltsanalyse 1 im Auge zu behalten. Dennoch ist ein gewisses Maß an Subjektivität bei der Datenaufbereitung, -auswertung, Ergebnisdarstellung und -diskussion zu berücksichtigen, was jedoch als ein Merkmal qualitativer Forschung zu sehen ist und entsprechend in der vorliegenden Arbeit transparent aufgezeigt wird (DÖRING, BORTZ 2016, S. 111).

8   Ausblick

In der vorliegenden Studie wurden Schülervorstellungen zu Karten untersucht. Dazu wurde anhand der Analyse kartographischer und fachdidaktischer Literatur ein Leitfaden konstruiert, mit welchem Schülerinnen und Schüler vor dem Eintritt in die und nach der Sekundarstufe 1 zu ihren Vorstellungen über Karten interviewt wurden. Nach der Aufbereitung der Daten wurden die Interviews mithilfe verschiedener Techniken der qualitativen Inhaltsanalyse ausgewertet, um somit die Vorstellungen auf individueller Ebene zu analysieren und verallgemeinerte Konzepte zu ermitteln, auch im Vergleich zwischen den beiden Altersgruppen. Zuletzt wurden die Ergebnisse als Basis genutzt, um didaktische Leitlinien aufzustellen, die sich als förderlich für das Lernen mit Karten herausstellen können.
Es wäre erfreulich, wenn die Ergebnisse dieses Forschungsprojekts die Grundlage für weitere Forschungsvorhaben bilden könnten. Im Rahmen der Studie hat sich herausgestellt, dass die Karte und ihre Grundelemente ein umfangreiches Feld zur Ermittlung von Schülervorstellungen sind. Zwar war es der logische Schritt, zunächst bei der Karte als Ausgangspunkt zur Ermittlung von Schülervorstellungen anzusetzen. Jedoch scheinen Grundelemente der Karte wie Maßstäblichkeit, Generalisierung und Verebnung dafür geeignet zu sein, die Vorstellungen von Lernenden dazu vertiefter zu untersuchen. Hierbei ist auch ein Ansatz vielversprechend, der sich auf eine andere Komplexitätsebene von Vorstellungen bezieht und

sich beispielsweise auf Denkfiguren fokussiert (siehe Kapitel 2.1.3.3). Auf Basis der verallgemeinerten Konzepte könnten nun Forschungsvorhaben in den Vordergrund gerückt werden, die auf quantitativen Methoden oder Mixed-Methods-Ansätzen beruhen und somit eine repräsentative Ausprägung von Schülervorstellungen zu Karten zu ermitteln. In diesem Kontext, aber auch mit qualitativen Ansätzen, können anders zusammengesetzte Stichproben untersucht werden. Erstrebenswert scheinen dabei Ausweitungen auf andere Altersstufen von Lernenden, der Fokus auf Schülerinnen und Schüler anderer Schularten oder die Befragung von Erwachsenen. Von großer Bedeutung könnte die Untersuchung von Lehrkräften sein, um ein Bild über die Vorstellungen von Karten dieser Gruppe zu erhalten und möglicherweise Einflüsse auf Schülervorstellungen beschreiben zu können.

Im Bereich der Geographiedidaktik belegt die vorliegende Forschung, dass es lohnend ist, Schülervorstellungen zu Medien, die im Geographieunterricht eine wichtige Rolle spielen, vermehrt in den Augenschein zu nehmen. Dabei kann bezüglich der Karte der Fokus auf die Anwendung und Nutzung von Karten verschoben werden, so wie es REINFRIED und SCHULER (2009, S. 131) für das Kartenlesen vorgeschlagen haben. Darüber hinaus scheinen aber aufgrund der vorliegenden Ergebnisse (siehe Kapitel 6.2.10.2) auch vertiefte Untersuchungen zu digitalen Karten, GIS und virtuellen Globen erstrebenswert. Zusätzlich bieten einige verallgemeinerte Konzepte (Grundriss5 „In Karten wird die sichtbare Oberfläche von Inhalten dargestellt", siehe Kapitel 6.2.6.1; Generalisierung8 „Es wird das von oben Sichtbare vereinfacht in der Karte dargestellt", siehe Kapitel 6.2.7.1) der vorliegenden Forschung Ansatzpunkte für die Beforschung von Vorstellungen zu Luft- und Satellitenbildern, da womöglich eine gewisse Verwechslung oder Vermischung der Vorstellungen zu Karten sowie Luft- und Satellitenbildern besteht. Weiterhin können die Ergebnisse zu Schülervorstellungen von Karten einen Anknüpfungspunkt für weitere Forschungen zur Reflexion über Karten bilden, da mit den Ergebnissen, insbesondere aus der Kategorie Perspektivität von Karten, Einblicke vorliegen, über welche Fähigkeiten und Denkweisen Schülerinnen und Schüler in diesem Bereich verfügen.

Ein weiteres interessantes Forschungsdesiderat liegt in der Analyse hinsichtlich des Knowledge in Pieces- oder Fragmentierungsansatzes nach DISESSA (siehe Kapitel 2.1.4). Einige Befunde der Schülervorstellungen zu Karten deuten ein teils bruchstückhaftes Gefüge von Vorstellungen an. Dahingehend kann eine Vertiefung in Anlehnung an die Untersuchung von REINFRIED (2016, S. 129) und REINFRIED und KÜNZLE (2020, S. 1, 5) zum Fragmentierungsansatz bezüglich Wasserquellen anhand des Untersuchungsgegenstandes zu Karten ein interessantes Projekt darstellen. Des Weiteren sollte ein Augenmerk auf Untersuchungen zu Veränderungen von Konzepten gelegt werden. Die in dieser Studie vorgelegten Ergebnisse können den Ausgangspunkt für konstruktivistisch gestaltete sowie auf Prinzipien der Didaktischen Rekonstruktion und des Conceptual Change abgestimmte Lernumgebungen bilden (siehe Kapitel 2.1.3.5). Im Rahmen von Interventionsstudien oder im Rahmen von Design-Based Research kann die Wirksamkeit von solchen Unterrichtsansätzen weiter beleuchtet und es können Lernprozesse optimiert werden.

Für den Unterricht in den Schulen wäre es wünschenswert, dass Schülervorstellungen eine größere Wertschätzung erfahren. Dies beginnt bereits bei der Ausbildung von Lehrkräften an den Universitäten. Dennoch sollten die Ergebnisse der Schülervorstellungsforschung vermehrt Eingang in Lehrpläne, Lehrwerke, Unterrichtskonzepte sowie Lehrkräftefortbildungen finden. Die vorliegenden Ergebnisse bezüglich Schülervorstellungen zu Karten bieten eine Basis für einen Unterricht, der Anknüpfungs-, Konflikt- oder Brückenstrategien im Umgang mit Schülervorstellungen aufgreift (MÖLLER 2018, S. 45-46). Somit könnte ein Unterricht zu Karten, der Schülervorstellungen berücksichtigt, an der Situation ansetzen, dass eine grüne Flächenfarbe in einer physischen Karte von Schülerinnen und Schülern als Wald und Wiese interpretiert wird (siehe Kapitel 1).

9 Zusammenfassung

Der Erforschung von Schülervorstellungen zu Themen des Geographieunterrichts kommt eine große Bedeutung zu, da Schülervorstellungen sowohl Anknüpfungspunkte als auch Hindernisse bei Lernprozessen darstellen können (DUIT 2006, S. 15; REINFRIED 2008, S. 8; REINFRIED, SCHULER 2009, S. 122). Bisherige Studien konzentrieren sich auf physiogeographische Themen, wobei in den letzten Jahren auch Studien zu Schülervorstellungen zu humangeographischen Themen durchgeführt wurden (BELLING, FRÜH, F. 2018, S. 208; FELZMANN, GEHRICKE 2015, S. 45; REINFRIED 2008, S. 8-9). Die vorliegende Forschungsarbeit strebt an, Schülervorstellungen zum Leitmedium des Faches Geographie, der Karte, zu untersuchen (DAUM 2012, S. 163; GRYL et al. 2010, S. 172). Auch vor dem Hintergrund der Vielfalt an Angeboten digitaler Karten erscheint eine Untersuchung der Vorstellungen von Schülerinnen und Schülern zu Karten zielführend, um Ausgangspunkte zu ermitteln, an welchen effektive Lernprozesse ansetzen können.

Das Forschungsvorhaben basiert auf den theoretischen Grundlagen zum Modell der Didaktischen Rekonstruktion und zu Schülervorstellungen (u. a. BAALMANN et al. 2004, S.8; KATTMANN et al. 1997, S. 3-6, 10). Es wurde ein qualitatives Forschungsdesign gewählt, in dessen Rahmen die Schülervorstellungen zu Karten anhand leitfadengestützter Interviews erhoben wurden. Der Leitfaden basiert auf einer fachlichen Grundlegung des Untersuchungsgegenstands der Karte. Im Rahmen der Hauptstudie wurden achtzehn Interviews geführt, wobei zehn Interviews mit Grundschülerinnen und -schülern vor sowie acht Interviews mit Oberstufenschülerinnen und -schülern nach der Sekundarstufe 1 geführt wurden. Die Interviewdaten wurden durch Transkription und durch die Erstellung redigierter Aussagen aufbereitet. Im Anschluss wurden die Interviewdaten von sechzehn Schülerinnen und Schülern, je acht aus beiden Altersgruppen, mithilfe verschiedener Techniken der qualitativen Inhaltsanalyse ausgewertet (MAYRING 2015, S. 67). Dies erfolgte zunächst auf der individuellen Ebene der Schülerinnen und Schüler, bevor anhand eines internen Vergleichs Konzepte zu den verschiedenen Grundelementen einer Karte verallgemeinert wurden (JANßEN-BARTELS, SANDER 2004, S. 114-115). Dabei wurde Wert daraufgelegt, dass ein Vergleich zwischen den Vorstellungen der Schülerinnen und Schüler der Primar- und Sekundarstufe 2 erfolgte.

Die befragten Schülerinnen und Schüler definieren unabhängig vom Alter Karten schwerpunktmäßig durch die auf ihnen abgebildeten räumlichen, georeferenzierten Inhalte wie die Welt, Länder, Städte oder Flüsse. Dies sind für Schülerinnen und Schüler auch naheliegende Kartenarten im Gegensatz zur fachlichen Perspektive. Des Weiteren weisen Schülerinnen und Schüler Funktionen wie das Orientieren oder das Finden von Wegen als zentrale Eigenschaft einer Karte aus. Somit zeigen sich unterschiedliche Schwerpunktsetzungen zwischen den Definitionen von Karte in den Schülervorstellungen und aus der Sicht der Fachwissenschaft. Ebenfalls festzustellen sind Diskrepanzen beim Grundelement der Maßstäblichkeit, da Schülerinnen und Schüler unter anderem den Fachbegriff in einigen Fällen meiden. Dagegen sind viele Überschneidungen zwischen fachlicher Perspektive und Schülervorstellungen zu anderen Grundelementen wie der Legende, der Grundrissdarstellung, der Verebnung und der Generalisierung vorhanden. Auffällige Unterschiede lassen sich bezüglich sprachlicher Aspekte feststellen: Fachbegriffe wie Maßstab, Grundriss und Höhenlinien werden nur teils verwendet. Stattdessen verwenden Schülerinnen und Schüler Formulierungen wie „2D" und „3D" in Bezug auf Verebnung und Grundrissdarstellung, „genauer", „weniger genau" und „zoomen" in Bezug auf Maßstäblichkeit und Verkleinerung sowie Generalisierung oder „Kompass" für Windrose. Zwischen den Schülerinnen und Schülern der Grundschule und der Oberstufe sind keine erheblichen Unterschiede in den Konzepten festzustellen. Hinsichtlich der Perspektivität von Karten weisen die älteren Interviewpartnerinnen und -partner jedoch ein fachlich angemesseneres Bild auf, indem sie sich mehr modellhaften Eigenschaften einer Karte bewusst sind und auch vermehrt Konventionen der Darstellungsweise in Karten beschreiben und hinterfragen. Hierbei, aber auch in anderen Kontexten, ist von einem gewissen Anteil von spontan konstruierten Vorstellungen aus der Interviewsituation heraus auszugehen. Ebenfalls berichten die älteren Schülerinnen und Schüler auch häufiger von der Nutzung von digitalen Karten. Dies bezieht sich aber ausschließlich auf Nutzungen im Alltag abseits der Schule.

Die Ergebnisse der vorliegenden Studie weisen unter anderem Gemeinsamkeiten mit Studien auf, die Probleme im Umgang mit dem Maßstab festgestellt haben (u. a. DOWNS, LIBEN 1987, S. 212; HEMMER, I. et al. 2013, S. 32; HERZIG et al. 2007, S. 324). Jedoch bietet die vorliegende Arbeit einen anderen, zusätzlichen Blickwinkel, indem Anknüpfungspunkte aufgezeigt werden, worin die Schwierigkeiten liegen können. Als Schlussfolgerungen aus den Ergebnissen werden verschiedene didaktische Leitlinien aufgezeigt, die einerseits Vorschläge unterbreiten, wie lernhinderlichen Aspekten der Schülervorstellungen zu Karten begegnet werden kann (zum Beispiel die Förderung der Verwendung von Fachbegriffen). Andererseits werden auch Anknüpfungspunkte verdeutlicht, die zum Beispiel bei der Sprache der Schülerinnen und Schüler über Karten oder den Potenzialen bezüglich der Perspektivität von Karten ansetzen.

Literaturverzeichnis

ADAMINA, Marco (2008): Vorstellungen von Schülerinnen und Schülern zu raum-, zeit- und geschichtsbezogenen Themen. Diss. Westfälische Wilhelms-Universität Münster. Fachbereich Erziehungswissenschaften. Münster.

ADAMINA, Marco (2016): Madagaskar – Räume und Lebenssituationen von Menschen aus verschiedenen Perspektiven betrachten. In: ADAMINA, Marco, HEMMER, Michael, SCHUBERT, Jan Christoph (Hg.): Die geographische Perspektive konkret (= Begleitbände zum Perspektivrahmen Sachunterricht, Bd. 3). Bad Heilbrunn: Klinkhardt, S. 90-103.

AEBLI, Hans (1993): Denken: Das Ordnen des Tuns. Band 1: Kognitive Aspekte der Handlungstheorie (2. Auflage). Stuttgart: Klett-Cotta.

ANDERSON, Jacqueline M. (1996): What Does That Little Black Rectangle Mean? Designing Maps for the Elementary School Child. In: WOOD, Clifford H., KELLER, C. Peter (Hg.): Cartographic Design. Chichester: Wiley, S. 103-124.

ARNBERGER, Erik, KRETSCHMER, Ingrid (1975): Wesen und Aufgaben der Kartographie. Topographische Karten (= Die Kartographie und ihre Randgebiete, Bd. B). Wien: Deuticke.

ARTELT, Cordula, WIRTH, Joachim (2014): Kognition und Metakognition. In: SEIDEL, Tina, KRAPP, Andreas (Hg.): Pädagogische Psychologie (6. Auflage). Weinheim: Beltz, S. 167-192.

ATKINSON, Rita L., HILGARD, Ernest R., NOLEN-HOEKSEMA, Susan, FREDRICKSON, Barbara L., LOFTUS, Geoff R., WAGENAAR, Willem A. (2009): Atkinson and Hilgard's Introduction to Psychology (15. Auflage). Andover: Cengage Learning.

ATWOOD, Ronald, ATWOOD, Virginia (1996): Preservice Elementary Teachers' Conceptions of the Causes of Seasons. In: Journal of Research in Science Teaching, 33(5), S. 553-563.

AUFSCHNAITER, VON Claudia, AUFSCHNAITER, VON Stefan (2003): Theoretical Framework and Empirical Evidence of Students' Cognitive Processes in Three Dimensions of Content, Complexity, and Time. In: Journal of Research in Science Teaching, 40(7), S. 616-648.

AUFSCHNAITER, VON Stefan, FISCHER, Hans E., SCHWEDES, Hannelore (1992): Kinder konstruieren Welten. Perspektiven einer konstruktivistischen Physikdidaktik. In: SCHMIDT, Siegfried J. (Hg.): Kognition und Gesellschaft (= Der Diskurs des Radikalen Konstruktivismus, Bd. 2). Frankfurt am Main: Suhrkamp, S. 380-424.

BAALMANN, Wilfried, FRERICHS, Vera, WEITZEL, Holger, GROPENGIEßER, Harald, KATTMANN, Ulrich (2004): Schülervorstellungen zu Prozessen der Anpassung. Ergebnisse einer Interviewstudie im Rahmen der Didaktischen Rekonstruktion. In: Zeitschrift für Didaktik der Naturwissenschaften, 10, S. 7-28.

BALLAUFF, Theodor (1970): Skeptische Didaktik. Heidelberg: Quelle & Meyer.

BAR, Varda (1989): Children's Views about the Water Cycle. In: Science Education, 73(4), S. 481-500.

BARRATT, Robert, BARRATT HACKING, Elisabeth (1998): Researching how geography teachers can help students overcome mapping misconceptions. In: Teaching Geography, 23(2), S. 88-89.

BARRATT, Robert, BARRATT HACKING, Elisabeth (1999): Mapping my locality. In: Teaching Geography, 24(3), S. 126-127.

BARRATT, Robert, BARRATT HACKING, Elisabeth (2000): Changing my locality: conceptions of the future. In: Teaching Geography, 25(1), S. 17-21.

BARRATT, Robert, BARRATT HACKING, Elisabeth (2003): Rethinking the geography national curriculum: a case for community relevance. In: Teaching Geography, 28(1), S. 29-33.

BARTHMANN, Kati (2018): Vorstellungen von Geographielehrkräften über Schülervorstellungen und den Umgang mit ihnen in der Unterrichtspraxis. Diss. Universität Bayreuth, Fakultät für Biologie, Chemie und Geowissenschaften. Bayreuth.

BARTHMANN, Kati, CONRAD, Dominik, OBERMAIER, Gabriele (2019): Vorstellungen von Geographielehrkräften über Schülervorstellungen und den Umgang mit ihnen in der Unterrichtspraxis. In: Zeitschrift für Geographiedidaktik, 47(3), S. 78-97.

BASTEN, Thomas (2013): Klimageographische Inhalte des Geographieunterrichts erfahrungsgemäß verstehen – eine didaktische Rekonstruktion der Passatzirkulation. Diss. Gottfried Wilhelm-Leibniz-Universität, Naturwissenschaftliche Fakultät. Hannover

BECKER, Georg E. (1997): Planung von Unterricht (7. Auflage). Weinheim: Beltz.

BELLING, Dorothee (2017): Demographischer Wandel und Schülervorstellungen. Ein Beitrag zur geographiedidaktischen Rekonstruktion (= Geographiedidaktische Forschungen, Bd. 66). Münster: Readbox Unipress.

BELLING, Dorothee, FRÜH, Franziska (2018): SchülerInnenvorstellungen zu Themen der Humangeographie. In: DICKEL, Mirka, KEßLER, Lisa, PETTIG, Fabian, REINHARDT, Felix (Hg.): Grenzen markieren und überschreiten - Positionsbestimmungen im weiten Feld der Geographiedidaktik (= Geographiedidaktische Forschungen, Bd. 69). Münster: Readbox Unipress, S. 208-220.

BETTE, Julian (2011): Schülervorstellungen und fachliche Vorstellungen zur „Geographie" und ihren zentralen Konzepten. Eine empirische und hermeneutische Untersuchung (= Münsteraner Arbeiten zur Geographiedidaktik, Bd. 1). Masterarbeit. Westfälische Wilhelms-Universität Münster, Institut für Didaktik der Geographie. Münster.

BILLMANN-MAHECHA, Elfriede, GEBHARD, Ulrich (2014): Die Methode der Gruppendiskussion zur Erfassung von Schülerperspektiven. In: KRÜGER, Dirk, PARCHMANN, Ilka, SCHECKER, Horst (Hg.): Methoden in der naturwissenschaftsdidaktischen Forschung. Berlin: Springer, S. 147-158.

BLADES, Mark, SPENCER, Christopher (1986): Map Use by Young Children. In: Geography, 71(1), S. 47-52.

BLEICHROTH, Wolfgang (1999): Fachdidaktik Physik (2. Auflage). Köln: Aulis.

BLISS, Joan (1996): Piaget und Vygotsky: Ihre Bedeutung für das Lehren und Lernen der Naturwissenschaften. In: Zeitschrift für Didaktik der Naturwissenschaften, 2(3), S. 3-16.

BOARDMAN, David (1982): Graphicacy Through Landscape Models. In: Studies in Design Education Craft, Technology, 14(2), S. 103-108.

BOARDMAN, David (1983): Graphicacy and Geography Teaching. London: Croom Helm.

BOARDMAN, David (1989): The Development of Graphicacy: Children's Understanding of Maps. In: Geography, 74(4), S. 321-333.

BOJANOWSKI, Axel (2018): „Fast alle Länder fälschen Landkarten". Lügen und Geografie. In: Der Spiegel (04.01.2018). Online unter: https://www.spiegel.de/wissenschaft/natur/geografie-fast-alle-laender-faelschen-landkarten-a-1185193.html (19.07.2021).

BOLLMANN, Jürgen (2002): Verebnung. In: BOLLMANN, Jürgen, KOCH, Wolf Günther (Hg.): Lexikon der Kartographie und Geomatik (Bd. 2). Heidelberg: Spektrum, S. 405-406.

BROMME, Rainer, KIENHUES, Dorothe (2014): Wissenschaftsverständnis und Wissenschaftskommunikation. In: SEIDEL, Tina, KRAPP, Andreas (Hg.): Pädagogische Psychologie (6. Auflage). Weinheim: Julius Beltz, S. 55-82.

BRUCKER, Ambros (2018): Topogramm. In: BRUCKER, Ambros, HAVERSATH, Johann-Bernhard, SCHÖPS, Andreas (Hg.): Geographie-Unterricht. 102 Stichworte. Baltmannsweiler: Schneider Verlag Hohengehren, S. 212-213.

BUDKE, Alexandra (2015): Methoden der geographiedidaktischen Forschung. In: BUDKE, Alexandra, KUCKUCK, Miriam (Hg.): Geographiedidaktische Forschungsmethoden. (= Praxis neue Kulturgeographie, Bd. 10). Berlin: LIT, S. 1-39.

BUDKE, Alexandra, SCHINDLER, Joachim (2016): Grenzen in Karten reflektieren - Das Beispiel Grenzen in Europa In: GRYL, Inga (Hg.): Reflexive Kartenarbeit. Braunschweig: Westermann, S. 53-59.

CARAVITA, Silvia, HALLDÉN, Ola (1994): Re-Framing the Problem of Conceptual Change. In: Learning and Instruction, 4(1), S. 89-111.

CAREY, Susan (1988): Reorganization of Knowledge in the Course of Acquisition. In: STRAUSS, Sidney (Hg.): Ontogeny, Phylogeny, and Historical Development (= Human Development, Bd. 2). Norwood: Ablex Publishing Corporation, S. 1-27.

CASTI, Emanuela (2015): Reflexive Cartography. A New Perspective in Mapping. Burlington: Elsevier Science.

CATLING, Simon (1978): Cognitive Mapping Exercises as a Primary Geographical Experience. In: Teaching Geography, 3(3), S. 120-123.

CATLING, Simon, WILLY, Tessa (2018): Understanding and Teaching Primary Geography (2. Auflage). London: Sage.

CHINN, Clark A., BREWER, William F. (1993): The Role of Anomalous Data in Knowledge Acquisition: A Theoretical Framework and Implications for Science Instructions. In: Review of Educational Research, 63(1), S. 1-49.

CLAAßEN, Klaus (1997): Arbeit mit Karten. In: Praxis Geographie, 27(11), S. 4-9.

CLARK, Douglas, REYNOLDS, Stephen, LEMANOWSKI, Vivian, STILES, Thomas, YASAR, Senay, PROCTOR, Sian, LEWIS, Elizabeth, STROMFORS, Charlotte, CORKINS, James (2008): University Students' Conceptualization and Interpretation of

Topographic Maps. In: International Journal of Science Education, 30(3), S. 377-408.

COLLINS, Allan, GENTNER, Dedre (1987): How people construct mental models. In: HOLLAND, Dorothy, QUINN, Naomi (Hg.): Cultural Models in Language and Thought. Cambridge: Cambridge University Press, S. 243-265.

CONRAD, Dominik (2012): Schülervorstellungen zur eisigen Welt der Polargebiete. In: Geographie und ihre Didaktik, 40(3), S. 105-127.

CONRAD, Dominik (2013): Coole Polar-Vorstellungen. Wie Schüler und Fachwissenschaften über die eisigen Regionen der Erde denken (= Oldenburger VorDrucke, Bd. 600). Oldenburg: Didaktisches Zentrum, Carl-von-Ossietzky-Universität Oldenburg.

CONRAD, Dominik (2014): Erfahrungsbasiertes Verstehen geowissenschaftlicher Phänomene – eine didaktische Rekonstruktion des Systems Plattentektonik. Diss. Universität Bayreuth. Bayreuth.

DARKES, Giles, SPENCE, Mary (2017): Cartography. An Introduction (2. Auflage). London: British Cartographic Society.

DAUM, Egbert (2010): Heimatmachen durch subjektives Kartographieren. Kinder entwerfen Bilder ihrer Welt und setzen sich damit auseinander. In: Grundschulunterricht Sachunterricht, 57(2), S. 17-21.

DAUM, Egbert (2011): "So sehe ich die Welt!". In: Geographie heute, 32(291/292), S. 59-62.

DAUM, Egbert (2012): Subjektives Kartographieren als sozialräumliche Praxis In: HÜTTERMANN, Armin, KIRCHNER, Peter, SCHULER, Stephan, DRIELING, Kerstin (Hg.): Räumliche Orientierung (= Geographiedidaktische Forschungen, Bd. 49). Braunschweig: Westermann, S. 163-171.

DELOACHE, Judy S. (1989): The Development of Representation in Young Children. In: REESE, Hayne W. (Hg.): Advances in Child Development and Behavior (Bd. 22). San Diego: Academic Press, S. 1-39.

DELOACHE, Judy S. (2000): Dual Representation and Young Children's Use of Scale Models. In: Child Development, 71(2), S. 329-338.

DELOACHE, Judy S., UTTAL, David H., PIERROUTSAKOS, Sophia (1998): The Development of Early Symbolization: Educational Implications. In: Learning and Instruction, 8(4), S. 325-339.

DELUCIA, Alan A., HILLER, Donald W. (1982): Natural Legend Designs for Thematic Maps. In: The Cartographic Journal, 19(1), S. 46-52.

Deutsche Gesellschaft für Geographie (2020): Bildungsstandards im Fach Geographie für den Mittleren Schulabschluss mit Aufgabenbeispielen (10. Auflage). Bonn: Selbstverlag.

Dickmann, Frank (2018): Kartographie. Braunschweig: Westermann.

Dickmann, Frank, Diekmann-Boubaker, Nadine (2007): Kartenkompetenz in deutschen Schulen. Ergebnisse einer fallbezogenen Evaluierung von Schulkarten nach dem PISA-"Schock". In: Kartographische Nachrichten, 57(5), S. 267-276.

Dickmann, Frank, Diekmann-Boubaker, Nadine (2008): Text oder Karte? Ergebnisse einer empirischen Untersuchung zur Effektivität der Kartenarbeit im Geographieunterricht. In: Geographie und ihre Didaktik, 36(1), S. 1-16.

Diekmann-Boubaker, Nadine (2012): Die Effektivität thematischer Karten im Erdkundeunterricht. In: Diekmann-Boubaker, Nadine, Dickmann, Frank (Hg.): Innovatives Lernen mit kartographischen Medien (= Kartographische Schriften, Bd. 15). Bonn: Kirschbaum, S. 15-42.

Diekmann-Boubaker, Nadine, Dickmann, Frank (2010): Themakartographische Wissensvermittlung. In: Geographie und Schule, 32(183), S. 37-43.

Diercke Grundschulatlas (2010). Ausgabe Bayern. Braunschweig: Westermann.

Diercke Weltatlas (2015). Ausgabe Bayern. Braunschweig: Westermann.

diSessa, Andrea A. (1993): Toward an Epistemology of Physics. In: Cognition and Instruction, 10(2-3), S. 105-225.

diSessa, Andrea A. (2013): A Bird's-Eye View of the "Pieces" vs. "Coherence" Controversy (from the "Pieces" Side of the Fence). In: Vosniadou, Stella (Hg.): International Handbook of Research on Conceptual Change (2. Auflage). New York: Routledge, S. 31-48.

diSessa, Andrea A. (2018): A Friendly Introduction to "Knowledge in Pieces": Modeling Types of Knowledge and Their Roles in Learning. In: Kaiser, Gabriele, Forgasz, Helen, Graven, Mellony, Kuzniak, Alain, Simmt, Elaine, Xu, Binyan (Hg.): Invited Lectures from the 13th International Congress on Mathematical Education. Cham: Springer, S. 65-84.

diSessa, Andrea A., Sherin, Bruce L. (1998): What changes in conceptual change? In: International Journal of Science Education, 20(10), S. 1155-1191.

Dittmar, Norbert (2004): Transkription. Ein Leitfaden mit Aufgaben für Studenten, Forscher und Laien (2. Auflage). Wiesbaden: VS Verlag für Sozialwissenschaften.

DITTON, Hartmut (2002): Unterrichtsqualität - Konzeptionen, methodische Überlegungen und Perspektiven. In: Unterrichtswissenschaft. Zeitschrift für Lernforschung, 30(3), S. 197-212.

DÖRING, Nicola, BORTZ, Jürgen (2016): Forschungsmethoden und Evaluation in den Sozial- und Humanwissenschaften (5. Auflage). Berlin: Springer.

DOVE, Jane (1998): Students' alternative conceptions in Earth science: a review of research and implications for teaching and learning. In: Research Papers in Education, 13(3), S. 183-201.

DOWNS, Roger M., LIBEN, Lynn S. (1987): Children's Understanding of Maps. In: ELLEN, Paul, THINUS-BLANC, Catherine (Hg.): Cognitive Processes and Spatial Orientation in Animal and Man (= NATO ASI Series D: Behavioural and Social Sciences, Bd. 37). Dordrecht: Nijhoff, S. 202-219.

DOWNS, Roger M., STEA, David (1982): Kognitive Karten. New York: Harper & Row.

DRESING, Thorsten, PEHL, Thorsten (2017): Praxisbuch Interview, Transkription & Analyse. Anleitungen und Regelsysteme für qualitativ Forschende (7. Auflage). Marburg: Dr. Dresing und Pehl GmbH.

DRESSLER, Bernhard (2007): Performanz und Kompetenz. In: Theo-Web. Zeitschrift für Religionspädagogik, 6(2), S. 27-31.

DRIELING, Kerstin (2008): Erde oder Boden, Horizonte oder Schichten? In: Geographie heute, 29(265), S. 34-39.

DRIELING, Kerstin (2015): Schülervorstellungen über Boden und Bodengefährdung. Ein Beitrag zur geographiedidaktischen Rekonstruktion (= Geographiedidaktische Forschungen, Bd. 55). Münster: Monsenstein und Vannerdat.

DRIVER, Rosalind, EASLEY, Jack (1978): Pupils and Paradigms: a Review of Literature Related to Concept Development in Adolescent Science Students. In: Studies in Science Education, 5, S. 61-84.

DUBS, Rolf (1995): Konstruktivismus: Einige Überlegungen aus der Sicht der Unterrichtsgestaltung. In: Zeitschrift für Pädagogik, 41(6), S. 889-903.

DUIT, Reinders (1993): Alltagsvorstellungen berücksichtigen. In: Praxis der Naturwissenschaften, 42(6), 7-11.

DUIT, Reinders (1994): Research on students' conceptions - developments and trends. In: PFUNDT, Helga, DUIT, Reinders (Hg.): Bibliographie Alltagsvorstellungen und naturwissenschaftlicher Unterricht (4. Auflage). Kiel: Institut für Pädagogik der Naturwissenschaften, S. xxii-xlii.

DUIT, Reinders (1995): Zur Rolle der konstruktivistischen Sichtweise in der naturwissenschaftsdidaktischen Lehr- und Lernforschung. In: Zeitschrift für Pädagogik, 41(6), 905-924.

DUIT, Reinders (2000): Konzeptwechsel und Lernen in den Naturwissenschaften in einem mehrperspektivischen Ansatz. In: DUIT, Reinders, RHÖNECK, VON Christoph (Hg.): Ergebnisse fachdidaktischer und psychologischer Lehr-Lern-Forschung (= IPN, Bd. 169). Kiel: Institut für Pädagogik der Naturwissenschaften, S. 77-103.

DUIT, Reinders (2006): Schülervorstellungen und Lernen von Physik - Forschungsergebnisse und die Realität von Unterrichtspraxis. In: GIRWIDZ, Raimund, GLÄSER-ZIKUDA, Michaela, LAUKENMANN, Matthias, RUBITZKO, Thomas (Hg.): Lernen im Physikunterricht (= Didaktik in Forschung und Praxis, Bd. 29). Hamburg: Dr. Kovač, S. 13-22.

DUIT, Reinders (2008): Zur Rolle von Schülervorstellungen im Unterricht. In: Geographie heute, 29(265), S. 2-6.

DUIT, Reinders, TREAGUST, David F. (2003): Conceptual change: a powerful framework for improving science teaching and learning. In: International Journal of Science Education, 25(6), S. 671-688.

DYKSTRA, Dewey I., BOYLE, C. Franklin, MONARCH, Ira A. (1992): Studying Conceptual Change in Learning Physics. In: Science Education, 76(6), S. 615-652.

ELIOT, John (1987): Models of Psychological Space. New York: Springer.

ENGELHARDT, Wolf (1977): Zur Entwicklung des kindlichen Raumerfassungsvermögens und der Einführung in das Kartenverständnis. In: ENGELHARDT, Wolf, GLÖCKEL, Hans (Hg.): Wege zur Karte (= Studientexte zur Grundschuldidaktik) (2. Auflage). Bad Heilbrunn: Klinkhardt, S. 118-128.

ENGELHARDT, Wolf, GLÖCKEL, Hans (1977): Einführung. In: ENGELHARDT, Wolf, GLÖCKEL, Hans (Hg.): Wege zur Karte (= Studientexte zur Grundschuldidaktik) (2. Auflage). Bad Heilbrunn: Klinkhardt, S. 9-22.

ERLEBNIS WELT 3/4 (2015). München: Oldenbourg.

FELZMANN, Dirk (2010): Wenn Gletscher und Schülervorstellungen in Bewegung geraten - Analyse der Vorstellungsentwicklung zum Thema Gletscherbewegung in einem Vermittlungsexperiment. In: REINFRIED, Sibylle (Hg.): Schülervorstellungen und geographisches Lernen. Aktuelle Conceptual-Change-Forschung und Stand der theoretischen Diskussion. Berlin: Logos, S. 87-122.

FELZMANN, Dirk (2013): Didaktische Rekonstruktion des Themas „Gletscher und Eiszeiten" für den Geographieunterricht (= Beitrage zur Didaktischen Rekonstruktion, Bd. 41). Oldenburg: Didaktisches Zentrum der Carl-von-Ossietzky-Universität.

FELZMANN, Dirk, GEHRICKE, Christian (2015): Eine Landkarte etablierter und neuer Wege im Feld der geographiedidaktischen Vorstellungsforschung. In: BUDKE, Alexandra, KUCKUCK, Miriam (Hg.): Geographiedidaktische Forschungsmethoden (= Praxis neue Kulturgeographie, Bd. 10). Berlin: LIT, S. 40-64.

FLATH, Martina (2004): Lesekompetenz im Geographieunterricht. In: Geographie heute, 25(221/222), S. 68-71.

FLICK, Uwe (2019a): Design und Prozess qualitativer Forschung. In: FLICK, Uwe, KARDORFF, VON Ernst, STEINKE, Ines (Hg.): Qualitative Forschung. Ein Handbuch (13. Auflage). Reinbek bei Hamburg: Rowohlt, S. 252-265.

FLICK, Uwe (2019b): Konstruktivismus. In: FLICK, Uwe, KARDORFF, VON Ernst, STEINKE, Ines (Hg.): Qualitative Forschung. Ein Handbuch (13. Auflage). Reinbek bei Hamburg: Rowohlt, S. 150-164.

FLICK, Uwe (2019c): Qualitative Sozialforschung (9. Auflage). Reinbek bei Hamburg: Rowohlt.

FRANK, Friedhelm, OBERMAIER, Gabriele, RASCHKE, Nicole (2010): Kompetenz des Kartenzeichnens - Theoretische Grundlagen und Entwurf eines Kompetenzstrukturmodells. In: Geographie und ihre Didaktik, 38(3), S. 191-200.

FRIDRICH, Christian (2009): Zur Nachhaltigkeit der Umstrukturierung von Alltagsvorstellungen - oder: Bilder von „Erdölseen" bei Erwachsenen. In: GW-Unterricht, 115, S. 26-33.

FRIDRICH, Christian (2011): Alltagsvorstellungen von Schülern und Erwachsenen im Vergleich. In: Mitteilungen der Österreichischen Geographischen Gesellschaft, 153, S. 221-236.

FRÖHLICH, Gabriele, GOLDSCHMIDT, Marlen, BOGNER, Franz X. (2013): The effects of age on students' conceptions of agriculture. In: Studies in Agricultural Economics, 115(2), S. 61-67.

FRÜH, Franziska, HANKE, Anna, BERGER, Sören-Christian (2019): Schülervorstellungen zu Entwicklungsländern: zwischen Theorie und Praxis. In: PRIEBE, Claudia, MATTIESSON, Christiane, SOMMER, Katrin (Hg.): Dialogische Verbindungslinien zwischen Wissenschaft und Schule. Bad Heilbrunn: Klinkhardt, S. 112-127.

FRÜH, Werner (2017): Inhaltsanalyse (9. Auflage). Konstanz: UVK Verlagsgesellschaft.

FUCHS, Gerhard (1977): Überlegungen zum Stellenwert und zum Lernproblem des topographischen Orientierungswissens. In: Hefte zur Fachdidaktik der Geographie, 1(3), S. 4-24.

GAPP, Sara, SCHLEICHER, Yvonne (2010): Alltagsvorstellungen von Grundschulkindern – Erhebungsmethoden und Ergebnisse, dargestellt anhand der Thematik 'Schalenbau der Erde'. In: REINFRIED, Sibylle (Hg.): Schülervorstellungen und geographisches Lernen. Aktuelle Conceptual-Change-Forschung und Stand der theoretischen Diskussion. Berlin: Logos, S. 33-54.

GEBHARD, Ulrich (2007): Intuitive Vorstellungen bei Denk- und Lernprozessen: Der Ansatz „Alltagsphantasien". In: KRÜGER, Dirk, VOGT, Helmut (Hg.): Theorien in der biologiedidaktischen Forschung. Berlin: Springer, S. 117-128.

GERBER, Rod (1981): Young Children's Understanding of the Elements of Maps. In: Teaching Geography, 6(3), S. 128-133.

GERBER, Rod (1982): An International Study of Children's Perception and Understanding of Type Used in Atlas Maps. In: The Cartographic Journal, 19(2), S. 115-121.

GERBER, Rod (1984): Factors affecting the competence and performance in map language for children at the concrete level of map-reasoning. In: Cartography, 13(3), S. 205-213.

GERSMEHL, Philip (2014): Teaching Geography (3. Auflage). New York: Guilford Press.

GERSTENMAIER, Jochen, MANDL, Heinz (1995): Wissenserwerb unter konstruktivistischer Perspektive. In: Zeitschrift für Pädagogik, 41(6), S. 867-888.

GILBERT, John K., OSBORNE, Roger J., FENSHAM, Peter J. (1982): Children's Science and Its Consequences for Teaching. In: Science Education, 66(4), S. 625-633.

GIRG, Ralf (1994): Die Bedeutung des Vorverständnisses der Schüler für den Unterricht. Bad Heilbrunn: Klinkhardt.

GLASERSFELD, VON Ernst (1992): Wissen, Sprache und Wirklichkeit (= Wissenschaftstheorie. Wissenschaft und Philosophie, Bd. 24). Braunschweig: Vieweg.

GLASZE, Georg (2009): Kritische Kartographie. In: Geographische Zeitschrift, 97(4), S. 181-191.

GLASZE, Georg (2013): Karten und Kartographie. In: ROLFES, Manfred, UHLENWINKEL, Anke (Hg.): Metzler Handbuch 2.0 Geographieunterricht. Braunschweig: Westermann, S. 333-341.

GLÜCK, Judith (2001): Die Entwicklung des Landkartenverständnisses bei Kindern: Forschungsstand, methodische Überlegungen und ein neuer Untersuchungsansatz. In: Psychologie in Erziehung und Unterricht, 48(4), S. 298-313.

GÖHNER, Maximilian, KRELL, Moritz (2020): Qualitative Inhaltsanalyse in naturwissenschaftsdidaktischer Forschung unter Berücksichtigung von Gütekriterien: Ein Review. In: Zeitschrift für Didaktik der Naturwissenschaften, 26, S. 207-225.

GRIMM, Rico (2013): Google Maps schaut durch die israelische Brille. In: Zeit Online (29.05.2013). Online unter: https://www.zeit.de/digital/internet/2013-05/google-maps-palaestina-israelische-siedlungen (27.07.21).

GROEBEN, Norbert, WAHL, Diethelm, SCHLEE, Jörg, SCHEELE, Brigitte (1988): Das Forschungsprogramm Subjektive Theorien. Tübingen: Francke.

GROPENGIEßER, Harald (2007a): Didaktische Rekonstruktion des „Sehens". Wissenschaftliche Theorien und die Sicht der Schüler in der Perspektive der Vermittlung (2. Auflage). Oldenburg: Carl-von-Ossietzky-Universität Oldenburg.

GROPENGIEßER, Harald (2007b): Theorie des erfahrungsbasierten Verstehens. In: KRÜGER, Dirk, VOGT, Helmut (Hg.): Theorien in der biologiedidaktischen Forschung. Berlin: Springer, S. 105-116.

GROPENGIEßER, Harald (2008a): Qualitative Inhaltsanalyse in der fachdidaktischen Lehr-Lern-Forschung. In: MAYRING, Philipp, GLÄSER-ZIKUDA, Michaela (Hg.): Die Praxis der qualitativen Inhaltsanalyse (2. Auflage). Weinheim: Beltz, S. 172-189.

GROPENGIEßER, Harald (2008b): Wie man Vorstellungen der Lerner verstehen kann (= Beiträge zur Didaktischen Rekonstruktion, Bd. 4) (2. Auflage). Oldenburg: Didaktisches Zentrum, Carl-von-Ossietzky-Universität Oldenburg.

GRUBER, Hans, MANDL, Heinz, RENKL, Alexander (2000): Was lernen wir in Schule und Hochschule: Träges Wissen? In: MANDL, Heinz, GERSTENMAIER, Jochen (Hg.): Die Kluft zwischen Wissen und Handeln. Göttingen: Hogrefe, S. 139-157.

GRUEHN, Sabine (2000): Unterricht und schulisches Lernen (= Pädagogische Psychologie und Entwicklungspsychologie, Bd. 12). Münster: Waxmann.

GRYL, Inga (2009a): Karten als Konstruktion verstehen. Zur Vermittlung einer „konstruktivistischen Kartenlesekompetenz" im Geographieunterricht. In: JEKEL, Thomas, KOLLER, Alfons (Hg.): Learning with geoinformation IV. Heidelberg: Wichmann, S. 22-31.

GRYL, Inga (2009b): Kartenlesekompetenz (= Materialien zur Didaktik der Geographie und Wirtschaftskunde, Bd. 22). Wien: Institut für Geographie und Regionalforschung der Universität Wien.

GRYL, Inga (2010): Mündigkeit durch Reflexion. Überlegungen zu einer multiperspektivischen Kartenarbeit. In: GW-Unterricht, 118, S. 20-37.

GRYL, Inga (2011): "Interesting. But I Haven't Thought of This Before.". Exploration on Teachers' Attitude Towards Critical Cartography in Educational Environments. In: JEKEL, Thomas, KOLLER, Alfons, DONERT, Karl, VOGLER, Robert (Hg.): Learning with GI 2011. Berlin: Wichmann, S. 19-29.

GRYL, Inga (2012): Geographielehrende, Reflexivität und Geomedien. In: Geographie und ihre Didaktik, 40(4), S. 161-183.

GRYL, Inga (2014): Reflexive Kartenarbeit. Hinterfragen als alltägliche und fachliche Praxis. In: Praxis Geographie, 44(6), S. 4-9.

GRYL, Inga (2016a): Der Schulhof - Erleben, Teilhaben und Gestalten zwischen pädagogischem Schutzraum und Öffentlichkeit. In: ADAMINA, Marco, HEMMER, Michael, SCHUBERT, Jan Christoph (Hg.): Die geographische Perspektive konkret (= Begleitbände zum Perspektivrahmen Sachunterricht, Bd. 3). Bad Heilbrunn: Klinkhardt, S. 147-160.

GRYL, Inga (2016b): Reflexive Kartenarbeit – eine Einleitung und Gebrauchsanregung. In: GRYL, Inga (Hg.): Reflexive Kartenarbeit. Methoden und Aufgaben. Braunschweig: Westermann, S. 5-24.

GRYL, Inga, HORN, Michael, SCHWEIZER, Karin, KANWISCHER, Detlef, RHODE-JÜCHTERN, Tilman (2010): Reflexion und Metaperspektive als notwendige Komponenten der Kartenkompetenz. In: Geographie und ihre Didaktik, 38(3), S. 172-179.

GRYL, Inga, KANWISCHER, Detlef (2011): Geomedien und Kompetenzentwicklung. In: Zeitschrift für Didaktik der Naturwissenschaften, 17, S. 177-202.

GRYL, Inga, KANWISCHER, Detlef (2012): Von der Kompetenz zur Performanz In: HÜTTERMANN, Armin, KIRCHNER, Peter, SCHULER, Stephan, DRIELING, Kerstin (Hg.): Räumliche Orientierung (= Geographiedidaktische Forschungen, Bd. 49). Braunschweig: Westermann, S. 154-162.

GRYL, Inga, SCHULZE, Uwe (2013): Geomedien im Geographieunterricht. In: KANWISCHER, Detlef (Hg.): Geographiedidaktik. Ein Arbeitsbuch zur Gestaltung des Geographieunterrichts. Stuttgart: Borntraeger, S. 209-218.

GUNKEL, Christoph (2014): Umstrittene Grenzverläufe in Atlanten. Politik mit roten Punkten. In: Der Spiegel (01.04.2014). Online unter: http://www.spiegel.de/einestages/krim-krise-und-grenzverlauf-politik-mit-schulbuechern-und-atlanten-a-961917.html (19.07.2021).

HAACK GRUNDSCHULATLAS (2009). Ausgabe Bayern. Klett: Stuttgart.

HAACK WELTATLAS (2015). Ausgabe Bayern. Klett: Stuttgart.

HAKE, Günter (1988): Gedanken zu Form und Inhalt heutiger Karten. In: Kartographische Nachrichten, 38(2), S. 65-72.

HAKE, Günter, GRÜNREICH, Dietmar, MENG, Liqiu (2002): Kartographie. Visualisierung raum-zeitlicher Informationen (8. Auflage). Berlin: De Gruyter.

HAMMANN, Marcus, ASSHOFF, Roman (2014): Schülervorstellungen im Biologieunterricht. Ursachen für Lernschwierigkeiten. Seelze: Klett/Kallmeyer.

HANUS, Martin, HAVELKOVÁ, Lenka (2019): Teachers' Concepts of Map-Skill Development. In: Journal of Geography, 118(3), S. 101-116.

HARLEY, John Brian (1989): Deconstructing the map. In: Cartographica 26(2), S. 1-20.

HART, Roger A., MOORE, Gary T. (1973): The Development of Spatial Cognition: A Review. In: DOWNS, Roger M., STEA, David (Hg.): Image and Environment. Chicago: Aldine, S. 246-288.

HARWOOD, Doug, RAWLINGS, Kay (2001): Assessing Young Children's Freehand Sketch Maps of the World. In: International Research in Geographical and Environmental Education, 10(1), S. 20-45.

HARWOOD, Doug, USHER, Margaret (1999): Assessing Progression in Primary Children's Map Drawing Skills. In: International Research in Geographical and Environmental Education, 8(3), S. 222-238.

HAUBRICH, Hartwig (1992): Wahrnehmungsgeographische Aspekte schulischer Kartenarbeit – kognitive und affektive Weltkarten. In: MAYER, Ferdinand (Hg.): Schulkartographie (= Wiener Schriften zur Geographie und Kartographie, Bd. 5). Wien, S. 37-51.

HAUBRICH, Hartwig, KIRCHBERG, Günter, BRUCKER, Ambros, ENGELHARD, Karl, HAUSMANN, Wolfram, RICHTER, Dieter (1988): Didaktik der Geographie konkret. München: Oldenbourg.

HÄUßLER, Peter, BÜNDER, Wolfgang, DUIT, Reinders, GRÄBER, Wolfgang, MAYER, Jürgen (1998): Naturwissenschaftsdidaktische Forschung - Perspektiven für die Unterrichtspraxis. Kiel: Institut für Pädagogik der Naturwissenschaften.

HAVERSATH, Johann-Bernhard (2018): Konstruktivismus. In: BRUCKER, Ambros, HAVERSATH, Johann-Bernhard, SCHÖPS, Andreas (Hg.): Geographie-Unterricht. 102 Stichworte. Baltmannsweiler: Schneider Verlag Hohengehren, S. 123-124.

HELFFERICH, Cornelia (2011): Die Qualität qualitativer Daten. Manual für die Durchführung qualitativer Interviews (4. Auflage). Wiesbaden: VS Verlag für Sozialwissenschaften.

HEMMER, Ingrid, HEMMER, Michael (2010): Interesse von Schülerinnen und Schülern an einzelnen Themen, Regionen und Arbeitsweisen des Geographieunterrichts – ein Vergleich zweier empirischer Studien aus den Jahren 1995 und 2005. In: HEMMER, Ingrid, HEMMER, Michael (Hg.): Schülerinteresse an Themen, Regionen und Arbeitsweisen des Geographieunterrichts (= Geographiedidaktische Forschungen, Bd. 46). Weingarten: Hochschulverband Geographiedidaktik, S. 65-145.

HEMMER, Ingrid, HEMMER, Michael (2021): Das Interesse von Schülerinnen und Schülern an geographischen Themen, Regionen und Arbeitsweisen – ein Bundeslandvergleich zwischen Bayern und Nordrhein-Westfalen. In: Zeitschrift für Geographiedidaktik, 49(1), S. 3-24.

HEMMER, Ingrid, HEMMER, Michael, BAGOLY-SIMÓ, Péter (2011): Orientation without spiral curriculum? Evaluating map skills in geography textbooks. In: MAZEIKIENE, Natalija, HORSLEY, Mike, KNUDSEN, Susanne V. (Hg.): Representations of Otherness. Kaunas: International Association for Research on Textbooks and Educational Media, S. 38-49.

HEMMER, Ingrid, HEMMER, Michael, HÜTTERMANN, Armin, ULLRICH, Marc (2010a): Kartenauswertekompetenz. Theoretische Grundlagen und Entwurf eines Kompetenzmodells. In: Geographie und ihre Didaktik, 38(3), S. 158-171.

HEMMER, Ingrid, HEMMER, Michael, HÜTTERMANN, Armin, ULLRICH, Marc (2012a): Über welche grundlegenden Fähigkeiten müssen Schülerinnen und Schüler verfügen, um eine Karte auswerten zu können? Auf dem Weg zu einem Kompetenzmodell zur Kartenauswertekompetenz In: HÜTTERMANN, Armin, KIRCHNER, Peter, SCHULER, Stephan, DRIELING, Kerstin (Hg.): Räumliche Orientierung (= Geographiedidaktische Forschungen, Bd. 49). Braunschweig: Westermann, S. 144-153.

HEMMER, Ingrid, HEMMER, Michael, KRUSCHEL, Katja, NEIDHARDT, Eva, OBERMAIER, Gabriele, UPHUES, Rainer (2010b): Einflussfaktoren auf die kartengestützte Orientierungskompetenz von Kindern in Realräumen – Anlage eines Forschungsprojektes. In: Geographie und ihre Didaktik, 38(2), S. 65-76.

HEMMER, Ingrid, HEMMER, Michael, KRUSCHEL, Katja, NEIDHARDT, Eva, OBERMAIER, Gabriele, UPHUES, Rainer (2012b): Zur Relevanz ausgewählter personenbezogener Einflussfaktoren auf die kartengestützte Orientierungskompetenz. In: HÜTTERMANN, Armin, KIRCHNER, Peter, SCHULER, Stephan, DRIELING, Kerstin (Hg.): Räumliche Orientierung (= Geographiedidaktische Forschungen, Bd. 49). Braunschweig: Westermann, S. 64-73.

HEMMER, Ingrid, HEMMER, Michael, KRUSCHEL, Katja, NEIDHARDT, Eva, OBERMAIER, Gabriele, UPHUES, Rainer (2013): Which children can find a way through a strange town using a streetmap? – results of an empirical study on children's orientation competence. In: International Research in Geographical and Environmental Education, 22(1), S. 23-40.

HEMMER, Ingrid, HEMMER, Michael, MEUREL, Melissa, ULMRICH, Tobias (2020): Anschaulichkeit und Handlungsorientierung als Maximen eines interessenorientierten Geographieunterrichts? In: Der Bayerische Schulgeograph 41(87), S. 11-19.

HEMMER, Ingrid, HEMMER, Michael, NEIDHARDT, Eva (2007): Räumliche Orientierung von Kindern und Jugendlichen – Ergebnisse und Defizite nationaler und internationaler Forschung. In: GEIGER, Michael, HÜTTERMANN, Armin (Hg.): Raum und Erkenntnis. Köln: Aulis-Verlag Deubner, S. 66-78.

HEMMER, Ingrid, HEMMER, Michael, NEIDHARDT, Eva, OBERMAIER, Gabriele, UPHUES, Rainer, WRENGER, Katja (2012c): Einflussfaktoren auf die kartengestützte Orientierungskompetenz von Kindern in einer ihnen unbekannten Stadt – Format einer geographiedidaktischen Studie im Realraum. In: BAYRHUBER, Horst, HARMS, Ute, MUSZYNSKI, Bernhard, RALLE, Bernd, ROTHGANGEL, Martin, SCHÖN, Lutz-Helmut, VOLLMER, Helmut J., WEIGAND, Hans-Georg (Hg.): Formate fachdidaktischer Forschung (= Fachdidaktische Forschungen, Bd. 2). Münster: Waxmann, S. 129-144.

HEMMER, Michael (2013): Kompetenzorientierung. In: BÖHN, Dieter, OBERMAIER, Gabriele (Hg.): Wörterbuch der Geographiedidaktik. Braunschweig: Westermann, S. 158-160.

HEMMER, Michael, WRENGER, Katja (2016): Förderung der Kartenkompetenz im Sachunterricht. In: ADAMINA, Marco, HEMMER, Michael, SCHUBERT, Jan Christoph (Hg.): Die geographische Perspektive konkret (= Begleitbände zum Perspektivrahmen Sachunterricht, Bd. 3). Bad Heilbrunn: Klinkhardt, S. 179-186.

HENNIGES, Norman, MEYER, Philipp Julius (2016): „Das Gesamtbild des Vaterlandes stets vor Augen": Hermann Haack und die Gothaer Schulkartographie vom Wilhelminischen Kaiserreich bis zum Ende des Nationalsozialismus. In: Zeitschrift für Geographiedidaktik, 44(4), S. 37-59.

HERGAN, Irena, UMEK, Maja (2017): Comparison of children's wayfinding, using paper map and mobile navigation. In: International Research in Geographical and Environmental Education, 26(2), S. 91-106.

HERZIG, Reinhard, HÜTTERMANN, Armin, FICHTNER, Uwe (2007): Kartographische Kompetenz von Studienanfängern geowissenschaftlicher Fachrichtungen. In: Kartographische Nachrichten, 57(6), S. 318-326.

HERZOG, Werner (1986): Zum Kartenverständnis des Bürgers. In: Kartographische Nachrichten, 36(6), S. 210-217.

HILLS, George (1989): Students' "Untutored" Beliefs about Natural Phenomena: Primitive Science or Commonsense. In: Science Education, 73(2), S. 155-186.

HOFMANN, Romy (2015): Urbanes Räumen. Pädagogische Perspektiven auf die Raumaneignung Jugendlicher. Bielefeld: transcript.

HOFMANN, Romy (2016): Perspektiven wechseln! Schülerinnen und Schüler nehmen öffentliche und private Räume vielfaltig wahr. In: ADAMINA, Marco, HEMMER, Michael, SCHUBERT, Jan Christoph (Hg.): Die geographische Perspektive konkret (= Begleitbände zum Perspektivrahmen Sachunterricht, Bd. 3). Bad Heilbrunn: Klinkhardt, S. 161-174.

HÖHNLE, Steffen (2018): GIS. In: BRUCKER, Ambros, HAVERSATH, Johann-Bernhard, SCHÖPS, Andreas (Hg.) Geographie-Unterricht. 102 Stichworte. Baltmannsweiler: Schneider Verlag Hohengehren, S. 85-86.

HOLSTI, Ole R. (1969): Content Analysis for the Social Sciences and Humanities. Reading: Addison-Wesley.

HOOGEN, Andreas (2016): Didaktische Rekonstruktion des Themas Illegale Migration. Argumentationsanalytische Untersuchung von Schüler*innenvorstellungen im Fach Geographie. Münster: Monsenstein und Vannerdat.

HOPF, Christel (2019): Qualitative Interviews – ein Überblick. In: FLICK, Uwe, KARDORFF, VON Ernst, STEINKE, Ines (Hg.): Qualitative Forschung. Ein Handbuch (13. Auflage). Reinbek bei Hamburg: Rowohlt, S. 349-360.

HORN, Michael, SCHWEIZER, Karin (2010): Der Umgang mit Alltagsvorstellungen zu geographischen Begriffen – welche Einflüsse haben personale Faktoren von Lehramtsstudierenden der Geographie auf den Prozess der Konzeptveränderungen? In: REINFRIED, Sibylle (Hg.): Schülervorstellungen und geographisches Lernen. Aktuelle Conceptual-Change-Forschung und Stand der theoretischen Diskussion. Berlin: Logos, S. 189-211.

HRUBY, Florian (2009): Der digitale Globus - Begriff und Bedeutung für die Geographie. In: KAINZ, Wolfgang, KRIZ, Karel, RIEDL, Andreas (Hg.): Geokommunikation im Umfeld der Geographie. Tagungsband zum Deutschen Geographentag 2009 in Wien (= Wiener Schriften zur Geographie und Kartographie, Bd. 19). Wien: Institut für Geographie und Regionalforschung, Kartographie und Geoinformation, S. 154-160.

HURRELMANN, Bettina (2003): Lesen. Lesen als Basiskompetenz in der Mediengesellschaft. In: Schüler 2003. Lesen und Schreiben, S. 4-10.

HÜTTERMANN, Armin (1979): Geographische Interpretation thematischer Karten (= Karteninterpretation in Stichworten, Bd. 2). Berlin: Ferdinand Hirt.

HÜTTERMANN, Armin (1993): Geographische Interpretation topographischer Karten (= Karteninterpretation in Stichworten. Bd 1) (3. Auflage). Berlin: Ferdinand Hirt.

HÜTTERMANN, Armin (1998): Kartenlesen - (k)eine Kunst. Einführung in die Didaktik der Schulkartographie. München: Oldenbourg.

HÜTTERMANN, Armin (2001): Geographische Interpretation topographischer Karten (= Karteninterpretation in Stichworten, Bd. 1) (4. Auflage). Berlin: Borntraeger.

HÜTTERMANN, Armin (2005): Kartenkompetenz: Was sollen Schüler können? In: Praxis Geographie, 35(11), S. 4-7.

HÜTTERMANN, Armin (2007): Karten als „nicht-kontinuierliche Texte". In: GEIGER, Michael, HÜTTERMANN, Armin (Hg.): Raum und Erkenntnis. Eckpfeiler einer verhaltensorientierten Geographiedidaktik. Köln: Aulis-Verlag Deubner, S. 118-123.

HÜTTERMANN, Armin (2012a): Karte. In: HAVERSATH, Johann-Bernhard (Hg.): Geographiedidaktik. Theorie - Themen - Forschung. Braunschweig: Westermann, S. 192-213.

HÜTTERMANN, Armin (2012b): Von der „Einführung in das Kartenverständnis" zur „Kartenkompetenz": Der schillernde Begriff der Kartendidaktik. In: HÜTTERMANN, Armin, KIRCHNER, Peter, SCHULER, Stephan, DRIELING, Kerstin (Hg.): Räumliche Orientierung (= Geographiedidaktische Forschungen, Bd. 49). Braunschweig: Westermann, S. 22-32.

HÜTTERMANN, Armin (2013a): Atlas. In: BÖHN, Dieter, OBERMAIER, Gabriele (Hg.): Wörterbuch der Geographiedidaktik. Braunschweig: Westermann, S. 18-19.

HÜTTERMANN, Armin (2013b): Karte. In: BÖHN, Dieter, OBERMAIER, Gabriele (Hg.): Wörterbuch der Geographiedidaktik. Braunschweig: Westermann, S. 128-130.

HÜTTERMANN, Armin (2013c): Kartenkompetenz. In: BÖHN, Dieter, OBERMAIER, Gabriele (Hg.): Wörterbuch der Geographiedidaktik. Braunschweig: Westermann, S. 130-132.

HÜTTERMANN, Armin (2013d): Kartenskizze. In: BÖHN, Dieter, OBERMAIER, Gabriele (Hg.): Wörterbuch der Geographiedidaktik. Braunschweig: Westermann, S. 132-133.

HÜTTERMANN, Armin (2013e): Kartenverständnis, Einführung. In: BÖHN, Dieter, OBERMAIER, Gabriele (Hg.): Wörterbuch der Geographiedidaktik. Braunschweig: Westermann, S. 133-134.

IMHOF, Eduard (1972): Thematische Kartographie. Berlin: De Gruyter.

JANßEN-BARTELS, Anne, SANDER, Elke (2004): Verallgemeinerung qualitativer Daten in der biologiedidaktischen Lehr-Lernforschung. In: GROPENGIEßER, Harald, JANßEN-BARTELS, Anne, SANDER, Elke (Hg.): Lehren fürs Leben. Köln: Aulis-Verlag Deubner, S. 109-118.

JEKEL, Thomas, GRYL, Inga, DONERT, Karl (2010): Spatial Citizenship. In: Geographie und Schule 32(186), S. 39-45.

JUNG, Walter (1986): Alltagsvorstellungen und das Lernen von Physik und Chemie. In: Naturwissenschaften im Unterricht – Physik/Chemie, 34(13), S. 2-6.

JUNG, Walter (1993): Hilft die Entwicklungspsychologie dem Physikdidaktiker? In: DUIT, Reinders, GRÄBER, Wolfgang (Hg.): Kognitive Entwicklung und Lernen der Naturwissenschaften. Kiel: Institut für Pädagogik der Naturwissenschaften, S. 86-108.

KAISER, Astrid (1997): Forschung über Lernvoraussetzungen zu didaktischen Schlüsselproblemen im Sachunterricht. In: MARQUARDT-MAU, Brunhilde, KÖHNLEIN, Walter, LAUTERBACH, Roland (Hg.): Forschung zum Sachunterricht (= Probleme und Perspektiven des Sachunterrichts, Bd. 7). Bad Heilbrunn: Klinkhardt, S. 190-207.

KANWISCHER, Detlef, GRYL, Inga (2012): Der Einsatz von digitalen Karten und Globen zur Förderung der Argumentationskompetenz. In: BUDKE, Alexandra (Hg.): Diercke – Kommunikation und Argumentation. Braunschweig: Westermann, S. 77-85.

KAPON, Shulamit, DISESSA, Andrea A. (2012): Reasoning Through Instructional Analogies. In: Cognition and Instruction, 30(3), S. 261-310.

KASTENS, Kim A., LIBEN, Lynn S. (2010): Children's strategies and difficulties while using a map to record locations in an outdoor environment. In: International Research in Geographical and Environmental Education, 19(4), S. 315-340.

KATTMANN, Ulrich (2007): Didaktische Rekonstruktion. Eine praktische Theorie. In: KRÜGER, Dirk, VOGT, Helmut (Hg.): Theorien in der biologiedidaktischen Forschung. Berlin: Springer, S. 93-104.

KATTMANN, Ulrich (2015): Schüler besser verstehen. Alltagsvorstellungen im Biologieunterricht. Hallbergmoos: Aulis.

KATTMANN, Ulrich (2017): Die Bedeutung der Alltagsvorstellungen für den Biologieunterricht. In: KATTMANN, Ulrich (Hg.): Biologie unterrichten mit Alltagsvorstellungen. Didaktische Rekonstruktion in Unterrichtseinheiten. Seelze: Klett/Kallmeyer, S. 6-13.

KATTMANN, Ulrich, DUIT, Reinders, GROPENGIEßER, Harald, KOMOREK, Michael (1997): Das Modell der Didaktischen Rekonstruktion – Ein Rahmen für naturwissenschaftsdidaktische Forschung und Entwicklung. In: Zeitschrift für Didaktik der Naturwissenschaften, 3(3), S. 3-18.

KELLE, Udo, KLUGE, Susann (2010): Vom Einzelfall zum Typus. Fallvergleich und Fallkontrastierung in der qualitativen Sozialforschung (2. Auflage). Wiesbaden: VS Verlag für Sozialwissenschaften.

KEMPTON, Willett (1987): Two theories of home heat control. In: HOLLAND, Dorothy, QUINN, Naomi (Hg.): Cultural Models in Language and Thought. Cambridge: Cambridge University Press, S. 222-242.

KIRCHBERG, Günter (1977): Der Lernzielbereich „Topographie" im geographischen Lehrplan. In: Hefte zur Fachdidaktik der Geographie, 1(1), S. 25-44.

KIRCHBERG, Günter (1980): Topographie als Gegenstand und Ziel des geographischen Unterrichts. In: Praxis Geographie, 10(8), S. 322-329.

KIRCHBERG, Günter (1984): Topographie und Orientierung. In: Praxis Geographie, 14(4), S. 6-8.

KIRSCHNER, Paul A., SWELLER, John, CLARK, Richard E. (2006): Why Minimal Guidance During Instruction Does Not Work: An Analysis of the Failure of Constructivist Discovery, Problem-Based, Experiential, Inquiry-Based Teaching. In: Educational Psychologist, 41(2), S. 75-86.

KITCHIN, Rob, DODGE, Martin (2007): Rethinking maps. In: Progress in Human Geography, 31(3), S. 331-344.

KITCHIN, Rob, PERKINS, Chris, DODGE, Martin (2009): Thinking about maps. In: DODGE, Martin, KITCHIN, Rob, PERKINS, Chris (Hg.): Rethinking maps (= Routledge studies in human geography, Bd. 28). London: Routledge, S. 1-25.

KLAFKI, Wolfgang (2007): Neue Studien zur Bildungstheorie und Didaktik (6. Auflage). Weinheim: Beltz.

KOCH, Wolf Günter (1998): Zum Wesen der Begriffe Zeichen, Signatur und Symbol in der Kartographie. In: Kartographische Nachrichten, 48(3), S. 89-96.

KOCH-PRIEWE, Barbara (1995): Vorerfahrungen von Schülerinnen und Schülern im Unterricht. In: Die Deutsche Schule, 87(1), S. 92-102.

KOHLSTOCK, Peter (2018): Kartographie. Eine Einführung (4. Auflage). Paderborn: Schöningh.

KONERMANN, Christopher, SCHUBERT, Jan Christoph (2015): Schülervorstellungen zu den Charakteristika von Wüsten. In: SCHUBERT, Jan Christoph, WRENGER, Katja (Hg.): Wüsten und Desertifikation im Geographieunterricht. Empirische Studien zu Vorstellungen und Interessen von Schülerinnen und Schülern (= Geographiedidaktische Forschungen, Bd. 58). Münster: Monsenstein und Vannerdat, S. 113-138.

KÖSEL, Edmund (1993): Die Modellierung von Lernwelten. Elztal-Dallau: Laub.

KOWAL, Sabine, O'CONNELL, Daniel C. (2019): Zur Transkription von Gesprächen. In: FLICK, Uwe, KARDORFF, VON Ernst, STEINKE, Ines (Hg.): Qualitative Forschung. Ein Handbuch (13. Auflage). Reinbek bei Hamburg: Rowohlt, S. 437-447.

KRAUTTER, Yvonne (2015): Medien im Geographieunterricht nach lernförderlichen Kriterien auswählen. Fachtypische und überfachliche Medien im Geographieunterricht. Karten – räumlich orientierte Medien. In: REINFRIED, Sibylle, HAUBRICH, Hartwig (Hg.): Geographie unterrichten lernen. Die Didaktik der Geographie. Berlin: Cornelsen, S. 230-253.

KRAY, Jutta, SCHAEFER, Sabine (2012): Mittlere und späte Kindheit (6-11 Jahre). In: SCHNEIDER, Wolfgang, LINDENBERGER, Ulman (Hg.): Entwicklungspsychologie (7. Auflage). Weinheim: Beltz, S. 211-233.

KRON, Friedrich W., JÜRGENS, Eiko, STANDOP, Jutta (2014): Grundwissen Didaktik (6. Auflage). München: Reinhardt.

KROß, Eberhard (1995): Global lernen. In: Geographie heute, 16(134), S. 4-9.

KRÜGER, Dirk (2007): Die Conceptual Change-Theorie. In: KRÜGER, Dirk, VOGT, Helmut (Hg.): Theorien in der biologiedidaktischen Forschung. Berlin: Springer, S. 81-92.

KRÜGER, Dirk, RIEMEIER, Tanja (2014): Die qualitative Inhaltsanalyse – eine Methode zur Auswertung von Interviews. In: KRÜGER, Dirk, PARCHMANN, Ilka, SCHECKER,

Horst (Hg.): Methoden in der naturwissenschaftsdidaktischen Forschung. Berlin: Springer, S. 133-146.

KRUSE, Jan (2015): Qualitative Interviewforschung (2. Auflage). Weinheim: Beltz Juventa.

KUCKARTZ, Udo (2010): Einführung in die computergestützte Analyse qualitativer Daten (3. Auflage). Wiesbaden: VS Verlag für Sozialwissenschaften.

KUCKARTZ, Udo (2018): Qualitative Inhaltsanalyse. Methoden, Praxis, Computerunterstützung (4. Auflage). Weinheim: Beltz Juventa.

KUCKARTZ, Udo, DRESING, Thorsten, RÄDIKER, Stefan, STEFER, Claus (2008): Qualitative Evaluation. Der Einstieg in die Praxis (2. Auflage). Wiesbaden: VS Verlag für Sozialwissenschaften.

KUCKUCK, Miriam, REUMONT, VON Frederik, THÖNNESSEN, Nils (2016): Dreischritt zur reflexiven Kartenarbeit – Konstruieren, Argumentieren und Reflektieren am Beispiel des Ölsandabbaus. In: GRYL, Inga (Hg.): Reflexive Kartenarbeit. Methoden und Aufgaben. Braunschweig: Westermann, S. 158-169.

KUCKUCK, Miriam, VELTMAAT, Lisa (2016): Kartenkompetenzen von Studierenden. In: Kartographische Nachrichten, 66(6), S. 304-310.

KÜHNE, Olaf (2005): Interpretation und Manipulation in der thematischen Kartographie. In: Geographie heute, 26(229), S. 32-37.

KULLEN, Siegfried (1986): Wie stellen sich Kinder Europa vor? Untersuchung kindlicher Europakarten. In: Sachunterricht und Mathematik in der Primarstufe, 14(4), S. 131-140.

KVALE, Steinar (1996): InterViews. An Introduction to Qualitative Research Interviewing. Thousand Oaks: Sage.

LAMKEMEYER, Thomas (2012): Grundlegende topographische Wissensbestände von Schülerinnen und Schülern am Ende der Sekundarstufe I - Ausgewählte Ergebnisse einer empirischen Studie in Bayern, Thüringen und Nordrhein-Westfalen. In: HÜTTERMANN, Armin, KIRCHNER, Peter, SCHULER, Stephan, DRIELING, Kerstin (Hg.): Räumliche Orientierung (= Geographiedidaktische Forschungen, Bd. 49). Braunschweig: Westermann, S. 103-115.

LAMKEMEYER, Thomas (2013): Topographische Kenntnisse und Fähigkeiten von Schülerinnen und Schülern am Ende der Sekundarstufe I. Waltrop: ISB-Verlag.

LAMNEK, Siegfried, KRELL, Claudia (2016): Qualitative Sozialforschung (6. Auflage). Weinheim: Beltz.

Lange, Dirk (2010): Politikdidaktische Rekonstruktion. In: Reinhardt, Volker, Lange, Dirk (Hg.): Forschung und Bildungsbedingungen (2. Auflage). Baltmannsweiler: Schneider-Verlag Hohengehren, S. 58-65.

Lehrplan für das Gymnasium in Bayern (2004): Fachlehrplan für Erdkunde. Staatsinstitut für Schulqualität und Bildungsforschung. Online unter: http://www.isb.bayern.de/download/8689/lp-ek.pdf (19.07.2021).

LehrplanPlus Grundschule (2021): Heimat- und Sachunterricht 1/2. Staatsinstitut für Schulqualität und Bildungsforschung. Online unter: https://www.lehrplanplus.bayern.de/fachlehrplan/grundschule/2/hsu (19.07.2021).

LehrplanPlus Gymnasium (2021): Geographie 5. Staatsinstitut für Schulqualität und Bildungsforschung. Online unter: https://www.lehrplanplus.bayern.de/fachlehrplan/gymnasium/5/geographie (19.07.2021).

Leisen, Josef (2013a): Handbuch Sprachförderung im Fach. Grundlagenteil. Stuttgart: Klett.

Leisen, Josef (2013b): Handbuch Sprachförderung im Fach. Praxismaterialien. Stuttgart: Klett.

Lenz, Thomas (2005): Thematische Karten im Geographieunterricht. In: Geographie heute, 26(229), S. 2-9.

Lenz, Thomas (2012): Neue Aufgabenkultur im Geographieunterricht am Beispiel der Kartenauswertekompetenz. In: Hüttermann, Armin, Kirchner, Peter, Schuler, Stephan, Drieling, Kerstin (Hg.): Räumliche Orientierung (= Geographiedidaktische Forschungen, Bd. 49). Braunschweig: Westermann, S. 192-203.

Lenz, Thomas (2015): Kompetenzorientierte Aufgabenkultur. In: Reinfried, Sibylle, Haubrich, Hartwig (Hg.): Geographie unterrichten lernen. Die Didaktik der Geographie Berlin: Cornelsen, S. 78.

Lethmate, Jürgen (2007): „Didaktische Rekonstruktion" als Forschungsrahmen der Geographiedidaktik. In: Geographische Rundschau, 59(7-8), S. 54-59.

Lewis, Eileen Lob (1996): Conceptual Change Among Middle School Students Studying Elementary Thermodynamics. In: Journal of Science Education and Technology, 5(1), S. 3-31.

Liben, Lynn S., Downs, Roger M. (1989): Understanding Maps as Symbols: The Development of Map Concepts in Children. In: Reese, Hayne W. (Hg.): Advances in Child Development and Behavior (Bd. 22). San Diego: Academic Press, S. 145-201.

LIBEN, Lynn S., DOWNS, Roger M. (1991): The Role of Graphic Representation in Understanding the World. In: DOWNS, Roger M., LIBEN, Lynn S., PALERMO, David S. (Hg.): Visions of Aesthetics, The Environment & Development. Hillsdale: Lawrence Erlbaum Associates, S. 139-180.

LIBEN, Lynn S., DOWNS, Roger M. (2001): Geography for Young Children: Maps as Tools for Learning Environments. In: GOLBECK, Susan L. (Hg.): Psychological Perspectives on Early Childhood Education. Mahwah: Lawrence Erlbaum Associates, S. 220-252.

LIBEN, Lynn S., KASTENS, Kim A., STEVENSON, Lisa M. (2002): Real-World Knowledge through Real-World Maps: A Developmental Guide for Navigating the Educational Terrain. In: Developmental Review, 22(2), S. 267-322.

LIBEN, Lynn S., YEKEL, Candice A. (1996): Preschoolers' Understanding of Plan and Oblique Maps: The Role of Geometric and Representational Correspondence. In: Child Development, 67(6), S. 2780-2796.

LINDAU, Anne-Kathrin (2012): Einsatzmöglichkeiten von kartographischen Medien im Realraum. In: DIEKMANN-BOUBAKER, Nadine, DICKMANN, Frank (Hg.): Innovatives Lernen mit kartographischen Medien (= Kartographische Schriften, Bd. 15). Bonn: Kirschbaum, S. 43-58.

LINDEN, VAN DER Fabian, HEMMER, Ingrid (2019): Alltagsvorstellungen zur Landwirtschaft - Eine explorative Studie mit Studierenden. In: LIMMER, Ina, HEMMER, Ingrid, TRAPPE, Martin, MAINKA, Steven, WEIGER, Hubert (Hg.): Zukunftsfähige Landwirtschaft. München: oekom, S. 217-234.

LIVNI, Shimshon, BAR, Varda (2001): A Controlled Experiment in Teaching Physical Map Skills to Grade 4 Pupils in Elementary Schools. In: International Research in Geographical and Environmental Education, 10(2), S. 149-167.

MACEACHREN, Alan M. (1992): Visualization. In: ABLER, Ronald F. (Hg.): Geography's inner worlds (= Occasional publications of the Association of American Geographers, Bd. 2). New Brunswick: Rutgers University Press, S. 99-137.

MACEACHREN, Alan M. (1995): How maps work. Representation, visualization, and design. New York: Guilford Press.

MAREK, Andy (2009): Kritischer Umgang mit Karten. In: Praxis Geographie 39(11), S. 21-25.

MAREK, Andy (2016): Gute Karten - Anwenden von Gütekriterien. In: GRYL, Inga (Hg.): Reflexive Kartenarbeit. Methoden und Aufgaben. Braunschweig: Westermann, S. 25-37.

MAYRING, Philipp (2008): Neuere Entwicklungen in der qualitativen Forschung und der Qualitativen Inhaltsanalyse. In: MAYRING, Philipp, GLÄSER-ZIKUDA, Michaela (Hg.): Die Praxis der qualitativen Inhaltsanalyse. Weinheim: Beltz, S. 7-19.

MAYRING, Philipp (2015): Qualitative Inhaltsanalyse (12. Auflage). Weinheim: Beltz.

MAYRING, Philipp (2016): Einführung in die qualitative Sozialforschung (6. Auflage). Weinheim: Beltz.

MAYRING, Philipp (2019): Qualitative Inhaltsanalyse. In: FLICK, Uwe, KARDORFF, VON Ernst, STEINKE, Ines (Hg.): Qualitative Forschung. Ein Handbuch (13. Auflage). Reinbek bei Hamburg: Rowohlt, S. 468-475.

McCLOSKEY, Michael, KARGON, Robert (1988): The Meaning and Use of Historical Models in the Study of Intuitive Physics. In: STRAUSS, Sidney (Hg.): Ontogeny, Phylogeny, and Historical Development (= Human Development, Bd. 2). Norwood: Ablex Publishing Corporation, S. 49-67.

MERKENS, Hans (1997): Stichproben bei qualitativen Studien. In: FRIEBERTSHÄUSER, Barbara, PRENGEL, Annedore (Hg.): Handbuch Qualitative Forschungsmethoden in der Erziehungswissenschaft. Weinheim: Juventa, S. 97-117.

MERKENS, Hans (2019): Auswahlverfahren, Sampling, Fallkonstruktion. In: FLICK, Uwe, KARDORFF, VON Ernst, STEINKE, Ines (Hg.): Qualitative Forschung. Ein Handbuch (13. Auflage). Reinbek bei Hamburg: Rowohlt, S. 286-299.

MICHEL, Ulrich, SCHUBERT, Jan Christoph (2013): GIS. In: BÖHN, Dieter, OBERMAIER, Gabriele (Hg.): Wörterbuch der Geographiedidaktik. Braunschweig: Westermann, S. 106-108.

MOBILE 4 (2016). Braunschweig: Westermann.

MOHS, Fabian (2020): Wildnis und Verwilderung didaktisch rekonstruiert – Fachliche Klärung, Schülervorstellungen und Konsequenzen für Lehr-Lernprozesse. Diss. Martin-Luther-Universität Halle-Wittenberg. Naturwissenschaftliche Fakultät III: Agrar- und Ernährungswissenschaften, Geowissenschaften und Informatik. Halle.

MÖLLER, Kornelia (1999): Konstruktivistisch orientierte Lehr-Lernprozeßforschung [sic!] im naturwissenschaftlichen-technischen Bereich des Sachunterrichts. In: KÖHNLEIN, Walter, MARQUARDT-MAU, Brunhilde, SCHREIER, Helmut (Hg.): Vielperspektivisches Denken im Sachunterricht. Bad Heilbrunn: Klinkhardt, S. 125-191.

MÖLLER, Kornelia (2018): Die Bedeutung von Schülervorstellungen für das Lernen im Sachunterricht. In: ADAMINA, Marco, KÜBLER, Markus, KALCSICS, Katharina, BIETENHARD, Sophia, ENGELI, Eva (Hg.): „Wie ich mir das denke und vorstelle...".

Vorstellungen von Schülerinnen und Schülern zu Lerngegenständen des Sachunterrichts und des Fachbereichs Natur, Mensch, Gesellschaft. Bad Heilbrunn: Klinkhardt, S. 35-50.

MONMONIER, Mark (1996): Eins zu einer Million. Die Tricks und Lügen der Kartographen. Basel: Birkhäuser.

MÖNTER, Leif Olav (2018): Kartogramm In: BRUCKER, Ambros, HAVERSATH, Johann-Bernhard, SCHÖPS, Andreas: Geographie-Unterricht. 102 Stichworte. Baltmannsweiler: Schneider Verlag Hohengehren, S. 117-118.

MÖNTER, Leif Olav, SCHLITT, Maria (2013): Konstruktivismus. In: BÖHN, Dieter, OBERMAIER, Gabriele (Hg.): Wörterbuch der Geographiedidaktik. Braunschweig: Westermann, S. 161-162.

MULLER, Derek Alexander (2008): Designing Effective Multimedia for Physics Education. Diss. University of Sydney. School of Physics. Sydney.

MÜLLER, Andreas (2001): Kartenlesen. In: BOLLMANN, Jürgen, KOCH, Wolf Günther (Hg.): Lexikon der Kartographie und Geomatik (Bd. 1). Heidelberg: Spektrum, S. 438.

MÜLLER, Martin (2009): Meteoriteneinschläge auf der Erde – fachliche Konzepte, Schülerperspektiven und didaktische Umsetzung (= Geographiedidaktische Forschungen, Bd. 43). Weingarten: Hochschulverband für Geographiedidaktik.

NAISH, Michael C. (1982): Mental development and the learning of geography. In: GRAVES, Norman J. (Hg.): New Unesco Source Book for Geography Teaching. Paris: Unesco Press, S. 16-54.

NEIDHARDT, Eva, SCHMITZ, Sigrun (2001): Entwicklung von Strategien und Kompetenzen in der räumlichen Orientierung und in der Raumkognition: Einflüsse von Geschlecht, Alter, Erfahrung, und Motivation. In: Psychologie in Erziehung und Unterricht, 48(4), S. 262-279.

NICHOLLAS, Tucker (2017): Cartography. Science of Making Maps. New York: Larsen & Keller.

NIEBERT, Kai (2010): Den Klimawandel verstehen. Eine didaktische Rekonstruktion der globalen Erwärmung (= Beitrage zur Didaktischen Rekonstruktion, Bd. 31). Oldenburg: Didaktisches Zentrum der Carl-von-Ossietzky-Universität.

NIEBERT, Kai, GROPENGIEßER, Harald (2014): Leitfadengestützte Interviews. In: KRÜGER, Dirk, PARCHMANN, Ilka, SCHECKER, Horst (Hg.): Methoden in der naturwissenschaftsdidaktischen Forschung. Berlin: Springer, S. 121-132.

NIEDDERER, Hans (1996): Übersicht über Lernprozeßstudien [sic!] in Physik. In: DUIT, Reinders, RHÖNECK, VON Christoph (Hg.): Lernen in den Naturwissenschaften. Kiel: Institut für Pädagogik der Naturwissenschaften, S. 119-144.

NIEDDERER, Hans, GOLDBERG, Fred (1995): Lernprozesse beim elektrischen Stromkreis. In: Zeitschrift für Didaktik der Naturwissenschaften, 1(1), S. 73-86.

NIEDDERER, Hans, SCHECKER, Horst (1992): Towards an explicit description of cognitive systems for research in physics learning. In: DUIT, Reinders, GOLDBERG, Fred, NIEDDERER, Hans (Hg.): Research in Physics Learning: Theoretical Issues and Empirical Studies. Kiel: Institut für Pädagogik der Naturwissenschaften, S. 74-98.

NOVAK, Joseph D. (1988): Learning Science and the Science of Learning. In: Studies in Science Education, 15, S. 77-101.

OBERMAIER, Gabriele (2018a): Atlas. In: BRUCKER, Ambros, HAVERSATH, Johann-Bernhard, SCHÖPS, Andreas (Hg.): Geographie-Unterricht. 102 Stichworte. Baltmannsweiler: Schneider Verlag Hohengehren, S. 16-17.

OBERMAIER, Gabriele (2018b): Karten/Kartenkompetenz. In: BRUCKER, Ambros, HAVERSATH, Johann-Bernhard, SCHÖPS, Andreas (Hg.): Geographie-Unterricht. 102 Stichworte. Baltmannsweiler: Schneider Verlag Hohengehren, S. 114-116.

OBERMAIER, Gabriele, SCHRÜFER, Gabriele (2009): Personal Concepts on "Hunger in Africa". In: International Research in Geographical and Environmental Education, 18(4), S. 245-251.

OBERRAUCH, Anna, KELLER, Lars (2015): Methodenkombination in der Conceptual Change-Forschung - Komplexität in multiperspektivischen Forschungsdesigns gerecht werden. In: BUDKE, Alexandra, KUCKUCK, Miriam (Hg.): Geographiedidaktische Forschungsmethoden (= Praxis Neue Kulturgeographie, Bd. 10). Berlin: LIT, S. 86-109.

OESER, Roland (1987): Untersuchungen zum Lernbereich „Topographie" (= Geographiedidaktische Forschungen, Bd. 16). Lüneburg: Hochschulverband für Geographie und ihre Didaktik.

OGRISSEK, Rudi (1970): Kartengestaltung, Wissensspeicherung und Redundanz. In: Petermanns Geographische Mitteilungen, 114, S. 70-74.

OTTO, Karl-Heinz, TOULKERIDIS, Theofilos, EDLER, Dennis (2020): Beeinflusst die räumliche Nähe das Wissen über den Aufbau und die Entstehung von Vulkanen? – Eine empirische Fallstudie an zwei Deutschen Schulen in Ecuador. In: Zeitschrift für Geographiedidaktik, 48(3), S. 101-118.

ØVERJORDET, Arne Helge (1984): Children's view of the world during an international media covered conflict. In: HAUBRICH, Hartwig (Hg.): Perception of People and Places through Media (Bd. 1). Freiburg: Pädagogische Hochschule, S. 208-219.

o. V. (2002): Grundriss. In: BRUNOTTE, Ernst, GEBHARDT, Hans, MEURER, Manfred, MEUSBURGER, Peter, NIPPER, Josef (Hg.): Lexikon der Geographie. Gast bis Ökol. (Bd. 2). Heidelberg: Spektrum, S. 79.

PETTIG, Fabian (2019): Kartographische Streifzüge (= Sozial- und Kulturgeographie, Bd. 29). Bielefeld: transcript.

PIAGET, Jean, INHELDER, Bärbel (1975): Die Entwicklung des räumlichen Denkens beim Kinde (= Gesammelte Werke (Studienausgabe), Bd. 6). Stuttgart: Klett.

PIEPER, Robert, SCHOCKENHOFF, Jörg (2015): Vorstellungen von Schülerinnen und Schülern der 6. und 8. Klasse zur Desertifikation im Vergleich – Ergebnisse einer quantitativen Fragebogenstudie. In: SCHUBERT, Jan Christoph, WRENGER, Katja (Hg.): Wüsten und Desertifikation im Geographieunterricht. Empirische Studien zu Vorstellungen und Interessen von Schülerinnen und Schülern (= Geographiedidaktische Forschungen, Bd. 58). Münster: Monsenstein und Vannerdat, S. 231-264.

PINGOLD, Markus (2013): Luft- und Satellitenbilder. In: BÖHN, Dieter, OBERMAIER, Gabriele (Hg.): Wörterbuch der Geographiedidaktik. Braunschweig: Westermann, S. 183-185.

PIRI 2 (2014). Klett: Stuttgart.

PLEPIS, Michael (2013): Strategien von Schülerinnen und Schülern zur Auswertung komplexer thematischer Karten (= Münsteraner Arbeiten zur Geographiedidaktik, Bd. 5). Münster: Westfälische Wilhelms-Universität, Institut für Didaktik der Geographie.

POSNER, George J., STRIKE, Kenneth A., HEWSON, Peter W., GERTZOG, William A. (1982): Accommodation of a Scientific Conception Toward a Theory of Conceptual Change. In: Science Education, 66(2), S. 211-227.

QUAISER-POHL, Claudia (2001): Zum Einfluss des Wohnviertels auf die Raumvorstellungen und die kognitiven Landkarten von 7- bis 12-Jährigen. In: Psychologie in Erziehung und Unterricht, 48(4), S. 280-297.

RAAB-STEINER, Elisabeth, BENESCH, Michael (2018): Der Fragebogen (5. Auflage) Wien: facultas.

RAPP, David N., CULPEPPER, Steven A., KIRKBY, Kent, MORIN, Paul (2007): Fostering Students' Comprehension of Topographic Maps. In: Journal of Geoscience Education, 55(1), S. 5-16.

RECKER, Kara Marie (2008): How do young children and adults use relative distance to scale location? Diss. University of Iowa. Iowa City.

REINDERS, Heinz (2016): Qualitative Interviews mit Jugendlichen führen (3. Auflage). Berlin: De Gruyter.

REINFRIED, Sibylle (2006a): Alltagsvorstellungen - und wie man sie verändern kann. In: Geographie heute, 27(243), S. 38-43.

REINFRIED, Sibylle (2006b): Conceptual Change in Physical Geography and Environmental Sciences through Mental Model Building: The Example of Groundwater. In: International Research in Geographical and Environmental Education, 15(1), S. 41-61.

REINFRIED, Sibylle (2007): Alltagsvorstellungen und Lernen im Fach Geographie. Zur Bedeutung der konstruktivistischen Lehr-Lern-Theorie am Beispiel des Conceptual Change. In: Geographie und Schule, 29(168), S. 19-28.

REINFRIED, Sibylle (2008): Schülervorstellungen und Lernen von Geographie. In: Geographie heute, 29(265), S. 8-13.

REINFRIED, Sibylle (2010): Lernen als Vorstellungsänderung: Aspekte der Vorstellungsforschung mit Bezügen zur Geographiedidaktik. In: REINFRIED, Sibylle (Hg.): Schülervorstellungen und geographisches Lernen. Aktuelle Conceptual-Change-Forschung und Stand der theoretischen Diskussion. Berlin: Logos, S. 1-31.

REINFRIED, Sibylle (2015): Der Einfluss kognitiver und motivationaler Einflussfaktoren auf die Konstruktion hydrologischen Wissens – eine Analyse individueller Lernpfade. In: Zeitschrift für Geographiedidaktik, 43(2), S. 107-138.

REINFRIED, Sibylle (2016): Warum subjektive Erklärungen von geographischen Phänomenen Sinn machen - Ein Blick in die Denkprozesse eines Schülers. In: OTTO, Karl-Heinz (Hg.): Geographie und naturwissenschaftliche Bildung. Der Beitrag des Faches für die Schule, Lernlabor und Hochschule. Münster: Monsenstein und Vannerdat, S. 124-138.

REINFRIED, Sibylle, AESCHBACHER, Urs, KIENZLER, Peter M., TEMPELMANN, Sebastian (2013): Mit einer didaktisch rekonstruierten Lernumgebung Lernerfolge erzielen – das Beispiel Wasserquellen und Gebirgshydrologie. In: Zeitschrift für Didaktik der Naturwissenschaften, 19, S. 259-286.

REINFRIED, Sibylle, AESCHBACHER, Urs, ROTTERMANN, Benno (2012a): Improving students' conceptual understanding of the greenhouse effect using theory-based learning materials that promote deep learning. In: International Research in Geographical and Environmental Education, 21(2), S. 155-178.

REINFRIED, Sibylle, KÜNZLE, Roland (2020): Application of a Knowledge-in-Pieces perspective to students' explanations of water springs: a complex phenomenon pertaining to the field of physical geography. In: Research in Subject-matter Teaching and Learning, 3, S. 1-29.

REINFRIED, Sibylle, ROTTERMANN, Benno, AESCHBACHER, Urs, HUBER, Erich (2010): Alltagsvorstellungen über den Treibhauseffekt und die globale Erwärmung verändern – eine Voraussetzung für Bildung für nachhaltige Entwicklung. In: Schweizerische Zeitschrift für Bildungswissenschaften, 32(2), S. 251-273.

REINFRIED, Sibylle, SCHULER, Stephan (2009): Die Ludwigsburger-Luzerner Bibliographie zur Alltagsvorstellungsforschung in den Geowissenschaften – ein Projekt zur Erfassung der internationalen Forschungsliteratur. In: Geographie und ihre Didaktik, 37(3), S. 120-135.

REINFRIED, Sibylle, TEMPELMANN, Sebastian (2014): Wie Vorwissen das Lernen beeinflusst – Eine Lernprozessstudie zur Wissenskonstruktion des Treibhauseffekt-Konzepts. In: Zeitschrift für Geographiedidaktik, 42(1), S. 31-56.

REINFRIED, Sibylle, TEMPELMANN, Sebastian, AESCHBACHER, Urs (2012b): Addressing secondary school students' everyday ideas about freshwater springs in order to develop an instructional tool to promote conceptual reconstruction. In: Hydrology and Earth System Sciences, 16(5), S. 1365-1377.

REINMANN, Gabi, MANDL, Heinz (2006): Unterrichten und Lernumgebungen gestalten. In: KRAPP, Andreas, WEIDENMANN, Bernd (Hg.): Pädagogische Psychologie (5. Auflage). Weinheim: Beltz PVU, S. 613-658.

REINMANN-ROTHMEIER, Gabi, MANDL, Heinz (1994): Wissensvermittlung: Ansätze zur Förderung des Wissenserwerbs (= Forschungsbericht, Bd. 34). München: Ludwig-Maximilians-Universität, Institut für Pädagogische Psychologie und Empirische Pädagogik.

REMPFLER, Armin (2010): Fachliche und systemische Alltagsvorstellungen von Schülerinnen und Schülern zum Thema Lawinen. In: REINFRIED, Sibylle (Hg.): Schülervorstellungen und geographisches Lernen. Aktuelle Conceptual-Change-Forschung und Stand der theoretischen Diskussion. Berlin: Logos, S. 55-85.

REUSSER, Kurt, REUSSER-WEYENETH, Marianne (1994): Verstehen als psychologischer Prozess und als didaktische Aufgabe: Einführung und Überblick. In: REUSSER,

Kurt, REUSSER-WEYENETH, Marianne (Hg.): Verstehen. Bern: Hans Huber, S. 9-35.

RHODE-JÜCHTERN, Tilman (1995): Raum als Text. Perspektiven einer konstruktiven Erdkunde (= Materialien zur Didaktik der Geographie und Wirtschaftskunde, Bd. 11). Wien: Institut für Geographie der Universität Wien.

RHODE-JÜCHTERN, Tilman (2013): Kompetenz. In: BÖHN, Dieter, OBERMAIER, Gabriele (Hg.): Wörterbuch der Geographiedidaktik. Braunschweig: Westermann, S. 145-146.

RIEMEIER, Tanja (2004): „Zellen, Kerne, Wände" – lebensweltlich und biologisch gedacht. In: GROPENGIEßER, Harald, JANßEN-BARTELS, Anne, SANDER, Elke (Hg.): Lehren fürs Leben. Köln: Aulis-Verlag Deubner, S. 131-140.

RIEMEIER, Tanja (2007): Moderater Konstruktivismus. In: KRÜGER, Dirk, VOGT, Helmut (Hg.): Theorien in der biologiedidaktischen Forschung. Berlin: Springer, S. 69-79.

RINSCHEDE, Gisbert (1999): Karte. In: BÖHN, Dieter (Hg.): Didaktik der Geographie – Begriffe. München: Oldenbourg, S. 76-77.

RINSCHEDE, Gisbert, SIEGMUND, Alexander (2020): Geographiedidaktik (4. Auflage). Paderborn: Schöningh.

ROBINSON, Arthur H. (1952): The Look of Maps. Madison: The University of Wisconsin Press.

ROTH, Gerhard (1997): Das Gehirn und seine Wirklichkeit. Frankfurt am Main: Suhrkamp.

SAARINEN, Thomas F. (1988): Centering of Mental Maps of the World. In: National Geographic Research, 4, S. 112-127.

SANDFORD, Herbert A. (1972): Perceptual problems. In: GRAVES, Norman (Hg.): New Movements in the Study and Teaching of Geography. London: Temple Smith, S. 83-92.

SANDFORD, Herbert A. (1980): Directed and Free Search of the School Atlas Map. In: The Cartographic Journal, 17(2), S. 83-92.

SANDFORD, Herbert A. (1981): Towns on Maps. In: The Cartographic Journal, 18(2), S. 120-127.

SCHÄFER, Gisela (1984): Die Entwicklung des geographischen Raumverständnisses im Grundschulalter (= Geographiedidaktische Forschungen, Bd. 9). Berlin: Reimer.

SCHECKER, Horst (1985): Das Schülervorverständnis zur Mechanik. Eine Untersuchung in der Sekundarstufe 2 unter Einbeziehung historischer und wissenschaftstheoretischer Aspekte. Diss. Universität Bremen, Fachbereich 1 (Physik/Elektrotechnik). Bremen.

SCHECKER, Horst, PARCHMANN, Ilka, KRÜGER, Dirk (2014): Formate und Methoden naturwissenschaftsdidaktischer Forschung. In: KRÜGER, Dirk, PARCHMANN, Ilka, SCHECKER, Horst (Hg.): Methoden in der naturwissenschaftsdidaktischen Forschung. Berlin: Springer, S. 1-15.

SCHEIDL, Walter (2009): Virtuelle Globen im Geographieunterricht. In: KAINZ, Wolfgang, KRIZ, Karel, RIEDL, Andreas (Hg.): Geokommunikation im Umfeld der Geographie. Tagungsband zum Deutschen Geographentag 2009 in Wien (= Wiener Schriften zur Geographie und Kartographie, Bd. 19). Wien: Institut für Geographie und Regionalforschung, Kartographie und Geoinformation, S. 170-175.

SCHIEFNER-ROHS, Mandy (2012): Kritische Informations- und Medienkompetenz. Theoretisch-konzeptionelle Herleitung und empirische Betrachtungen am Beispiel der Lehrerausbildung. Münster: Waxmann.

SCHMEINCK, Daniela (2007): Wie Kinder die Welt sehen. Bad Heilbrunn: Klinkhardt.

SCHMIDT, Christiane (2019): Analyse von Leitfadeninterviews. In: FLICK, Uwe, KARDORFF, VON Ernst, STEINKE, Ines (Hg.): Qualitative Forschung. Ein Handbuch (13. Auflage). Reinbek bei Hamburg: Rowohlt, 447–456.

SCHNEIDER, Ute (2012): Die Macht der Karten. Eine Geschichte der Kartographie vom Mittelalter bis heute (3. Auflage). Darmstadt: Primus-Verlag.

SCHNIOTALLE, Meike (2003): Räumliche Schülervorstellungen von Europa. Ein Unterrichtsexperiment zur Bedeutung kartographischer Medien für den Aufbau räumlicher Orientierung im Sachunterricht der Grundschule. Berlin: TENEA.

SCHNOTZ, Wolfgang (2001): Wissenserwerb mit Multimedia. In: Unterrichtswissenschaft. Zeitschrift für Lernforschung, 29(4), S. 292-318.

SCHNOTZ, Wolfgang (2006): Conceptual Change. In: ROST, Detlef H. (Hg.): Handwörterbuch Pädagogische Psychologie (3. Auflage). Weinheim: Beltz PVU, S. 77-82.

SCHÖPS, Andreas (2018a): Kompetenzorientierung. In: BRUCKER, Ambros, HAVERSATH, Johann-Bernhard, SCHÖPS, Andreas (Hg.): Geographie-Unterricht. 102 Stichworte. Baltmannsweiler: Schneider Verlag Hohengehren, S. 119-120.

SCHÖPS, Andreas (2018b): Luft- und Satellitenbilder. In: BRUCKER, Ambros, HAVER-SATH, Johann-Bernhard, SCHÖPS, Andreas: Geographie-Unterricht. 102 Stich-worte. Baltmannsweiler: Schneider Verlag Hohengehren, S. 137-138.

SCHREIER, Margrit (2014): Varianten qualitativer Inhaltsanalyse: Ein Wegweiser im Dickicht der Begrifflichkeiten. In: Forum: Qualitative Sozialforschung, 15(1), S. 1-27.

SCHUBERT, Jan Christoph (2012): Schülervorstellungen zu Wüsten und Desertifika-tion. Eine empirische Untersuchung zu einem zentralen Thema des Geogra-phieunterrichts. Diss. Westfälische Wilhelms-Universität Münster, Fachbe-reich Geowissenschaften. Münster.

SCHUBERT, Jan Christoph (2015): Schülervorstellungen zu Wüsten und Desertifika-tion. Ergebnisse einer qualitativen Interviewstudie. In: SCHUBERT, Jan Chris-toph, WRENGER, Katja (Hg.): Wüsten und Desertifikation im Geographieunter-richt. Empirische Studien zu Vorstellungen und Interessen von Schülerinnen und Schülern (= Geographiedidaktische Forschungen, Bd. 58). Münster: Mon-senstein und Vannerdat, S. 1-112.

SCHUBERT, Jan Christoph (2018): Schülervorstellungen zu naturwissenschaftlich-ge-ographischen Phänomenen und Themen. In: ADAMINA, Marco, KÜBLER, Markus, KALCSICS, Katharina, BIETENHARD, Sophia, ENGELI, Eva (Hg.): „Wie ich mir das denke und vorstelle…". Vorstellungen von Schülerinnen und Schülern zu Lerngegenständen des Sachunterrichts und des Fachbereichs Natur, Mensch, Gesellschaft. Bad Heilbrunn: Klinkhardt, S. 139-156.

SCHUBERT, Jan Christoph, WRENGER, Katja (2015): Vorstellungen zur Lage und Entste-hung von Wüsten. Ergebnisse einer quantitativen Fragebogenstudie mit Schülerinnen und Schülern der 7. Klasse. In: SCHUBERT, Jan Christoph, WRENGER, Katja (Hg.): Wüsten und Desertifikation im Geographieunterricht. Empirische Studien zu Vorstellungen und Interessen von Schülerinnen und Schülern (= Geographiedidaktische Forschungen, Bd. 58). Münster: Monsenstein und Vannerdat, S. 173-208.

SCHULER, Stephan (2005): Umweltwissen als subjektive Theorie - eine Untersu-chung von Schülervorstellungen zum globalen Klimawandel. In: SCHRENK, Mar-cus, HOLL-GIESE, Waltraud (Hg.): Bildung für nachhaltige Entwicklung. Ergeb-nisse empirischer Untersuchungen (= Bildung für nachhaltige Entwicklung, Bd. 1). Hamburg: Dr. Kovač, S. 97-112.

SCHULER, Stephan (2009): Schülervorstellungen zu Bedrohung und Verwundbarkeit durch den globalen Klimawandel. In: Geographie und ihre Didaktik, 37(1), S. 1-28.

SCHULER, Stephan (2011): Alltagstheorien zu den Ursachen und Folgen des globalen Klimawandels. Erhebung und Analyse von Schülervorstellungen aus geographiedidaktischer Perspektive. Bochum: Europäischer Univ.-Verlag.

SCHULER, Stephan (2015): Schülerzeichnungen im Unterricht. Wie man geographische Schülervorstellungen mit Zeichnungen diagnostizieren und verändern kann. In: Praxis Geographie, 45(7-8), S. 9-15.

SCHULER, Stephan, FELZMANN, Dirk (2013): Schülervorstellungen. In: ROLFES, Manfred, UHLENWINKEL, Anke (Hg.): Metzler Handbuch 2.0 Geographieunterricht. Ein Leitfaden für Praxis und Ausbildung. Braunschweig: Westermann, S. 148-154.

SCHULZ, Wolfgang (1979): Unterricht - Analyse und Planung. In: HEIMANN, Paul, OTTO, Gunter, SCHULZ, Wolfgang (Hg.): Unterricht (= Auswahl Reihe B, Bd. 1). Hannover: Schroedel, S. 13-47.

SCHÜTT, Brigitte (2001): Karteninterpretation. In: BOLLMANN, Jürgen, KOCH, Wolf Günther (Hg.): Lexikon der Kartographie und Geomatik (Bd. 1). Heidelberg: Spektrum, S. 433-434.

SCOTT, Philip H. (1992): Pathways in Learning Science: A Case Study of the Development on One Student's Ideas Relating to the Structure of Matter. In: DUIT, Reinders, GOLDBERG, Fred, NIEDDERER, Hans (Hg.): Research in Physics Learning: Theoretical Issues and Empirical Studies. Kiel: Institut für Pädagogik der Naturwissenschaften, S. 203-224.

SEIDEL, Tina, PRENZEL, Manfred, KRAPP, Andreas (2014): Grundlagen der Pädagogischen Psychologie. In: SEIDEL, Tina, KRAPP, Andreas (Hg.): Pädagogische Psychologie (6. Auflage). Weinheim: Beltz, S. 21-36.

SIEGEL, Alexander W., WHITE, Sheldon H. (1975): The Development of Spatial Representations of Large-Scale Environments. In: REESE, Hayne W. (Hg.): Advances in Child Development and Behavior (Bd. 10). New York: Academic Press, S. 10-55.

SIEGLER, Robert, EISENBERG, Nancy, DELOACHE, Judy, SAFFRAN, Jenny (2016): Entwicklungspsychologie im Kindes- und Jugendalter (4. Auflage). Berlin: Springer.

SIEGMUND, Alexander, HUSS, Susanne, SERRER, Natalie (2007): Wie Kinder die Welt sehen - zur Entwicklung der Raumwahrnehmung und des Kartenverständnisses bei Grundschulkindern. In: GEIGER, Michael, HÜTTERMANN, Armin (Hg.): Raum und Erkenntnis. Köln: Aulis-Verlag Deubner, S. 104-117.

DER SPIEGEL (2016): Kletterbäume und Hexenhäuser. Stadtpläne für Kinder (14.06.2016). Online unter: http://www.spiegel.de/lebenundlernen/schule/stadtplaene-fuer-kinder-muenchen-und-berlin-mit-anderen-augen-a-1094032.html (19.07.2021).

DER SPIEGEL (2018): Neuseeland stellt neue Weltkarte vor (26.10.2018). Online unter: http://www.spiegel.de/reise/aktuell/neuseeland-setzt-sich-auf-alternativer-weltkarte-in-den-mittelpunkt-a-1235330.html (19.07.2021).

DER SPIEGEL (2019): Ikea unterschlägt Neuseeland auf Weltkarte (08.02.2019). Online unter: http://www.spiegel.de/panorama/neuseeland-ikea-unterschlaegt-inselstaat-auf-weltkarte-a-1252431.html (19.07.2021).

STEINKE, Ines (1999): Kriterien qualitativer Forschung. Weinheim: Juventa.

STEINKE, Ines (2019): Gütekriterien qualitativer Forschung. In: FLICK, Uwe, KARDORFF, VON Ernst, STEINKE, Ines (Hg.): Qualitative Forschung. Ein Handbuch (13. Auflage). Reinbek bei Hamburg: Rowohlt, S. 319-331.

STEURER, Christoph (1989): Grundlagen für ein wissenschaftstheoretisches Strukturkonzept zur Kartographie als Wissenschaft unter modelltheoretischen Aspekten (= Berichte und Informationen des Instituts für Kartographie der Österreichischen Akademie der Wissenschaften, Bd. 11). Wien: Institut für Kartographie der Österreichische Akademien der Wissenschaften.

STOCKS, Theodor (1955): Fragen der thematischen Kartographie. In: Petermanns Geographische Mitteilungen, 99, S. 309-317.

STRIKE, Kenneth A., POSNER, George J. (1992): A Revisionist Theory of Conceptual Change. In: DUSCHL, Richard A., HAMILTON, Richard J. (Hg.): Philosophy of Science, Cognitive Psychology, and Educational Theory and Practice. Albany: State University of New York Press, S. 147-176.

STÜCKRATH, Fritz (1968): Kind und Raum (3. Auflage). München: Kösel.

TAINZ, Peter, KOCH, Wolf Günther, BUSCH, Wolfgang (2001): Grundriss. In: BOLLMANN, Jürgen, KOCH, Wolf Günther (Hg.): Lexikon der Kartographie und Geomatik (Bd. 1). Heidelberg: Spektrum, S. 362.

UMEK, Maja (2003): A Comparison of the Effectiveness of Drawing Maps and Reading Maps in Beginning Map Teaching. In: International Research in Geographical and Environmental Education, 12(1), S. 18-31.

VOGL, Susanne (2015): Interviews mit Kindern führen. Eine praxisorientierte Einführung. Weinheim: Beltz Juventa.

VOSNIADOU, Stella (2009): 'Conceptual Metaphor Meets Conceptual Change': Yes to Embodiment, No to Fragmentation. In: Human Development, 52(3), S. 198-204.

VOSNIADOU, Stella (2013): Conceptual Change in Learning and Instruction: The Framework Theory Approach. In: VOSNIADOU, Stella (Hg.): International Handbook of Research on Conceptual Change (2. Auflage). New York: Routledge, S. 11-30.

VOSNIADOU, Stella, BREWER, William F. (1992): Mental models of the earth: A study of conceptual change in childhood. In: Cognitive Psychology, 24(4), S. 535–585.

WANDERSEE, James H., MINTZES, Joel J., NOVAK, Joseph D. (1994): Research on Alternative Conceptions. In: GABEL, Dorothy L. (Hg.): Handbook of Research on Science Teaching and Learning. New York: Macmillan, S. 177-210.

WARDENGA, Ute (2012): Kartenkonstruktion und Kartengebrauch im Spannungsfeld von Kartentheorie und Kartenkritik In: HÜTTERMANN, Armin, KIRCHNER, Peter, SCHULER, Stephan, DRIELING, Kerstin (Hg.): Räumliche Orientierung (= Geographiedidaktische Forschungen, Bd. 49). Braunschweig: Westermann, S. 134-143.

WEEDEN, Paul (1997): Learning Through Maps. In: TILBURY, Daniella, WILLIAMS, Michael (Hg.): Teaching and Learning Geography. London: Routledge, S. 168-179.

WIDODO, Ari, DUIT, Reinders (2005): Konstruktivistische Lehr-Lern-Sequenzen und die Praxis des Physikunterrichts. In: Zeitschrift für Didaktik der Naturwissenschaften, 11, S. 131-146.

WIEGAND, Patrick (1995): Young children's freehand sketch maps of the world. In: International Research in Geographical and Environmental Education, 4(1), S. 19-28.

WIEGAND, Patrick (1996): A Constructivist Approach to Children's Understanding of Thematic Maps. In: VAN DER SCHEE, Joop, SCHOENMAKER, Gerard, TRIMP, Henk, VAN WESTRHENEN, Hans (Hg.): Innovation in Geographical Education (= Nederlandse geografische studies, Bd. 208). Utrecht: Koninklijk Nederlands Aardrijkskundig Genootschap, S. 57-65.

WIEGAND, Patrick (1998): Children's Free Recall Sketch Maps of the World on a Spherical Surface. In: International Research in Geographical and Environmental Education, 7(1), S. 67-83.

WIEGAND, Patrick (1999): Children's Understandings of Maps. In: International Research in Geographical and Environmental Education, 8(1), S. 66-68.

WIEGAND, Patrick (2002): School Students' Mental Representations of Thematic Point Symbol Maps. In: The Cartographic Journal, 39(2), S. 125-136.

WIEGAND, Patrick (2006): Learning and teaching with maps. Abingdon: Routledge.

WIEGAND, Patrick, STIELL, Bernadette (1996): Communication in Children's Picture Atlases. In: The Cartographic Journal, 33(1), S. 17-25.

WIEGAND, Patrick, STIELL, Bernadette (1997): Children's Relief Maps of Model Landscapes. In: British Educational Research Journal, 23(2), S. 179-192.

WIESNER, Hartmut (2006): Schülervorstellungen – eine vergangene Modeströmung in der Physikdidaktik. In: GIRWIDZ, Raimund, GLÄSER-ZIKUDA, Michaela, LAUKENMANN, Matthias, RUBITZKO, Thomas (Hg.): Lernen im Physikunterricht (= Didaktik in Forschung und Praxis, Bd. 29). Hamburg: Dr. Kovač, S. 23-34.

WILHELMY, Herbert (1966): Kartographie in Stichworten. Kiel: Ferdinand Hirt.

WILHELMY, Herbert, HÜTTERMANN, Armin, SCHRÖDER, Peter (2002): Kartographie in Stichworten (7. Auflage). Berlin: Borntraeger.

WIRTZ, Markus, CASPAR, Franz (2002): Beurteilerübereinstimmung und Beurteilerreliabilität. Göttingen: Hogrefe.

WISER, Marianne, SMITH, Carol L. (2013): Learning and Teaching about Matter in the Middle School Years: How Can the Atomic-Molecular Theory Be Meaningfully Introduced? In: VOSNIADOU, Stella (Hg.): International Handbook of Research on Conceptual Change (2. Auflage). New York: Routledge, S. 177-194.

WITT, Werner (1979): Lexikon der Kartographie (= Die Kartographie und ihre Randgebiete, Bd. B). Wien: Deuticke.

WITZEL, Andreas (2000): Das problemzentrierte Interview. In: Forum: Qualitative Sozialforschung, 1(1), S. 1-9.

WODZINSKI, Rita (1996): Untersuchungen von Lernprozessen beim Lernen Newtonscher Dynamik im Anfangsunterricht (= Naturwissenschaften und Technik - Didaktik im Gespräch, Bd. 25). Münster: LIT.

WOLBERG, Simon, WRENGER, Katja (2015): Vorstellungen von US-amerikanischen Schülerinnen und Schülern zur Lage und zur Entstehung von Wüsten. In: SCHUBERT, Jan Christoph, WRENGER, Katja (Hg.): Wüsten und Desertifikation im Geographieunterricht. Empirische Studien zu Vorstellungen und Interessen von Schülerinnen und Schülern (= Geographiedidaktische Forschungen, Bd. 58). Münster: Monsenstein und Vannerdat, S. 209-230.

WOOD, Denis (1993): The Power of Maps. London: Routledge.

WRENGER, Katja (2015): Kartengestützte Orientierung im Realraum unter besonderer Berücksichtigung der Einflussgröße Raum. Eine empirische Studie mit Schülerinnen und Schülern zu Beginn der Sekundarstufe I. Münster: Monsenstein und Vannerdat.

WÜTHRICH, Christoph (2013): Methodik des Geographieunterrichts. Braunschweig: Westermann.

ZIERER, Klaus, SPECK, Karsten, MOSCHNER, Barbara (2013): Methoden erziehungswissenschaftlicher Forschung. München: Reinhardt.